全国高职高专医药类规划教材

药物制剂技术

中国职业技术教育学会医药专业委员会 ◎ 组织编写

董建慧 主编　郭殿武 主审

化学工业出版社

·北京·

本教材由中国职业技术教育学会医药专业委员会组织编写。教材内容编写根据药物制剂专业人才培养目标，针对药物制剂工职业岗位需求，以药物制剂生产的职场实际过程为主线，培养学生的综合职业能力，达到药物制剂工国家职业标准的要求。全书共分五个部分。第一部分主要介绍药物制剂技术基础知识和药物制剂生产管理知识；第二至第四部分分别为固体制剂、液体制剂、半固体及其他制剂的生产技术，第五部分为制剂生产新技术和新剂型等前沿知识。

本教材适用于以药物制剂高级工为培养目标的医药技工院校、医药高职院校的药物制剂等相关专业的教学和实训使用，也可作为医药生产企业相应岗位的技术培训教材。

图书在版编目（CIP）数据

药物制剂技术/董建慧主编；中国职业技术教育学会医药专业委员会组织编写. —北京：化学工业出版社，2015.8（2023.8重印）
全国高职高专医药规划教材
ISBN 978-7-122-24336-2

Ⅰ．①药⋯　Ⅱ．①董⋯　②中⋯　Ⅲ．①药物-制剂-技术-高等职业教育-教材　Ⅳ．①TQ460.6

中国版本图书馆 CIP 数据核字（2015）第 129907 号

责任编辑：陈燕杰　　　　　　　　　　文字编辑：李　瑾
责任校对：王素芹　　　　　　　　　　装帧设计：关　飞

出版发行：化学工业出版社（北京市东城区青年湖南街 13 号　邮政编码 100011）
印　　装：北京捷迅佳彩印刷有限公司
787mm×1092mm　1/16　印张 24¾　字数 672 千字　2023 年 8 月北京第 1 版第 5 次印刷

购书咨询：010-64518888　　　　　　　售后服务：010-64518899
网　　址：http：//www.cip.com.cn
凡购买本书，如有缺损质量问题，本社销售中心负责调换。

定　　价：49.80 元　　　　　　　　　　　　　　　　　　　　版权所有　违者必究

本书编审人员

主　　编　董建慧
副 主 编　鲍长丽　王建涛
编写人员（按姓名笔画排序）

王玉姝	天津生物工程职业技术学院
王建涛	河南医药技师学院
王晓娟	湖南食品药品职业学院
卢　静	杭州第一技师学院
史迎柳	杭州第一技师学院
刘　青	江西省医药学校
杨　季	天津生物工程职业技术学院
何锦丽	杭州第一技师学院
张晓军	杭州第一技师学院
陈蔚蔚	山东医药技师学院
欧阳晓露	江西省医药学校
竺日培	杭州第一技师学院
周家莉	天津生物工程职业技术学院
侯　沧	山东医药技师学院
原　嫄	天津生物工程职业技术学院
董建慧	杭州第一技师学院
蒋　琳	杭州第一技师学院
鲍长丽	天津生物工程职业技术学院

主　　审　郭殿武　杭州民生药业有限公司

前言

  本套教材自 2004 年以来陆续出版了 37 种，经各校广泛使用已累积了较为丰富的经验。并且在此期间，本会持续推动各校大力开展国际交流和教学改革，使得我们对于职业教育的认识大大加深，对教学模式和教材改革又有了新认识，研究也有了新成果。概括来说，这几年来我们取得的新共识主要有以下几点。

  1. 明确了我们的目标——创建中国特色医药职教体系。党中央提出以科学发展观建设中国特色社会主义。我们身在医药职教战线的同仁，就有责任为了更好更快地发展我国的职业教育，为创建中国特色医药职教体系而奋斗。

  2. 积极持续地开展国际交流。当今世界国际经济社会融为一体，彼此交流相互影响，教育也不例外。为了更快更好地发展我国的职业教育，创建中国特色医药职教体系，我们有必要学习国外已有的经验，规避国外已出现的种种教训、失误，从而使我们少走弯路，更科学地发展壮大自己。

  3. 对准相应的职业资格要求。我们从事的职业技术教育既是为了满足医药经济发展之需，也是为了使学生具备相应职业准入要求，具有全面发展的综合素质，既能顺利就业，也能一展才华。作为个体，每个学校具有的教育资质有限。为此，应首先对准相应的国家职业资格要求，对学生实施准确明晰而实用的教育，在有余力有可能的情况下才能谈及品牌、特色等更高的要求。

  4. 教学模式要切实地转变为实践导向而非学科导向。职场的实际过程是学生毕业就业所必须进入的过程，因此以职场实际的要求和过程来组织教学活动就能紧扣实际需要，便于学生掌握。

  5. 贯彻和渗透全面素质教育思想与措施。多年来，各校都十分重视学生德育教育，重视学生全面素质的发展和提高，除了开设专门的德育课程、职业生涯课程和大量的课外教育活动之外，大家一致认为还必须采取切实措施，在一切业务教学过程中，点点滴滴地渗透德育内容，促使学生通过实际过程中的言谈举止，多次重复，逐渐养成良好规范的行为和思想道德品质。学生在校期间最长的时间及最大量的活动是参加各种业务学习、基础知识学习、技能学习、岗位实训等。而这段时间，不能只教业务技术。在学校工作的每个人都要视育人为己任。教师在每个教学环节中都要研究如何既传授知识技能又影响学生品德，使学生全面发展成为健全的有用之才。

  6. 要深入研究当代学生情况和特点，努力开发适合学生特点的教学方式方法，激发学生学习积极性，以提高学习效率。操作领路、案例入门、师生互动、现场教学等都是有效的方式。教材编写上，也要尽快改变多年来黑字印刷，学科篇章，理论说教的老面孔，力求开发生动活泼，简明易懂，图文并茂，激发志向的好教材。根据上述共识，本次修订教材，按以下原则进行。

  ① 按实践导向型模式，以职场实际过程划分模块安排教材内容。
  ② 教学内容必须满足国家相应职业资格要求。
  ③ 所有教学活动中都应该融进全面素质教育内容。
  ④ 教材内容和写法必须适应青少年学生的特点，力求简明生动，图文并茂。

  从已完成的新书稿来看，各位编写人员基本上都能按上述原则处理教材，书稿显示出鲜明的特色，使得修订教材已从原版的技术型提高到技能型教材的水平。当前仍然有诸多问题需要进一步探讨改革。但愿本批修订教材的出版使用，不但能有助于各校提高教学质量，而且能引发各校更深入的改革热潮。

四年多来，各方面发展迅速，变化很大，新版书根据实际需要增加了新的教材品种，同时更新了许多内容，而且编写人员也有若干变动。有的书稿为了更贴切反映教材内容甚至对名称也做了修改。但编写人员和编写思想都是前后相继、向前发展的。因此本会认为这些变动是反映与时俱进思想的，是应该大力支持的。此外，本会也因加入了中国职业技术教育学会而改用现名。原教材建设委员会也因此改为常务理事会。值本批教材修订出版之际，特此说明。

中国职业技术教育学会医药专业委员会主任

苏怀德

2014 年 10 月

编写说明

本教材依据国家职业标准,针对药物制剂工职业岗位需求,为培养药物制剂专业人才而编写。药物制剂工是指操作制剂设备、器具,在规定的条件下,将原料药物或加入辅料加工成符合医用药品的技术工人。主要从事的工作有:操作粉碎、过筛、干燥等设备,按剂型要求对原辅料进行粉碎、预处理;使用衡器、量器称取或量取原料,进行配制;操作制剂成型设备和分装机、灌装机及辅助设备生产固体、液体制剂;操作洗涤设备对内包装材料及器具进行洗涤;操作灭菌设备对内包装材料、器具及制剂半成品进行灭菌;制备符合制剂标准的工艺用水;操作空气净化设备,制备洁净空气,并对环境、设备、器具进行消毒;操作包装设备对成品进行分装、包装。

对于知识技能要求的范围,中级工应掌握本工种所有岗位及上下相邻两个工种的技能和生产知识;高级工应掌握一个产品、一个剂型或一套生产装置的操作技能和生产知识。对于知识技能要求的熟练程度,中级工应能熟练操作,本工种能熟练操作,并掌握相应的操作原理,在工艺操作、设备的使用维护、生产管理、质量检验、事故应变处理、技术改进、相关知识及相关工种的技能方面有较强的能力,属技能操作型;高级工应具备中级工的知识和技能,而且应能精通本工种业务,能运用生产知识指导生产实践,进行技术改进、技术革新,有较强的消化吸收新工艺、新技术并进行新产品试验的能力及进行班组生产管理的能力,属技能应用型。

本教材由中国职业技术教育学会医药专业委员会组织编写,是全国医药技工院校、高等职业技术学校教材。本教材是根据药物制剂专业人才培养目标,针对药物制剂工职业岗位需求,以药物制剂生产的职场实际过程为主线,按照任务引领整合理论和实践教学内容,设置相应教学项目及其模块,培养学生具备药物制剂常见剂型的生产与管理、质量控制与检验、设备操作与维护等技术,培养学生的综合职业能力,达到药物制剂工国家职业标准的要求。

本教材共分五个部分,共十八个项目六十四个模块。其中第一部分为概述,介绍药物制剂技术基础知识和药物制剂生产管理知识;第二至第四部分分别为固体制剂、液体制剂、半固体及其他制剂的生产技术,包括十四个项目,每个项目包括若干模块,每个模块依次为职业岗位、工作目标、准备工作、生产过程、结束工作、基础知识。第五部分为制剂生产新技术和新剂型等前沿知识,引入了体现药物制剂生产发展的新技术、新材料、新工艺和新方法。其中第一部分的项目一(学习药物制剂技术基础知识)、项目二(学习药物制剂生产管理知识)和第五部分的项目十七(学习药物制剂生产新技术)、项目十八(学习药物制剂生产新剂型),是作为技能应用型的高级工应该具备的知识和能力。由于药物剂型较多,仅《中华人民共和国药典》二部(2010年版)就收载有31种剂型。因此,在第二、第三、第四部分中,除项目十一(口服液生产)和各项目中的"拓展学习"作为拓展教学内容可自行选择外,均属于药物制剂工所从事的工作任务,应列为必选内容,但考虑到学校因地域差别或人才培养的需要可有所侧重,以提高教学的针对性和有效性。但对于固体制剂和液体制剂生产中通用性的基本操作内容必须组织教学,如配料、粉碎与过筛、混合、干燥、制粒、纯化水和注射用水生产、配液等。本教材适用于药物制剂专业及药学相关专业学习和实训,也可作为药物制剂工技能考核的培训教材、药品生产企业工人岗位培训教材。同时,对于每个模块的教学花费时间,各校可根据招生对象、学制年限、教学课时等实际情况予以安排。

《药物制剂技术》由董建慧任主编负责全书统稿并编写项目一、项目二、项目十七、项目十八，卢静、史迎柳编写项目三，何锦丽、张晓军编写项目四，蒋琳、竺日培编写项目五，竺日培编写项目十一，鲍长丽、王玉姝编写项目六，周家莉编写项目七、项目十六，王建涛、欧阳晓露编写项目八，侯沧、陈蔚蔚编写项目九，王晓娟编写项目十，杨季编写项目十二，原嫄编写项目十三，刘青编写项目十四，欧阳晓露编写项目十五。

为使本教材教学内容与药物制剂岗位实现零距离对接，特别聘请了国家药典委员会委员、浙江省药学会药剂专业委员会副主任、杭州民生药业有限公司首席科学家、副总经理、总工程师郭殿武作为本教材的主审。

由于编者水平有限，加之时间仓促，书中疏漏之处在所难免，敬请读者批评指正。

编　者
2015 年 6 月

目　录

第一部分　概述

项目一　学习药物制剂技术基础知识 ············ 2
　模块一　认识药物剂型与制剂 ················ 2
　　一、药物剂型的重要性 ·················· 2
　　二、剂型的分类 ······················ 3
　　三、药物制剂生产常用术语 ··············· 4
　模块二　学习使用中国药典 ················· 6
　　一、国家药品标准 ····················· 6
　　二、中国药典简介 ····················· 6
　　三、使用中国药典 ····················· 7
　拓展学习 ··························· 8
　　一、药物制剂的发展概况 ················ 8
　　二、国外药典 ······················· 8
　思考题 ··························· 9
项目二　学习药物制剂生产管理知识 ············ 10
　模块一　认识药品生产质量管理规范 ············ 10
　模块二　学习药物制剂生产管理规定 ············ 11
　　一、厂房与设施管理 ··················· 11
　　二、设备管理 ······················· 18
　　三、文件管理 ······················· 18
　　四、生产管理 ······················· 19
　拓展学习 ··························· 22
　　一、GMP 的产生和发展 ················· 22
　　二、我国 GMP 推进过程 ················· 22
　思考题 ··························· 23

第二部分　固体制剂生产技术

项目三　散剂生产 ····················· 25
　模块一　配料 ························ 26
　　一、职业岗位 ······················· 26
　　二、工作目标 ······················· 26
　　三、准备工作 ······················· 26
　　四、生产过程 ······················· 27
　　五、基础知识 ······················· 28
　模块二　粉碎与筛分 ···················· 32
　　一、职业岗位 ······················· 32
　　二、工作目标 ······················· 32
　　三、准备工作 ······················· 32
　　四、生产过程 ······················· 33
　　五、基础知识 ······················· 34
　模块三　混合 ························ 39
　　一、职业岗位 ······················· 39
　　二、工作目标 ······················· 39
　　三、准备工作 ······················· 39
　　四、生产过程 ······················· 40
　　五、基础知识 ······················· 41
　模块四　分剂量/内包装 ·················· 44
　　一、职业岗位 ······················· 44
　　二、工作目标 ······················· 44
　　三、准备工作 ······················· 44
　　四、生产过程 ······················· 45
　　五、基础知识 ······················· 45
　思考题 ··························· 48
项目四　颗粒剂生产 ···················· 49
　模块一　配料 ························ 50
　模块二　粉碎与筛分 ···················· 50
　模块三　制粒 ························ 50
　　一、职业岗位 ······················· 50
　　二、工作目标 ······················· 50
　　三、准备工作 ······················· 51
　　四、生产过程 ······················· 51
　　五、基础知识 ······················· 55
　模块四　干燥 ························ 60
　　一、职业岗位 ······················· 60
　　二、工作目标 ······················· 60
　　三、准备工作 ······················· 60
　　四、生产过程 ······················· 61
　　五、基础知识 ······················· 62
　模块五　整粒 ························ 64

一、职业岗位 …………………………64
　　二、工作目标 …………………………65
　　三、准备工作 …………………………65
　　四、生产过程 …………………………65
　　五、基础知识 …………………………66
模块六　分剂量/内包装 ……………………67
　　一、职业岗位 …………………………67
　　二、工作目标 …………………………67
　　三、准备工作 …………………………67
　　四、生产过程 …………………………68
　　五、基础知识 …………………………70
思考题 …………………………………………72

项目五　胶囊剂生产 ………………………73
模块一　配料 …………………………………75
模块二　粉碎与筛分 …………………………75
模块三　混合 …………………………………75
模块四　硬胶囊药物填充 ……………………75
　　一、职业岗位 …………………………75
　　二、工作目标 …………………………75
　　三、准备工作 …………………………75
　　四、生产过程 …………………………76
　　五、基础知识 …………………………79
模块五　溶胶 …………………………………81
　　一、职业岗位 …………………………81
　　二、工作目标 …………………………81
　　三、准备工作 …………………………81
　　四、生产过程 …………………………82
　　五、基础知识 …………………………83
模块六　软胶囊内容物配制 …………………84
　　一、职业岗位 …………………………84
　　二、工作目标 …………………………84
　　三、准备工作 …………………………84
　　四、生产过程 …………………………85
　　五、基础知识 …………………………85
模块七　软胶囊的压制 ………………………87
　　一、职业岗位 …………………………87
　　二、工作目标 …………………………87
　　三、准备工作 …………………………87
　　四、生产过程 …………………………88
　　五、基础知识 …………………………91
模块八　软胶囊的清洗和干燥 ………………94
　　一、职业岗位 …………………………94

　　二、工作目标 …………………………94
　　三、准备工作 …………………………94
　　四、生产过程 …………………………94
　　五、基础知识 …………………………96
模块九　胶囊剂内包装 ………………………96
　　一、职业岗位 …………………………96
　　二、工作目标 …………………………96
　　三、准备工作 …………………………96
　　四、生产过程 …………………………97
　　五、基础知识 …………………………99
拓展学习 ………………………………………101
　　一、肠溶胶囊剂制备 …………………101
　　二、其他胶囊剂 ………………………102
思考题 …………………………………………102

项目六　片剂生产 …………………………103
模块一　配料 …………………………………105
模块二　粉碎与筛分 …………………………105
模块三　制粒 …………………………………106
模块四　干燥 …………………………………106
模块五　整粒 …………………………………106
模块六　总混 …………………………………106
　　一、职业岗位 …………………………106
　　二、工作目标 …………………………106
　　三、准备工作 …………………………106
　　四、生产过程 …………………………107
　　五、基础知识 …………………………109
模块七　压片 …………………………………114
　　一、职业岗位 …………………………114
　　二、工作目标 …………………………114
　　三、准备工作 …………………………114
　　四、生产过程 …………………………115
　　五、基础知识 …………………………119
拓展学习 ………………………………………126
　　一、直接压片法 ………………………126
　　二、中药片剂制备简介 ………………127
模块八　片剂的包衣 …………………………129
　　一、职业岗位 …………………………129
　　二、工作目标 …………………………129
　　三、准备工作 …………………………129
　　四、生产过程 …………………………130
　　五、基础知识 …………………………132
拓展学习 ………………………………………140

一、流化包衣法 141
　　二、压制包衣法 141
　模块九　片剂内包装 142
　　一、职业岗位 142
　　二、工作目标 142
　　三、准备工作 143
　　四、生产过程 144
　　五、基础知识 146
　思考题 150

第三部分　液体制剂生产技术

项目七　制药用水生产 152
　模块一　纯化水生产 154
　　一、职业岗位 154
　　二、工作目标 155
　　三、准备工作 155
　　四、生产过程 156
　　五、基础知识 159
　模块二　注射用水生产 166
　　一、职业岗位 166
　　二、工作目标 166
　　三、准备工作 167
　　四、生产过程 167
　　五、基础知识 168
　思考题 171
项目八　注射剂生产 172
　模块一　安瓿处理 175
　　一、职业岗位 175
　　二、工作目标 175
　　三、准备工作 175
　　四、生产过程 176
　　五、基础知识 179
　模块二　配液 182
　　一、职业岗位 182
　　二、工作目标 182
　　三、准备工作 183
　　四、生产过程 183
　　五、基础知识 186
　拓展学习 189
　　一、渗透压调节剂用量计算方法 189
　　二、注射剂投料计算 191
　模块三　灌封 191
　　一、职业岗位 191
　　二、工作目标 191
　　三、准备工作 191
　　四、生产过程 192
　　五、基础知识 194
　模块四　灭菌检漏 198
　　一、职业岗位 198
　　二、工作目标 198
　　三、准备工作 198
　　四、生产过程 199
　　五、基础知识 201
　拓展学习 203
　　一、影响湿热灭菌的因素 203
　　二、其他灭菌法 204
　模块五　灯检 205
　　一、职业岗位 205
　　二、工作目标 205
　　三、准备工作 205
　　四、生产过程 206
　　五、基础知识 207
　模块六　印字包装 210
　　一、职业岗位 210
　　二、工作目标 210
　　三、准备工作 210
　　四、生产过程 211
　　五、基础知识 212
　拓展学习 216
　　一、输液剂 216
　　二、粉针剂 220
　思考题 225
项目九　滴眼剂生产 227
　模块一　配液 227
　模块二　灌封 228
　　一、职业岗位 228
　　二、工作目标 228
　　三、准备工作 229
　　四、生产过程 230
　　五、基础知识 232
　思考题 235

项目十 普通液体制剂生产 ……………… 236
模块一 配液 ……………………………… 237
一、职业岗位 …………………………… 237
二、工作目标 …………………………… 237
三、准备工作 …………………………… 237
四、生产过程 …………………………… 238
五、基础知识 …………………………… 240
拓展学习
一、胶浆剂性质 ………………………… 251
二、混悬剂的稳定性、质量评价 ……… 252
三、乳剂的形成理论、不稳定现象、
　　质量评价 …………………………… 253
四、药物制剂的稳定性 ………………… 254
模块二 灌封 ……………………………… 257
一、职业岗位 …………………………… 257
二、工作目标 …………………………… 257
三、准备工作 …………………………… 257
四、生产过程 …………………………… 258
五、基础知识 …………………………… 260
思考题 …………………………………… 261

项目十一 口服液生产 …………………… 262
模块一 有效成分的提取与处理 ………… 262
一、职业岗位 …………………………… 262
二、工作目标 …………………………… 262
三、准备工作 …………………………… 263
四、生产过程 …………………………… 264
五、基础知识 …………………………… 266
模块二 灌装 ……………………………… 271
一、职业岗位 …………………………… 271
二、工作目标 …………………………… 271
三、准备工作 …………………………… 271
四、生产过程 …………………………… 272
五、基础知识 …………………………… 274
模块三 灭菌 ……………………………… 276
思考题 …………………………………… 276

第四部分 半固体及其他制剂生产技术

项目十二 软膏剂、乳膏剂生产 ………… 278
模块一 配制 ……………………………… 279
一、职业岗位 …………………………… 279
二、工作目标 …………………………… 279
三、准备工作 …………………………… 279
四、生产过程 …………………………… 280
五、基础知识 …………………………… 282
模块二 灌封 ……………………………… 287
一、职业岗位 …………………………… 287
二、工作目标 …………………………… 287
三、准备工作 …………………………… 288
四、生产过程 …………………………… 288
五、基础知识 …………………………… 290
拓展学习
一、糊剂 ………………………………… 293
二、眼膏剂 ……………………………… 293
三、凝胶剂 ……………………………… 294
思考题 …………………………………… 295

项目十三 栓剂生产 ……………………… 296
模块一 配制 ……………………………… 297
一、职业岗位 …………………………… 297
二、工作目标 …………………………… 297
三、准备工作 …………………………… 298
四、生产过程 …………………………… 299
五、基础知识 …………………………… 301
拓展学习
一、直肠栓的吸收途径 ………………… 303
二、置换价 ……………………………… 304
模块二 成型 ……………………………… 304
一、职业岗位 …………………………… 304
二、工作目标 …………………………… 304
三、准备工作 …………………………… 304
四、生产过程 …………………………… 305
五、基本知识 …………………………… 307
拓展学习 新型栓剂
一、速释栓 ……………………………… 310
二、缓释栓 ……………………………… 310
思考题 …………………………………… 310

项目十四 膜剂生产 ……………………… 311
模块一 配液 ……………………………… 312
模块二 成膜 ……………………………… 313
一、职业岗位 …………………………… 313
二、工作目标 …………………………… 313
三、准备工作 …………………………… 313

四、生产过程 …… 314	五、常用辅料 …… 328
五、基础知识 …… 316	六、制备方法 …… 329
思考题 …… 319	思考题 …… 329
项目十五 滴丸剂生产 …… 320	**项目十六 喷雾剂生产** …… 330
模块一 配液 …… 321	模块一 配液 …… 331
模块二 滴制成型 …… 321	模块二 灌封 …… 331
一、职业岗位 …… 321	一、职业岗位 …… 331
二、工作目标 …… 321	二、工作目标 …… 331
三、准备工作 …… 322	三、准备工作 …… 332
四、生产过程 …… 322	四、生产过程 …… 333
五、基础知识 …… 325	五、基础知识 …… 335
拓展学习 …… 327	拓展学习 …… 336
一、定义 …… 327	一、气雾剂 …… 336
二、分类 …… 327	二、粉雾剂 …… 342
三、特点 …… 328	思考题 …… 342
四、质量要求 …… 328	

第五部分 药物制剂生产新技术和新剂型

项目十七 学习药物制剂生产新技术 …… 344	二、缓释、控释制剂辅料 …… 357
模块一 认识包合技术 …… 344	三、缓释、控释制剂的释药机理 …… 358
一、概述 …… 344	四、缓释、控释制剂生产技术 …… 359
二、包合材料 …… 344	模块二 认识经皮给药制剂 …… 361
三、应用特点 …… 345	一、概述 …… 361
四、β-环糊精包合技术 …… 346	二、经皮给药制剂的类型 …… 363
模块二 认识固体分散技术 …… 346	三、经皮给药制剂生产技术 …… 364
一、概述 …… 346	四、经皮给药制剂的质量评价 …… 364
二、载体材料 …… 347	模块三 认识靶向制剂 …… 364
三、常用固体分散技术 …… 348	一、概述 …… 364
四、固体分散物的速释与缓释 …… 349	二、被动靶向制剂 …… 366
模块三 认识微型包囊技术 …… 349	三、主动靶向制剂 …… 369
一、概述 …… 349	四、物理化学靶向制剂 …… 370
二、囊心物与囊材 …… 350	模块四 认识生物技术药物制剂 …… 371
三、常用微囊化方法 …… 351	一、生物技术和生物技术药物 …… 371
四、微囊的质量评价 …… 353	二、生物技术药物的结构、性质与分类 …… 371
思考题 …… 354	三、蛋白多肽药物的注射给药 …… 372
项目十八 学习药物制剂生产新剂型 …… 355	四、蛋白多肽药物的非注射给药 …… 373
模块一 认识缓释和控释制剂 …… 355	思考题 …… 374
一、概述 …… 355	

附录 ……………………………………………………… 375
 附录 1 一般生产区人员进出规程 ……………… 375
 附录 2 D 级洁净区生产人员进出规程 ………… 376
 附录 3 C 级洁净区生产人员进出规程 ………… 377
 附录 4 物料交接单 …………………………………… 379
 附录 5 清场记录 ……………………………………… 379
 附录 6 产品清场管理制度 …………………………… 380

参考文献 ……………………………………………………… 381

第一部分
概　述

项目一
学习药物制剂技术基础知识

药物制剂系指根据药典、药品监督管理部门批准的药品注册标准和注册工艺，将原料药物按某种剂型制成具有一定规格的药剂。如注射剂中的维生素C注射液、甲硝唑注射液、葡萄糖注射液等，片剂中有红霉素片、头孢拉定片、氨茶碱片等。任何一种药物都不能直接应用于人体，必须制成适合治疗或预防的应用形式的具体品种，以达到充分发挥药效、减少毒副作用、便于使用和保存的目的。

药物制剂技术系指在药剂学理论指导下，将原料药物制成药物制剂的生产与制备的工艺操作方法与技能，是药剂学理论在药物制剂生产制备过程中的体现和应用。药物制剂技术的基本任务就是根据药物的性质和特点，将其制成适宜的剂型，以发挥最佳治疗效果。制剂处方的设计、制备工艺的选择、制剂稳定性的研究以及制剂质量的控制等，均需要以药剂学理论为基础。药品生产企业生产的药物制剂品种都是经药品监督管理部门核准的，具有处方合理、安全有效、工艺规范、制剂稳定、质量可控的特点，但受原料药和辅料来源、生产工艺及条件的差异、操作人员技术熟练程度、质量检测水平甚至气候因素等各方面影响，都可能使制剂生产出现各种情况。因此，在药品制剂的生产制备过程中，需要有大批的技术应用型人员工作在各个业务岗位上，他们不仅要熟知药剂学的基本理论与知识，而且要熟练掌握与本岗位群工作密切相关的技术操作，如各种不同的剂型制备岗位的生产操作技术、制剂产品及半成品的质量控制、与生产过程密切相关的技术管理与质量管理程序及常识等，这些业务能力通过对本课程的深入学习和系统训练就能获得。

药物制剂技术涉及药物制剂生产的整个过程，是涵盖面相当广的综合技术，其大体包括：
① 用以指导制剂生产的制剂工艺理论。
② 法定药品标准；制剂生产处方的组合原则；成品与半成品的质量要求与标准。
③ 制剂生产工艺流程中各个工序的单元操作及其相互之间的衔接与配合；各个工序的质量控制要点与监控方法。
④ 制剂生产过程中原料药物（化学药物、天然药物、生物技术药物）、辅料、工艺用水、包装材料的使用。
⑤ 制剂生产的厂房与设施、设备的要求与使用，如制剂设备、辅助设备、能源、信息控制系统、厂房、车间与公用设施等。
⑥ 生产过程的管理（如车间环境管理、人员管理、设备管理、物料管理、生产管理、质量管理、文件管理、安全管理等）。

模块一　认识药物剂型与制剂

一、药物剂型的重要性

药物剂型是指原料药物经过加工制成的适合于医疗、预防的应用形式，简称剂型。如片剂、注射剂、胶囊剂、软膏剂等。目前中西药物制剂有40余种剂型。药物制成的剂型主要取决于药物的性质、医疗上的需要和使用、贮存与运输上的要求。药物本身的疗效固然是主要的，而剂型是药物的应用形式，对药效的发挥极为重要，有时甚至起决定作用，剂型的重要性有以下几个方面。

1. 剂型能满足临床治疗的需要

剂型不同，药物的作用速度、强度及持续时间均有所不同，并以不同的给药途径实现治疗的目的。如注射剂、吸入气雾剂等，发挥药效很快，常用于急救；丸剂、缓释控释制剂、植入剂等作用缓慢持久，用于慢性病；对于皮肤、局部腔道疾病，宜采用软膏剂、乳膏剂、栓剂、贴剂等局部给药剂型，可提高局部治疗效果，减少全身用药副作用。此外，同一种药物的不同剂型，还可使药物的作用性质发生改变。如50%硫酸镁口服剂型用作泻下药，但5%硫酸镁注射液静脉滴注能抑制大脑中枢神经，有镇静、抗惊厥作用；又如依沙吖啶（即利凡诺）1%注射液用于中期引产，但0.1%～0.2%溶液局部涂敷有杀菌作用。临床上应根据疾病治疗的需要选用不同的剂型。

2. 剂型能适应药物性质的要求

不同性质药物必须制成适宜的剂型应用于临床，才能获得应有的药效作用。例如青霉素在胃肠道中易被胃肠液破坏，必须制成粉针剂；胰岛素、硝酸甘油口服后能被胃肠消化液破坏而失效，因而前者必须制成注射剂，后者则常制成舌下片应用；治疗十二指肠溃疡药奥美拉唑在酸性条件下易分解，因而必须制成肠溶性制剂，避免被胃酸破坏。

3. 改变剂型能降低（或消除）药物的毒副作用

采用不同的剂型可降低或消除药物的毒副作用，如氨茶碱治疗哮喘病效果很好，但有引起心跳加快的副作用，若改成栓剂则可消除这种毒副作用；缓释与控释制剂能保持血药浓度平稳，从而在一定程度上降低药物的毒副作用。

4. 某些剂型具有靶向作用

如静脉注射的脂质体是具有微粒结构的制剂，在体内能被网状内皮系统的巨噬细胞所吞噬，使药物在肝、脾等器官浓集性分布，即发挥出药物剂型的肝、脾靶向作用。可提高药物制剂的药效，降低毒副作用。

5. 剂型可影响疗效

剂型中的药物性质和制备工艺直接影响药效，如药物的粒径、晶型，都可以影响到药物的释放与溶解，从而影响药物的治疗效果。如片剂、颗粒剂、丸剂的制备工艺不同，也会对药效产生显著影响。

二、剂型的分类

1. 按形态分类

（1）液体剂型　如溶液剂、糖浆剂、注射剂、合剂、洗剂、芳香水剂等。

（2）固体剂型　如颗粒剂、胶囊剂、片剂、丸剂、膜剂等。

（3）半固体剂型　如软膏剂、糊剂等。

（4）气体剂型　如气雾剂、喷雾剂、吸入剂等。

形态相同的剂型，其制备方法和用药特点也有类似之处，如液体剂型制备时常需经分散、溶解；固体剂型制备时多经粉碎、过筛、混合、成形；半固体剂型多需熔融与研和等。药效方面气体剂型最快，固体剂型较慢，半固体剂型多作外用。

2. 按分散系统分类

凡一种或几种物质的质点分散在另外一种物质的质点中所形成的体系称分散系统。被分散的物质称为分散相，容纳分散相的物质称为分散介质。

(1) 溶液型　这类剂型是药物以分子或离子状态（质点小于1nm）分散在适宜介质中形成的均匀分散体系，也称为低分子溶液，如溶液剂、芳香水剂、糖浆剂、甘油剂、醑剂等。

(2) 胶体溶液型　这类剂型包括高分子溶液和溶胶剂。高分子溶液是药物高分子的质点（一般在1~100nm之间）分散在介质中形成均匀分散体系，如胶浆剂、涂膜剂等；而溶胶剂系由固体药物的多分子聚集体分散形成的非均匀分散体系。

(3) 乳剂型　这类剂型是互不相溶或极微溶解的两相液体，其中一相以微小液滴（粒径大小在0.1~50μm之间）分散于另一相中形成相对稳定的非均相分散体系，也称乳剂，如口服乳剂、静脉注射乳剂和部分搽剂等。

(4) 混悬型　这类剂型是固体药物以微粒状态（粒径大小在0.5~10μm之间）分散在液体介质中所形成的非均匀分散体系，如洗剂、混悬剂等。

(5) 气体分散型　这类剂型是液体或固体药物以微粒状态分散在气体分散介质中所形成的分散体系，如气雾剂、粉雾剂等。

(6) 微粒分散型　这类剂型是药物以一定大小微粒呈液体或固体状态分散，如微球制剂、微囊制剂、纳米囊制剂等。

(7) 固体分散型　这类剂型是固体药物以分散或聚集体状态存在的分散体系，如散剂、颗粒剂、胶囊剂、片剂、丸剂等。

这种分类方法便于运用物理化学原理来研究各类剂型的特征及其稳定性，但不能反映给药部位和用药方法对剂型的要求。

3. 按给药途径分类

(1) 经胃肠道给药剂型　是指药物制剂经口服后进入胃肠道，药物从中释放后起局部作用或经吸收产生全身作用，常用的有溶液剂、乳剂、散剂、颗粒剂、胶囊剂、片剂、丸剂等。口腔贴剂、口含片、口腔黏膜吸收的剂型不属于胃肠道给药剂型。

(2) 非经胃肠道给药剂型　是指除口服给药途径之外的所有其他剂型，可在给药部位起局部作用或经吸收产生全身作用，主要包括如下剂型。

① 注射给药剂型　如注射剂，包括静脉注射、肌内注射、皮内注射、皮下注射、椎管腔注射等多种注射途径。

② 呼吸道给药剂型　如气雾剂、喷雾剂、粉雾剂等。

③ 腔道给药剂型　如栓剂、气雾剂、滴剂等。用于阴道、尿道、鼻腔、耳道等。

④ 黏膜给药剂型　如滴眼剂、滴鼻剂、眼膏剂、含漱剂、口含片剂、舌下片剂等。

⑤ 皮肤给药剂型　如洗剂、搽剂、软膏剂、糊剂、硬膏剂、贴剂等。

依据给药途径来分类，便于从临床应用的安全性、有效性及顺应性等方面对各种制剂的制备提出一些特殊要求，以满足临床治疗的需要。

4. 按制法分类

(1) 浸出制剂　将天然药物有效成分浸出后加工制成的剂型，如酊剂、流浸膏剂、中药合剂等。

(2) 无菌制剂　系用无菌操作或经灭菌程序制成并达到无菌要求的剂型，如注射剂、滴眼剂、植入剂等。这种分类方法不能覆盖所有制剂，故不常用。

三、药物制剂生产常用术语

1. 药物

药物是指能够用于治疗、预防或诊断人的疾病以及对机体生理功能产生影响的物质。包括天然药物、化学合成药物和现代基因工程药物。具有防治的活性，是药物最基本的特征。

2. 药品

药品是指用于治疗、预防或诊断人的疾病，有目的地调节人的生理功能并规定有适应证或功能主治、用法、用量的物质，包括中药材、中药饮片、中成药、化学原料药及其制剂、抗生素、生化药品、血清疫苗、放射性药品、血液制品和诊断药品等。

3. 产品、中间产品和成品

产品包括药品的中间产品、待包装产品和成品。中间产品是指完成部分加工步骤的产品，尚需进一步加工方可成为待包装产品。成品是指已完成所有生产操作步骤和最终包装的产品。

4. 制剂名称

药物制剂的名称应科学、规范，这是合理用药的基本保证。目前我国的制剂名称有三种：通用名、商品名和国际非专利名。药品必须使用通用名称，列入国家药品标准的药品名称为药品通用名称，按国家药典委员会制定的《药品通用名称命名原则》命名，为药品的法定名称，具有通用性，并以法律规定的形式加以保护。制剂名称应原料药名称列前、剂型名列后，如吲哚美辛胶囊（Indometacin Capsules）。商品名是指药品生产企业自行确定并经药品监督管理部门批准的药品名称，具有专属性，体现了药品生产企业的形象及其对商品名称的专属权。药品商品名称的使用范围应严格按照《药品商品名称命名原则》的规定，除新的化学结构、新的活性成分的药物，以及持有化合物专利的药品外，其他品种一律不得使用商品名称。在药品包装上，药品通用名称应当显著、突出，药品商品名称不得与通用名称同行书写，其字体以单字面积计不得大于通用名称所用字体的二分之一。药品通用名称不得用作商品名（商标名）注册。国际非专利药名是世界卫生组织制定的药物国际通用名称，药品的外文名应尽量采用国际非专利药名（International Nonproprietary Names for Pharmaceutical Substances，简称 INN），以利国际交流。

5. 药品批准文号

药品批准文号系指国家批准药品生产企业生产该药品的文号，由国家药品监督管理部门统一编定，并予以核发。药品批准文号的格式为国药准字 H（Z、S、J、T、F）+4 位年号+4 位顺序号，其中 H 代表化学药品、Z 代表中药、S 代表生物制品、J 代表进口药品分包装、T 代表体外化学诊断试剂、F 代表药用辅料。药品的每一规格发给一个批准文号，药品批准文号代表着生产该药品的合法性，除经药品监督管理部门批准的药品委托生产外，同一药品不同生产企业发给不同的药品批准文号。

6. 药品生产批和批号

药品生产批号是指用于识别特定批的具有唯一性的数字和（或）字母的组合。用以追溯和审查该批药品生产的历史。而所谓"批"则是指经一个或若干加工过程生产的、具有预期均一质量和特性的一定数量的成品。为完成某些生产操作步骤，可能有必要将一批产品分成若干亚批，最终合并成为一个均一的批。在连续生产情况下，批必须与生产中具有预期均一特性的确定数量的产品相对应，批量可以是固定数量或固定时间段内生产的产品量。

在生产过程中，药品批号主要起标识作用，根据生产批号和相应的批生产记录、批包装记录和批检验记录，可以追溯该批药品的原料来源、药品形成过程的历史；在药品形成制剂成品后，根据发运记录，可以追溯药品的销售情况和市场去向，药品进入市场后的质量状况，在需要的时候可以控制和召回该批药品。

批号包括正常批号、返工批号、混合批号三种情况，其正常批号的组成形式是：年＋月＋流水号。目前我国的药品生产批号通常由 6 位或 8 位数字组成。批号以 6 位数表示，前两位数表示年，中间两位数表示月份，后两位数表示日期或生产流水号。批号以 8 位数表示，即表示"年月日"或"年份和月份"的 6 位数，2 位数则表示生产流水号或有其他含义，由生产企业根据生产的产品、工艺等情况确定。

7. 药品的有效期

药品有效期是指药品被批准的使用期限，表示药品在规定的贮存条件下，能够保持其质量的期限。有效期是有关药品稳定性和安全性的重要指标，必须在药品标签或说明书上标注。

药品标签中的有效期应当按照年、月、日的顺序标注，年份用四位数字表示，月、日用两位数表示。其具体标注格式为"有效期至××××年××月"或者"有效期至××××年××月××日"；也可以用数字和其他符号表示为"有效期至××××.××."或者"有效期至××××/××/××"等。预防用生物制品有效期的标注按照国家食品药品监督管理总局批准的注册标准执行，治疗用生物制品有效期的标注自分装日期计算，其他药品有效期的标注自生产日期计算。有效期若标注到日，应当为起算日期对应年月日的前一天，若标注到月，应当为起算月份对应年月的前一月。

8. 制剂的物料

制剂生产所用的物料包括制剂的原料、辅料和包装材料等。化学药品制剂的原料是指原料药；生物制品的原料是指原材料；中药制剂的原料是指中药材、中药饮片和外购中药提取物。每一个制剂产品中除了具有发挥作用的活性成分外都含有药用辅料，也就是生产制剂时所用的赋形剂或附加剂，如助悬剂、乳化剂、填充剂、崩解剂、包衣物料、软膏基质、增塑剂、保湿剂、抑菌剂、矫味剂等。制剂中的原料药和辅料，均应符合药典或药品监督管理部门的有关规定。辅料的品种与用量，应无毒无害，不影响疗效和降低制剂的生物利用度，对药品检验也无干扰。

9. 制剂的包装

药物制剂的包装系指选用适宜的材料或容器，利用包装技术对药物制剂的待包装产品进行分（灌）、封、装、贴签等操作的总称。可在药品贮存、运输、管理和使用过程中，起到品质保护、标示说明、方便使用和携带运输的作用。其包装形式，按包装的作用不同，药物制剂包装有内包装、外包装及辅助包装三种；按包装的剂量不同，药物制剂包装有单剂量包装和多剂量包装；按包装的材料不同，药物制剂包装有金属包装、玻璃包装、塑料包装、橡胶包装、复合材质包装（如铝塑组合盖、复合膜制成的条带）。目前常用的内包装材料有玻璃、塑料、橡胶、金属、纸及复合材料（如铝-塑材料、纸-塑材料、塑-塑材料）等。药品包装必须适合药品质量的要求，方便贮存、运输和使用；必须按照规定印有或者贴有标签并附有说明书，注明药品的通用名称、成分、性状、适应证或者功能主治、规格、用法用量、生产日期、产品批号、有效期、生产企业、不良反应、禁忌、注意事项、贮存条件、批准文号、包装数量等内容；直接接触药品的包装材料和容器是制剂的重要组成部分，必须符合药用的要求及保障人体健康、安全的标准，并由药品监督管理部门在审批药品时一并审批。

模块二　学习使用中国药典

一、国家药品标准

国家药品标准是国家为保证药品质量所制定的关于药品的质量指标、检验方法以及生产工艺等技术要求，是药品生产、经营、使用、检验和监督管理部门共同遵循的法定依据。我国的国家药品标准包括国家食品药品监督管理总局颁布的《中华人民共和国药典》（简称《中国药典》）、药品注册标准和其他药品标准。

药品注册标准是国家食品药品监督管理总局批准给申请人的特定药品标准，生产该药品的药品生产企业必须执行该注册标准。药品注册标准不得低于《中国药典》的规定。

二、中国药典简介

药典是一个国家记载药品规格、标准的法典，由国家药典委员会组织编纂、由政府颁布实施，具有法律的约束力。药典收载的品种都是药效确切、副作用小、质量较稳定的常用药品及制剂，并明确规定其质量规格和检验方法，作为药品生产、检验、供应与使用的依据。

一个国家的药典在一定程度上体现出这个国家药品生产、医疗和科学技术的水平。由于医药科技的发展和进步，新的药物和新的制剂不断被开发应用，对药物及制剂的质量要求也更加严格，所以药品的检验方法也在不断更新。因此，药典一般每五年修订出版一次，在新版药典中不仅增加新的品种，而且增设一些新的检验项目或方法，同时对有问题的药品进行删除。在新版药典出版前，往往由国家药典委员会编辑出版增补本，以利于新药和新制剂在临床的应用，这种增补本与药典具有相同的法律效力。显然，药典在保证人民用药的安全有效、促进药物研究和生产上起到重要作用。

《中华人民共和国药典》在新中国成立后已相继出版了9版和几版增补本，包括1953年版、1963年版、1977年版、1985年版、1990年版、1995年版、2000年版、2005年版和2010年版。其中，从1963年版开始，《中国药典》分为一、二两部，一部收载常用药材和饮片、中药成方制剂，二部收载化学药品、抗生素、生化药品、放射性药品、血清、疫苗、血液制品和诊断药品等；2005年版和2010年版均分为三部，一部收载药材和饮片、植物油脂和提取物、成方制剂和单味制剂等，二部收载化学药品、抗生素、生化药品、放射性药品以及药用辅料等，三部收载生物制品。

《中国药典》2010年版为我国现行版药典，收载的品种和附录数量及变化情况见表1-1。本版药典收载品种有较大幅度的增加，基本覆盖了国家基本药物目录品种范围；对于部分标准不完善、多年无生产、临床不良反应多的药品，予以调整，2005年版收载而本版药典未收载的品种共计36种；一、二、三部共同采用的附录分别在各部中予以收载，并进行了协调统一；在附录中新增成熟的新技术方法，在品种正文中加大了对现代分析技术的应用，充分体现出药典作为我国保证药品质量法典的科学性、先进性、规范性和权威性。

《中国药典》的基本结构包括：凡例、正文、附录和索引。凡例是解释和使用药典正确进行质量检定的基本原则，并把与正文、附录及质量检定有关的共性问题加以规定的总说明，包括药典中各种术语的含义及其在使用时的有关规定。正文是药典的主要内容，包括药典各收载品种的名称、有机药物的结构式、分子式和分子量、来源或有机药物化学名、含量或效价规定、处方、制法、炮制、性状、鉴别、检查、含量或效价测定、类别、规格、贮藏、制剂、性味与归经、功能与主治、用法与用量等。附录部分包括制剂通则、通用检查方法和指导原则、药材炮制通则、对照品与对照药材及试药、试液、试纸等。索引设有中文名、英文名或拉丁学名索引以便于查阅。凡例和附录中的有关规定具有法定约束力。索引有中文索引和英文索引两种方式。

表1-1 2010年版药典收载品种和附录数量及变化情况

项目	品种/种			附录/个		
	收载	新增	修订	收载	新增	修订
一部	2165	1019	634	112	14	47
二部	2271	330	1500	149	15	69
三部	131	37	94	149	18	39
合计	4567	1386	2228	410	47	155

三、使用中国药典

查阅《中国药典》（2010年版），并将查阅结果记录于表1-2。

表1-2 查阅《中国药典》

查阅内容	药典	页码	查阅结果
细粉	部		
三七的来源	部		
药用辅料	部		(内容略)
阿莫西林的性状	部		
抗五步蛇毒血清成品检定项目	部		
凉暗处	部		
注射用水的pH检查	部		
炮制通则	部		(内容略)
桂林西瓜霜的规格	部		
复方炔诺酮片的处方	部		

拓 展 学 习

一、药物制剂的发展概况

我国早在夏商时期就有汤剂和酒剂的制作和使用记载。我国最早的医药经典文献《黄帝内经》中就记载了汤、丸、散、膏、药酒等剂型。东汉张仲景的《伤寒论》和《金匮要略》中收载了糖浆剂、洗剂、软膏剂、栓剂、脏器制剂等十余种剂型。晋代葛洪所著的《肘后备急方》中收载了铅硬膏、干浸膏、蜡丸、浓缩丸、锭剂、条剂、尿道栓剂等。唐代孙思邈的《备急千金要方》、《千金翼方》等医药书籍中都收载了各科应用的方剂和各种制剂的内容。宋代已有大规模的成方制剂生产,并出现了官办药厂及我国最早的国家制剂规范《太平惠民和剂局方》。明代李时珍编著的《本草纲目》收载了各类药物剂型近40种,药物1892种。19世纪至20世纪初的近百年间,西洋医药传入我国,出现了片剂、注射剂、胶囊剂等剂型的生产和应用。

药物制剂是在传统制剂中药制剂、格林制剂等基础上发展起来,并随着合成药物、提取有效成分、生物技术药物及其他科学技术的发展而发展,不断出现适合治疗需要的新剂型。因而第一代药物制剂是简单加工供口服或外用的丸、散、膏、丹及液体等制剂。随着工业革命出现,蒸汽机的发明,电力的应用,使药物制剂机械化生产成为可能;随着临床用药的需要,给药途径的扩大,产生了第二代药物制剂,如片剂、胶囊剂、注射剂、乳膏剂、栓剂、气雾剂等剂型。高分子材料科学的发展以及临床研究的不断深入,出现了第三代药物制剂——缓释和控释制剂,这类制剂改变了以往剂型频繁给药、血药浓度不稳定的缺点,减少了毒副作用,提高了病人用药的依从性,从而提高治疗效果。固体分散技术、微囊技术等新技术的出现,发展了第四代药物制剂靶向制剂,可以使药物浓集于靶组织、靶器官、靶细胞,提高疗效的同时降低全身毒副作用。而反映时辰生物技术与生理节律的脉冲式给药,根据所接受的反馈信息自动调节释放药量的自调式给药,即在发病高峰时期体内自动释药给药系统,被认为是第五代药物制剂。正在孕育的随症调控式个体化给药系统可称作第六代。

二、国外药典

目前,世界上已有近40个国家编制了国家药典,另外还有国际性和区域性药典。这些药典无疑对世界医药科技交流和国际医药贸易具有极大的促进作用。其中主要的药典包括:

《美国药典》(United States Pharmacopoeia),简称 USP;《英国药典》(British Pharmacopoeia),简称 BP;《日本药局方》(Japanese Pharmacopoeia),简称 JP;《国际药典》(The International Pharmacopoeia),简称 IntPh,是世界卫生组织为统一世界各国药品的质量标准和质量控制的方法而编纂的,但它对各国无法律约束力,仅作为各国编纂药典时的参考标准;《欧洲药典》(European Pharmacopoeia),简称 EP,其内容具有法律约束力,在药典成员国,包括欧盟国家被强制执行,每个成员国可保留其国家药典,欧盟成员国的国家药典是欧洲药典的补充。

● **思考题**

1. 何谓药物制剂、药物剂型、药物制剂技术?
2. 剂型的重要性表现在哪些方面?
3. 何谓药物的通用名称、批准文号、批和批号、有效期和物料?
4. 什么是药典?其有何作用?
5. 什么是国家药品标准?其收载的范围各有哪些?
6. 简述《中国药典》的基本结构。

项目二
学习药物制剂生产管理知识

药品是关系人民生命安危的特殊商品,药品的使用目的是预防、治疗、诊断人的疾病,有目的地调节人的生理机能,维持着人们的生命健康。因此,确保药品质量尤为重要。药品的含量、稳定性、均一性与药品的使用价值密切相关,质量可靠的药品,可以治病救人;劣质的药品,轻则贻误病情,重则危及生命。国家通过法律法规严格控制药品质量,以保证合格药品应用于人体。药品的质量特征如下。

(1) 安全性　表现在按规定使用药品以后,人体的毒副作用小。
(2) 有效性　表现在按规定使用药品的条件下,能满足预防、治疗、诊断的要求。
(3) 稳定性　表现在药品在有效期内能够保持稳定,符合国家规定要求。
(4) 均一性　表现在药品的每一个最小使用单元成分含量是均一的,都符合使用要求。
(5) 合法性　表现在药品的质量必须符合国家标准,只有符合法定标准并经批准生产或进口、产品检验合格,方可销售、使用。

药品生产是将原料加工制备成能供医疗应用的药品的过程,药品生产的全过程可分为原料药生产阶段和将原料药制成一定剂型的制剂生产阶段,过程十分复杂。原料、辅料、包装材料等物料品种多、用量大;采用机械化、自动化、联动化设备生产,技术装备复杂;药品生产品种和规格多复杂多变。从原料进厂到成品制造出来并出厂,涉及许多生产环节和管理,任何一个环节疏忽,都有可能导致药品质量的不合格。保证药品质量,必须在药品生产全过程进行控制和管理。

模块一　认识药品生产质量管理规范

《药品生产质量管理规范》(GMP)是在药品生产过程中,用科学、合理、规范化的条件和方法来保证生产优良药品的一整套的管理文件,是当今国际社会通行的药品生产和质量管理必须遵循的基本准则。适用于药品生产的全过程,也是新建、改建和扩建医药企业的依据。其目的是最大限度地降低药品生产过程中污染、交叉污染以及混淆、差错等风险,确保持续稳定地生产符合预定用途和注册要求的药品,保证药品的临床治疗效果,提高医疗水平。推行和实施GMP,有利于促进企业优胜劣汰、兼并重组、做大做强,全面提高我国药品生产企业的生产水平,增强企业及其产品的市场竞争力;有利于满足人民用药安全有效的需要;有利于与药品GMP的国际标准接轨,加快我国药品生产获得国际认可、药品进入国际主流市场步伐。

《药品生产质量管理规范》(2010年修订)共14章、313条。另有附录5个部分265条。基本内容包括质量管理、机构与人员、厂房与设施、设备、物料与产品、确认与验证、文件管理、生产管理、质量控制与质量保证、委托生产与委托检验、产品发运与召回、自检等。GMP所强调的是,任何药品的质量都不是单纯检验出来的,产品质量首先是设计出来的,其次才是制造出来的。在药品设计科学、规范、合理的条件下，生产的全过程实施全面的科学管理和严密监控才能保证药品使用者能得到优良的药品。在硬件方面，对人员进行控制，保证训练有素；对厂房、设备、设施和物料进行控制，达到合格的要求。在软件方面，对生产工艺和操作规程进行控制，要经过验证；对检验监控过程进行控制，使之具有可靠性；对售后服务进行控制，使之健全完善；对标准、制度、记录进行控制，保证真实可靠；对机构及管理体系进行控制，保证健全合理有效。

模块二　学习药物制剂生产管理规定

一、厂房与设施管理

厂房与设施是药品生产的重要资源之一，需要根据药品生产不同产品剂型的要求，设置相应的生产环境，最大避免污染、混淆和人为差错的发生，将各种外界污染和不良影响减少到最低，为药品生产创造良好生产条件。

（一）厂址选择

新建药厂或易地改造项目的厂址选择，应严格按国家的有关规定执行，遵循有利生产、方便生活、节省投资、保护环境等原则，厂址应设在自然环境好、水资源充足、无空气和水质污染、动力供应有保证、交通便利、适宜长远发展的区域。另外洁净厂房与市政交通道路间距宜在 50m 以上。

（二）厂区总体布局

GMP 第四十条明确指出，企业应当有整洁的生产环境；厂区的地面、路面及运输等不应当对药品的生产造成污染；生产、行政、生活和辅助区总体布局应当合理，不得互相妨碍。生产区包括有空气洁净度要求的洁净生产区、无洁净度要求的一般生产区，缓冲间、休息室、更衣室和盥洗室、维修间、锅炉房、三废处理站等组成辅助区，办公楼等行政用房、食堂、普通浴室等生活设施组成行政和生活区。各区的布局和设置，除符合相应功能要求外，还应考虑产品工艺特点，做到合理布局、间距恰当。如洁净厂房周边的绿化、道路地面；洁净厂房、原料药生产厂房和制剂生产厂房的位置安排，做到流程合理，环境清洁，运输方便，道路规整，厂容美观。

（三）生产厂房布局

生产厂房布局应该根据所生产的药品特性、工艺流程及相应洁净级别要求合理设计、布局和使用。做到人流、物流分开，工艺流畅，不交叉，不互相妨碍。生产特殊性质的药品，如高致敏性药品（如青霉素类）必须采用专用和独立的厂房；产尘量大的操作区域应当保持相对负压，排至室外的废气应当经过净化处理并符合要求，排风口应当远离其他空气净化系统的进风口；排风应当经过净化处理。

生产区内除具有生产必需的各工艺用室外，还应配套足够面积的生产辅助用室，包括原料暂存室、称量室、备料室，中间产品、内包装材料、外包装材料等各自暂存室，洁具室、工具清洗间、工具存放间，工作服的洗涤、整理、保管室，并配有制水间、空调机房、配电房等。

在满足工艺条件的前提下，洁净级别高的洁净区应布置在人员较少到达的地方；不同洁净级别要求的洁净区宜按洁净级别等级要求的高低由里向外布置，保持适当的空气压差梯度；空气洁净级别相同的洁净区应相对集中。

(四)厂房设施

① 洁净厂房内表面(墙壁、地面、顶棚)应无裂缝、光洁、平整、接口严密、无颗粒物脱落、耐腐蚀、耐冲击、不易积静电、易除尘清洗,墙壁与地面和顶棚的连接应呈弧形。地面多采用环氧自流坪、环氧沙浆、半硬质橡胶等;墙面则多采用隔热夹心板。

② 洁净厂房内应设置人员净化、物料净化用室和设施。人员净化室应配备换鞋、更衣、洗手、烘干、空气吹淋等设施;物料净化用室与洁净室之间设置气闸室或传递柜(窗),其出入门具有不能同时打开的装置,并应配备灭菌设施。

③ 洁净厂房空调系统设计应达到生产要求,一般都采用初效、中效和高效三级滤过,并有温湿度调节装置。无特殊情况,温度应控制在18~26℃,相对湿度控制在45%~65%,有特殊要求的应根据工艺规程中的规定设置温湿度条件。洁净区内应保持一定的新鲜空气量,一般每人每小时的新鲜空气量不少于40m^3。

④ 洁净区必须保持一定的正压,洁净区与非洁净区、不同洁净级别的相邻两个房间之间的压差应不低于10Pa,相同洁净度级别的不同功能区域(操作间)之间也应保持适当的压差梯度,并有指示压差的装置。产尘操作间应当保持相对负压或采取专门的措施,防止粉尘扩散、避免交叉污染、便于清洁。

⑤ 洁净区(室)与非洁净区(室)之间应设置缓冲设施,人流、物流走向合理。

⑥ 洁净区各种管道、照明设施、风口及其他公共设施,在设计、安装时应避免出现不易清洗部位;管道保温层表面必须平整、光洁,不得有颗粒性物质脱落,宜用金属外壳保护。

⑦ 洁净区应提供足够的照明,主要生产操作室的照度不低于300lx;对照度有特殊要求的生产部位可设置局部照明,厂房应有应急照明设施。

⑧ 洁净区的排水设施应当大小适宜,并安装防止倒灌的装置。应当避免明沟排水。

⑨ 厂房应有防止昆虫和其他动物进入的设施。

(五)洁净生产区的管理

实施GMP的主要目的就是为了防止差错、混淆、污染和交叉污染,保证药品质量。当一个药品中存在有不需要的物质或当这些物质的含量超过规定限度时,表明这个药品已经受到了污染。根据污染来源不同,可将其分为尘粒污染、微生物污染、遗留物污染。

尘粒污染是指产品因混入其他尘粒变得不纯净,包括尘埃、污物、棉绒、纤维及人体身上脱落的皮屑、头发等。微生物污染是指由微生物及其代谢物所引起的污染。遗留物污染是指生产中使用的设施设备、器具、仪器等清洁不彻底致使上次生产的遗留物对药品生产造成污染。

无论是尘粒污染还是微生物污染,都需要通过一定媒介进行传播,主要是以下4方面。

(1)空气 空气中悬浮有尘粒和微生物,随着空气流动,进入生产过程的每个角落,对产品产生污染。

(2)水 水既是制药过程不可缺少的物质,又是微生物生存所必需的物质,由于水来源不同及处理、输送过程不当等均可对产品造成污染。

(3)表面 生产操作室的墙壁、地板、天花板、桌椅、各种设施和设备、容器和仪器等的表面,会沉积尘粒和微生物。

(4)人员 人是药品生产的操作者,每天操作者必须由室外环境进入洁净操作间,对各生产设施设备、器具、仪器进行操作及使用,势必带入尘粒和微生物,同时人本身就是一个带菌体和微粒产生源,所以人是污染最主要的传播媒介。

确保生产在洁净、卫生的环境下进行是药品生产管理的一项重要工作内容,涉及药品生产的全过程,是确保药品质量的重要手段,也是实行GMP制度的具体要求。洁净生产区的管理包括环境清洁卫生、人员清洁卫生、物料清洁卫生、工艺清洁卫生的管理。

1. 环境清洁卫生

(1) 洁净区的级别　洁净区（室）是指能将一定空间范围内空气中的悬浮微粒、细菌等污染物排除，并将区域内的温湿度、洁净度、压力、气流速度及静电等影响生产的环境因素控制在某一设计需求范围内，而给予特别设计的区域（房间）。不论外面空气条件如何变化，其均能达到维持所设定的洁净度、温湿度及压力等生产所需环境因素性能的特性。洁净区的级别用洁净度来表示，洁净度是指单位体积空间内空气中所含微粒大小及数量的程度，是区分环境洁净程度的标准。

GMP 对药品生产厂房的洁净级别要求作出了明确规定。药品生产洁净室（区）的空气洁净度划分为如下四个级别，各级别空气悬浮粒子的标准规定见表 2-1，并应对洁净区的悬浮粒子和微生物进行动态监测，洁净区微生物监测的动态标准见表 2-2。

A 级：高风险操作区，如灌装区、放置胶塞桶和与无菌制剂直接接触的敞口包装容器的区域及无菌装配或连接操作的区域，应当用单向流操作台（罩）维持该区的环境状态。单向流系统在其工作区域必须均匀送风，风速为 0.36~0.54m/s（指导值）。应当有数据证明单向流的状态并经过验证。

在密闭的隔离操作器或手套箱内，可使用较低的风速。

B 级：指无菌配制和灌装等高风险操作 A 级洁净区所处的背景区域。

C 级和 D 级：指无菌药品生产过程中重要程度较低的操作步骤的洁净区。

表 2-1　洁净室（区）的空气洁净度级别

洁净度级别	悬浮粒子最大允许数/m³			
	静态		动态[③]	
	≥0.5μm	≥5.0μm[②]	≥0.5μm	≥5.0μm
A 级[①]	3520	20	3520	20
B 级	3520	29	352000	2900
C 级	352000	2900	3520000	29000
D 级	3520000	29000	不作规定	不作规定

① 为确认 A 洁净区的级别，每个采样点的采样量不得少于 1m³。A 级洁净区空气悬浮粒子的级别为 ISO 4.8，以 ≥5.0μm 的悬浮粒子为限度标准。B 级洁净区（静态）空气悬浮粒子的级别为 ISO 5，同时包括表中两种粒径的悬浮粒子。对于 C 级洁净区（静态和动态）而言，空气悬浮粒子的级别分别为 ISO 7 和 ISO 8。对于 D 级洁净区（静态），空气悬浮粒子的级别为 ISO 8。测试方法可参照 ISO 14644-1。

② 在确认级别时，应当使用采样管较短的便携式尘埃粒子计数器，避免 ≥5.0μm 悬浮粒子在远程采样系统的长采样管中沉降。在单向流系统中，应当采用等动力学的取样头。

③ 动态测试可在常规操作、培养基模拟灌装过程中进行，证明达到动态的洁净度级别，但培养基模拟灌装试验要求在"最差状况"下进行动态测试。

(2) 制剂生产洁净度要求

① 非无菌制剂的生产操作环境　口服液体和固体制剂、腔道用药（含直肠用药）、表皮外用药品等非无菌制剂生产的暴露工序区域及其直接接触药品的包装材料最终处理的暴露工序区域，应当参照无菌药品 D 级洁净区生产操作环境的要求，也有企业对局部区域（如配料）等按 C 级标准要求。

表 2-2　洁净区微生物监测的动态标准[①]

洁净度级别	浮游菌/(cfu/m³)	沉降菌（φ90mm）/(cfu/4h[②])	表面微生物	
			接触（φ55mm）/(cfu/碟)	5 指手套/(cfu/手套)
A 级	<1	<1	<1	<1
B 级	10	5	5	5
C 级	100	50	25	—
D 级	200	100	50	—

① 表中各数值均为平均值。

② 单个沉降碟的暴露时间可以少于 4h，同一位置可使用多个沉降碟连续进行监测并累积计数。

② 无菌药品的生产操作环境　可参照表2-3、表2-4的示例进行选择。

表2-3　最终灭菌产品生产操作环境示例

洁净度级别	最终灭菌产品生产操作示例
C级背景下的局部A级	高污染风险①的产品灌装（或灌封）
C级	1. 产品灌装（或灌封）； 2. 高污染风险②产品的配制和过滤； 3. 眼用制剂、无菌软膏剂、无菌混悬剂等的配制、灌装（或灌封）； 4. 直接接触药品的包装材料和器具最终清洗后的处理
D级	1. 轧盖； 2. 灌装前物料的准备； 3. 产品配制（指浓配或采用密闭系统的配制）和过滤直接接触药品的包装材料和器具的最终清洗

① 此处的高污染风险是指产品容易长菌、灌装速度慢、灌装用容器为广口瓶、容器须暴露数秒后方可密封等状况。
② 此处的高污染风险是指产品容易长菌、配制后需等待较长时间方可灭菌或不在密闭系统中配制等状况。

表2-4　非最终灭菌产品生产操作环境示例

洁净度级别	非最终灭菌产品无菌生产操作示例
B级背景下的A级	1. 处于未完全密封①状态下产品的操作和转运，如产品灌装（或灌封）、分装、压塞、轧盖②等； 2. 灌装前无法除菌过滤的药液或产品的配制； 3. 直接接触药品的包装材料、器具灭菌后的装配以及处于未完全密封状态下的转运和存放； 4. 无菌原料药的粉碎、过筛、混合、分装
B级	1. 处于未完全密封①状态下的产品置于完全密封容器内的转运； 2. 直接接触药品的包装材料、器具灭菌后处于密闭容器内的转运和存放
C级	1. 灌装前可除菌过滤的药液或产品的配制； 2. 产品的过滤
D级	直接接触药品的包装材料、器具的最终清洗、装配或包装、灭菌

① 轧盖前产品视为处于未完全密封状态。
② 根据已压塞产品的密封性、轧盖设备的设计、铝盖的特性等因素，轧盖操作可选择在C级或D级背景下的A级送风环境中进行。A级送风环境应当至少符合A级区的静态要求。

（3）**洁净区的监测**　洁净区的监测项目、标准监测周期见表2-5。
（4）**洁净区的清洁**　工作场所的墙壁、地面、顶棚、桌椅、设备及其他操作工具表面都应进行清洁和消毒，清洁频率取决于该区洁净级别及生产活动情况，根据环境监控结果确定清洁次数及根据实际情况做出适当调整，见表2-6。

表2-5　洁净区的监测项目的监测周期

监测项目	标准	监测周期/(次/月)			备注
		C级区域	D级区域	称量区域取样间取样区	
照度	主要操作间的每个测试点的照度不得低于300lx，走廊、缓冲间等辅助房间的照度不得低于150lx，有特殊规定的区域应符合其规定	12	12	12	
过滤器压差	与滤器安装的初始压差比较，不得超过2倍的初始压差	6	6	6	过滤器更换后需检测
高效过滤器检漏	最大泄漏率不得超过0.02%	12	12	12	高效过滤器更换后需检测
温湿度	除有特殊规定外，洁净区（室）内每个检测点的温度应在18~26℃，相对湿度应在45%~65%	6	6	6	

续表

监测项目	标准	监测周期/（次/月）			备注
		C级区域	D级区域	称量区域取样间取样区	
压差	压差应达到洁净区与非洁净之间、不同级别洁净区之间≥10Pa；同级别的不同功能区应保持适当的压差梯度	6	6	6	当房间内有半数以上的高效过滤器被更换后，应当检测各房间；当系统内同时有半数以上的高效过滤器被更换后，应当检测与该系统相关的所有房间
换气次数	D级区域换气次数不少于15次/h，C级区域不少于25次/h	6	6	6	
悬浮粒子	所测试房间/区域内的每一个检测点的平均粒子数均应符合表2-1要求	6	6	3	
沉降菌	所测试房间/区域内的每一个检测点的平均值均应符合表2-2要求	6	6	6	
浮游菌		6	—	3	
空气流型	烟雾不得出现乱流、逆流现象，靠近工作区外侧测试点的烟雾不得溢出工作区	—	—	—	
风速	平均风速应在0.36～0.54m/s之间	—	—	6	均流膜更换后或半数以上高效过滤器更换后需检测

表2-6　洁净区清洁次数

洁净区级别	清洁次数
A/B级	至少每天1次或更换产品前对地面、设备和内窗进行清洁； 至少每月1次进行墙面清洁； 至少每年4次进行全面清洁
C级	至少每天1次或更换品种前对地面、洗涤盆和水池进行清洁； 至少每周或更换品种前对墙面、设备和内窗进行清洁； 至少1个月进行1次全面清洁
D级	至少每天1次或更换品种前对地面、洗涤盆和水池进行清洁； 至少每月或更换品种前对墙面、设备和内窗进行清洁； 至少每年进行1次全面清洁

注：全面清洁内容除日常清洁项目外，增加清洁空调系统进风口、出风口。

（5）洁净区的消毒　消毒主要用于皮肤/物体表面、器具、净化空调系统、洁净空间、水系统、地漏等。常用的消毒方法有紫外线消毒、化学消毒、加热消毒，应用情况见表2-7。

2. 人员清洁卫生

人是药品生产中最大的污染源和最主要的传播媒介。一般女性每人每分钟向周围排放750个以上含菌粒子，男性为1000个以上。穿无菌服时，静止时的发菌量为10～300个/min，一般活动时发菌量为150～1000个/min，行走时发菌量为900～2500个/min。喷嚏一次发菌量为4000～60000个/min，咳嗽一次发菌量为70～700个/min。所以在洁净区中，人的数量和活动应有严格限制。然而，在药品生产过程中，生产人员总是直接或间接地与生产物料接触，对药品质量产生影响。这种影响主要来自两方面：一方面是由操作人员的健康状况产生；另一方面是由操作人员个人卫生习惯造成。因此，加强人员的卫生管理和监督是保证药品质量的重要方面。

表2-7　常用消毒方法的应用

消毒方法	名称	浓度	消毒用途
紫外线消毒			空气、物体表面
高温加热灭菌法			器具
巴氏消毒法			纯化水系统

续表

消毒方法	名称	浓度	消毒用途
化学消毒	乙醇	75%	皮肤、器具、设备、地面、墙壁、地漏
	苯酚（石炭酸）	3%~5%	地面、墙壁
	聚维酮碘	1%	皮肤、器具
	异丙醇	75%	皮肤、器具
	苯扎溴铵（新洁尔灭）	0.1%~0.2%	皮肤、器具、地漏
	来苏尔（甲酚皂）	2%	皮肤
		3%~5%	地面、墙壁、地漏喷撒
	氯己定（洗必泰）	0.5%	皮肤
	三氯异氰尿酸	0.1%	地漏
	戊二醛	2%	空气、器具、门窗、桌椅、地面、墙面
	过氧乙酸	0.2%~0.5%	器具
		0.2%	皮肤
		2%	空气（30ml/m^3，喷雾）
	臭氧	5~20mg/kg	管道容器、空气、水
	甲醛	40%	空气（20ml/m^3，熏蒸6~12h）
	乳酸	0.33~1mol/L	空气（1~1.5ml/m^3，与等量苯酚合用，熏蒸密闭12h以上）

（1）人员卫生管理　按GMP要求，药品生产人员应有健康档案。直接接触药品的生产人员上岗前应当接受健康检查，以后每年至少进行一次健康检查。体表有伤口、患有传染病或其他可能污染药品疾病的人员不得从事直接接触药品的生产。

进入洁净生产区的人员不得化妆和佩戴饰物。不得裸手直接接触药品以及与药品直接接触的包装材料和设备表面。

（2）进入洁净区（室）的人员净化

① 进出D级洁净区（室）的人员净化程序　工作人员进入洁净区前，先将鞋擦干净，将雨具等物品存放在个人物品存放间内；进入换鞋室，关好门，将生活鞋脱下，对号放于鞋柜中，换上工作鞋；按性别进入相应的更衣室，关好门，在横凳上脱去工作鞋放入指定鞋架，转身180°换洁净工作鞋；脱外衣；用肘弯推关水开关，洗手烘干；从上到下穿洁净工作服；双手用消毒液喷雾消毒，挥动双手自然干燥；用肘弯推开洁净室门，进入D级洁净区操作间。

工作人员退出洁净区，按上述程序反向行之。程序见图2-1。

② 进出C级洁净区（室）的人员净化程序　工作人员进入C级洁净区（室）的程序见图2-2。

图2-1　进出D级洁净区（室）的生产人员净化程序

③ 洗手程序　洗手要用洗手液和流水，具体洗法可采用六步洗手法。

第一步：掌心相对，手指并拢相互摩擦；

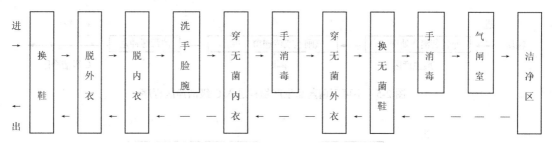

图 2-2　进出 C 级洁净区（室）的生产人员净化程序

第二步：手心对手背沿指缝相互搓擦，交换进行；
第三步：掌心相对，双手交叉沿指缝相互摩擦；
第四步：一手握另一手大拇指旋转搓擦，交换进行；
第五步：弯曲各手指关节，在另一手掌心旋转搓擦，交换进行；
第六步：搓洗手腕，交换进行。

（3）工作服清洁卫生

① 工作服的选材、式样　工作服的选材、式样及穿戴方式应与生产操作和空气洁净度等级要求相一致，并不得混用。洁净工作服的质地应光滑、不产生静电、不脱落纤维和颗粒物。

无菌工作服应能包盖全部毛发及脚部，并能阻留人体脱落物。有良好的耐洗、抗弯曲、耐磨损等性能。

② 工作服的换洗周期　非洁净区工作服至少每三天换洗一次，特殊情况可缩短清洗周期。洁净度 D 级的工作服每天洗一次，洁净度 C 级的工作服至少每班洗一次。

③ 工作服的清洗方法及要求　不同空气洁净度级别使用的工作服应按制定的工作服清洗周期分别清洗、整理，必要时消毒或灭菌，工作服洗涤、灭菌时不应带入附加的颗粒物质。D 级以上区域的洁净工作服应在洁净室（区）内洗涤、干燥、整理。

3．物料清洁卫生

药品生产使用的原辅料及包装材料，用于药品生产的物料应按卫生标准和程序进行检验，检验合格后才能使用。物料从一般生产区进入洁净区必须先经物料净化系统，按相应的净化程序净化，以防止污染。净化程序包括脱包、传递和传输。

（1）非无菌药品、可灭菌药品生产物料进出 D 级洁净生产区程序　非无菌药品、可灭菌药品生产物料进出 D 级洁净区程序分别见图 2-3 及图 2-4。

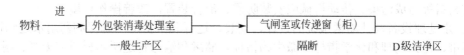

图 2-3　非无菌药品、可灭菌药品生产物料进入 D 级洁净区程序

图 2-4　非无菌药品、可灭菌药品生产物料出 D 级洁净区程序

（2）不可灭菌药品生产物料进出 C 级洁净生产区程序　不可灭菌药品生产物料进出 C 级洁净区程序分别见图 2-5 及图 2-6。

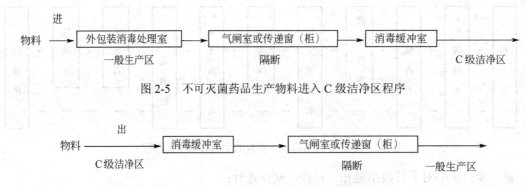

图 2-5　不可灭菌药品生产物料进入 C 级洁净区程序

图 2-6　不可灭菌药品生产物料出 C 级洁净区程序

在外包装消毒处理室，一般用吸尘器或其他方法先清洁外包装，然后再根据物料的类别加以处理。一类为能脱掉外包装的物料，如空心胶囊，应将外纸箱去除，并清洁内包装；另一类为不能脱掉外包装的物料，如药用淀粉，若强行除去外侧塑料编织袋，则有可能造成内层塑料袋破损，通常用蘸有适量消毒剂如75%酒精的抹布擦拭物料包装，对包装外表面进行消毒；还有一类为一次性带入的物料，如书写用具，应直接清洁外包装。

物料处理室与清洁区（室）之间应设置气闸室或传递窗（柜），用于传递清洁或灭菌后的原辅料、包装材料和其他物品。传递窗（柜）两边的传递门，应防止同时被打开；用于生产过程中产生的废弃物的出口不宜与物料进口合用一个气闸室或传递窗（柜），宜单独设置专用传递设施。

二、设备管理

设备是药品生产中物料投入至转化成产品的工具和载体，需要根据药品生产不同产品剂型的要求和规模，选择和使用合理的生产设备，以满足其生产工艺控制需要，方便操作和维护，有利于清洗、消毒、灭菌，降低污染和交叉污染的发生，并保证药品生产的质量、成本和生产效率的管理需要。

① 设备的设计、造型、安装、改造和维护必须符合预定用途，应当尽可能降低产生污染、交叉污染、混淆和差错的风险，便于操作、清洁、消毒或灭菌、维护。

② 生产设备不得对药品质量产生任何不利影响。其表面应平整、光滑易于清洗、消毒和灭菌，耐腐蚀，不与药物发生化学反应，不释放微粒，不吸附药物，消毒和灭菌后不变形、不变质，设备的传动部件要密封良好，防止润滑油、冷却剂等泄漏时对原料、半成品、成品和包装材料等造成污染。传动机械应安装防震、消音装置，改善操作环境。

③ 水处理设备及其输送系统的设计、安装、运行和维护应当确保制药用水达到设定的质量标准，包括物理和化学指标、微生物指标。储罐和输送管道所用材料应无毒、耐腐蚀。管道的设计和安装应避免死角、盲管。储罐和管道应规定清洗、灭菌周期。

④ 凡生产、加工、包装青霉素类等高致敏性药品、生物制品、β-内酰胺类药品、性激素类避孕药品、激素类、细胞毒性类、高活性化学药品等特殊性质药品，必须使用专用设施（如独立的空气净化系统）和设备。

⑤ 生产设备的安装、维护和维修不得影响产品质量。

⑥ 生产设备应定期进行清洗、消毒、灭菌，操作及检查应有记录并予以保存。

三、文件管理

药品生产企业应依据注册批准的生产工艺，建立完善的文件管理系统。用各类文件来规范生产过程的各项活动，使每项操作、每个产品都有严谨科学的技术标准。同时，设计相关配套的记录文件，保证文件执行有据可查，以利于药品质量的监控、分析与处理。文件包括质量标准、处方和工艺规程、操作规程和记录等文件。

1. 工艺规程

工艺规程是为生产特定数量的成品而制定的一个或一套文件，包括生产处方、生产操作要求和包装操作要求，规定原辅料和包装材料的数量、工艺参数和条件、加工说明（包括中间控制）、注意事项等内容。

工艺规程中，生产处方的内容一般包括：产品名称、剂型、规格和批量、所用原辅料名称、用量及其计算方法。生产操作要求的内容有：对生产场所和所用设备的说明、关键设备的准备，所采用的方法或相应操作规程编号、详细的生产步骤和工艺参数说明、所有中间控制方法及标准、预期的最终产量限度和中间产品的产量限度以及物料平衡的计算方法和限度、待包装产品的贮存要求、需要说明的注意事项。包装操作要求的内容有：包装形式，所需全部包装材料的名称、数量、规格、类型，印刷包装材料的实样或复制品、需要说明的注意事项、包装操作步骤的说明、中间控制的详细操作、待包装产品、印刷包装材料的物料平衡计算方法和限度。

2. 操作规程

经批准用来指导设备操作、维护与清洁、验证、环境控制、取样和检验等药品生产活动的通用性文件，也称标准操作规程（SOP）。其过程和结果应有相应记录。标准操作规程的内容包括：题目、编号、版本号、颁发部门、生效日期、分发部门以及制定人、审核人、批准人的签名并注明日期，标题、正文及变更历史。

3. 批生产记录

批生产记录是一个批次的待包装产品的所有生产记录，是生产过程的真实写照，批生产记录能提供该批产品的生产历史以及与质量有关的情况。批生产记录应依据批准的工艺规程制定，其内容包括：产品名称、规格、剂型、批号，生产以及中间工序开始、结束的日期与时间有效期，每一生产工序的负责人签名、生产步骤操作人员和部分操作（如称量）的复核人员的签名、每一原辅料的批号以及实际称量的数量、相关生产操作或活动、工艺参数及控制范围、所用主要生产设备的编号、中间控制结果的记录以及操作人员的签名、不同生产工序所得产量及物料平衡计算、对特殊问题或异常事件的记录。

4. 批包装记录

批包装记录是该批产品包装全过程的完整记录，每批产品或每批中部分产品的包装，都应用批包装记录，以便追溯该批产品包装操作以及与质量有关的情况。批包装记录应依据批准的工艺规程制定，其内容包括：产品名称、规格、包装形式、批号、生产日期和有效期、包装操作日期和时间、包装操作负责人签名、包装工序的操作人员签名，每一包装材料的名称、批号和实际使用的数量，根据工艺规程所进行的检查记录、包装操作的详细情况、所用印刷包装材料的实样、对特殊问题或异常事件的记录，所有印刷包装材料和待包装产品的名称、代码以及发放、使用、销毁或退库的数量、实际产量以及物料平衡检查。

四、生产管理

生产管理是确保产品达到各项技术指标及管理标准在生产过程中具体实施的措施，是药品生产质量保证的关键环节。通过各种措施的实施，确保生产过程中使用的物料经严格检验，达到国家规定制药标准，并由训练有素的生产操作人员，严格按企业生产部门下达的生产指令、工艺规程和操作规程进行药品生产操作，防止生产过程中的污染和交叉污染，如实记录操作过程及数据。从而，确保药品的生产过程符合管理标准，所生产的药品安全、有效、均一、稳定，符合质量标准。

（一）生产准备阶段

（1）生产指令下达　生产部门根据生产作业计划和生产标准文件制定生产指令，经相关部门人员复核，批准后下达各工序，同时发放一份原版空白生产记录的复制件。

（2）领料　领料员凭生产指令向仓库领取原辅料、中间产品或包装材料。领料时应核对名称、规格、批号、数量、供货单位、检验部门检验合格报告单，核对无误方可领料；包装材料凭包装指令按实际需要由专人领取，并计数发放。发料人、领料人需在领料单上签字。

（3）存放　确认合格的原辅料和包装材料按物料清洁程序从物流通道进入生产区配料室或包装室，并做好记录。

（二）生产操作阶段

1. 生产操作前须做好生产场地、仪器、设备的准备和物料准备

① 检查生产场地的清洁是否符合环境卫生要求，是否有上次生产的"清场合格证"，复核清场是否达到要求，确认无上次生产遗留产品、文件或与本批产品无关的物料。

② 检查设备是否有"已清洁"状态标志，是否已保养，试运行设备，检查其状态是否良好，有否达到工艺要求。

③ 检查设备部件是否良好，零件是否齐全，有无缺损，与生产品种、规格是否匹配。

④ 检查计量器具是否与生产要求相符，是否已清洁完好，有否"计量检查合格证"，并且在检查有效期内。

⑤ 根据生产指令复核各种物料，按质量标准核对检验报告单，中间产品必须有质量管理人员签字的传递单。

⑥ 检查盛装容器与桶盖编号是否一致，复核重量。

⑦ 上述检查结果应有相应记录。

2. 生产操作

① 操作间标识"正在生产"，严格按工艺规程、操作规程进行投料生产，设备状态标志换成"正在运行"。

② 生产中，进行中间控制检查。监控工艺过程，实施必要的调节；监控设备运行情况；进行必要的环境监测。

③ 检查物料平衡。

④ 及时、准确地填写生产操作记录。

⑤ 生产完成后将中间产品或待包装产品装入周转容器，称重或计量，并应明确予以标识。

3. 生产结束

① 关闭生产设备，将"正在生产"和"正在运行"，换上"待清洁"状态标志。

② 将中间产品或待包装产品送至中间站，将成品存入车间待验区。

③ 完成生产记录。

④ 将"待清洁"，换上"正在清场"和"正在清洁"状态标志，进行清场。

⑤ 清场符合要求后，将"正在清场"和"正在清洁"，换上"清场合格"和"清洁合格"状态标志。

清场工作包括物料清理、文件清理、用具清理。具体要求如下：

① 地面无积灰、无结垢，门窗、室内照明灯、风管、墙面开关箱外壳无积尘，场地无与本次生产有关的物料、产品和文件。

② 使用的工具、容器已清洁，无异物和遗留物。

③ 设备内外无本次生产遗留物，无油垢。

④ 更换品种或规格时，非专用设备、管道、容器和工具应按规定拆洗或在线清洗，必

要时进行消毒灭菌。

⑤ 凡与药品直接接触的设备、管道和工具容器应每天或每批生产完成后清洗或清理；同一设备连续加工同一品种、同一规格的非无菌产品时，其清洗周期可按生产工艺规程及操作规程的规定执行。

⑥ 包装工序结束时，已打印批号的剩余包装材料应由专人负责全部计数销毁，并有记录。未打印批号的包装材料全部退库。

⑦ 清场应有清场记录，记录内容包括工序名称、品名、规格、批号、清场日期、清场及检查项目、检查结果、清场人和复核人签字等。

⑧ 清场结束由质量保证人员（QA）检查，发放"清场合格证"，"清场合格证"一式两份，正本纳入本批产品清场记录中，副本作为下一个品种（或同品种不同规格、不同批号）的开工凭证纳入批生产记录中。未取得"清场合格证"的不得进行下批产品的生产。

⑨ "清场合格证"的内容应包括生产工序名称（或房间）、清场品名、规格、批号、日期和班次以及清场人员和检查人员签名。

4. 物料平衡管理

药品生产企业应建立物料平衡检查标准，掌握生产过程中物料收率的变化，进行严格的收率控制，使之在合理的范围内，这是确保产品质量防止差错和混淆的有效方法之一。

物料平衡是指产品或物料实际产量或实际用量及收集到的损耗之和与理论产量或理论用量之间的比较，并考虑可允许的偏差范围。物料平衡必须在批生产（包装）记录中体现。

物料平衡的计算公式为：

$$物料平衡 = \frac{实际产出 + 残品量}{理论批量} \times 100\%$$

式中，理论批量为按照所用的原料（包装材料）在生产中无任何损失或差错情况下得出的最大数量；实际产出为本工序生产过程中合格产品、取样量和留样量等。

在生产过程中若发生跑料现象，应及时通知车间管理人员和质量保证部门工作人员，并详细记录跑料过程及数量。跑料数量也应计入物料平衡之中，加在实际产出范围之内。

生产过程中产品的数量会受到多种因素的影响，如物料的质量、人员操作、设备原因以及批量大小都会改变残品的数量。当生产过程处在受控的情况下，物料平衡的计算结果是比较稳定的，应接近 100%。一旦生产过程中出现差错，物料平衡的结果就会超出正常范围，所以物料平衡更能体现差错的发生。

（三）生产批次管理

正确划分批是确保产品均一性的重要条件。在规定限度内具有同一性质和质量，并在同一连续生产周期中生产出来的一定数量的药品为一批。按 GMP 规定，批的划分原则如下。

（1）口服或外用的固体、半固体制剂在成型或分装前使用同一台混合设备一次混合所生产的均质产品为一批。

（2）口服或外用的液体制剂以灌装（封）前经最后混合的药液所生产的均质产品为一批。

（3）无菌制剂

① 大（小）容量注射剂以同一配液罐一次配制的药液所生产的均质产品为一批；同一批产品如用不同的灭菌设备或同一灭菌设备分次灭菌的，应当可以追溯。

② 粉针剂以一批无菌原料药在同一连续生产周期内生产的均质产品为一批。

③ 冻干产品以同一批配制的药液使用同一台冻干设备在同一生产周期内生产的均质产品为一批。

④ 眼用制剂、软膏剂、乳剂和混悬剂等以同一配制罐最终一次配制所产生的均质产品为一批。

（4）原料药

① 连续生产的原料药，在一定时间间隔生产的在规定限度内的均质产品为一批。

② 间歇生产的原料药，可由一定数量的产品经最后混合所得的在规定限度内的均质产品为一批。

（5）对生物制品生产应按照《中国生物制品规程》中的"生物制品的分批规程"分批和编制批号。

拓 展 学 习

一、GMP 的产生和发展

GMP 是英文"Good Manufacturing Practice"的缩写，中文译为"药品生产质量管理规范"，也称"良好的生产规范"。GMP 是社会发展中医药实践经验教训的总结和人类智慧的结晶。药品的特殊性决定了药品质量的至关重要。为确保药品质量，世界各国政府对药品生产都进行了严格的管理和有关法规的约束，并都先后制定药典作为本国药品最为基本的质量标准。但这种管理方式仍然属于质量管理的质量检测阶段，未能摆脱"事后把关"的管理模式。为此，因药品质量而引发的人身伤害仍有发生。鉴于这种情况，美国于 20 世纪 50 年代末开始了在药品生产过程中有效控制药品质量的研究，于 1963 年率先制定了 GNP 并由美国国会作为法令正式颁布，要求全美制药企业按 GMP 的规定，对药品生产过程进行控制。GMP 的实施，使药品在生产过程中的质量有了切实的保证，效果显著。此后经过多次修订，并在不同领域不断充实完善，成为美国药事法规体系的一个重要组成部分。1972 年美国规定：凡是向美国输出药品的药品生产企业以及在美国境内生产药品的外国企业都要向 FDA 注册，并符合美国 GMP 要求。

GMP 自在美国问世以后，被许多国家的政府和制药企业所认可，一些工业发达的国家和地区纷纷效仿，制定了本国或本专区的 GMP。世界卫生组织（WHO）于 1975 年正式公布了 GMP，在 1977 年第 28 届世界卫生大会时向各成员国推荐 GMP，并确定为 WHO 的法规。到目前为止，有 100 多个国家和地区制定和实施了 GMP。在国际上，GMP 已成为药品生产和质量控制的基本准则，也是药品进入国际医药市场的"准入证"。

二、我国 GMP 推进过程

新中国成立以来，制药工业有了长足进步，但药品质量控制一直采用"三检三把关"的管理模式。"三检"指自检、互检、专职检验。"三把关"指把好材料关、把好中间体质量关、把好成品质量关。

我国在 20 世纪 80 年代初开始在制药企业推行 GMP。1982 年，中国医药工业公司制定了《药品生产管理规范》（试行本），1985 年经修订后由原国家医药管理局推行颁布，作为行业的 GMP 正式发布执行，并由中国医药工业公司编制了《药品生产管理规范实施指南》1985 年版。

1988 年，根据《中华人民共和国药品管理法》，卫生部颁布了我国第一部法定《药品生产质量管理规范》（1988 年版）。1992 年颁布了修订版。

1993 年，国家医药管理局制定了我国实施 GMP 的八年规划（1993～2000 年），提出"总体规划，分步实施"的原则，按剂型分先后，在规划年限内，使所有药品生产企业达到 GMP 要求。

1995 年，我国开始 GMP 认证工作。

1998年，原国家药品监督管理局对1992年修订的GMP进行修订，于1999年颁布了《药品生产质量管理规范》（1998年修订），并于1999年7月1日正式实施。修订后的GMP更加严谨，更适合中国国情，便于企业执行，也便于与国际接轨。

2001年新修订的《中华人民共和国药品管理法》明确了GMP的法律地位，根据第九条规定："药品生产企业必须按照国务院药品监督管理部门依据本法制定的《药品生产质量管理规范》组织生产。药品监督管理部门按照规定对企业是否符合《药品生产质量管理规范》的要求进行认证；对认证合格的，发给认证证书。"企业必须按GMP要求组织生产并申请认证被纳入法制要求。GMP的实施，在提升我国药品质量、确保公众用药安全方面发挥了重要的作用，取得了良好的社会效益和经济效益。

2004年6月30日，我国实现了所有原料药和制剂均在符合药品GMP的条件下生产的目标。

2011年2月，在历经5年修订后，《药品生产质量管理规范》（2010年修订）由卫生部公开发布，并于2011年3月1日起施行。新版药品GMP吸收国际先进经验，结合我国国情，按照"软件硬件并重"的原则，贯彻质量风险管理和药品生产全过程管理的理念，更加注重科学性，强调指导性和可操作性，达到了与世界卫生组织药品GMP的一致性。

新版药品GMP修订的主要特点为：一是加强了药品生产质量管理体系建设，大幅提高对企业质量管理软件方面的要求。细化了对构建实用、有效质量管理体系的要求，强化药品生产关键环节的控制和管理，以促进企业质量管理水平的提高。二是全面强化了从业人员的素质要求。增加了对从事药品生产质量管理人员素质要求的条款和内容，进一步明确职责。如，新版药品GMP明确药品生产企业的关键人员包括企业负责人、生产管理负责人、质量管理负责人、质量受权人等必须具有的资质和应履行的职责。三是细化了操作规程、生产记录等文件管理规定，增加了指导性和可操作性。四是进一步完善了药品安全保障措施。引入了质量风险管理的概念，在原辅料采购、生产工艺变更、操作中的偏差处理、发现问题的调查和纠正、上市后药品质量的监控等方面，增加了供应商审计、变更控制、纠正和预防措施、产品质量回顾分析等制新制度和措施，对各个环节可能出现的风险进行管理和控制，主动防范质量事故的发生。提高了无菌制剂生产环境标准，增加了生产环境在线监测要求，提高了无菌药品的质量保证水平。

● 思考题

1. 药品的质量特征是什么？
2. 简述GMP的性质、适用范畴、实施GMP的目的。
3. 什么是洁净区？药品生产洁净室（区）的空气洁净度级别是如何划分的？
4. 简述进入C级洁净区（室）的人员净化程序。
5. 药品生产管理文件包括哪些？各具有何作用？
6. 口服或外用的固体、半固体制剂和无菌制剂的"批"是如何划分的？
7. 生产操作间和生产设备分别有哪几种状态标志？请说明何时标识。
8. 什么是物料平衡？对于药品生产有何意义。

第二部分
固体制剂生产技术

项目三 散剂生产

散剂系指药物或与适宜的辅料经粉碎、均匀混合制成的干燥粉末状制剂,分为口服散剂和局部用散剂。

口服散剂一般溶于或分散于水或其他液体中服用,也可直接用水送服。局部用散剂可供皮肤、口腔、咽喉、腔道等处应用;专供治疗、预防和润滑皮肤的散剂也可称为撒布剂或撒粉。

1. 特点

① 粒径小,比表面积大、易分散、起效快。
② 外用覆盖面大,具保护、收敛等作用。
③ 剂量易于控制,便于小儿服用。
④ 制备工艺简单,贮存、运输、携带比较方便。
⑤ 分散度大,其臭味、刺激性及化学活性等相应增加,某些挥发性成分易散失。

2. 分类

① 按组成药味多少,可分为单散剂与复散剂。
② 按剂量情况,可分为分剂量散与不分剂量散。
③ 按给药途径,可分为内服散、外用散。
④ 按组成成分性质,可分为中药散剂、浸膏散剂、低共融组分散剂、泡腾散剂以及剧毒药散剂等。

3. 质量要求

① 散剂应干燥、疏松、混合均匀、色泽一致。
② 供制散剂的成分均应粉碎成细粉。除另有规定外,口服散剂应为细粉,局部用散剂应为最细粉。
③ 散剂的粒度、外观均匀度、干燥失重、装量差异或装量、无菌或微生物限度均应符合《中国药典》的规定。

4. 生产工艺流程

散剂生产工艺流程见图3-1。

5. 工作任务

批生产指令单见表3-1。

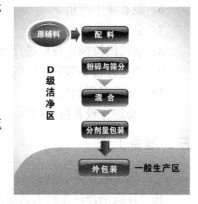

图3-1 散剂生产工艺流程

表3-1 批生产指令单

产品名称	口服补液盐Ⅱ	规 格	
批 号		批 量	2.79kg
物料的批号与用量			
序号	物料名称	供货单位	检验单号	批号	用 量

序号	物料名称	供货单位	检验单号	批号	用 量
1	氯化钠				0.35kg
2	氯化钾				0.15kg

续表

3	枸橼酸钠			0.29kg
4	无水葡萄糖			2.00kg
生产开始日期	年 月 日		生产结束日期	年 月 日
制表人			制表日期	年 月 日
审核人			审核日期	年 月 日
批准人			批准日期	年 月 日

备注：

模块一 配 料

一、职业岗位

药物配料、制粒工。

二、工作目标

1. 能陈述散剂的定义、特点与分类。
2. 能看懂散剂的生产工艺流程。
3. 能陈述称量设备的基本结构和工作原理。
4. 能运用散剂的质量标准。
5. 会分析出现问题并提出解决办法。
6. 能看懂生产指令。
7. 会进行生产前准备。
8. 能按岗位操作规程进行配料。
9. 会进行设备清洁和清场工作。
10. 会填写原始记录。
11. 会进行设备日常保养。

三、准备工作

（一）职业形象

按"D级洁净区生产人员进出规程"（详见附录2）进入生产操作区。

（二）任务主要文件

1. 批生产指令单。
2. 配料岗位操作法。
3. TCS-75kg A型电子台秤标准操作规程。
4. 物料交接单。
5. 配料生产记录。
6. 清场记录。

(三)物料

根据批生产指令领取物料,并核对物料名称、规格、批号、数量、检验报告单或合格证等,确认无误后,交接双方在物料交接单(详见附录4)上签字。

(四)器具、设备

1. 器具:不锈钢桶。
2. 设备:TCS-75kg A 型电子台秤。

(五)检查

1. 检查清场合格证(副本)是否符合要求,更换状态标志牌,检查有无空白生产原始记录。
2. 检查压差、温度和湿度是否符合生产规定。
3. 检查配料所用的计量器具是否清洁;计量范围是否与称量数量相符;查看合格证和有效期。
4. 检查配料容器和用具是否已清洁、消毒,容器外无原有的任何标记。
5. 检查生产现场是否有上批遗留物。

四、生产过程

(一)配料操作

1. 更换状态标志牌,调节 TCS-75kg A 型电子台秤水平,并对其机修校正。
2. 按主配方(或批记录中的配方量)对物料进行逐个核对、称量,一人称量,另一人复核。
3. 称量人员应核对物料品名、批号、数量与配方一致,有 QC 检验合格证,物料外观正常、在规定的有效期内,经由复核人员核对后进行称量。
4. 称量人员将洁净容器或塑料袋置于电子台秤上,去皮归零后开始称量。
5. 称量操作的每一步骤必须由称量人员称量和复核人员复核。
6. 称量结束后,将容器密封,填写两张物料标识卡,标明物料名称、批号、数量(毛重、皮重、净重或容积),由称量人和复核人签名,注明配料日期,一张贴于容器外,一张放于容器内,交中间站管理人员。
7. 称量人员详细填写生产记录(见表3-2)并签名,复核人员复核确认准确无误后签名。
8. 在称量或复核过程中,每个数值都必须与规定一致;如发现数值有差异,必须及时分析,并立即报告车间管理人员与 QA 质监员,执行偏差处理程序。
9. 异常情况的处理和报告:操作中如发生异常现象无法自行处理的,应及时向车间管理人报告,由其处理并记录。

(二)质量控制要点与质量判断

1. 操作室必须保持干燥,室内呈负压,须有捕尘装置。
2. 称量配料过程中要严格实行双人复核制,做好记录并签字。
3. 生产过程所有物料均应有标示,防止发生混药、混批。
4. 控制 TCS-75kg A 型电子台秤水平和称量精度。
5. 物料的外观、性状符合药品标准、重量准确。

(三)结束工作

1. 将称量好的药物、辅料装在洁净的容器内,送往下道工序。
2. 更换状态标志牌。

表 3-2 配料生产记录

产品名称		口服补液盐Ⅱ		规格			批号		
工序名称		配料		生产日期	年 月 日		批量		2.79kg
生产场所		配料间		主要设备					
生产前检查		1. 检查清场合格证（副本）是否符合要求。				是 □	否 □		
		2. 记录压差。	数值：			是 □	否 □		
		3. 记录温度。	数值：			是 □	否 □		
		4. 记录湿度。	数值：			是 □	否 □		
		5. 检查设备、计量器具是否完好已清洁。				是 □	否 □		
		6. 检查容器、用具是否已清洁。				是 □	否 □		
		7. 检查生产现场是否有上批遗留物。				是 □	否 □		
		8. 核对品名、批号、数量、质量。				是 □	否 □		
		检查人：							
配 方									
序号	原辅料名称		供货单位	批 号		重 量	操作人		复核人
1	氯化钠					0.35kg			
2	氯化钾					0.15kg			
3	枸橼酸钠					0.29kg			
4	无水葡萄糖					2.00kg			
		毛重：		皮重：		净重或容积：			
备注：									
	操作人			复核人			QA		

3．关闭设备的电源；按照相应的清洗规程对设备、电器等要擦至无油污、粉尘、污迹。

4．对周转容器和工具等按规程进行清洗消毒，整齐摆放于存放间；清洁消毒天花板、墙面、地面等。

5．完成生产记录和清场记录（见附录 5）的填写，请 QA 检查，合格后发给"清场合格证"。

五、基础知识

（一）制剂生产中的称和量

称量操作的准确性，对于保证药剂质量及发挥其临床效果具有重大意义，因此称量操作是药剂工作的基本操作之一。绝大多数药物的用量与作用之间呈量效关系，药物用量越大，药物的作用越强。而且，药物使用量的多少，不仅影响药物作用的强弱，甚至会使其发生不同的效能。例如，阿司匹林用于解热镇痛：一次 0.3～0.6g，一日 3 次，饭后服；抗风湿：一日 3～4g，分 4 次饭后服，症状控制后逐渐减量；防止血栓形成：一日 0.3g。因此在药剂工作中，不仅要严格掌握药物的剂量，而且必须确保称量操作的准确，只有这样，才能保障用药安全、有效。

1．称重

称重操作就是利用天平等称量器械和砝码来确定被称取物质质量的过程。

（1）台秤 台秤是秤的一种，用金属制成，固定的底座上有承重的托盘或金属板，也称磅秤。目前台秤根据人们的要求和需要分的很详细，基本可分为机械台秤和电子台秤。

① 机械台秤 是利用不等臂杠杆原理工作。由承重装置、读数装置、基层杠杆和秤体等部分组成。读数装置包括：增砣、砣挂、计量杠杆等。基层杠杆由长杠杆和短杠杆并列连接。称量时力的传递系统是：在承重板上放置被称物时的 4 个分力作用在长、短杠杆的重点刀上，由长杠杆的力点刀和连接钩将力传到计量杠杆重点刀上。通过手动加、减增砣和移动游砣，使计量杠杆达到平衡，即可得出被称物质量示值。机械台秤具有结构简单、计量较准

确、使用方便、秤体坚固、经久耐用、移动方便等特点。

机械台秤使用时,物体尽可能轻放于承重板,切勿猛击放置,并在每次使用后部件卸下,以免刀刃损坏。如需连续使用机械台秤时,在使用一定次数后,应检查空秤是否平衡,以保证计量的准确。使用机械台秤过程中,除校对空秤外,也不能在砣上挂任何东西,否则影响秤计量的准确性。使用时为了避免机械磅秤秤体的损坏,必须注意衡量物体最大重量,不得超过机械台秤的称量示值。

机械台秤必须定期检查校准,在一般情况下半年或一年检修一次,增砣至少每年检定一次。视准器要经常保持干燥清洁,磅秤吊环和增砣应经常保持清洁,以免影响灵敏性和准确性。游砣要保持完整,不得任意卸下。在搬运过程中,严防撞击,绝不允许扛抬计量杠杆,否则会造成秤体和部件损坏,及计量杠杆变形而影响机械磅秤精度。不要将机械磅秤放在露天,不应该将磅秤与腐蚀物品放在一起,以免部件受腐蚀影响使用寿命。

② 电子台秤 电子台秤是利用电子应变元件受力形变原理输出微小的模拟电信号,通过信号电缆传送给称重显示仪表,进行称重操作和显示称量结果的称重具。由承重台面、秤体、称重传感器、称重显示器和稳压电源等部分组成,如图 3-2 所示,称量范围在 30~600kg 左右。

电子台秤按显示功能分为普通显示电子台秤、带打印电子台秤和物流专用电子台秤等几类。电子台秤的功能:开机自动置零,可以手工去皮置零,交流/直流电源供电,数字显示称量数据,还可以增加重量累计功能,计数功能,检查分拣功能,动态称重功能,数据记录功能,控制报警功能,可以选配输出接口 RS-232 电脑接口,打印接口,可以联接大屏幕显示器显示数据。电子台秤称重准确,精确度高,反应速度快,使用方便,称重数据显示直观醒目,避免了因为人为的视觉误差引起的各种误差,合理利用称重软件可以实现称重数据微机管理实现科学计量。

电子秤是由称重传感器感知外界的重力,再把转换的电信号传送给电子电路。在称重时不要过力,所称的物品要轻拿轻放,以免损坏传感器。要定时给蓄电池充电,使电子秤有稳定的工作电压,使之提高称重的准确性。电子秤应置于干燥通风的环境中使用,传感器和电子元件长期工作在潮湿的环境中会缩短使用寿命。

(2) 分析天平 分析天平是比台秤更为精确的称量仪器,可精确称量至 0.0001g(即 0.1mg)以上。分析天平的类型多种多样,但其原理与使用方法基本相同。机械天平根据杠杆原理,当天平达平衡时,物体的质量即等于砝码的质量。电子分析天平多采用电磁平衡方式,因称出的是重量,因此需要校准来消除重力加速度的影响。

① 电子分析天平 见图 3-3。

使用方法:检查并调整天平至水平位置;事先检查电源电压是否匹配(必要时配置稳压器),按仪器要求通电预热至所需时间;预热足够时间后打开天平开关,天平则自动进行灵敏度及零点调节;待稳定标志显示后,可进行正式称量;称量时将洁净称量瓶或称量纸置于秤盘上,关上侧门,轻按一下去皮键,天平将自动校对零点,然后逐渐加入待称物质,直到所需重量为止;被称物质的重量是显示屏左下角出现"→"标志时,显示屏所显示的实际数值;称量结束应及时除去称量瓶(纸),关上侧门,切断电源,并做好使用情况登记。

图 3-2 电子台秤外形

图 3-3 电子分析天平外形

② 机械分析天平　见图3-4。

使用方法：慢慢旋动升降枢纽，开启天平，观察指针的摆动范围，如指针摆动偏向一边，可调节天平梁上零点调节螺丝；将要称量的物质从左门放入左盘中央，按先在托盘天平上称得的初称质量用镊子夹取适当砝码从右门放入右盘中央，用左手慢慢半升升降枢纽（因天平两边质量相差太大时，全升升降枢纽可能会引起吊耳脱落，损坏刀刃），视指针偏离情况由大到小添减砝码；待克组砝码试好后，再加游码调节，在加游码调节天平平衡过程中，右门必须关闭，这时可以将升降枢纽全部升起，待指针摆动停止后，要使标牌上所指刻度在零点或附近。

图3-4　机械分析天平外形

称量方法有直接称量法、减量法和指定法。所称固体试样如果没有吸湿性并在空气中是稳定的，可用直接称量法，即先在天平上准确称出洁净容器的质量，然后用药匙取适量的试样加入容器中，称出它的总质量，这两次质量的数值相减，就得出试样的质量。在分析天平上称量一般都用减量法，先称出试样和称量瓶的精确质量，然后将称量瓶中的试样倒一部分在待盛药品的容器中，到估计量和所求量相接近，倒好药品后盖上称量瓶，放在天平上再精确称出它的质量。两次质量的差值就是试样的质量，如果一次倒入容器的药品太多，必须弃去重称，切勿放回称量瓶，如果倒入的试样不够可再加一次，但次数宜少。对于性质比较稳定的试样，有时为了便于计算，则可称取指定质量的样品。用指定法称量时，在天平两边的托盘上各放一块表面皿（它们的质量尽量接近），调节天平的平衡点在中间刻度左右，然后在左边天平盘内加上固定质量的砝码，在右边天平盘内加上试样（这样取放试样比较方便），直至天平的平衡点达到原来的数值，这时，试样的质量即为指定的质量。

称重操作应按照称取药物的轻重和称重的允许误差，正确选用天平。称重的准确性是以分度值（感量）计算相对误差的方法来决定的。公式如下：

$$相对误差 = P/Q \times 100\%$$

式中，P为天平的分度值（感量）；Q为所要称重的量。

例如：欲称取0.1g的药物，一般规定，其允许误差不得超过±10%。

如用称量为100g，分度值为0.001g的天平（精度7级），则相对误差为：

$$\frac{0.001}{0.1} \times 100\% = \pm 1\%$$

相对误差小于±10%，故可以选用。在称取0.1g以下药物时，应使用精度较高的天平。

2. 量取

液体药物一般用量取操作取得，也可按质量称取。与质量称取相比，容量量取的准确性不及质量称取，因前者可能受许多因素如液体的相对密度、黏度、液量的多少、量器的体积和准确度以及操作方法等影响；但量取操作简便、迅速，在一般情况下如果量器选用得当、操作正确，其准确度亦能符合要求。

（1）量器　药剂工作中常用的量器有量筒、量杯、量瓶、滴定管等，均系玻璃制品，带有容量刻度。有的量杯用搪瓷制成，用于量取加热的液体。某些含毒性药品的酊剂或溶液，用量很小，常在1ml以下，须用"滴"作单位。一般应用规定的"标准滴管"来量取，按药典规定，"液体的滴系指在20℃时1ml水相当于20滴"。

为了保证量器的准确度，国家计量局都规定了允许误差限度，一般量器的容量均已经检定。其容量刻度，凡量杯是按倾出量刻度的，即系自量器中倾出液体的体积。量瓶则一般按量入量刻度，系指器所容纳液体的体积。量筒有按倾出量刻度及按量入量刻度两种规格。量杯的准确度不及量筒及滴定管，但其上口大便于操作，故仍被广泛应用。

（2）量取操作的注意事项

① 注意量取操作姿势　用量杯或量筒量取液体时一般应左手持量器和瓶盖，右手取药瓶，使瓶签向上并朝向手心，以免瓶口药液下流沾污瓶签和手。将药瓶口紧靠量器边缘，让药液沿量器内壁徐徐注入，以防止药液溅溢出量器外，且取用后立即盖回原药瓶，以免错塞在别的药瓶上，造成药物的交叉污染。如注入过量，其多余部分不得倒回原药瓶。

② 注意读数准确　在量取时，应保持量器垂直，并使液面与视线成水平。读数时，透明液体以液体凹面最低处（弯月面）为准；不透明液体或暗褐色液体，则以液面为准，以免产生视线误差。

③ 注意量器的选择　量取液体时，应按所需量取的液体量及准确度，选用适当大小的量器。一般量取液体量以不少于量器总量的五分之一为度。

④ 注意温度　我国规定量器刻度是在20℃校正的，如温度变化较大时，可能引起偏差。

⑤ 注意量取完全　在量取黏稠性药液如流浸膏、糖浆、甘油等时，不论是注入或倾出，均须有充分的时间让其按刻度流尽，以保证容量的准确度。

（二）配料方法

配料是指药剂生产时按照处方要求，逐味称（或量）取、配和的制剂制备步骤。

"料"，是药物制剂制备中配料数量的计算单位。即按处方所载药物及其用药量秤（或量）取一份药物的总量，它与调配一份医生为个别病人的处方称为"剂"相似。"剂"代表病人一次或一日的用药量；"料"则代表制药厂投入制剂生产的最小单位量，配料是制剂制备的重要环节，必须正确无误，若略有差错就会影响整个处方配伍，或下道工序的正常进行。因此配料时必须集中思想，校准衡器，看清处方，算准数量，对清规格，称准分量，经过校对复核，达到货、方两准的要求，严格防止差错。

1. 配料过程

（1）配料步骤

原、辅料前处理 → 填写配料单 → 按处方称量 → 复核 → 混合 → 移交下道工序

（2）注意事项

① 配料工具及容器应符合洁净要求，场所和操作人员的卫生应达到洁净度标准。

② 配料前须先校正好计量器具。

③ 用于配料的原辅料应进行各项鉴别与检查，合格后方可配料。

④ 处方中的中药材，必须经整理、去除非药用部位或依法炮制。

⑤ 配料时应双重复核，即药物品种和剂量复核。

⑥ 按要求标明药品名称、重量、批号、时间等，送交下道工序，做好交接工作。

2. 配料操作方法

配料操作方法一般有混合配料、分别配料与单独配料三种。可按处方要求、药物性质和剂型特点适当选用。

（1）混合配料　指将处方中的药物按处方排列顺序，称取混合粉碎或混合浸提的配料方法，此法操作简便，适用于可混合粉碎的粉料。

（2）分别配料　指按照处方或加工的特殊要求，分组进行配料的方法。一般将药物性质相近的药物作为一组，便于药物粉碎至需用程度。

（3）单独配料　指按照处方顺序单独称取药物，分别存放备用的配料方法。适用于一些对粉末细度有特殊要求的，如贵重药物、小剂量药物和有色药物等。

配料一般是制剂制备的第一道工序，又称大配料，可用上述三种方法进行。小配料是指在专职配料部门以外的配料步骤，如颗粒剂、片剂制取软材，注射剂的配液等，配料方法按有关剂型、品种的具体工艺规定进行。

模块二　粉碎与筛分

一、职业岗位

药物配料、制粒工。

二、工作目标

1. 能陈述粉碎的定义、目的、方法及其应用范围。
2. 能陈述筛分的定义、药筛的种类、药筛和药粉的分等。
3. 能看懂散剂的生产工艺流程。
4. 能陈述粉碎机、筛分机的基本结构和工作原理。
5. 能运用散剂的质量标准。
6. 会分析出现的问题并提出解决办法。
7. 能看懂生产指令。
8. 会进行生产前准备。
9. 能按岗位操作规程进行粉碎、筛分。
10. 会进行设备清洁和清场工作。
11. 会填写原始记录。
12. 会进行设备日常保养。

三、准备工作

（一）职业形象

按"D级洁净区生产人员进出规程"（详见附录2）进入生产操作区。

（二）任务主要文件

1. 批生产指令单。
2. FGJ-300高效粉碎机标准操作规程。
3. XZS旋振筛标准操作规程。
4. 产品清场管理制度。
5. 物料交接单。
6. 生产记录。
7. 清场记录。

（三）物料

根据批生产指令领取物料，并核对物料的名称、规格、批号、数量、检验报告单或合格证等，确认无误后，交接双方在物料交接单（详见附录4）上签字。

（四）器具、设备

1. 器具：不锈钢桶。
2. 设备：FGJ-300高效粉碎机、XZS400-2旋涡振动筛分机。

（五）检查

1. 检查清场合格证（副本）是否符合要求，更换状态标志牌，检查有无空白生产原始记录。

2. 检查压差、温度和湿度是否符合生产规定。

3. 检查容器和用具是否已清洁、消毒，检查设备和计量器具是否完好、已清洁，查看合格证和有效期。

4. 检查生产现场是否有上批遗留物。

5. 检查设备各润滑点的润滑情况，开机前凡装有油杯处应注入适量润滑油，并检查旋转部分是否有足够的润滑油。

6. 检查设备所有紧固螺钉是否全部拧紧，发现松动后及时排除，检查安全装置是否安全、灵敏。

7. 检查模具有无破损、变形等情况。

8. 检查上下皮带轮在同一平面是否平行，皮带是否张紧。

9. 安装好规定目数的筛网。

四、生产过程

（一）生产操作

1. 将接料袋结实捆扎于粉碎机出料口处，再把接料袋放入专用料桶中。

2. 将电源闭合，启动粉碎电机和吸尘电机，使机器空载运转 2~3min，应无异常噪声，确认正常。

3. 运转正常后，加料粉碎，调节料斗闸门保持均匀加料，加料时不宜过快或过慢。

4. 粉碎过程中，每隔 10min 至少检查一次粉碎物的质量情况，粉碎物严禁混有金属物。

5. 粉碎过程中听到异常响声，立即停机检查。

6. 粉碎操作结束后，交筛分岗位。

7. 开启旋振筛，无异常噪声，确认正常。

8. 将洁净的盛料袋捆结于旋振筛出料口，并放入接收的容器中。

9. 加物料于筛盘中，打开电源开机生产。

10. 筛分过程中注意加料速度必须均匀，一次加料不要太多，否则容易溅出并影响筛选效果。

11. 筛分过程中，每隔 10min 至少检查一次过筛物的质量情况，过筛物色泽、粒度应均匀。

12. 筛粉过程中听到异常响声，立即停机检查。

13. 未符合细度要求的物料继续粉碎，直至细度符合规定要求。

14. 粉碎、筛分操作结束后，将容器密封，填写两张物料标识卡，标明物料名称、批号、数量（毛重、皮重、净重或容积），由称量人和复核人签名，注明配料日期，一张贴于容器外，一张放于容器内，交中间站管理人员。

15. 及时填写生产记录（见表 3-3）。

表 3-3 粉碎、筛分生产记录

产品名称		口服补液盐Ⅱ	规格		批号	
工序名称		粉碎、筛分	生产日期	年　月　日	批量	2.79kg
生产场所		粉碎、筛分间	主要设备			
生产前检查		1. 检查清场合格证（副本）是否符合要求。		是 □　否 □		
		2. 记录压差。　　数值：		是 □　否 □		
		3. 记录温度。　　数值：		是 □　否 □		
		4. 记录湿度。　　数值：		是 □　否 □		
		5. 检查设备、计量器具是否完好已清洁。		是 □　否 □		
		6. 检查容器、用具是否已清洁。		是 □　否 □		
		7. 检查生产现场是否有上批遗留物。		是 □　否 □		
		8. 核对品名、批号、数量、质量。		是 □　否 □		
		检查人：				

续表

工序	物料名称	目数	处理前			处理后			物料平衡/%
			毛重/kg	皮重/kg	净重/kg	毛重/kg	皮重/kg	净重/kg	
粉碎	氯化钠								
	氯化钾								
	枸橼酸钠								
	无水葡萄糖								
筛分	氯化钠								
	氯化钾								
	枸橼酸钠								
	无水葡萄糖								

处理前物料总净重：　　　　处理后物料总净重：　　　　物料平衡：

备注：

操作人　　　　　　　　　　复核人　　　　　　　　　　QA

（二）质量控制要点与质量判断

1. 操作间必须保持干燥，室内呈负压，须有捕尘装置。
2. 生产过程中随时注意设备声音。
3. 生产过程中所有物料均应有标示，防止发生混药、混批。
4. 所用筛网目数、物料细度应符合制剂制备要求。
5. 物料严禁混有金属异物。

（三）结束工作

1. 更换状态标志牌。
2. 工作完毕，关闭电源，拆下筛网等零部件，进行清洗消毒。
3. 清洗不锈钢桶等容器和工具。
4. 对容器、工具和设备表面用75%乙醇进行消毒。
5. 清洁消毒天花板、墙面、地面。
6. 完成生产记录和清场记录（见附录5）的填写，请QA检查，合格后发给"清场合格证"。

五、基础知识

（一）粉碎

1. 粉碎的含义

粉碎是将大块物料破碎成较小的颗粒或粉末的操作过程。

2. 粉碎的目的和意义

粉碎的主要目的是减少粒径、增加比表面积。粉碎意义在于：

（1）增加药物的比表面积，有利于固体药物的溶解和吸收，可以提高难溶性药物的生物利用度；

（2）细粉有利于固体制剂中各成分的混合均匀，便于药剂的制备和贮存；

（3）有利于提高固体药物在液体、半固体、气体中的分散性，提高制剂质量与药效；

（4）有助于从天然药物中提取有效成分等。

但粉碎时也可能伴随产生一些不良作用，如一些多晶型药物经粉碎后，晶型受到破坏，引起药效下降；粉碎过程中产生的热效应可使热不稳定药物发生降解；因比表面积增大而使表面吸附空气增加，易氧化药物发生降解，这些现象都将影响制剂的质量及稳定性。

3. 基本原理

物质依靠其分子间的内聚力而聚结成一定形状的块状物。粉碎过程主要是依靠外加机械力的作用破坏物质分子间的内聚力来实现的。起粉碎作用的机械力有冲击力、压缩力、弯曲力、研磨力和剪切力等。被处理物料的性质、粉碎程度不同，所需施加的外力也不同。冲击、压缩和研磨作用对脆性物质有效；纤维状物料用剪切方法更有效；粗碎以冲击力和压缩力为主；细碎以剪切力、研磨力为主；要求粉碎产物能产生自由流动时，用研磨法较好。实际上多数粉碎过程一般是上述几种力综合作用的结果。

固体物料的粉碎效果常以粉碎细度来表示。粉碎细度定义为：粉碎前后固体药物的平均直径之比值。

$$n = d_1 / d_2$$

式中，d_1 为粉碎前药物的平均直径；d_2 为粉碎后药物的平均直径。

粉碎度愈大，粉碎后的粒径愈小。药物粉碎度的大小，主要取决于制备的剂型、医疗上的用途及药物本身的性质。例如，用于皮肤、黏膜的局部用散剂应为最细粉，以减轻刺激性；口服散剂一般为细粉。

4. 粉碎方法

粉碎方法可以根据物料粉碎时的状态、组成、环境条件、分散方法、粉碎设备等的不同分为：干法粉碎、湿法粉碎、单独粉碎、混合粉碎、低温粉碎、流能粉碎、闭塞粉碎与自由粉碎、开路粉碎与循环粉碎等。

（1）单独粉碎与混合粉碎　单独粉碎系将一味药物单独进行粉碎的方法。本法适用于：①贵重细料药如冰片、麝香、牛黄、羚羊角等；②毒性药如马钱子、轻粉等，刺激性药如蟾酥；③氧化性或还原性强的药物，如火硝、硫黄、雄黄等；④树脂、树胶类药，如乳香、没药在干燥季节粉碎等。还有很多情况也需单研，如制剂中需单独提取的药物；因质地坚硬在粉性药物为主的处方中不便与余药一同粉碎，而需捣碎研磨粉碎的药如三七、代赭石等。

混合粉碎系将处方中药物经过适当处理后，全部或部分药物掺合在一起共同粉碎。适用于处方中性质及硬度相似的群药粉碎，还适用于处方中含少量黏性或油性物料的粉碎，这样既可避免一些黏性药物单独粉碎的困难，又可使粉碎与混合操作结合进行，提高效率。复方制剂中的多数药材均采用此法粉碎。

（2）干法粉碎与湿法粉碎　干法粉碎是把药物经过适当的处理，使药物中的水分含量降至一定限度（一般应少于 5%）再行粉碎的方法。根据药材特性可采用混合粉碎、单独粉碎或特殊处理后混合粉碎。药物的干燥应根据药物的性质选用适宜的干燥方法，一般温度不宜超过 80℃。药品生产中多采用干法粉碎。

湿法粉碎是指在药物中加入适量的水或其他液体进行研磨的方法。通常液体的选用是以药物遇湿不膨胀、两者不起变化、不妨碍药效为原则。湿法粉碎可降低颗粒间的聚结，降低能量消耗，提高粉碎效率，可避免操作时粉尘飞扬，减轻对人体的危害。湿法粉碎适用于刺激性较强药物或毒性药物的粉碎，难溶于水的矿物类药物和贝壳类药物。水飞法和加液研磨法均属湿法粉碎。

① 水飞法　系将非水溶性药料先打成碎块，置于研钵中，加入适量水，用杵棒用力研磨，直至药料被研细，如朱砂、炉甘石、珍珠、滑石粉等。当有部分研成的细粉混悬于水中时，及时将混悬液倾出，余下的稍粗大药料再加水研磨，再将细粉混悬液倾出，如此进行，直至全部药料被研成细粉为止。将混悬液合并，静置沉降，倾出上部清水，将底部细粉取出干燥，即得极细粉。很多矿物、贝壳类药物可用水飞法制得极细粉。但水溶性的矿物药如硼砂、芒硝等则不能采用水飞法。

② 加液研磨法　系将药料先放入研钵中，加入少量液体后进行研磨，直至药料被研细为止。研樟脑、冰片、薄荷脑等药时，常加入少量乙醇；研麝香时，则加入极少量水。注意

要轻研冰片，重研麝香。

(3) 低温粉碎　低温粉碎是利用物料在低温时脆性增加、韧性与延伸性降低的性质以提高粉碎效果的方法。对于温度敏感的药物、软化温度低而容易形成"饼"的药物、极细粉的粉碎常需低温粉碎。低温粉碎适用于在常温下粉碎困难的物料，软化点低的物料，如树脂、树胶、干浸膏等。粉碎时将物料冷却，迅速通过粉碎机粉碎，或将物料与干冰或液化氮混合再进行粉碎。

(4) 闭塞粉碎与自由粉碎　闭塞粉碎是在粉碎过程中，已达到粉碎要求的粉末不能及时排出而继续和粗粒一起粉碎的操作。闭塞粉碎中的细粉成了粉碎过程的缓冲物，影响粉碎效果且能耗较大，故只适用于小规模的间歇操作。自由粉碎则是在粉碎过程中已达到粉碎度要求的粉末能及时排出而不影响粗粒的继续粉碎的操作。自由粉碎效率高，常用于连续操作。

(5) 开路粉碎与循环粉碎　开路粉碎是一边把物料连续地供给粉碎机的同时不断地从粉碎机中取出已粉碎的细物料的操作。即物料只通过一次粉碎机的操作，工艺简单，操作方便，但粒度分布宽，适用于粗碎和粒度要求不高的粉碎。循环粉碎是经粉碎机粉碎的物料通过筛子或分级设备使粗粒重新回到粉碎机反复粉碎的操作。本法操作的动力消耗相对低，粒度分布窄，适于粒度要求比较高的粉碎。

5. 常用设备

(1) 球磨机　球磨机系在不锈钢或陶瓷制成的圆柱筒内装入一定数量和大小的钢、瓷或玻璃圆球构成。当圆筒转动时带动内装球上升，球上升到一定高度后由于重力作用下落，靠球的上下运动使物料受到强烈的撞击和研磨而被粉碎。

球磨机是常用粉碎设备之一，其结构简单，密闭操作，粉尘少，粉碎效率较低，粉碎时间较长。适合于贵重物料的粉碎、无菌粉碎、干法粉碎、湿法粉碎、间歇粉碎，必要时可充入惰性气体。对结晶性药物、硬而脆的药物来说，球磨机的粉碎效果尤佳。

球磨机的粉碎效果与圆筒的转速、球与物料的装量、球的大小与重量等有关。图3-5（A、B、C）分别表示了水平放置球磨机内部钢球的运动情况。圆筒转速过小时（如图3-5A），球随罐体上升至一定高度后往下滑落，这时物料的粉碎主要靠研磨作用，效果较差；转速过大时（如图3-5C），球与物料靠离心力作用随罐体旋转，失去物料与球体的相对运动，此时完全没有粉碎作用。当转速适宜时（如图3-5B），除一小部分球掉落外大部分球随罐体上升至一定高度，并在重力与惯性力作用下沿抛物线抛落，此时物料的粉碎主要靠冲击和研磨的联合作用，粉碎效果最好。球磨机粉碎效率最高时的转速称为最佳转速。最佳转速一般为临界转速的60%~85%。临界转速是使球体在离心力的作用下开始随圆筒做旋转运动的速度。一般球和粉碎物料的总装量为罐体总容积的50%~60%左右。根据物料的粉碎程度选择球的大小和重量，一般球体的直径愈小、密度愈大则粉碎后物料的粒径愈小。

(2) 冲击式粉碎机　冲击式粉碎机对物料的作用力以冲击力为主，适合于粉碎脆性、韧性物料以及中碎、细碎、超细碎等，故又称为"万能粉碎机"。其典型的粉碎结构有锤击式（图3-6）和冲击柱式（图3-7）。锤式粉碎机由设置在高速旋转主轴上的T形锤、带有衬板的机壳、筛网、加料斗、螺旋加料器等组成。锤式粉碎机的主要部件为高速转子，转子上固定着多个T形锤。当物料从加料斗进入到粉碎室时，由高速旋转的锤头的冲击和剪切作用以及被抛向衬板的撞击等作用而被粉碎，细料通过筛板出料，粗料继续被粉碎。粉碎粒度可由锤头的形状、大小、转速以及筛网的目数来调节。

冲击柱式粉碎机（也叫转盘式粉碎机），在转盘和相对应的固定盖上有若干圈冲击柱固定，物料由加料斗加入，由固定板中心轴进入粉碎机，由于转盘高速旋转时产生的离心作用

A

B

C

图3-5　球磨机中球的运动状态

将物料抛向外壁，此时受到冲击柱的冲击，而且所受冲击力越来越大（因为转盘外圈速度大于内圈速度），物料越来越细，最后到达外壁，细粒自底部的筛孔出料，粗粒在机内继续粉碎。

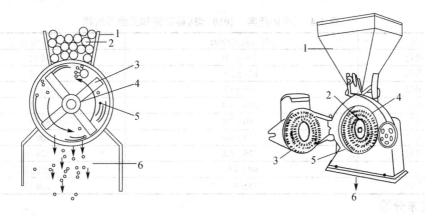

图 3-6　锤击式粉碎机　　　　　　　　　图 3-7　冲击柱式粉碎机
1—料斗；2—原料；3—锤头；4—旋转轴；5—未过筛颗粒；6—过筛颗粒　　1—料斗；2—转盘；3—固定盘；4—冲击柱；5—筛盘；6—出料

（3）气流粉碎机（流能磨）　气流粉碎机的粉碎动力源于高速气流，常用于物料的微粉碎，因而具有"微粉机"之称。流能磨如图 3-8 所示，圆盘式气流粉碎机和跑道式气流粉碎机，由底部喷嘴、粉碎室、顶部分级器和具单向活塞作用的文杜里送料器构成。它的基本粉碎原理是利用高速弹性气流（压缩气体或惰性气体）使药物颗粒与颗粒之间或颗粒与室壁间相互强烈碰撞而产生粉碎作用，流体可以是空气、蒸汽或惰性气体，速度可达音速或超音速。

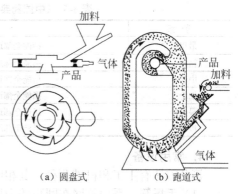

气流粉碎机的粉碎有以下特点：①可获粒径 5μm 以下的微粉；在粉碎的同时，不同大小的粉末进行了分级；②由于粉碎过程中高压气流膨胀吸热，产生明显的冷却效应，可以抵消粉碎产生的热量，故适用于抗生素、酶、低熔点及不耐热物料的粉碎；③设备简单、易于对机器及压缩空气进行无菌处理，可适用于无菌粉末的粉碎；④噪声大，产量低，粉碎费用高。

图 3-8　气流粉碎机

（二）筛分

1. 筛分的概念、目的

筛分是将粒子群按粒子的大小、密度、带电性以及磁性等粉体学性质进行分离的方法。筛分法是借助筛网孔径大小将物料进行分离的方法，操作简单、经济而且分级精度较高，是医药工业中应用最为广泛的粒子分级操作方法。筛分的目的是获得均匀的粒子群，分等和混合均一。

2. 药筛的种类与规格

筛分用的药筛按其制作方法分为两种：一种为冲眼筛（模压筛），系在金属板上冲出圆形的筛孔而成。其筛孔坚固不易变形，一般用于高速旋转粉碎机的筛板及药丸的筛选。另一种为编织筛，是用一定机械强度的金属丝（如不锈钢、铜丝、铁丝等），或其他非金属丝（如丝、尼龙丝、绢丝等）编织而成。编织筛单位面积上筛孔多，筛分效率高，但筛线易位致筛孔变形，从而使分离效率下降。尼龙丝对一般药物较稳定，制剂生产中应用较多。

目前制剂生产中常用的药筛有《中国药典》规定的药筛和工业用筛。《中国药典》2010

年版根据筛孔内径大小将筛分为九种规格（见表3-4），分别为一号筛至九号筛。我国工业用标准筛常用"目"数表示筛号，即以每一英寸（25.4mm）长度上的筛孔数目表示。

表3-4 《中国药典》2010年版标准筛和工业筛规格

筛号	平均筛孔内径/μm	工业筛目号
一号筛	2000±70	10目
二号筛	850±29	24目
三号筛	355±13	50目
四号筛	250±9.9	65目
五号筛	180±7.6	80目
六号筛	150±6.6	100目
七号筛	125±5.8	120目
八号筛	90±4.6	150目
九号筛	75±4.1	200目

3．粉末分等

粉末的分等是按通过相应规格的药筛确定的，共分为六个等级。《中国药典》2010年版规定的粉末分等标准见表3-5。

表3-5 《中国药典》2010年版规定的粉末分等标准

等　级	分等标准
最粗粉	指全部通过一号筛，但混有能通过三号筛不超过20%的粉末
粗粉	指能全部通过二号筛，但混有能通过四号筛不超过40%的粉末
中粉	指能全部通过四号筛，但混有能通过五号筛不超过60%的粉末
细粉	指能全部通过五号筛，并含能通过六号筛不少于95%的粉末
最细粉	指能全部通过六号筛，并含能通过七号筛不少于95%的粉末
极细粉	指能全部通过八号筛，并含能通过九号筛不少于95%的粉末

4．常用设备

筛分方法有手工和机械两种，其相应的器械有手摇筛和电动筛两类。

（1）手摇筛　系由筛网在圆形的金属圈上制成，并按筛号大小依次叠成套，故亦称为套筛。最粗号在顶上，其上面加盖，最细号在底下，套在接收器上，应用时可取所需要号数的筛套在接收器上，上面用盖子盖好，用手摇动过筛。

（2）电动筛　电动筛分机种类很多，大致可分为物料运动方向与筛面垂直的振动筛和进行旋回运动的旋转筛两大类。

① 旋振筛　由机架、电动机、筛网、上部重锤、下部重锤、弹簧、出料口组成。其工作原理是利用偏重轮转动时不平衡惯性所产生的簸动，使筛及物料在水平、垂直、倾斜方向三次元运动而对物料产生筛选作用，本机可用于单层或多层分级，具有结构紧凑、操作维修方便、运转平稳、噪声低、处理物料量大、细度小、适用性强、效率较高等优点。适用于矿物药、化学药或黏性显著的药材粉末的筛分。

② 往复振动筛分机　主要有振动筛粉机和电磁簸动筛粉机，均由机架、电机、减速器、偏心轮、连杆、往复筛体、出料口组成。振动筛粉机的工作原理是物料由加料斗加入筛子上，借电机带动带轮，使偏心轮做往复运动，从而使筛体往复运动，对物料产生筛选作用。效率较高，适用无黏性的植物药、化学药以及毒性、刺激性及易风化或潮解的药物粉末的筛分。电磁簸动筛粉机系利用较高频率（高达200次/s以上）和较小幅度的电磁波产生的簸动来筛选粉末，因其具有强的振动性能，故适宜于筛选黏性较强及含油性的粉末。

5．注意事项

（1）药筛需不断振动　药粉在静止情况下由于受摩擦力和表面能的影响易凝成块状而不

易通过筛孔,当施加外力振动时,各种力的平衡受到破坏,小于筛孔的粉末才能通过,故药筛需不断振动。振动时药粉在筛网上运动的方式有滑动和跳动两种,跳动易通过筛孔。

(2) 粉末应干燥　物料中含湿量增加,黏性增加,易成团或堵塞筛孔,故含水量较大的物料应先干燥再筛分;易吸潮的物料应及时筛分,或在干燥环境中筛分。此外,富含油脂的药材粉末,易于结成团块,不易过筛。如油脂无药用价值,可先脱脂后,再粉碎过筛。

(3) 适当控制进料量与物料经过筛面的速率　当物料在筛网上堆积过厚或在筛网上运动速率过快时,上层小粒径物料可能来不及与筛面接触而混于不可筛分的物料中,从而影响过筛效率;反之,物料层过薄或物料在筛网上的运动太慢,也会影响过筛的效率。所以适当地控制进药量与物料经过筛面的速度是提高过筛效率的关键之一。

(4) 防止粉尘飞扬　筛分时应有必要的防尘及捕尘设施,避免粉尘飞扬。

模块三　混　合

一、职业岗位

药物配料、制粒工。

二、工作目标

1. 能看懂散剂的生产工艺流程。
2. 能陈述混合设备的基本构造和工作原理。
3. 能运用散剂的质量标准。
4. 会分析出现问题并提出解决办法。
5. 能看懂生产指令。
6. 会进行生产前准备。
7. 能按岗位操作规程生产散剂。
8. 会进行设备清洁和清场工作。
9. 会填写原始记录。
10. 会进行设备日常保养。

三、准备工作

(一) 职业形象

按"D级洁净区生产人员进出规程"(详见附录2)进入生产操作区。

(二) 任务主要文件

1. 批生产指令单。
2. 混合岗位操作法。
3. HD-5多向运动混合机标准操作规程。
4. 物料交接单。
5. 混合生产记录。
6. 清场记录。

(三) 物料

根据批生产指令到中间站领取物料,并核对物料名称、规格、批号、数量、检验报告单或合格证等，确认无误后，交接双方在物料交接单（详见附录4）上签字。

（四）器具、设备
1. 器具：不锈钢桶。
2. 设备：HD-5多向运动混合机。

（五）检查
1. 检查清场合格证（副本）是否符合要求，更换状态标志牌，检查有无空白生产原始记录。
2. 检查压差、温度和湿度是否符合生产规定。
3. 检查混料所用的计量器具是否清洁；计量范围是否与称量数量相符；查看合格证和有效期。
4. 检查混料容器和用具是否已清洁、消毒，容器外无原有的任何标记。
5. 检查生产现场是否有上批遗留物。

四、生产过程

（一）生产操作
1. 将电源闭合，点动设备，确认无异常声音，启动设备，确认运转正常。
2. 观察料桶运动位置，使加料口处于理想的加料位置，松开加料口卡箍，取下平盖进行加料，加料量不得超过额定装量。
3. 加料完毕后，盖上平盖，上紧卡箍。
4. 根据工艺要求，调整好时间继电器，调整好混合转速，开机混合。
5. 混合机到设定的时间会自动停机，若出料口位置不理想，可点动开机，将出料口调整到最佳位置，切断电源，打开出料阀出料。
6. 出料时应控制出料速率，以便控制粉尘及物料损失。
7. 操作结束后，将容器密封，填写两张物料标识卡，标明物料名称、批号、数量（毛重、皮重、净重或容积），由称量人和复核人签名，注明配料日期，一张贴于容器外，一张放于容器内，交中间站管理人员。
8. 操作人员详细填写生产记录（见表3-6）并签名，复核人员复核确认准确无误后签名。

（二）质量控制要点与质量判断
1. 操作间必须保持干燥。
2. 生产过程随时注意设备声音。
3. 生产过程所有物料均应有标示，防止发生混药、混批。
4. 控制混合时间、混合转速。
5. 外观色泽一致、混合均匀。

（三）结束工作
1. 将称量好的药物、辅料装在洁净的容器内，送往下道工序。
2. 更换状态标志牌。
3. 关闭设备的电源；按照相应的清洗规程对设备、电器等要擦至无油污、粉尘、污迹。
4. 对周转容器和工具等按规程进行清洗消毒，整齐摆放于存放间；清洁消毒天花板、墙面、地面等。
5. 完成生产记录和清场记录（见附录5）的填写，请QA检查，合格后发给"清场合格证"。

表 3-6 混合生产记录

产品名称		口服补液盐Ⅱ		规格			批号	
工序名称		混合		生产日期	年 月 日		批量	2.79kg
生产场所		混合间		主要设备				
生产前检查	1. 检查清场合格证（副本）是否符合要求。					是 □	否 □	
	2. 记录压差。 数值：					是 □	否 □	
	3. 记录温度。 数值：					是 □	否 □	
	4. 记录湿度。 数值：					是 □	否 □	
	5. 检查设备、计量器具是否完好已清洁。					是 □	否 □	
	6. 检查容器、用具是否已清洁。					是 □	否 □	
	7. 检查生产现场是否有上批遗留物。					是 □	否 □	
	8. 核对品名、批号、数量、质量。					是 □	否 □	
	检查人：							
混合时间				时 分 至		时 分		
转速				r/min				
混合前物料净重：			混合后物料净重：		物料平衡：			
操作人			复核人				QA	

五、基础知识

1. 混合的定义

混合是指将两种或两种以上物料均匀混合的操作。混合的目的是使处方组成成分均匀地混合，色泽一致，以保证剂量准确，用药安全。混合是制剂生产的基本操作。

2. 混合原则

（1）组分的比例量　若处方中各组分比例相差悬殊时，难以混合均匀，此时应采用等量递加混合法，即将量大的物料先研细，然后取出大部分，加入等体积量小物料混合均匀，如此倍量增加量大的物料直至全部混匀。

（2）组分的堆密度　为避免处方中堆密度小者浮于上部或飞扬，而大的部分沉于底部不易混匀，一般先加堆密度小者，再加堆密度大者适当研匀。

（3）混合器械的吸附性　将量小的物料先置混合器械内时，可被混合器械壁吸附造成较大的损耗，故应先取少部分量大的物料于混合器械内先行混合，后将量少物料加入。

（4）含液体或易吸湿性的组分　散剂中若含有这类组分，应在混合前采取相应措施，方能混合均匀。如处方中有液体组分时，可用处方中其他组分吸收该液体；若液体组分量较多，宜用吸收剂吸收至不显润湿为止，常用吸收剂有磷酸钙、白陶土、蔗糖和葡萄糖等；若有易吸湿性组分，则应针对吸湿原因加以解决：如含结晶水（会因研磨放出结晶水引起湿润），则可用等摩尔无水物代替；若是吸湿性很强的药物（如胃蛋白酶），则可在低于其临界相对湿度条件下，迅速混合，并密封防潮包装；若组分因混合引起吸湿，则不应混合，可分别包装。

（5）含可形成低共熔混合物的组分　将两种或多种药物按一定比例混合时，在室温条件下，出现的润湿与液化现象，称为低共熔现象。含共熔组分的制剂是否一起混合使其共熔，应根据共熔后对其药理作用的影响及处方中所含其他固体成分数量的多少而定，一般有以下三种情况。①若药物共熔后药理作用较单独混合者好，宜采用共熔法；②共熔后药理作用几乎无变化，而处方中其他固体成分较多时，可将共熔组分先混合共熔，再用处方中其他组分吸收混合；③若处方中含有能溶解共熔组分的液体，共熔成分可用液体如挥发油溶解后再喷雾到其他固体成分中吸收并混合均匀。药剂工作中常见的可发生低共熔现象的药物有水合氯醛、萨罗（水杨酸苯酯）、樟脑、麝香草酚等，它们以一定比例混合研磨时极易润湿、液化，其程度与混合物的组成比和温度密切相关，例如，将45%樟脑（熔点179℃）与55%萨罗（熔点42℃）混合时，形成的低共熔混合物的熔点降低为6℃，在室温时即液化。

3. 混合原理

粉体之间进行混合的设备主要是混合机，无论是混合筒带动物料转动还是混合筒内运动的搅拌器带动物料运动，混合机内都离不开对流、剪切、扩散三种混合。如图3-9所示，圆筒转动时带动物料上升至一定的高度又开始下降所形成的循环流量形成对流混合；上升流与下降流相错而过是剪切混合；而垂直于轴的相邻平面间的混合是扩散混合。

在混合操作过程中并不是只以某种混合方式独立进行，而是相互联系的。一般来说，在混合开始阶段以对流与剪切混合为主导作用，随后扩散的混合作用增加。

4. 混合方法与设备

（1）混合方法　目前常用的混合方法有：搅拌混合、研磨混合、过筛混合。

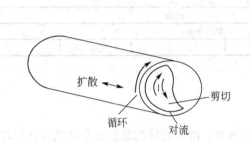

图3-9　混合原理示意

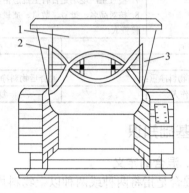

图3-10　槽形混合机
1—混合槽；2—搅拌桨；3—固定轴

① 搅拌混合　系将各物料置适当大小容器中搅匀，多作初步混合之用。大量生产时常用混合机如槽形混合机混合。

② 研磨混合　系将各组分物料置乳钵中共同研磨的混合操作，此法适用于小量尤其是结晶性物料的混合。不适于引湿性及爆炸性成分的混合。

③ 过筛混合　系将各组分物料先初步混合在一起，再通过适宜的药筛一次或几次使之混匀，由于较细较重的粉末先通过筛网，故在过筛后仍须加以适当的搅拌混合。

（2）混合设备

① 槽形混合机　如图3-10所示。其主要部分为混合槽，槽内轴上装有S形与旋转方向成一定角度的搅拌桨，搅拌桨可以使物料不停地在上下、左右、内外的各个方向运动的过程中达到均匀混合。槽可以沿水平轴转动，以利卸料。此机除用以混合粉料外，亦常用于片剂的颗粒、丸块、软膏剂等的混合，但用于后者的搅拌桨形状、强度有所区别。

② 混合筒　混合筒由一定几何形状如圆筒形、V字形、双锥形、立方体形的筒构成，一般装在水平轴上并有支架，如图3-11所示。由传动装置带动绕轴旋转，物料在筒内翻动时，主要靠重力。混合效率主要取决于转动速率，一般为临界转速的30%~50%。转速过大时，由于离心作用使药物贴附筒壁降低了混合效率，速度过慢不能产生所需的强烈翻转作用，也不会产生高的切变速度。操作时，以V字形混合较为理想，在旋转时，物料可分成两部分，然后使两部分物料汇合在一起，如此反复循环地进行混合。

③ 双螺旋锥形混合机　是一种新型高效粉体混合设备。该混合机由锥形容器部分和转动部分组成，锥形容器内装有一个或两个与锥壁平行的提升螺旋推进器。转动部分由电机、变速装置、横臂传动件等组成。混合过程主要由螺旋的自转和公转不断改变物料的空间位置来完成。这种混合机的特点是：混合效率高，混合物料均匀，动力消耗小等。见图3-12。

④ 三维运动混合机　三维运动混合机由混合容器和机身组成。混合容器为一两端呈锥

形的圆桶，由两个可以旋转的万向节支撑于机身上。当万向节旋转时，带动混合桶做三维空间多方向摆动和转动，使桶中物料交叉流动与扩散。这类混合机混合均匀度高，混合中无死角，处理量大，尤其在物料间密度、形状、粒径差异较大时，仍然能确保混合效果。见图 3-13。

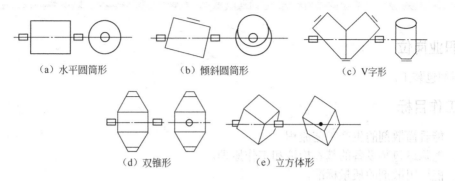

图 3-11 混合筒的形状

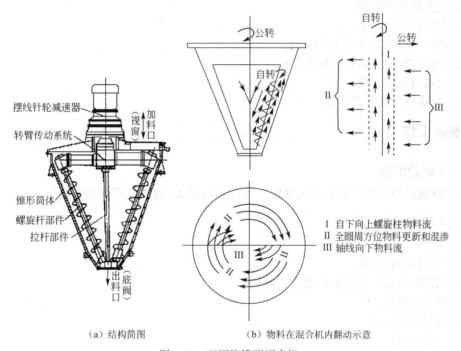

图 3-12 双螺旋锥形混合机

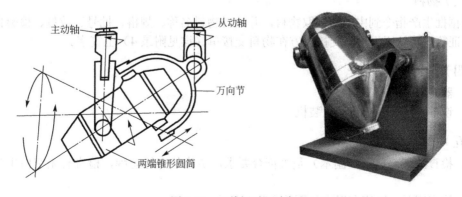

图 3-13 三维运动混合机

模块四　分剂量/内包装

一、职业岗位

制剂包装工。

二、工作目标

1. 能看懂散剂的生产工艺流程。
2. 能陈述包装设备的基本构造和工作原理。
3. 能运用散剂的质量标准。
4. 会分析出现的问题并提出解决办法。
5. 能看懂生产指令。
6. 会进行生产前准备。
7. 能按岗位操作规程生产散剂。
8. 会进行设备清洁和清场工作。
9. 会填写原始记录。
10. 会进行设备日常保养。

三、准备工作

（一）职业形象

按"D级洁净区生产人员进出规程"（详见附录2）进入生产操作区。

（二）任务主要文件

1. 批生产指令单。
2. 包装岗位操作法。
3. DXDF60自动包装机标准操作规程。
4. 物料交接单。
5. 包装生产记录。
6. 清场记录。

（三）物料

根据批生产指令到中间站领取物料，并核对物料名称、规格、批号、数量、检验报告单或合格证等，确认无误后，交接双方在物料交接单（详见附录4）上签字。

（四）器具、设备

1. 器具：不锈钢筒。
2. 设备：DXDF60自动包装机。

（五）检查

1. 检查清场合格证（副本）是否符合要求，更换状态标志牌，检查有无空白生产原始记录。
2. 检查压差、温度和湿度是否符合生产规定。

3. 检查包装所用的计量器具是否清洁；计量范围是否与称量数量相符；查看合格证和有效期。

4. 检查包装容器和用具是否已清洁、消毒，容器外无原有的任何标记。

5. 检查生产现场是否有上批遗留物。

四、生产过程

（一）生产操作

1. 打开缓冲室控制柜开关，插上插座，使离合器处于"关"的位置。

2. 按红色电源按钮，机器处于开启状态，设定纵封、横封温度。

3. 开启"输纸"按钮，使包装袋色标对正横封封道的中间（切刀切口）位置，移动光标开关，使其投光点位于任一色标中间后固定光电开关。

4. 启动机器，调节切刀位置，使切出的包装袋是一个完整的版面。

5. 调整批号，打开"打印批号"开关，待温度上升后，启动机器，确认批号清晰，位置合适。

6. 加物料。

7. 使离合器处于"开"的位置，启动机器，确认设备正常，停机，加入物料，进行包装，调节至规定装量即可。

8. 及时填写生产记录（见表3-7）。

（二）质量控制要点与质量判断

散剂可单剂量包装也可多剂量包装，多剂量包装者应附分剂量的用具。除另有规定外，散剂应密闭贮存，含挥发性或易吸潮药物的散剂应密封贮存。散剂分装岗位主要检查项目有装量差异。

（三）结束工作

1. 将内包好的散剂装在洁净的容器内，送往下道工序。

2. 更换状态标志牌。

3. 关闭设备的电源；按照相应的清洗规程对设备、电器等要擦至无油污、粉尘、污迹。

4. 对周转容器和工具等按规程进行清洗消毒，整齐摆放于存放间；清洁消毒天花板、墙面、地面等。

5. 完成生产记录和清场记录（见附录5）的填写，请 QA 检查，合格后发给"清场合格证"。

五、基础知识

（一）包装

1. 目的

药品的包装系指选用适当的材料或容器、利用包装技术对药物制剂的半成品或成品进行分（灌）、封、装、贴签等操作，为药品提供品质保护、鉴定商标与说明的一种加工过程的总称。药品的包装分为内包装和外包装。

药品包装的目的：一是保护药品的质量；二是保护药品的装卸、存储、运输和销售。

2. 常用包装材料

（1）包药纸　常用的有有光纸等。有光纸价廉，表面较光滑，对物料的吸附少，但不牢固，能透油脂和气体，易被水与水蒸气浸透。适用于性质较稳定的散剂，不适用于吸湿性散剂的包装。

（2）塑料袋　聚乙烯塑料袋透明、质软，在一定时间内可防止潮湿气体的侵入，但在低温久贮时会老化破裂，且塑料能透气、透湿，故芳香细料及毒剧药的散剂，不宜用塑料袋包装。

表3-7　分剂量/内包装生产记录

产品名称		口服补液盐Ⅱ		规格			批号		
工序名称		分剂量		生产日期		年 月 日	批量		200袋
生产场所		内包间		主要设备					
生产前检查	1. 检查清场合格证（副本）是否符合要求。						是 □	否 □	
	2. 记录压差。		数值。				是 □	否 □	
	3. 记录温度。		数值。				是 □	否 □	
	4. 记录湿度。		数值。				是 □	否 □	
	5. 检查设备、计量器具是否完好已清洁。						是 □	否 □	
	6. 检查容器、用具是否已清洁。						是 □	否 □	
	7. 检查生产现场是否有上批遗留物。						是 □	否 □	
	8. 核对品名、批号、数量、质量。						是 □	否 □	
	检查人：								
散剂分装									
分装规格				横封温度			纵封温度		
理论装量				理论产量			操作人		
内包材料/kg									
材料名称		批号		领用量	实用量		结余量	损耗量	操作人
充填物/kg									
领用数量		实用量			结余量		废损量		操作人
分装检查记录									
	车号					操作人			
时间									
装量									
时间									
装量									
平均装量						包装质量			
包装合格品数/袋						检查人			
合格品收率 =（合格品数 / 理论产量）×100% =					/	×100% =		%	
物料平衡 =[（实用数量+废损量）/领用数量]×100% =					/	×100% =		%	
备注：									
计算人						复核人			
QA						岗位负责人			

（3）镀铝膜　真空镀铝膜是在高真空状态下将铝蒸发到各种基膜上的一种软包装薄膜产品，广泛使用的有PET、CPP、PE等真空镀铝膜。真空镀铝软薄膜包装除了具有塑料基膜的特性外，还具有漂亮的装饰性和良好的阻隔性，其透光率、透气率和透水蒸气率会降低至原塑料薄膜的几十分之一，甚至几百分之一。如SP（条形包装）膜，具有一定的抗拉强度及延伸率，适合于各种形状和尺寸的药品，并且包装后紧贴内装药品，不易破裂和产生皱纹。适于包装吸湿性强、对紫外线敏感的药品。目前较普遍使用的铝塑复合膜，一般有玻璃纸/铝箔/低密度聚乙烯（PT/Al/LDPE）和涂层/铝箔/低密度聚乙烯（OP/Al/LDPE）两种结构，即铝箔与塑料薄膜以黏合剂层压复合或挤出复合而成，由基层、印刷层、高阻隔层、热封层组成。

成。基层在外，热封层在内，高阻隔层和印刷层位于中间。

（4）玻璃管或玻璃瓶　该包装密闭性好，不与药物起作用，适用于芳香、挥发性散剂，也常用于含细料药物、毒剧药物散剂以及吸湿性散剂。

3. 固体制剂的包装形式

固体制剂常用的包装形式有：铝塑泡罩包装、复合膜包装、塑料瓶包装等。

（二）散剂分剂量包装常用设备

DXDF60ⅡD自动包装机如图3-14所示。

（1）基本构造　DXDF60ⅡD自动包装机主要包括七大部分：传动系统、薄膜供送装置、袋成型装置、纵封装置、横封及切断装置、物料供给装置以及电控检测系统。

（2）工作原理　DXDF60ⅡD自动包装机采用容积法计量。

图3-14　DXDF60ⅡD自动包装机

（3）工作过程

设定封合温度→供纸（袋）→调整封合压力→袋长设定及光电调整→制袋调整→充填计量调整→生产运行

（三）质量检查

除另有规定外，散剂应进行以下相应检查。

1. 粒度

除另有规定外，局部用散剂照下述方法检查，粒度应符合规定。

检查方法：取供试品10g，精密称定，置七号筛。照粒度和粒度分布测定法（《中国药典》2010年版二部附录ⅨE第二法单筛分法）检查，精密称定通过筛网的粉末重量，应不低于95%。

2. 外观均匀度

检查方法：取供试品适量，置光滑纸上，平铺约5cm^2，将其表面压平，在亮处观察，应色泽均匀，无花纹与色斑。

3. 干燥失重

除另有规定外，取供试品，按照干燥失重测定法（《中国药典》2010年版二部附录ⅧL）测定，在105℃干燥至恒重，减失重量不得过2.0%。

4. 装量差异

单剂量包装的散剂照下述方法检查，应符合规定。《中国药典》2010版二部散剂重量差异限度如表3-8所示。

检查方法：取散剂10包（瓶），除去包装，分别精密称定每包（瓶）内容物的重量，求出内容物的装量与平均装量。每包装量与平均装量（凡无含量测定的散剂，每包装量应与标示装量比较）相比应符合规定，超出装量差异限度的散剂不得多于2包（瓶），并不得有1包（瓶）超出装量差异限度1倍。

凡规定检查含量均匀度的散剂，一般不再进行装量差异的检查。

5. 装量

多剂量包装的散剂，按照最低装量检查法（《中国药典》2010年版二部附录ⅩF)检查，应符合规定。

6. 无菌

用于烧伤或创伤的局部用散剂，按照无菌检查法(《中国药典》2010年版二部附录ⅩⅢH)检查，应符合规定。

表 3-8 散剂装量差异限度

平均装量或标示装量	装量差异限度
0.1g 及 0.1g 以下	±15%
0.1g 以上至 0.5g	±10%
0.5g 以上至 1.5g	±8%
1.5g 以上至 6.0g	±7%
6.0g 以上	±5%

7. 微生物限度

除另有规定外，按照微生物限度检查法（《中国药典》2010 年版二部附录 XI J)检查，应符合规定。

（四）举例

1. 冰硼散

【处方】 冰片 50g，硼砂（炒）500g，朱砂 60g，玄明粉 500g。

【制法】 取朱砂用水飞法碎成极细粉，硼砂粉碎成细粉，冰片研细，将上述粉末与玄明粉配研，过 120 目筛，混合，即得。

【注解】 ①朱砂含有硫化汞，为粒状或块状集合体，色鲜红或暗红，具光泽，质重而脆，水飞法可获极细粉。玄明粉系芒硝红风化干燥而得，含硫酸钠不少于 99%。②本品朱砂有色，易于观察混合的均匀性。本品用乙醚提取，重量法测定，冰片含量不得少于 3.5%。③本品具有清热解毒、消肿止痛功效，用于咽喉疼痛、牙龈肿痛、口舌生疮。吹散，每次少量，一日数次。

2. 痱子粉

【处方】 滑石粉 67.7g，水杨酸 1.4g，氧化锌 6.0g，硼酸 8.5g，升华硫 4.0g，麝香草酚 0.6g，薄荷 0.6g，薄荷油 0.6g，樟脑 0.6g，淀粉 10.0g。

【制法】 先将麝香草酚、薄荷和樟脑研磨形成低共熔物，与薄荷油混匀，另将升华硫、水杨酸、硼酸、氧化锌、淀粉、滑石粉共置球磨机内混合粉碎成细粉，过 100~120 目筛。将此细粉置混合筒内（附有喷雾设备的混合机），喷入含有薄荷油的上述低共熔物，混匀，过筛，即得。

【注解】 ①本品中麝香草酚、薄荷、樟脑在混合时发生低共熔，在本处方的制备工艺中利用此现象，以便将它们与其他药物混合均匀。②滑石粉、氧化锌等用前宜灭菌。③本品有吸湿、止氧及收敛作用，适用于汗疹、痱子等。

3. 硫酸阿托品千倍散

【处方】 硫酸阿托品 1.0g，1%胭脂红乳糖 0.5g，乳糖 998.5g。

【制法】 先研磨乳糖使乳钵壁饱和后倾出，将硫酸阿托品与胭脂红乳糖置乳钵中研和均匀，再少量渐次加入所需的乳糖，充分研和待全部色泽均匀即可。

【注解】 ①1%胭脂红乳糖的配制。加胭脂是为了方便观察混合均匀度。为防止乳钵对主药的吸附，选用玻璃乳钵并先研磨乳糖使乳钵壁饱和。然后取胭脂红 1g 至乳钵中，加乙醇约 10~20ml，研磨使溶解，再按配研法加入乳糖 99%，研磨均匀，在 50~60℃干燥，过筛，即得。②洗净用过的乳钵，以免残留药品或色素污染其他药品。

● 思考题

1. 简述散剂的特点、质量要求、生产工艺流程。
2. 叙述量取的操作注意事项。
3. 叙述配料的操作注意事项。
4. 何谓粉碎？简述粉碎的目的、常用的粉碎方法以及粉碎设备。
5. 何谓筛分？药筛及粉末如何分类？
6. 何谓混合？简述混合原则。
7. 散剂的质量检查项目有哪些？

项目四　颗粒剂生产

颗粒剂是指药物粉末（或药材提取物）与适宜的辅料或药材细粉制成的有一定粒度的干燥颗粒状制剂。颗粒剂系口服制剂，既可以直接吞服，也可以分散或溶解在溶剂中服用。

1. 特点

① 保持了液体药剂奏效快的特点。颗粒剂可溶解或混悬于水中，有利于药物在体内的吸收。

② 根据临床的不同需要，可包衣或制成不同释放度的颗粒，达到治疗效果。

③ 分剂量比散剂等易控制。颗粒的流动性比粉末好，更容易控制剂量。

④ 性质稳定，体积小，重量轻，运输、携带、贮存方便。

⑤ 根据需要可加入适宜的矫味剂，以掩盖某些药物的苦味，尤其适用于小儿用药。

⑥ 缺点是易吸潮，在生产、贮存和包装上对密封性有严格的要求。

2. 分类

根据颗粒的溶解性不同，可分为以下几类。

（1）可溶性颗粒　系指加入分散介质中可全部溶解或轻微浑浊的颗粒剂。

（2）混悬性颗粒　系指难溶性固体药物与适宜辅料制成一定粒度的干燥颗粒剂。

（3）泡腾性颗粒　系指含有碳酸氢钠和有机酸，遇水可放出大量气体而呈泡腾状的颗粒剂。

（4）肠溶颗粒　系指采用肠溶材料包裹颗粒或其他适宜方法制成的颗粒状制剂。

（5）缓释颗粒　系指在水或规定的释放介质中缓慢地非恒速释放药物的颗粒剂。

（6）控释颗粒　系指在水或规定的释放介质中缓慢地恒速或接近于恒速释放药物的颗粒剂。

3. 质量要求

① 药物与辅料应均匀混合，颗粒粒径均匀，色泽一致，无吸潮、结块、潮解等现象。

② 颗粒剂制备时，加入的矫味剂、芳香剂、着色剂、防腐剂等添加剂均应符合有关规定。

③ 颗粒剂的主药含量、粒度、干燥失重、装量差异、溶化性、微生物限度等均应符合要求。

4. 生产工艺流程

颗粒剂的生产工艺流程见图 4-1。

5. 工作任务

批生产指令单见表 4-1。

图 4-1　颗粒剂生产工艺流程

表 4-1 批生产指令单

品　名	维生素C颗粒	规　格	2g/袋
批　号		批　量	5000袋

物料的批号与用量					
序号	物料名称	供货单位	检验单号	批号	用　量/kg
1	维生素C				0.5
2	糊精				5.0
3	糖粉				5.0
4	6%淀粉浆				适量
生产开始日期	年　月　日		生产结束日期		年　月　日
制表人			制表日期		年　月　日
审核人			审核日期		年　月　日
批准人			批准日期		年　月　日
备注：					

模块一　配　料

参见"项目三模块一配料"。

模块二　粉碎与筛分

参见"项目三模块二粉碎与筛分"。

模块三　制　粒

一、职业岗位

药物配料、制粒工。

二、工作目标

1. 能陈述颗粒剂的定义、特点与分类。
2. 能看懂颗粒剂的生产工艺流程。
3. 能陈述制粒设备的基本结构和工作原理。
4. 能判断和控制制粒中颗粒的质量。
5. 会分析出现问题并提出解决办法。
6. 能看懂生产指令。
7. 会进行生产前准备。
8. 能按岗位操作规程进行制粒操作。
9. 会进行设备清洁和清场工作。
10. 会填写原始记录。

三、准备工作

（一）职业形象
按"D级洁净区生产人员进出规程"（详见附录2）进入生产操作区。

（二）任务主要文件
1. 批生产指令单。
2. 制粒岗位操作规程。
3. 制粒机操作规程。
4. 制粒机清洁操作规程。
5. 物料交接单。
6. 制粒生产记录。
7. 清场记录。

（三）物料
根据批生产指令领取物料，并核对物料品名、规格、批号、数量、检验报告单或合格证等，确认无误后，交接双方在物料交接单（详见附录4）上签字。

（四）器具、设备
1. 设备：GHL-10湿法混合制粒机、FGL-03沸腾干燥制粒机。
2. 器具：不锈钢桶、不锈钢勺子等。

（五）检查
1. 检查压差、温度和湿度是否符合生产规定。
2. 检查有无空白生产原始记录；检查生产现场是否有上批遗留物。
3. 检查容器和用具是否已清洁、消毒。
4. 检查清场合格证（副本）是否符合要求，更换状态标志牌。
5. 检查设备和计量器具是否完好、已清洁，查看合格证和有效期。
6. 检查机器的零部件是否齐全，检查并固定各部件螺丝。
7. 检查设备各润滑点的润滑情况；检查安全装置是否安全、灵敏。

四、生产过程

A. GHL-10湿法混合制粒机

（一）生产操作

1. 称量、配料
① 更换状态标志牌。
② 给电子天平通电，对电子天平调水平并校正。
③ 按生产指令称量配料，放入不锈钢桶内，贴上标签，备用。
④ 按制备工艺要求配制6%（g/ml）浓度的淀粉浆500ml。

2. 装机
安装搅拌刀和制粒刀，连接饮用水管路，插上电源。

3. 试机
检查混合、切碎旋转方向是否符合要求，检查卸料气缸动作是否正确，检查进水、进气、出水是否正常。

4．开机

按容积的 1/2～2/3 装入制粒原料和黏合剂，关闭盖和放料阀，接通压缩空气，调节压力至 0.4MPa，打开气体流量计和两只气水转换阀，气水转换阀设在气的位置。按工艺设定工作时间，启动混合电机Ⅰ速，一定时间后，再启动切碎电机Ⅰ速，经过一定时间后，混合电机启动Ⅱ速，然后切碎电机启动Ⅱ速，达到设定的工作时间制粒完成，自动停止混合与切碎电机。

5．出料

将不锈钢桶放至于出口正下方，启动混合电机Ⅰ速，打开卸料气缸，出料，物料卸完后关闭混合电机Ⅰ速，关闭电源，贴标签交下道工序。

6．及时填写生产记录（见表 4-2）。

表 4-2　湿法混合制粒生产记录

产品名称		维生素 C 颗粒	规格		2g/袋		批号	
工序名称		制粒	生产日期		年　月　日		批量	5000 袋
生产场所		制粒车间	主要设备		GHL-10 湿法混合制粒机			
序号	指令		工艺参数		操作参数			操作者签名
1	岗位上应具有"三证"		清场合格证 设备完好证 计量器具检定合格证		有□　无□ 有□　无□ 有□　无□			
	取下《清场合格证》，附于本记录后				完成□　未办□			
2	检查设备的清洁卫生		GHL-10 湿法混合制粒机 吸尘器 工具 周转容器 操作室 其他设备		已清洁□　未清洁□ □　□ □　□ □　□ □　□ □　□			
	空机试车				正常□　异常□			
3	与中转站管理人员交接物料		核对 -品名 　　-规格 　　-批号 　　-数量 　　-质量		符合□　不符□ □　□ □　□ □　□ □　□			
	物料领用	桶号	毛重/kg	皮重/kg		净重/kg		
		1						
		2						
		3						
		4						
4	运行参数记录	干混时间/s						
		搅拌Ⅰ时间/s						
		搅拌Ⅱ时间/s						
		制粒Ⅰ时间/s						
		制粒Ⅱ时间/s						
5	制得湿颗粒	桶号	毛重/kg	皮重/kg	净重/kg	日期	班次	设备编号
		1						
		2						
	与中转站管理人员交接，接受人核对，并在递交单上签名				已签□　未签□			
	领入量/kg		颗粒总重量/kg		可利用余粉/kg		不可用余粉/kg	物料平衡/%
	计算人		复核人		QA		岗位负责人	
6	异常情况与处理记录：							

（二）质量控制要点与质量判断

1. 制粒操作室必须保持干燥，温湿度应符合规定，室内呈正压。
2. 配料应严格按工艺规程及称量配料的标准操作规程进行。
3. 称量配料过程中要严格实行双人复核制，做好记录并签字。
4. 生产过程中所有物料均应有标示，防止发生混药、混批。
5. 操作中要重点控制黏合剂用量。
6. 操作过程中严格控制快速混合制粒机中搅拌浆和制粒刀的旋转速度和时间，以保证软材质量符合标准。
7. 软材捏之成团，团而不黏；按之即裂，裂而不散。
8. 将湿颗粒置于手掌中颠动数次，有沉重感、细粉少，颗粒应完整、无长条。

（三）结束工作

1. 更换状态标志牌。
2. 开盖手动清洗残余料，再盖上盖子，用饮用水清洗数次至干净。
3. 清洗不锈钢桶等容器和工具。
4. 对电子台秤、容器、工具和设备表面用75%乙醇进行消毒。
5. 清洁消毒天花板、墙面、地面。
6. 完成生产记录和清场记录（见附录5）的填写，请QA检查，合格后发给"清场合格证"。

B. FGL-03沸腾干燥制粒机

（一）生产操作

1. 称量、配料：同GHL-10湿法混合制粒机。
2. 打开空气压缩机和排风机总开关，打开排风机按钮，按空气压缩机"1"键，打开纯化水房间窗户，打开连接FGL-03沸腾干燥制粒机的压缩空气阀门。
3. 更换状态标志牌，插上FGL-03沸腾干燥制粒机插头，开FGL-03沸腾干燥制粒机总开关，将机器由"0"转至"1"，进入操作界面。
4. 确认喷枪、蠕动泵正常，确认布袋干净，按顶缸升按钮（边缘对齐），开风机，调至$2m^3/min$，开加热器、照明灯、震打电机，确认正常。
5. 关震打电机、照明灯、加热器、风机，按顶缸降按钮，拆开连接管路，向左水平推出缸体，加入物料，推进沸腾室，按顶缸升按钮（边缘对齐），插上连接管路（橙色：压缩空气，雾化黏合剂；白色：连接黏合剂；上绿色：压缩空气，测锅内负压；下绿色：物料温度探头）。
6. 开喷枪，调节雾化压力至0.5bar❶，开风机，调至$2m^3/min$，开灯、开震打电机，按时间重置，开加热器，进风温度调至60℃（调节两处），进入混合状态。
7. 待混合至6min时开始配置淀粉浆，将管路插入淀粉浆（淀粉浆用水浴加热）中，开蠕动泵，速度调至10r/min，当淀粉浆即将进入喷枪时，调节雾化压力至1.5bar，进入制粒状态，制粒过程中根据物料状态及时调整工艺参数，制粒结束，关闭蠕动泵、喷枪，调节进风温度至70℃（调节两处），进入干燥状态。
8. 控制风量和进风温度，关闭蠕动泵，切换蠕动泵运动方向，开启蠕动泵，将余液放出，待物料干燥后（出风温度为34.5℃左右），关闭加热器，待进风温度低于50℃后，关闭风机，继续震打10s，关闭震打电机，按顶缸降按钮，向左水平推出缸体，出料，盛装于洁净不锈钢桶内，贴标签交中间站，办理交接手续。

---

❶ 1bar=10^5Pa，全书余同。

9. 及时填写生产记录（见表4-3）。

表4-3 沸腾干燥制粒生产记录

产品名称		维生素C颗粒		规格		2g/袋		批号	
工序名称		制粒		生产日期		年 月 日		批量	5000袋
生产场所		制粒车间		主要设备		FGL-03沸腾干燥制粒机			
序号		指令		工艺参数		操作参数		操作者签名	
1	岗位上应具有"三证"			清场合格证		有□	无□		
				设备完好证		有□	无□		
				计量器具检定合格证		有□	无□		
	取下《清场合格证》，附本记录后					完成□	未办□		
2	检查设备的清洁卫生			FGL-03沸腾干燥制粒机		已清洁□	未清洁□		
				蠕动泵		□	□		
				工具		□	□		
				周转容器		□	□		
				操作室		□	□		
				其他设备		□	□		
	空机试车					正常□	异常□		
3	与中转站管理人员交接物料			核对 -品名		符合□	不符□		
				-规格		□	□		
				-批号		□	□		
				-数量		□	□		
				-质量		□	□		
	物料领用	桶号		毛重/kg	皮重/kg	净重/kg			
		1							
		2							
		3							
		4							
4	运行参数记录	时间							
		风机速度/（m³/min）							
		空气流量/（m³/h）							
		进风温度/℃							
		物料温度/℃							
		雾化压力/bar							
		炉内负压/Pa							
		喷浆速度/r/min							
		出风温度/℃							
		出口压差/Pa							
5	制得干颗粒	桶号	毛重/kg	皮重/kg	净重/kg	日期	班次	设备编号	—
		1							
		2							
	与中转站管理人员交接，接受人核对，并在递交单上签名					已签□	未签□		
	领入量/kg		颗粒总重量/kg		可利用余粉/kg		不可用余粉/kg		物料平衡/%
	计算人		复核人			QA		岗位负责人	
6	异常情况与处理记录：								

(二)质量控制要点与质量判断

1. 制粒操作室必须保持干燥,温湿度符合洁净室规定的要求。
2. 严格按工艺规程和称量配料标准操作程序进行配料,称量配料过程中要严格实行双人复核制,做好记录并签字。
3. 生产过程中所有物料均应有标示,防止发生混药、混批。
4. 操作中要重点控制黏合剂种类和浓度、喷浆速率、雾化压力、锅内负压、进风温度、出风温度、风机速率、干燥时间等,喷枪和沸腾床确认不堵。
5. 干燥后颗粒含水量控制在2%以内。

(三)结束工作

1. 更换状态标志牌。
2. 拆下喷枪、沸腾床、布袋等部件,进行清洗消毒。
3. 关闭电子天平,并对其进行清洁,对制粒机进行清洗消毒。
4. 清洗不锈钢桶等容器和工具。
5. 按照"先上后下、先里后外、先整后零"原则对操作室进行清场。
6. 对容器、工具和设备表面用75%乙醇进行消毒。
7. 清洁消毒天花板、墙面、地面。
8. 完成生产记录和清场记录(见附录5)的填写,请QA检查,合格后发给"清场合格证"。

五、基础知识

(一)制粒常用辅料

制粒辅料的选用应根据药物的性质、制备工艺及价格等因素来决定,目前常用的辅料有填充剂、润湿剂、黏合剂、矫味剂、泡腾剂等。

1. 填充剂

填充剂的主要作用是增加制剂的重量与体积,有利于成型和分剂量。常用的品种有淀粉、预胶化淀粉、糖粉、糊精、乳糖、甘露醇和山梨醇、无机盐类等。

(1)淀粉 淀粉有玉米淀粉和马铃薯淀粉,常用的是玉米淀粉。玉米淀粉为白色细微粉末,不溶于水和乙醇、杂质少、色泽好、性质稳定、价格便宜、吸湿性小。

(2)预胶化淀粉 预胶化淀粉又称可压性淀粉,本品是将淀粉部分或全部胶化所得产物,为白色或类白色粉末,自身具有良好的润滑性、干燥黏合性和较好的崩解作用。

(3)糖粉 糖粉是由结晶性蔗糖经低温干燥后磨成的白色粉末,其优点是味甜、黏合力强。

(4)糊精 糊精为淀粉不完全水解的产物,微溶于冷水、易溶于热水、不溶于乙醇。药用糊精为白色或淡黄色粉末,制颗粒时使用过量会使颗粒过硬。

(5)乳糖 乳糖是由牛乳清中提取制得,为优良的填充剂,常用的乳糖为含一分子结晶水的结晶乳糖,即 α-含水乳糖。为白色或类白色结晶性粉末,其性质稳定、易溶于水、无吸湿性。

(6)甘露醇和山梨醇 甘露醇和山梨醇属糖醇类,两种物质属于同分异构体,为白色颗粒或白色粉末,具有一定的甜味、凉爽感,可改善口感。

(7)无机钙盐 一些无机钙盐如硫酸钙、磷酸钙、碳酸钙等均为微溶或不溶于水的化合物,最常用的是二水硫酸钙,为白色或微黄色无臭、无味的细粉,其化学性质稳定,不溶于水,无引湿性。

2. 润湿剂

润湿剂是一类本身无黏性的液体,加入到某些具有黏性的物料中,可诱发物料的黏性,使其能聚结成软材并制成颗粒。

（1）纯化水　纯化水是制粒中最常用的润湿剂，适用于遇水稳定、在水中能产生黏性的物料。但对于水溶性成分较多的处方，由于物料对水吸收快、润湿不均匀，干燥后颗粒有发硬结块等现象，可以选择一定浓度的乙醇代替。

（2）乙醇　遇水易于分解或遇水黏性太大的物料，可选用适宜浓度的乙醇作润湿剂。一般乙醇的浓度为30%～70%，乙醇的浓度越高，润湿后物料产生的黏性越小，制得的颗粒较松散。

3. 黏合剂

黏合剂是一类本身具有黏性的固体粉末或黏稠液体。能增加无黏性或黏性不足的物料的黏性，使物料聚集黏结成软材易于制粒。

（1）淀粉浆　淀粉浆是制粒中最常用的黏合剂，适用于对湿热较稳定的药物。一般浓度为5%～15%（溶剂用水，为质量浓度），常用浓度为10%。淀粉浆的制法主要有冲浆法和煮浆法两种。

① 冲浆法　是向淀粉中先加入少量（1～1.5倍）冷水搅匀，再根据浓度要求，冲入全量的沸水，边冲边搅拌至半透明糊状。此法操作简便，药厂多采用此法。

② 煮浆法　是将淀粉混悬于全量冷水搅匀后，用蒸汽加热并不断搅拌至糊状，放冷即得。若对淀粉浆本身的黏性感到不足时，还可与糖浆或胶浆混合使用。

（2）糖浆　糖浆（50%～70%）的黏性较淀粉浆强，适用于纤维性及质地疏松、弹性较强的植物性药物。不适用于强酸或强碱性物料，由于能引起蔗糖的转化而产生引湿性。

（3）糊精　糊精用作干燥黏合剂，润湿后能产生一定黏性。用糊精作填充剂其用量超过50%时，则不宜用淀粉浆作黏合剂，而是用40%～50%稀醇作润湿剂，即可制得硬度适宜的颗粒。

（4）纤维素衍生物　纤维素衍生物是一类高分子化合物，性质稳定，为常用的良好辅料。

① 甲基纤维素（MC）和羧甲基纤维素钠（CMC-Na）　甲基纤维素（MC）为无臭、无味、白色或淡褐色的颗粒或粉末，羧甲基纤维素钠（CMC-Na）为无味、白色或近白色的颗粒状粉末。两者都具有良好的水溶性，可形成黏稠性的胶浆，不溶于乙醇。

② 羟丙基纤维素（HPC）和羟丙基甲基纤维素（HPMC）　羟丙基纤维素（HPC）为无臭、无味、白色或淡黄色粉末，可溶于甲醇、乙醇等溶剂；羟丙基甲基纤维素（HPMC）为无臭、无味、白色或乳白色纤维状或颗粒状粉末，不溶于热水和乙醇。两者性质稳定，均易溶于冷水。

（5）高分子聚合物　高分子聚合物有聚维酮、聚乙二醇，两者根据分子量不同有多种规格。两者均溶于水和乙醇中，适用于水溶性与水不溶性药物的制粒。

① 聚维酮（PVP）　聚维酮（PVP）为无臭、无味、白色粉末，根据其分子量和黏度不同有多种规格，常用浓度为3%～15%（溶剂为水或乙醇，质量浓度）。本品性质稳定，其可延缓药物的氧化、水解等反应的发生，为优良的黏合剂。对湿热敏感的药物用聚维酮（PVP）的有机溶液制粒，对疏水性药物用PVP水溶液作黏合剂，不但易于均匀润湿，并能使疏水性药物颗粒表面变为亲水性，有利于药物的崩解和溶出。采用流化喷雾制粒，用5%～10%（溶剂为水或乙醇，质量浓度）聚维酮（PVP）溶液作黏合剂，可制得高质量的颗粒。

② 聚乙二醇（PEG）　聚乙二醇因分子量不同而有不同的规格，常用PEG4000、PEG6000，为白色或近白色蜡状粉末，具有良好的水溶性，也可溶于乙醇，适用于水溶性或水不溶性物料的制粒。

4. 矫味剂

矫味剂的作用是掩盖咸、涩、苦味，在口腔中停留时间较长的制剂常需要加入矫味剂，如口服液体制剂、颗粒剂、含片、分散片、口服速崩片、口腔局部用制剂等，常用的有甜味剂如蔗糖或单糖浆、甘油、蜂蜜，以及适用于糖尿病患者的人工甜味剂如糖精钠、甘草酸二钠、甜味素以及山梨醇、麦芽醇等。

5. 泡腾剂

泡腾剂可以麻痹味蕾而可矫味，改善盐类药物的苦味、涩味、咸味，如碳酸氢钠与有机酸。

（二）制粒目的

制粒是将原辅料混匀后加工制成一定形状和大小的颗粒状物料，是使细小物料聚集成较大粒度产品的加工过程。制粒的目的如下。

① 改善流动性。粉末制成颗粒后，粒径增大，减少了粒子间的黏附性、凝集性，从而大大改善颗粒的流动性。

② 防止各成分离析。由于处方中各成分的粒度、密度存在差异时容易出现离析现象，混合后制粒或制粒后混合可有效防止离析。

③ 避免粉尘飞扬及器壁上黏附。通过制粒克服了粉末飞扬及黏附性，防止环境污染及原料的损失，达到 GMP 的要求。

④ 调整堆密度，改善溶解性能。

（三）制粒方法

制颗粒是颗粒剂制备过程中关键的工艺技术，它直接影响到颗粒剂的质量。制粒方法有多种，同一处方，制备方法不同时，所制得颗粒的形状、大小、强度不同，崩解性、溶化性也不同。制粒时应根据物料的特性选择适宜的制粒方法。目前生产中常用的有湿法制粒、干法制粒、喷雾制粒和流化制粒等方法。

1. 湿法制粒

湿法制粒系在混合均匀的物料中加入润湿剂或黏合剂进行制粒的方法，在药品生产企业中广泛应用此法。根据制粒所用的设备不同湿法制粒有以下几种。

（1）挤压制粒　挤压制粒是将处方中原辅料经混合均匀后加入黏合剂或润湿剂制成软材，再以挤压方式通过一定孔径的筛网制成大小均匀颗粒的方法。

影响挤压制粒的因素与质量控制要点如下。

① 黏合剂（或润湿剂）的选择与用量是影响软材质量的关键。正常的软材在混合机中能翻滚成浪，并"捏之成团，团而不黏；按之即裂，裂而不散"。若软材过软，制粒时易黏附在筛网中或压出来的颗粒成条状物，可加入适当辅料或药物细粉调整湿度；若软材过黏则形成团快不易压成筛网，可适当加入高浓度乙醇调整并迅速过筛；若软材太干，黏性不足，通过筛网后呈疏松的粉粒或细粉过多，可加入适当的黏合剂（如低浓度淀粉浆等）增加黏度。

② 揉混强度、混合时间也对颗粒质量产生影响，揉混强度大、混合时间长，物料的黏性就大，制成的颗粒就硬。

③ 筛网规格的选择直接影响颗粒的粒度，应根据工艺要求选用适宜的筛网。

④ 加料量和筛网安装的松紧直接影响湿粒质量。加料斗加料量多而筛网夹得较松时，制得的颗粒粗且紧密，反之则细且松软。

⑤ 及时更换筛网。

（2）高速搅拌制粒　高速搅拌制粒是将固体辅料、药物细粉以及黏合剂或润湿剂置于密闭的制粒容器内，利用高速旋转的搅拌桨与制粒刀的切割作用，使物料混合、制软材、切割、制粒与滚圆一次完成的制粒方法。

影响高速搅拌制粒的因素与质量控制要点如下。

① 黏合剂种类的选择是制粒操作的关键，应根据对药物粉末的润湿性、溶解性进行选择。

② 黏合剂的加入量对颗粒的粉体性质及收率比操作条件影响更大，在实际生产中其适当用量需要在实践中摸索。

③ 黏合剂的加入方法：黏合剂分批加入或喷雾加入，有利于粒子的形成，可得到均匀

的颗粒。

④ 物料的粒度：原料的粉粒越小，越有利于制粒，特别是结晶性物料。

⑤ 搅拌速率：物料加入黏合剂后，开始以中高速搅拌，制粒后期可用低速搅拌，速率过大容易使物料黏壁。

⑥ 投料量的控制：为混合槽总量的二分之一左右。

⑦ 搅拌器的形状与角度、切割刀的位置，安装时要注意调整。

（3）流化喷雾制粒　流化喷雾制粒系将物料置于流化床内，在自下而上的热空气作用下，使物料粉末保持流化状态的同时，喷入润湿剂或液体黏合剂，使粉末相互接触凝聚成颗粒，经反复喷雾、结聚与干燥而制成一定规格的颗粒，是将混合、制粒、干燥在一台设备内完成。

影响流化床制粒的因素与质量控制要点如下。

① 干燥速率的控制。通过控制进风量、进风温度与出风温度来实现，如果进风温度过高，易产生内湿外干的现象；温度过低，黏合剂溶液蒸发太慢，颗粒的粒径太大，颗粒不能保持流化，有时甚至于"塌床"。

② 喷雾速率的控制。喷雾速率太快，物料不能及时干燥，使物料不能形成流化状态；喷雾速率过慢，颗粒粒径小，细粉多，而且雾滴粒径的大小也会影响颗粒的质量，故除选择适当的喷雾速率外，还应使雾滴粒径大小适中。

③ 黏合剂的浓度控制。

④ 制粒机内物料容量应充足，以保证形成良好的流化状态。

⑤ 物料的粒度控制在60目以上，以保证颗粒色泽、大小的均匀。

控制干燥速率和喷雾速率是流化床制粒的关键。

（4）喷雾制粒　喷雾制粒系将药物溶液或混悬液用雾化器喷雾于干燥室内，在热气流的作用下，使雾滴中的水分迅速蒸发而直接制成干燥颗粒的方法。制得的颗粒呈球状。该法可在数秒钟内完成药液的浓缩、干燥、制粒过程，原料液的含水量可达70%以上，并能连续操作。如以干燥为目的称为喷雾干燥，以制粒为目的称为喷雾制粒。

影响喷雾制粒的因素与质量控制要点如下。

① 应根据物料的性质和不同制粒目的选择雾化器，这是合理应用喷雾干燥制粒的关键。常用的雾化器有三种，即压力式雾化器、气流式雾化器、离心式雾化器，其中压力式雾化器是目前普遍采用的一种，适于低黏度料液；气流式雾化器结构简单，适用于任何黏度和稍带固体的料液；离心式雾化器适合于高黏度或带固体颗粒的料液。

② 控制药液的相对密度。

③ 控制药液的温度。

④ 控制药液的黏度。

2. 干法制粒

干法制粒是将药物加入适宜的干燥黏合剂等辅料，用干挤制粒机压成薄片，再粉碎成颗粒。这种干法制粒新工艺，可防止有效成分损失，提高颗粒的稳定性、崩解性和溶散性，赋形剂用量少，剂量减小。常用于热敏性物料、遇水易分解的药物及易压缩成型的药物制粒。干法制粒可分为以下几类。

（1）重压法制粒技术　重压法制粒技术又称压片法制粒技术，系利用重型压片机将物料压制成直径20～50mm的坯片，然后破碎成一定大小颗粒的过程。该法特点为：可使物料免受润湿及温度的影响；所得的颗粒密度高。但具有产量小、生产效率低、工艺可控性差的缺点。

（2）滚压法制粒技术　系利用转速相同的两个滚轮之间的缝隙，将物料粉末滚压成板状物，然后破碎成一定大小颗粒的过程（见图4-2）。该法特点为：与重压法相比，具有生产能力大、工艺可操作性强、润滑剂使用量小等优点。

（四）常用设备

小量制备可用手工制粒筛，大生产常用的制粒设备有摇摆式颗粒机、快速混合制粒机和沸腾制粒机。

1. 摇摆式颗粒机

摇摆式颗粒机由制粒部分和传动部分组成，主要由机座、电机、皮带轮、蜗杆、蜗轮、齿条、滚筒、筛网、管夹（棘轮机构）构成。该设备利用滚筒的正反方向旋转运动，刮刀对物料产生挤压和剪切作用，将物料挤过筛网制成颗粒。此设备为连续操作。摇摆式颗粒机与槽型混合机配套制粒，也可对干颗粒进行整粒（见图4-3）。

2. 快速混合制粒机

快速混合制粒机主要由机座、调速电机、混合缸、水平搅拌桨、垂直制粒刀、气动出料阀和控制系统构成。其工作原理是由气动系统关闭出料阀，加入物料后，在封闭的容器内，依靠搅拌桨的旋转、推进和抛散作用，使容器内的物料迅速翻转达到充分混合，黏合剂或润湿剂从上盖顶部加料口加入，同时，利用垂直且高速旋转、前缘锋利的制粒刀，将其迅速切割成均匀的颗粒。制得的颗粒由出料口放出。此设备为间歇操作（见图4-4）。

图4-2　滚压法制粒技术

图4-3　摇摆式颗粒机

该设备在同一容器内完成混合及制粒两道工序，混合制粒时间短，制成的颗粒大小均匀、质地结实、细粉少、压片时流动性好，成片后硬度高，崩解、溶出性能好，比槽型混合机消耗的黏合剂少，操作方便，成功把握较大。

3. 沸腾制粒机

沸腾制粒机主要由风机、空气过滤器、加热器、进风口、物料容器、流化室、出风口、供液泵、喷枪等组成，可将混合、制粒、干燥工序并在一套设备中完成。其工作原理为：物料粉末置于流化室下方的原料容器中，空气经过滤加热后，从原料容器下方进入，将物料吹起至流化状态，黏合剂经供液泵送至流化室顶部，与压缩空气混合经喷头喷出，物料与黏合剂接触聚结成颗粒。热空气对颗粒加热干燥即形成均匀的多微孔球状颗粒回落到原料容器中。此设备为间歇操作（见图4-5）。该设备使用时，需注意：容器内装量适量，一般为容器容量的60%~80%；起始风量不宜过大，以免堵塞；控制进风量略大于出风量；应控制适宜进风温度，避免温度过高。

图4-4　快速混合制粒机

图4-5　沸腾制粒机

模块四　干　燥

一、职业岗位

药物配料、制粒工。

二、工作目标

1. 能看懂颗粒剂的生产工艺流程。
2. 能陈述干燥设备的基本结构和工作原理。
3. 能控制和判断干燥中颗粒的质量。
4. 会分析出现的问题并提出解决办法。
5. 会进行生产前准备。
6. 能按岗位操作规程进行干燥操作。
7. 会进行设备清洁和清场工作。
8. 会填写原始记录。

三、准备工作

（一）职业形象

按"D级洁净区生产人员进出规程"（详见附录2）进入生产操作区。

（二）任务主要文件

1. 批生产指令单。
2. 干燥岗位操作法。
3. 热风循环烘箱标准操作规程。
4. 产品清场管理制度。
5. 物料交接单。
6. 生产记录。
7. 干燥生产记录。
8. 清场记录。

（三）物料

干燥设备生产所用物料是 GHL-10 湿法混合制粒机生产所得的均匀湿颗粒。根据批生产指令领取物料，并核对物料品名、批号、数量等，确认无误后，交接双方在物料交接单（详见附录4）上签字。

（四）器具、设备

1. 设备：热风循环烘箱。
2. 器具：不锈钢桶、不锈钢勺子等。

（五）检查

1. 检查清场合格证（副本）是否符合要求，更换状态标志牌。
2. 检查压差、温度和湿度是否符合生产规定。
3. 检查生产现场是否有上批遗留物。

4. 检查容器和用具是否已清洁、消毒，检查设备是否完好、已清洁。
5. 查看合格证和有效期。

四、生产过程

（一）生产操作

1. 将需要干燥的湿颗粒均匀放置在烘盘上，厚度以不超过 2cm 为宜。
2. 将烘盘自上而下放入干燥箱，依次打开风机及加热器开关，设定干燥温度为 60~70℃，干燥时间 1.5h，为增加干燥效率，每 30min 翻动一次。
3. 干燥时间到，关闭加热器，待温度降至 50℃后关闭风机。
4. 自下而上取出烘盘，将烘盘内颗粒轻轻装入不锈钢桶内，交下道工序，并办理相关手序。
5. 及时填写生产记录（见表 4-4）。

（二）质量控制要点与质量判断

1. 操作室必须保持干燥，室内呈正压。
2. 干燥温度，干燥时间，应严格控制。
3. 要控制湿颗粒在烘盘中厚度不超过 2.5cm，并定时翻动颗粒。
4. 干燥后颗粒含水量以控制在 2%以内为宜。

（三）结束工作

1. 更换状态标志牌。
2. 对烘盘、周转容器和工具等进行清洗消毒。
3. 对烘箱内外壁进行清洗消毒。
4. 清洁消毒天花板、墙面、地面。
5. 完成生产记录和清场记录（见附录5）的填写，请QA检查，合格后发给"清场合格证"。

表 4-4 干燥生产记录

产品名称	维生素 C 颗粒	规格	2g/袋	批号	
工序名称	干燥	生产日期	年 月 日	批量	5000 袋
生产场所	制粒车间	主要设备	热风循环烘箱		

序号	指令	工艺参数	操作参数	操作者签名
1	岗位上应具有"三证"	清场合格证 设备完好证 计量器具检定合格证	有 □ 无 □ 有 □ 无 □ 有 □ 无 □	
	取下《清场合格证》，附于本记录后		完成 □ 未办 □	
2	检查设备的清洁卫生	热风循环烘箱 托盘 工具 周转容器 操作室 其他设备	已清洁 未清洁 □ □ □ □ □ □ □ □ □ □ □ □	
	空机试车		正常 □ 异常 □	
3	与中转站管理人员交接湿颗粒	核对 -品名 -规格 -批号 -数量 -质量	符合 不符 □ □ □ □ □ □ □ □ □ □	
	湿颗粒领用	桶号	毛重/kg	皮重/kg	净重/kg
		1			
		2			

续表

4	运行参数记录	时间									
		温度/℃									
		干燥时间			时	分 至	时	分			
5	制得干颗粒	桶号	毛重/kg	皮重/kg	净重/kg		日期	班次	设备编号	—	
		1									
		2									
	与中转站管理人员交接，接受人核对，并在递交单上签名					已签□		未签□			
	领入湿颗粒量/kg		干颗粒总重量/kg		可利用物料/kg			不可用物料/kg		物料平衡/%	
	计算人		复核人		QA			岗位负责人			
6	异常情况与处理记录：										

五、基础知识

（一）干燥的定义和目的

干燥是利用热能或其他适宜方法使物料中的湿分(水分或其他溶剂)汽化，并利用气流或真空带走汽化了的湿分，从而获得干燥固体产品的操作。干燥的目的在于提高物料的稳定性，保证药品的质量，便于物料进一步加工处理、运输、贮藏等。

（二）影响干燥的因素

1. 物料的性质

包括物料本身的结构、形状和大小，是决定干燥速率的主要因素。干燥速率是单位时间内在单位干燥面积上汽化的水分重量。一般来说颗粒状物料要比粉末状物料的干燥速率快，因为粉末之间孔隙小内部的水分扩散慢。结晶性物料比浸出液膏状物干燥快。

2. 干燥的湿度

干燥介质的相对湿度愈小，愈易干燥，因此烘房、烘箱中采用鼓风装置使空气流动更新。在流化干燥操作中预先将气流本身进行干燥或预热，其目的都是为了降低干燥空间的相对湿度。

3. 干燥的压力

压力与蒸发量成反比，因而减压是改善蒸发条件、加快干燥速率的有效手段。减压干燥能降低干燥温度，加快蒸发，使产品疏松易碎并保持热敏成分的稳定性。

4. 干燥的速率

干燥应控制在一定速率下缓慢进行。在干燥过程中首先是表面干燥，然后内部水分扩散至表面继续蒸发，若干燥速率过快，一开始干燥温度过高，则物料表面水分很快蒸发，内部水分来不及扩散到表面，致使粉粒彼此紧密黏着，甚至结成硬壳，从而阻碍内部水分蒸发，使干燥不完全，造成外干内湿的假干燥现象。

5. 干燥的方法

在干燥过程中处于静态的物料，其暴露面积小，水蒸气散失慢，干燥效率低；在动态情况下，粉粒彼此分开，不停地跳动，与干燥介质接触面积大，干燥效率高。

6. 空气的温度

在适当范围内提高空气的温度，可加快蒸发速率、加大蒸发量而利于干燥，但应根据物料的性质选择适宜的干燥温度,以防止某些成分的破坏。

7. 干燥的面积

干燥面积大小与干燥效率成正比。所以相同体积的物料干燥面积越大干燥越快,反之就慢。

(三)干燥方法

1. 常压干燥

常压干燥系指在常压状态下进行干燥的方法。此法简单易行,适用于对热稳定的药物。缺点是干燥时间长,易引起成分的破坏,干燥品较难粉碎。常用的设备有烘房和烘箱。

2. 减压干燥

减压干燥系指在密闭的容器中抽真空并进行干燥的方法,亦称真空干燥。其特点是干燥的温度低,速度快;减少了空气与物料的接触机会,避免污染或氧化变质;产品呈松脆海绵状,易于粉碎。适于热敏性物料和高温下易氧化物料的干燥,以及稠膏(相对密度在1.35以上)的干燥。常用设备有真空干燥箱。

3. 喷雾干燥

喷雾干燥系指以热空气作为干燥介质,采用雾化器将液体物料分散成细小液滴,当与热气流相遇时,水分迅速蒸发而获得干燥产品的操作方法。其特点是该法干燥速率快,时间短,在数秒钟内完成水分蒸发;干燥过程中雾滴温度不高,一般约为50℃,故干燥制品质量好,特别适用于热敏性物料;干燥后物料多为松脆的空心颗粒,产品有较好的流动性,质地均匀,溶解性能好,可以改善某些制剂的溶出速率。因此喷雾干燥技术在药剂生产中正得到日益广泛的应用。

4. 沸腾干燥

沸腾干燥又叫流化干燥。此法是利用热空气流使颗粒悬浮,呈沸腾(流化)状态进行干燥的方法。干燥的原理是利用从流化床底部吹入的热空气流使湿颗粒向上悬浮,流化翻滚如沸腾状,热空气在悬浮的湿粒间通过,进行热交换,带走水汽,达到干燥的目的。目前使用较多的是负压卧式沸腾干燥床。沸腾干燥的特点是:热利用率较高,干燥速率快,产品质量好;物料在干燥床内停留时间可调节,适用于热敏性物料的干燥;可在同一干燥器内进行连续或间歇操作,可自动出料,节省人力;物料处理量大,适于大规模生产;但热能消耗大,设备清扫较麻烦;对被处理的物料有一定的限制,易黏结成团及易粘壁的物料处理困难,干燥后细粉较多。

5. 红外线干燥

红外线干燥是利用红外线辐射器所辐射出的红外线被加热物质所吸收,引起分子激烈共振并迅速转变成热能,使水分汽化干燥的方法。特点为:干燥速率快,效率高,受热均匀,质量好,适用于热敏性物料的干燥,尤其适用于具有多孔性薄层物料的干燥。缺点是热能消耗大。常用设备为振动式远红外干燥机等。

6. 冷冻干燥

冷冻干燥是在低温高真空度的条件下,利用水的升华性能而进行的一种干燥方法。其干燥原理是将需要干燥的湿物料冷冻至冰点以下,使水分冻结成冰,再在高真空条件下,适当加热升温,使固态的冰不经液态的水,直接升华成水蒸气排出,去除物料的水分,故又称为升华干燥。其特点为:冷冻干燥的低温和真空,特别适用于易受热分解的药物,且干燥后所得的产品稳定、质地多孔疏松、易于溶解,含水量低,有利于药品的长期保存;但设备投资大,产品成本高,一般生物制品、酶、抗生素以及注射用无菌粉末,多用此法干燥。常用设备为冷冻干燥机。

7. 微波干燥

微波是指频率很高、波长很短,介于无线电波和光波之间的一种电磁波。其干燥原理是湿物料中的水分子在微波电场的作用下,不断地迅速转动,产生剧烈的碰撞和摩擦,电磁波能转化为热能,水分子蒸发汽化,从而达到干燥的目的。微波干燥具有干燥速率快、热能效率高、加热均匀等优点,缺点是设备及生产成本均较高。

8. 吸湿干燥

吸湿干燥系指将干燥剂置于干燥柜架盘下层,而将湿物料置于架盘上层进行干燥的方法。常用的干燥剂有无水氧化钙、无水氯化钙、硅胶等。吸湿干燥一般在干燥的容器中进行,常用于含湿量较少及某些具有芳香性成分药材的干燥。

(四)常用设备

1. 热风循环烘箱

该设备是一种常用的干燥设备,按其加热方法分为电加热和蒸汽加热两种,如有易燃气体则选用蒸汽加热。使用时将待干燥物料放在带隔板的架上,开启加热器和鼓风机,空气经加热后在干燥室内流动,带走各层水分,最后自出口处将湿热空气排出。干燥过程中应定时翻动,防止物料表面过分干燥。该设备适用于物料含水量较大、质地较重的产品(见图4-6)。

2. 沸腾干燥器

沸腾干燥器主要由空气净化过滤器、电加热器、进风调节阀、沸腾器、搅拌器、干燥室、密封圈、捕集袋、旋风分离器和风机组成。其工作原理是将制备好的湿颗粒置于沸腾器内,空气经净化加热后从干燥室下方进入,通过分布板进入干燥室,使物料"沸腾"起来并进行干燥,干燥后废气中的细粉由旋风分离器回收(见图4-7、图4-8)。

图4-6 热风循环烘箱

图4-7 多室沸腾干燥器

图4-8 沸腾干燥器

模块五 整 粒

一、职业岗位

药物配料、制粒工。

二、工作目标

1. 能看懂颗粒剂的生产工艺流程。
2. 能陈述整粒设备的基本结构和工作原理。
3. 能控制和判断整粒中颗粒的质量。
4. 会分析出现的问题并提出解决办法。
5. 会进行生产前准备。
6. 能按岗位操作规程进行整理操作。
7. 会进行设备清洁和清场工作。
8. 会填写原始记录。

三、准备工作

（一）职业形象

按"D级洁净区生产人员进出规程"（详见附录2）进入生产操作区。

（二）任务主要文件

1. 批生产指令单。
2. 整粒岗位操作规程。
3. WK-60摇摆式颗粒机操作规程。
4. WK-60摇摆式颗粒机清洁操作规程。
5. 物料交接单。
6. 整粒生产记录。
7. 清场记录。

（三）物料

整粒设备生产所用物料是快速混合制粒机制得的湿颗粒经干燥后的干颗粒或FGL-03沸腾干燥机所生产的干颗粒，生产前核对品名、批号、数量、质量，填写交接单。确认无误后，交接双方在物料交接单（详见附录4）上签字。

（四）器具、设备

1. 设备：WK-60摇摆式颗粒机。
2. 器具：不锈钢桶、不锈钢勺子等。

（五）检查

1. 检查压差、温度和湿度是否符合生产规定。
2. 检查清场合格证（副本）是否符合要求，更换状态标志牌。
3. 检查容器和用具是否已清洁、消毒，检查设备和计量器具是否完好、已清洁，查看合格证和有效期。
4. 检查有无空白生产原始记录；检查生产现场是否有上批遗留物。
5. 检查筛网松紧度是否符合要求。
6. 检查并固定各部件螺丝，检查安全装置是否安全、灵敏。

四、生产过程

（一）生产操作

1. 安装规定目数的筛网，关上前后两扇塑料门。

2. 接通电源，启动设备，确认正常，将不锈钢桶移至物料出口处。

3. 将物料放于料斗中，接通电源，按"启动"按钮，进行整粒操作，并根据物料性能选用合适的转速和加料速度，注意一次不能加太多，避免堵住，影响整粒效率。

4. 整粒完毕，关闭设备，将颗粒扎紧，交中间站，办理相关手续。

5. 及时填写生产记录（见表4-5）。

（二）质量控制要点与质量判断

1. 整粒操作室必须保持干燥，室内呈正压。

2. 颗粒中各组分均匀，不能通过一号筛和能通过五号筛的总和不得超过供试量的15%。

（三）结束工作

1. 更换状态标志牌。

2. 拆下筛网等部件，进行清洗消毒。

3. 清洗不锈钢桶等容器和工具。

4. 对容器、工具和设备表面用75%乙醇进行消毒。

5. 清洁消毒天花板、墙面、地面。

6. 完成生产记录和清场记录（见附录5）的填写，请QA检查，合格后发给"清场合格证"。

五、基础知识

湿颗粒在干燥过程中，有些可能出现结块、粘连等现象，需进行过筛整粒，整粒的目的是使结块或粘连的颗粒分散，选出合适大小的颗粒，根据不同制剂的工艺要求去除过粗或过细的颗粒，将大颗粒磨碎，将小颗粒筛除。一般过12~14目筛除去粗大颗粒（磨碎再过），然后过60目筛除去细粉，使颗粒均匀。筛下的细粉可重新制粒，或并入下次同一批号药粉中，混匀制粒。常用设备是摇摆式颗粒机。

表4-5 整粒生产记录

产品名称		维生素C颗粒	规格		2g/袋	批号	
工序名称		整粒	生产日期		年 月 日	批量	5000袋
生产场所		制粒车间	主要设备		WK-60摇摆式颗粒机		
序号	指令		工艺参数		操作参数		操作者签名
1	岗位上应具有"三证"		清场合格证		有□ 无□		
			设备完好证		有□ 无□		
			计量器具检定合格证		有□ 无□		
	取下《清场合格证》，附于本记录后				完成□ 未办□		
2	检查设备的清洁卫生		WK-60摇摆式颗粒机		已清洁□ 未清洁□		
			筛网		□ □		
			工具		□ □		
			周转容器		□ □		
			操作室		□ □		
			其他设备		□ □		
	空机试车				正常□ 异常□		
3	与中转站管理人员交接干颗粒		核对 -品名		符合□ 不符□		
			-规格		□ □		
			-批号		□ □		
			-数量		□ □		
			-质量		□ □		
	整粒前干颗粒领用	桶号	毛重/kg	皮重/kg	净重/kg		
		1					
		2					

续表

4	运行参数记录	筛网材质							
		筛网目数							
整粒后干颗粒	桶号	毛重/kg	皮重/kg	净重/kg	日期	班次	设备编号	—
	1							
	2							
5	与中转站管理人员交接，接受人核对，并在递交单上签名					已签□ 未签□		
	整粒前干颗粒量/kg		整粒后干颗粒量/kg		可利用物料/kg		不可用物料/kg	物料平衡/%
	计算人		复核人		QA		岗位负责人	
6	异常情况与处理记录：							

处方中的芳香挥发性成分，宜溶于适量乙醇中，用雾化器均匀喷洒于干燥的颗粒上，密闭放置一定时间，待闷吸均匀后，才能包装。也可制成β-环糊精包合物后混入。

模块六　分剂量／内包装

一、职业岗位

制剂包装工。

二、工作目标

1. 能陈述包装的目的、固体制剂的包装形式。
2. 能看懂颗粒包装机的工作过程。
3. 能陈述颗粒包装机的基本构造和工作原理。
4. 会分析出现的问题并提出解决办法。
5. 能看懂包装指令。
6. 会进行包装前准备。
7. 能按岗位操作规程进行颗粒包装生产。
8. 会进行设备清洁和清场工作。
9. 会进行外观检查。
10. 会填写原始记录。

三、准备工作

（一）职业形象

按"D级洁净区生产人员进出规程"（详见附录2）进入生产操作区。

（二）任务主要文件

1. 批生产指令单。
2. 包装岗位操作规程。
3. 颗粒包装机操作规程。
4. 颗粒包装机清洁操作规程。
5. 物料交接单。

6. 颗粒包装生产记录。
7. 清场记录。

（三）物料

根据批生产指令领取颗粒和包装物料，并核对物料品名、规格、批号、数量、检验报告单或合格证等，确认无误后，交接双方在物料交接单（详见附录4）上签字。

（四）器具、设备

1. 设备：DXDK颗粒包装机。
2. 器具：不锈钢桶、不锈钢勺子等。

（五）检查

1. 检查压差、温度和湿度是否符合生产规定。
2. 检查清场合格证（副本）是否符合要求，更换状态标志牌。
3. 检查容器和用具是否已清洁、消毒，检查设备和计量器具是否完好、已清洁，查看合格证和有效期。
4. 检查有无空白生产原始记录；检查生产现场是否有上批遗留物。
5. 检查设备各润滑点的润滑情况。
6. 检查机器的零部件是否齐全，检查并固定各部件螺丝，检查安全装置是否安全、灵敏。
7. 检查薄膜是否按照说明书指示绕好。

四、生产过程

（一）生产操作

1. 更换状态标志牌。
2. 安装包装纸、安装适宜的剂量杯。
3. 打开缓冲室控制柜开关，插上插座，使离合器处于"关"的位置。
4. 按红色电源按钮，机器处于开启状态，设定纵封、横封温度。
5. 开启"输纸"按钮，使包装袋色标对正横封封道的中间（切刀切口）位置，移动光标开关，使其投光点位于任一色标中间后固定光电开关。
6. 启动机器，调节切刀位置，使切出的包装袋是一个完整的版面。
7. 调整批号，打开"打印批号"开关，待温度上升后，启动机器，确认批号清晰，位置合适。
8. 加颗粒。
9. 使离合器处于"开"的位置，启动机器，确认设备正常，停机，加入颗粒，进行包装，调节至规定装量即可。
10. 及时填写生产记录（见表4-6）。

（二）质量控制要点与质量判断

1. 包装工作室必须保持干燥，室内呈正压。
2. 包装过程中随时注意设备声音。
3. 生产过程中所用物料必须有标识，防止发生混药、混批。
4. 包装设备可用清洁布擦拭，必要时与药品及包装材料接触的部分用75%乙醇擦拭消毒。

表 4-6 颗粒剂分装生产记录

产品名称	维生素 C 颗粒		分装规格		2g/袋		批号	
工序名称	内包		生产日期		年 月 日		批量	5000 袋
生产场所	制粒车间		主要设备		DXDK 颗粒包装机			
序号	指令		工艺参数		操作参数			操作者签名
1	岗位上应具有"三证"		清场合格证 设备完好证 计量器具检定合格证		有 □ 无 □ 有 □ 无 □ 有 □ 无 □			
	取下《清场合格证》,附于本记录后				完成 □ 未办 □			
2	检查设备的清洁卫生		DXDK 颗粒包装机 工具 周转容器 操作室 其他设备		已清洁 □ 未清洁 □ □ □ □ □ □ □ □ □			
	空机试车				正常 □ 异常 □			
3	与中转站管理人员交接干颗粒		核对 -品名 -规格 -批号 -数量 -质量		符合 □ 不符 □ □ □ □ □ □ □ □ □			
	颗粒领用	桶号	毛重/kg		皮重/kg		净重/kg	
		1						
		2						
	内包材料领用	批号	材料名称				领用量	
4	运行参数记录	横封温度 字粒温度			纵封温度 带速			
5	袋包装颗粒	桶号	毛重/kg	皮重/kg	净重/kg	日期	班次	设备编号	—
		1							
		2							
	与中转站管理人员交接,接受人核对,并在递交单上签名				已签□ 未签□			
	内包材料领用量/kg	内包材料实用量/kg		内包材料结余量/kg		内包材料废损量/kg		物料平衡/%
	填充颗粒领用量/kg	填充颗粒实用量/kg		填充颗粒结余量/kg		填充颗粒废损量/kg		物料平衡/%
	计算人		复核人		QA		岗位负责人	
6	异常情况与处理记录:							

5. 批号打印应清晰;密封性要好。

(三)结束工作

1. 更换状态标志牌。
2. 操作结束,按停止键——主电机停止运行。
3. 关闭总电源开关。
4. 拆下料斗、刮平器,清理剂量盘上的颗粒。
5. 清理量杯中的颗粒。
6. 关闭电子天平,并对其进行清洁,对颗粒包装机进行清洗消毒。
7. 对操作室进行清洗。
8. 完成生产记录和清场记录(见附录 5)的填写,请 QA 检查,合格后发给"清场合格证"。

五、基础知识

（一）常用设备

自动制袋装填包装机种类很多，按总体布局可分为立式和卧式两大类；按制袋的运动形式可分为连续式和间歇式。包装成品的形状为三边或四边封合的扁平袋，三边封合形状为常规产品，四边封合形状需特殊定制热封器体。最常用的是 DXD 系列颗粒包装机（见图4-9）。

图4-9 DXD系列颗粒包装机

1. 基本结构

整机包括七大部分：传动系统、薄膜供送装置、袋成型装置、纵封装置、横封及切断装置、物料供给装置以及电控检测系统。

2. 工作原理

DXD 系列颗粒包装机可以自动完成计量、制袋、充填、封合、打印批号、切断及计数等全部工作，适用于颗粒类、流体及半流体类、粉类、片类及胶囊类的包装。

3. 工作过程

（1）通过包装机控制器进行数字设定制袋长度。

（2）采用步进电机驱动拉袋。

（3）采用四路加热控制热封器体，使袋口封合严密，平整美观。

（4）采用光电开关（电眼）对包装材料上印刷的色标进行检测并定位控制。

（5）自动打印包装成品的批号或生产日期。

（6）更换制袋用的成形器改变包装成品袋宽度。

（二）质量检查

1. 粒度

除另有规定外，按粒度和粒度分布测定法（《中国药典》2010年版二部附录Ⅸ E 第二法双筛分法）检查，不能通过一号筛与能通过五号筛的总和不得超过供试量的15%。

2. 干燥失重

除另有规定外，按干燥失重测定法（《中国药典》2010年版二部附录Ⅸ L）测定，于105℃干燥至恒重，含糖颗粒应在80℃减压干燥，减失重量不得过2.0%。

3. 溶化性

除另有规定外，可溶颗粒和泡腾颗粒照下述方法检查，溶化性应符合规定。

可溶颗粒检查法：取供试品10 g，加热水200ml，搅拌5min，可溶颗粒应全部溶化或轻微浑浊，但不得有异物。泡腾颗粒检查法：取单剂量包装的泡腾颗粒3袋，分别置盛有200ml水的烧杯中，水温为15~25℃，应迅速产生气体而成泡腾状，5min内颗粒均应完全分散或溶解在水中。混悬颗粒或已规定检查溶出度或释放度的颗粒剂，可不进行溶化性检查。

4. 装量差异

单剂量包装的颗粒剂按下述方法检查，应符合规定。《中国药典》2010年版二部附录规定的颗粒剂装量差异限度如表4-7所示。

检查方法：取供试品10袋（瓶），除去包装，分别精密称定每袋（瓶）内容物的重量，求出每袋（瓶）内容物的装量与平均装量。每袋（瓶）装量与平均装量相比较[凡无含量测定的颗粒剂，每袋(瓶)装量应与标示装量比较]，超出装量差异限度的颗粒剂不得多于2袋(瓶)，并不得有1袋（瓶）超出装量差异限度1倍。

凡规定检查含量均匀度的颗粒剂，一般不再进行装量差异的检查。

表 4-7 颗粒剂装量差异限度

平均装量或标示装量	装量差异限度
1.0g 及 1.0g 以下	±10%
1.0g 以上至 1.5g	±8%
1.5g 以上至 6.0g	±7%
6.0g 以上	±5%

5. 装量

多剂量包装的颗粒剂,按最低装量检查法(《中国药典》2010 年版二部附录Ⅹ F)检查,应符合规定。

(三)举例

1. 空白颗粒的制备

【处方】 蓝淀粉(代主药)40.0g,糖粉 300.0g,糊精 150.0g,淀粉 60.0g,50%乙醇 60.0ml。

【制法】 ①取蓝淀粉与糖粉、糊精和淀粉等以等量递加法混合均匀,过 60 目筛 2 次,使其色泽一致。②用喷雾法加入乙醇,迅速搅拌并制成软材,过 12 目筛制粒,湿粒在 60℃温度下烘干,干粒过 10 目筛整粒,质量检查合格后,包装即得。

【注解】 ①蓝淀粉与辅料一定要充分混合均匀。②加入乙醇的量要根据不同季节、不同地区而相应增减。③本品外观应干燥,色泽一致。

2. 维生素 C 颗粒剂的制备

【处方】 维生素 C 10.0g,糊精 100.0g,糖粉 90.0g,酒石酸 01g,50%乙醇(体积分数)适量,共制 100 包。

【制法】 将维生素 C、糊精、糖粉分别过 100 目筛,按等量递加法将维生素 C 与辅料混匀,再将酒石酸溶于 50%乙醇(体积分数)中,一次加入上述混合物中,混匀,制软材,过 14 目尼龙筛制粒,60℃以下干燥,整粒后用塑料袋包装,每袋 2g,含维生素 C 100mg。

【注解】 (1)制软材 软材是传统技术制粒的关键,选择适宜的黏合剂和适宜用量对制备软材非常重要。中药材经过浸出、浓缩后得到稠膏,测定相对密度后,多加入辅料糖粉和 75%乙醇制备软材。

(2)制粒 将软材用强制挤压的方式通过规定筛网制粒。这类设备常用的有螺旋挤压式、摇摆挤压式颗粒机等。

(3)干燥 湿颗粒应及时干燥,避免黏结成块状或条状,常用的干燥方法有加热法(烘箱)、真空干燥法及沸腾干燥法等。

(4)整粒 将干颗粒用 12 目药筛除去黏结成块、条状的颗粒,将筛过的颗粒再用五号药筛除去过细颗粒,以使颗粒均匀。

(5)质量检查和分剂量 按剂量装入适宜袋中,多选用铝塑袋分装。

3. 醋酸麦迪霉素颗粒剂

【处方】 醋酸麦迪霉素 100g,甘露醇 394g,司盘-80、羟丙基甲基纤维素、糖精钠、日落黄、香橙香精适量。

【制法】 将处方量的醋酸麦迪霉素、甘露醇、糖精钠及日落黄置于高速搅拌制粒机中,混合 6min 后,缓缓加入 5%羟丙基甲基纤维素水溶液(含司盘-80)适量,开启高速搅拌制粒机,按适当参数制备湿颗粒,在 40℃的热空气中干燥后喷入香橙香精适量,混匀,用 18 目筛整粒,经检验合格后,分装颗粒,包装,即得成品。

【注解】 处方中醋酸麦迪霉素为主药,甘露醇为填充剂,司盘-80 为润湿剂,羟丙基甲基纤维素为黏合剂,糖精钠为矫味剂,日落黄为着色剂,香橙香精为芳香剂。

4. 维生素 C 泡腾颗粒剂

【处方】 维生素 C 2.0g，酒石酸 4.5g，碳酸氢钠 6.5g，糖粉 88 g，糊精 2.0g，氯化钠 2.0g，色素、香精、单糖浆适量，共制得 10 袋。

【制备】 取维生素 C、酒石酸、糖粉(30g)分别过 80 目筛，以等量递加法混合均匀，以 95% 醇和适量色素液制成软材，过 12 目筛制湿粒，于 50℃左右干燥，备用。另取碳酸氢钠、糊精、氯化钠及余下的糖粉以等量递加法混合均匀，加单糖浆（含少量色素）适量制软材，过 12 目筛制湿粒，于 50℃左右干燥，然后与上述干粒混合，整粒，喷雾加适量香精醇溶液，即得。

【注解】 酒石酸和碳酸氢钠泡腾剂，遇水产生大量气体。

5. 抗感颗粒剂的制备

【处方】 金银花 210g，赤芍 210g，绵马贯众 70g，蔗糖粉、糊精、乙醇适量。

【制法】 以上三味，加水煎煮两次，每次 1.5h，合并煎液，滤过，滤液浓缩至 250ml，加乙醇至含醇量达 50%，搅匀，放置过夜，滤过，滤液回收乙醇，并浓缩致相对密度为 1.28～1.30（50℃）的清膏。取清膏 1 份、蔗糖粉 1.65 份、糊精 1.5 份及乙醇适量，制成颗粒，干燥，即得。

【注解】 ①第一次加入乙醇的目的是为了除去在醇中不溶解的淀粉、蛋白质和黏液质；可用减压方法回收乙醇。②第二次加入乙醇是使软材易于分散，调整干、湿度，降低黏性，易于过筛，避免颗粒重新黏合，也使制得的颗粒易于干燥。

● 思考题

1. 简述颗粒剂的定义和特点。
2. 简述颗粒剂生产的工艺流程。
3. 简述常用湿法制粒的优缺点。
4. 软材和湿颗粒质量的好坏如何进行判定？
5. 配制淀粉浆的方法有几种？写出用冲浆法配制1000ml 6%（g/ml）淀粉浆的操作步骤。
6. 使用快速混合制粒机混合时发生物料粉从缸盖逸出是什么原因？
7. 沸腾干燥制粒机的电器操作顺序如何？为什么必须严格按此顺序操作？
8. 简述热风循环烘箱的结构。
9. 干燥的方式有哪些？烘箱与沸腾干燥机哪种设备干燥效果好？为什么？
10. 利用热风循环烘箱干燥湿颗粒时，湿颗粒在烘盘中的厚度小于多少干燥效果较好？干燥时间从何时算起？
11. 简述整粒的目的。
12. 常用的制粒设备有哪些？

项目五 胶囊剂生产

胶囊剂系指药物或加有辅料充填于空心胶囊或密封于软质囊材中的固体制剂。主要用于口服，也可用于其他部位，如直肠、阴道、植入等。构成上述空心硬质胶囊壳或弹性软质胶囊壳的材料（简称囊材）一般是明胶、甘油、水以及其他的药用材料，现在也有用甲基纤维素、海藻酸钙、聚乙烯醇及其他高分子原料制成，以改变胶囊的溶解性。

1. 特点

① 外观光洁、美观，且可掩盖药物的不良气味，便于服用，可提高患者的顺应性；剂量准确，携带与使用方便。

② 与片剂、丸剂相比，在胃肠道中崩解较快，故显效也较快，药物生物利用度高；药物被装于胶囊中，与光线、空气和湿气隔离，可提高药物的稳定性。

③ 可弥补其他固体剂型的不足，如含油量高或液态的药物难以制成片剂时宜制成胶囊剂如鱼肝油胶囊剂等。

④ 可制成延缓药物释放和定位释放药物的制剂。

但药物的水溶液、稀乙醇液，酸性（pH 小于 2.5）或碱性（pH 大于 7.5）液体，O/W 型乳剂，具有风化性、吸湿性、易溶的刺激性药物均不宜制成胶囊剂。

2. 分类

（1）硬胶囊 系指采用适宜的制剂技术，将药物或加适宜辅料制成粉末、颗粒、小片、小丸、半固体或液体等，充填于空心胶囊中制成的胶囊剂。

（2）软胶囊 即胶丸，系指将一定量的液体药物直接包封，或将固体药物溶解或分散在适宜的赋形剂中制备成溶液、混悬液、乳状液或半固体，密封于球形或椭圆形软质囊材中的胶囊剂。

（3）缓释胶囊 系指在规定释放介质中缓慢地非恒速释放药物的胶囊剂。

（4）控释胶囊 是指在规定的释放介质中缓慢地恒速释放药物的胶囊剂。

（5）肠溶胶囊 系指用适宜的肠溶材料制得的硬胶囊或软胶囊，或用经肠溶材料包衣的颗粒或小丸充填胶囊而制成的胶囊剂。肠溶胶囊不溶于胃液，但能在肠液中崩解而释放活性成分。

3. 质量要求

① 胶囊剂应整洁，不得有黏结、变形、渗漏或囊壳破裂现象，并应无异臭。

② 胶囊剂的装量差异、崩解时限、溶出度、释放度、含量均匀度、微生物限度等均应符合要求。必要时，内容物包衣的胶囊剂应检查残留溶剂。

4. 生产工艺流程

硬胶囊生产工艺流程见图 5-1，软胶囊生产工艺流程见图 5-2。

5. 工作任务

批生产指令单见表 5-1、表 5-2。

图 5-1 硬胶囊生产工艺流程示意

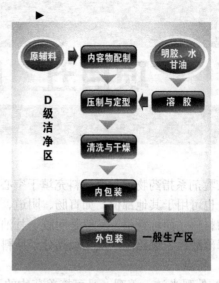

图 5-2 软胶囊生产工艺流程示意

表 5-1 批生产指令单

产品名称	维生素 C 胶囊		规 格		
批 号			批 量		10 万粒
物料的批号与用量					
序 号	物料名称	供货单位	检验单号	批 号	用 量
1	维生素 C				40kg
2	空心胶囊				10 万粒
生产开始日期	年 月 日		生产结束日期		年 月 日
制表人			制表日期		年 月 日
审核人			审核日期		年 月 日
批准人			批准日期		年 月 日

备注:

表 5-2 批生产指令单

产品名称	维生素 E 胶丸		规 格		
批号			批 量		10 万粒
物料的批号与用量					
序 号	物料名称	供货单位	检验单号	批 号	用 量
1	维生素 E				50 kg
2	明胶				36 kg
3	甘油				12 kg
4	纯化水				36 kg
生产开始日期	年 月 日		生产结束日期		年 月 日
制表人			制表日期		年 月 日
审核人			审核日期		年 月 日
批准人			批准日期		年 月 日

备注:

模块一 配 料

参见"项目三模块一配料"。

模块二 粉碎与筛分

参见"项目三模块二粉碎与筛分"。

模块三 混 合

参见"项目三模块三混合"。

模块四 硬胶囊药物填充

一、职业岗位

硬胶囊剂灌装工。

二、工作目标

1. 能陈述胶囊剂的定义、特点与分类。
2. 能看懂胶囊剂的生产工艺流程。
3. 能陈述胶囊填充机的基本结构和工作原理。
4. 能运用胶囊剂的质量标准。
5. 会分析出现的问题并提出解决办法。
6. 能看懂生产指令。
7. 会进行生产前准备。
8. 能按岗位操作规程生产胶囊剂。
9. 会进行设备清洁和清场工作。
10. 会填写原始记录。

三、准备工作

(一)职业形象

按"D级洁净区生产人员进出规程"(详见附录2)进入生产操作区。

(二)任务主要文件

1. 批生产指令单。
2. 硬胶囊填充岗位操作规程。
3. 全自动胶囊充填机操作规程。

4. 全自动胶囊充填机清洁操作规程。
5. 物料交接单。
6. 硬胶囊药物填充生产记录。
7. 清场记录。

(三) 物料

根据批生产指令领取空心胶囊、维生素 C 等,并核对物料品名、规格、批号、数量、检验报告单或合格证等,确认无误后,交接双方在物料交接单(详见附录 4)上签字。

(四) 器具、设备

1. 设备:NJP-400 全自动胶囊充填机及附件。
2. 器具:模具、不锈钢桶、不锈钢勺子、塑料袋等。

(五) 检查

1. 检查清场合格证(副本)是否符合要求,更换状态标志牌,检查有无空白生产原始记录。
2. 检查压差、温度和湿度是否符合生产规定。
3. 检查容器和用具是否已清洁、消毒,检查设备和计量器具是否完好、已清洁,查看合格证和有效期。
4. 检查生产现场是否有上批遗留物。
5. 检查设备各润滑点的润滑情况。
6. 检查各机器的零部件是否齐全,检查并固定各部件螺丝,检查安全装置是否安全、灵敏。
7. 检查模具有无破损、变形等情况。

四、生产过程

(一) 生产操作

1. 检查水箱中是否有水,并且在桶高三分之二处。
2. 给电子天平通电,对电子天平调水平并校正。
3. 按照规定装好铜固定块、剂量盘、固定板、定位板、冲杆座、内圈、外圈等零部件。
4. 装上 $0^{\#}$ 冲杆座,装 $1^{\#}$ 冲杆座时先将 $1^{\#}$ 冲杆座刻度与小铁片重合,然后依次装上 $2^{\#}$、$3^{\#}$、$4^{\#}$、$5^{\#}$ 冲杆座,放上垫片,拧紧螺母(6 个)。
5. 调节 $0^{\#}$ 冲杆座使冲杆露出剂量盘底部 2mm,调节 $1^{\#}$、$2^{\#}$、$3^{\#}$、$4^{\#}$、$5^{\#}$ 冲杆座至 20 刻度。
6. 装上物料探头、有机玻璃板、搅拌桨及加料斗,调节加料斗高度。
7. 用手轮柄转 6 圈,确认无异常情况,卸下手轮柄。
8. 打开总电源开关和机器开关,进入中文画面,手动操作,点动 3~5 次,确认正常后,将速度调至 10Hz,按 "主机",慢慢升高速度至 25 Hz,然后慢慢降低速度至 10Hz,确认正常。
9. 按 "真空"、"吸尘"、"加料",确认工作正常。
10. 戴好手套,开始操作。
11. 加入空心胶囊,按 "真空"、"吸尘"、"主机",待胶囊排满后打开空心胶囊控制开关,确认各工位工作正常。
12. 药物粉末或颗粒加入料斗,试填充,调节装量,称重量,计算装量差异,检查外观、套合、锁口是否符合要求。确认符合要求并经 QA 人员确认合格。
13. 试填充合格后,机器进入正常填充,填充过程中经常检查胶囊的外观、锁口以及装量差异是否符合要求,随时进行调整。

14. 填充过程中每隔 15min 测一次重量,确保装量差异在规定范围内,并随时观察外观。
15. 填充过程中关注设备运行状态,无异常声音等。
16. 开启抛光机,将胶囊放入料斗中进行抛光。
17. 及时填写生产记录(见表 5-3、表 5-4)。

表 5-3 硬胶囊填充生产记录(一)

产品名称		维生素C胶囊		规　格			批　号		
工序名称		胶囊填充		生产日期		年　月　日	批　量		10万粒
生产场所		胶囊填充间		主要设备					
序号		指令		工艺参数		操作参数		操作者签名	
1	岗位上应具有"三证"			清场合格证		有 □　　无 □			
				设备完好证		有 □　　无 □			
				计量器具检定合格证		有 □　　无 □			
	取下《清场合格证》,附于本记录后					完成 □　未办 □			
2	检查设备的清洁卫生			胶囊填充机		已清洁 □　未清洁 □			
				抛光机		□ 　　　　 □			
				吸尘器		□ 　　　　 □			
				工具		□ 　　　　 □			
				周转容器		□ 　　　　 □			
				操作室		□ 　　　　 □			
				其他设备		□ 　　　　 □			
	领取空心胶囊			形状:		符合 □　不符 □			
				规格:		符合 □　不符 □			
	空机试车					正常 □　异常 □			
3	与中转站管理人员交接物料			核对 -品名		符合 □　不符 □			
				-规格		□ 　　　 □			
				-批号		□ 　　　 □			
				-质量		□ 　　　 □			
				-数量		□ 　　　 □			
	物料领用	品　名	规　格	批　号		检验单号	数量	操作人	复核人
		维生素C							
		空心胶囊							
		其他							
4	确定装量,试车,调整装量使胶囊符合工艺参数要求			标准装量	mg		装量范围		mg~ mg
				真空度					
				风量					
5	抛光操作			—		—			
6	填充后胶囊	桶号	毛重/kg	皮重/kg	净重/kg	折胶囊数/万粒	日期	班次	设备编号	操作者签名
		1								
		2								
	与中转站管理人员交接,接受人核对,并在递交单上签名					已签 □　未签 □			
	领入量/折万粒		胶囊总重量/折万粒		可利用余粉/折万粒		不可用余粉/折万粒		物料平衡/%
	计算人		复核人		QA		岗位负责人		
7	异常情况与处理记录:								

表 5-4 硬胶囊填充生产记录（二）

产品名称			维生素C胶囊		规格		批号	
生产设备			胶囊填充机			设备编号		
序号	检查	时间						
1	胶囊填充巡回检查	粒数						
		总重						
		平均装量						
		外观						
		生产速度						
		操作者签名：				复核人：		
2	装量差异检查	时间（第一次）						
		1	6		11		16	
		2	7		12		17	
		3	8		13		18	
		4	9		14		19	
		5	10		15		20	
		总重量	平均装量		最高装量	最低装量	装量差异	崩解时限
		操作者签名：				复核人：		
		时间（第二次）						
		1	6		11		16	
		2	7		12		17	
		3	8		13		18	
		4	9		14		19	
		5	10		15		20	
		总重量	平均装量		最高装量	最低装量	装量差异	崩解时限
		操作者签名：				复核人签名：		
QA						岗位负责人		

（二）质量控制要点与质量判断

（1）外观　套合到位，锁口整齐，松紧合适，无叉口或凹顶现象，应随时观察，及时调整。

（2）装量差异　是胶囊填充质量控制最关键的环节，应引起高度重视，装量差异与多方面因素有关，应经常测定，及时调整，使装量差异符合内控标准要求。

（3）水分　与空间温湿度、物料及密封有关，应做好相关工作，使水分符合内控标准要求。

（三）结束工作

1. 料斗内所剩颗粒较少时，降低车速，及时调整装量，以保证生产出合格的胶囊剂，计量盘内颗粒填充不满时，依次关闭"主机"、"吸尘"、"真空"。

2. 更换状态标志牌。

3. 按"急停开关"，取出空心胶囊。

4. 开"急停开关"，将播囊机构中空心胶囊运行完毕。

5. 关闭机器开关和总电源。

6. 将胶囊装入不锈钢桶内塑料袋中，扎紧袋口，做好标签，将中间体和剩余物料标明品名、批号、重量，交至中间站，同时办理物料交接手续。

7. 将小推车移入胶囊填充室，拆加料斗、搅拌桨、冲杆座、外圈、内圈、定位板、固定板、剂量盘和铜固定块等，将需要清洗的零部件转移至小推车上到清洗间进行清洗消毒，消毒完毕后转移至胶囊填充室。

8. 将主机台面、吸尘机构、循环水系统清理干净,并对主机台面和吸尘机构进行消毒。

9. 关闭电子天平,并对其进行清洁,对周转容器和工具等进行清洗消,清洁消毒天花板、墙面、地面。

10. 对胶囊填充机进行清洗消毒。

11. 完成生产记录和清场记录(见附录 5)的填写,请 QA 检查,合格后发给"清场合格证"。

五、基础知识

(一)空胶囊制备

1. 主要原料

为药用明胶、动物胶原蛋白温和断裂后的产物,有两种来源。

(1)骨明胶 质地坚硬,脆性大,坚韧,透明度差。

(2)皮明胶 有弹性、透明度好。

一般采用骨、皮混合胶较为理想。此外有淀粉胶囊、甲基纤维素胶囊、羟丙基甲基纤维素胶囊等,但均未广泛使用。

2. 辅助原料

(1)增塑剂 如甘油可增加胶囊的韧性及弹性,羧甲基纤维素钠可增加明胶液的黏度及其可塑性。

(2)增稠剂 如琼脂可增加胶液的凝结力。

(3)遮光剂 如 2%~3% 的二氧化钛,减少胶囊的透光性,可防止药物的氧化。

(4)着色剂 如柠檬黄、胭脂红等,可增加美观,易于识别。

(5)防腐剂 如尼泊金类,可防止霉变。

(6)芳香性矫味剂 如 0.1% 的乙基香草醛,可调整胶囊剂的口感。

3. 制备工艺(图 5-3)

目前常用的空胶囊多为锁口型,分为单锁口和双锁口两种。锁口型胶囊壳的帽节和体节有闭合的槽圈,套合后不易松开,在生产、贮存和运输过程中不易漏粉。

4. 规格

常见的空胶囊共有 8 种规格,随着号数由小到大,容积由大到小(见表 5-5),其中最常用的为 0~3 号。

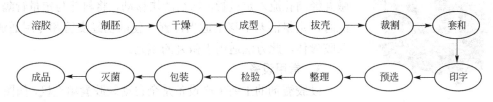

图 5-3 空胶囊制备工艺流程示意

表 5-5 空胶囊的号数和对应的容积

空胶囊号数	000 号	00 号	0 号	1 号	2 号	3 号	4 号	5 号
容积(±10%)/ml	1.42	0.95	0.67	0.48	0.38	0.28	0.21	0.13

(二)药物的填充

1. 药物的处理

药物粉碎至适宜粒度就能满足硬胶囊剂的填充要求,可以直接填充。但大多数药物由于流动性差等原因，需采用制剂技术制备不同形式的内容物充填于空心胶囊中。处理如下。

① 将药物加入适宜的辅料如稀释剂、润滑剂、崩解剂等制成均匀的粉末、颗粒或小片。一般可加入蔗糖、乳糖、微晶纤维素、预胶化淀粉、二氧化硅、硬脂酸镁、滑石粉、羧丙基纤维素等改善物料的流动性或避免分层。

② 将药物制备普通小丸、速释小丸、缓释小丸、控释小丸或肠溶小丸单独填充或混合填充，必要时可加入适量的空白小丸作为填充剂。

③ 将药物制成包合物、固体分散体、微囊或微球等进行填充。

④ 溶液、混悬液、乳状液等采用特制的灌囊机将其填充于空心胶囊中。

2. 药物填充

药物填充是胶囊剂制备的关键步骤，包括粉末、颗粒、小丸的填充，不同类型有不同的填充方法。常用的填充方式有平板法、间隙式压缩法、真空填充法、活塞滑板法。

（1）平板法　平板法主要依靠机械方式将药物粉末填入胶囊壳，可以借助螺旋式加料杆的转动充填或利用压缩杆将药物粉末压成一定厚度的块状后填充。该方法适合填充流动性好、物料差异小的药粉。

（2）间隙式压缩法　间隙式压缩法是依靠剂量器定量吸取药物粉末填入胶囊，剂量器从贮料斗中吸取粉末，将其压缩成块状，再将其填入胶囊壳中。该方法适合于流动性较好的粉末，操作时应保持贮料斗内粉末的流动性和高度。解决流动性差的问题除改善处方、加入合适的助流剂外，也可在贮料斗中装入单个或多个搅拌器装置。

（3）真空填充法　真空填充法是一种新型的连续式充填方式，主要利用抽真空系统将药物粉末吸附于剂量器内，然后再用压缩空气将粉末吹入囊壳。剂量器由圆筒和活塞构成，调节活塞在圆筒内的高度即可控制药物填充量。另一种真空填充法是将囊壳内空气去除，而使药物粉末直接吸入囊壳。操作时，囊壳被顶起，启动真空系统，药物被吸入胶囊壳，填充量通过控制抽真空的时间来控制。采用真空填充由于无任何机械活动部件，因此可直接用于灌装药物原料。

图 5-4　NJP 全自动胶囊充填机

（4）活塞滑板法　活塞滑板法是在料斗的下方装有多个平行的计量管，每一个计量管内均有一个可上下移动的定量活塞。料斗与定量管间设有可移动的滑块，滑块上开有圆孔。当滑块移动并使圆孔位于料斗与定量管之间时，料斗中的药物微粒或微丸经圆孔流入定量管。随后滑块移动，将料斗与定量管隔开。此时，定量活塞下移至适当位置，使药物经支管和专用通道填入胶囊体。此方法适用于微丸的填充。

3. 常用设备

硬胶囊剂的主要生产设备是全自动硬胶囊填充机，如图 5-4 所示，国内主要型号有 NJP 型、CFM 型、EJT 型。其工作过程为：供给→排列→校准方向→分离→填充→剔废→套合→排出。全自动胶囊填充机的结构由空胶囊下料装置、胶囊分送装置、粉剂下料装置、计量盘机构、胶囊充填封合机构、箱内主传动机构和电器控制系统等组成。工作时，自胶囊料斗内落下的杂乱无序的胶囊壳在顺向器的作用下排列成一个方向，由压囊装置使胶囊体翻转 90°，将其垂直推入囊板孔中，经定向排序后的胶囊壳由拔囊装置将胶囊体与胶囊帽分开，粉剂下料装置对胶囊体填充药物，填充后，剔除装置剔除囊体囊帽未分离的空白胶囊，防止混入到成品中，最后胶囊封合机构将胶囊闭合送出。

模块五　溶　胶

一、职业岗位

软胶囊剂成型工。

二、工作目标

1. 能陈述软胶囊剂的定义、特点。
2. 能看懂软胶囊剂的生产工艺流程。
3. 能陈述溶胶罐的基本结构和工作原理。
4. 会分析出现的问题并提出解决办法。
5. 能看懂生产指令。
6. 会进行生产前准备。
7. 能按岗位操作规程进行溶胶操作。
8. 会进行设备清洁和清场工作。
9. 会填写原始记录。

三、准备工作

（一）职业形象

按"D级洁净区生产人员进出规程"（详见附录2）进入生产操作区。

（二）任务主要文件

1. 批生产指令单。
2. 溶胶岗位操作规程。
3. 溶胶罐操作规程。
4. 溶胶罐清洁操作规程。
5. 物料交接单。
6. 溶胶生产记录。
7. 清场记录。

（三）物料

根据批生产指令领取明胶、增塑剂（甘油）、纯化水，并核对物料品名、规格、批号、数量、检验报告单或合格证等，确认无误后，交接双方在物料交接单（详见附录4）上签字。

（四）器具、设备

1. 设备：溶胶罐
2. 器具：不锈钢桶、不锈钢勺子、量筒。

（五）检查

1. 检查夹层中是否加满水。
2. 检查筛网目数。
3. 其余参照项目五"胶囊剂生产"中模块四"硬胶囊药物填充"。

四、生产过程

（一）生产操作

1. 将纯化水、甘油混合，过100目筛倒入溶胶罐中，开搅拌电机（搅拌时严禁安装出胶弯管），开启夹层加热，将罐内甘油、水混合液加热至60℃±2℃，保温搅拌30～40min，关闭搅拌电机。

2. 将明胶加入溶胶罐中，开搅拌电机，将溶胶罐内物料加热至80℃±2℃，保温搅拌10min至明胶全部溶化为胶液。

3. 若在溶胶过程中需要加入网胶，则待2项中明胶液加热至80℃±2℃时，将干净的网胶加入明胶液中，保温搅拌10min至全部溶化为胶液。

4. 开启水环真空泵冷却水管进水阀门，开启真空管路阀门，开启真空泵电机，抽真空。溶胶罐压力表显示压力不得低于-0.08MPa，抽真空时间约为25min。

5. 抽真空过程中，注意观察胶液液面的变化，胶液的液面不得超过真空管口，根据情况适时短暂打开增压阀使外界空气进入溶胶罐迫使气泡破裂，避免胶液进入真空管路。

6. 溶胶过程中应关注设备运行状态，无异常声音等。

7. 当明胶液的黏度达到要求和胶液内无气泡后关闭真空管路阀门，关闭真空泵电机，关闭水环真空泵冷却水阀门。

8. 将夹层温度调至60℃，保温静置，待用，时间控制在2～24h内。

9. 及时填写生产原始记录（见表5-6）。

表5-6　溶胶生产记录

产品名称	维生素E胶丸		规格			批号		
工序名称	软胶囊溶胶		生产日期		年　月　日	批量		10万粒
生产场所	溶胶间		主要设备					

序号	指令		工艺参数		操作参数		操作者签名	
1	岗位上应具有"三证"		清场合格证		有 □	无 □		
			设备完好证		有 □	无 □		
			计量器具检定合格证		有 □	无 □		
	取下《清场合格证》，附于本记录后		—		完成 □	未办 □		
2	检查设备的清洁卫生		溶胶罐		已清洁 □	未清洁 □		
			工具		□	□		
			周转容器		□	□		
			操作室		□	□		
			其他设备		□	□		
	空机试车		—		正常 □	异常 □		
3	与中转站管理人员交接物料		核对 -品名		符合 □	不符 □		
			-规格		□	□		
			-批号		□	□		
			-质量		□	□		
			-数量		□	□		
	物料领用	品名	规格	批号	检验单号	数量	操作人	复核人
		明胶						
		甘油						
		水						
		其他						

续表

4	试车，调整参数，使胶液符合工艺参数要求	加水、甘油前夹层温度： 真空脱气泡时间： 水和甘油混合时间： 水、甘油混合液与明胶混合时间： 全过程真空负压值： 搅拌锅内胶液温度： 胶液保存温度：		
5	QA		岗位负责人	
6	异常情况处理：			

（二）质量控制要点与质量判断

1. 胶液混合均匀、无结块。
2. 黏度符合规定。

（三）结束工作

1. 将剩余物料标明品名、批号、重量，交至中间站，同时办理物料交接手续。
2. 对周转容器和工具等进行清洗消毒，对溶胶罐内外壁进行清洗消毒，清洁消毒天花板、墙面、地面。
3. 完成生产记录和清场记录（见附录5）的填写，请QA检查，合格后发给"清场合格证"。

五、基础知识

1. 概述

化胶是胶囊皮的配制过程，也是保证软胶囊质量的根本。明胶是软胶囊壳的主要成分之一，明胶质量的好坏直接关系到胶囊的质量，因此要把好明胶的质量关。一般要求以明胶的冻力、黏度为主要指标，胶液黏度在 2700~3000mPa·s，明胶的冻力值大于 180g，水分 40%~50%。若黏度低则软胶囊壳易于"皂化"。软胶囊壳的软硬度与干明胶、增塑剂之间的重量比例有直接关系。若甘油比例小，干燥后产品会比硬胶囊还坚硬；若甘油比例大，则干燥后的产品非常软，但有形，棉软且富有弹性。日常大多以甘油：明胶=（30~40）：100 来制备常规产品。软胶囊的成丸质量也跟干明胶与水的重量比例息息相关。水分太少或太多都会产生胶带难以摊铺成型和制丸速度慢而不正常现象。水分太多还会使胶带缺乏黏弹性和凝冻能力，产品外形差且漏口不黏合及怪异丸多，一般投料都以水：明胶=100：100 配比，但是不同工艺、不同溶胶设备、不同产品，也必须作出配方与工艺的对应同步调整。在化胶过程中，为防止明胶的黏度下降过大，在配制胶液过程中，先将甘油及水进行加热，然后加入明胶。化胶时胶液中容易产生气泡，影响胶囊的质量，所以当胶液溶化后应抽真空，除去胶液中的气泡，抽真空的时间约为 2~2.5h。

软胶囊壳与硬胶囊壳相似，主要含明胶、阿拉伯胶、增塑剂、防腐剂（如山梨酸钾、尼泊金等）、遮光剂和色素等成分，其中明胶：甘油：水以 1：（0.3~0.4）：（0.7~1.4）的比例为宜，根据生产需要，按上述比例，将以上物料加入夹层罐中搅拌，蒸汽夹层加热，使其溶化，保温 1~2h，静置，待泡沫上浮后，保温过滤，成为胶浆备用。

2. 软胶囊囊壳材料的组成

软胶囊是软质囊材包裹液态物料为主，囊壁具有可塑性与弹性是软胶囊剂的特点。软质囊材的弹性与明胶、增塑剂及水之间的重量比有关。通常适宜的重量比是，干增塑剂：干明胶：水＝（0.4～0.6）：1：1，若增塑剂用量过低或过高，囊壁会过硬或过软；常用的增塑剂有甘油、山梨醇或二者的混合物。

3. 溶胶方法

称取明胶，用蒸馏水洗去表面灰尘后，加蒸馏水浸泡规定时间使之充分吸水膨胀后，取出，除去过多的水，放置，称重。然后移至夹层蒸汽锅中，逐次加入其他辅料及足量的热蒸馏水，在70℃加热约40min使熔融成均匀的黏度合适的胶液，然后用布袋或铜丝筛（约150目）过滤，滤液于60℃左右静置，以除去液面上的泡沫，澄明后检查含水量、黏度，合格后备用。

4. 常用设备

水浴式溶胶罐，如图 5-5 所示。其化胶罐的化胶量为 200～700L，采用水平传动、摆线针轮减速器减速、圆锥齿轮变向，结构紧凑、传动平稳；搅拌器采用套轴双桨，由正转的两层平桨和反转的三层锚式桨组成，搅动平稳，均质效果好。罐体与胶液接触部分由不锈钢制成。罐外设有加热水套，用循环热水对罐内明胶进行加热，升温平稳。罐上还设有安全阀、温度计和压力表等。

图 5-5 水浴式溶胶罐

模块六　软胶囊内容物配制

一、职业岗位

软胶囊剂调剂工。

二、工作目标

1. 能陈述软胶囊剂的定义、特点。
2. 能看懂软胶囊剂的生产工艺流程。
3. 能陈述配料罐的基本结构和工作原理。
4. 会分析出现的问题并提出解决办法。
5. 能看懂生产指令。
6. 会进行生产前准备。
7. 能按岗位操作规程进行软胶囊内容物的配制操作。
8. 会进行设备清洁和清场工作。
9. 会填写原始记录。

三、准备工作

（一）职业形象

按"D级洁净区生产人员进出规程"（详见附录2）进入生产操作区。

（二）任务主要文件

1. 批生产指令单。

2. 软胶囊内容物配制岗位操作规程。
3. 配料罐操作规程。
4. 配料罐清洁操作规程。
5. 物料交接单。
6. 配料生产记录。
7. 清场记录。

（三）物料

维生素 E 及适宜辅料。

（四）器具、设备

1. 设备：配料罐。
2. 器具：不锈钢桶、不锈钢勺子。

（五）检查

1. 检查筛网目数。
2. 其余参照项目五"胶囊剂生产"中模块四"硬胶囊药物填充"。

四、生产过程

（一）生产操作

1. 将固体物料分别粉碎，过 100 目筛。
2. 将液体物料过滤后加入配料罐中。
3. 将固体物料按照一定的顺序加入配料罐中，与液体物料混匀。
4. 将上一步得到的混合物视情况加入胶体磨或乳化罐中，进行研磨或乳化。
5. 配料过程中应有复核人对配料情况进行现场复核，防止产生差错。
6. 配料过程中关注设备运行状态，无异常声音等。
7. 将研磨或乳化后得到的药液过滤后用干净容器盛装，标明品名、批号、数量。
8. 配料完毕，关机后切断电源。
9. 及时填写生产原始记录（见表 5-7）。

（二）质量控制要点与质量判断

1. 含量：药液的含量应符合药典要求或企业内控标准。
2. 粒度或液滴大小：固体粒子过大或液滴大小不均易造成软胶囊含量不均，大粒子也容易造成软胶囊机柱塞泵磨损，因此固体物料粉碎后应用合适规格的筛网控制粒度，研磨或乳匀后也应该过合适规格的筛网。

（三）结束工作

1. 将剩余物料标明品名、批号、重量，交至中间站，同时办理物料交接手续。
2. 对周转容器和工具等进行清洗消毒，对配料罐内外壁进行清洗消毒，清洁消毒天花板、墙面、地面。
3. 完成生产记录和清场记录（见附录 5）的填写，请 QA 检查，合格后发给"清场合格证"。

五、基础知识

1. 软胶囊内容物的配制原则
（1）药物本身是油类的，只需加入适量抑菌剂，或再添加一定数量的玉米油（或 PEG400），混匀即得。

表5-7 软胶囊内容物配制生产记录

产品名称		维生素E胶丸		规格			批号	
工序名称		软胶囊内容物配制		生产日期		年 月 日	批量	10万粒
生产场所		配制间		主要设备				
序号	指令			工艺参数		操作参数		操作者签名
1	岗位上应具有"三证"			清场合格证		有 □ 无 □		
				设备完好证		有 □ 无 □		
				计量器具检定合格证		有 □ 无 □		
	取下《清场合格证》,附于本记录后			—		完成 □ 未办 □		
2	检查设备的清洁卫生			配料罐		已清洁 □ 未清洁 □		
				工具		□ □		
				周转容器		□ □		
				操作室		□ □		
				其他设备		□ □		
	空机试车			—		正常 □ 异常 □		
3	与中转站管理人员交接物料			核对 -品名		符合 □ 不符 □		
				-规格		□ □		
				-批号		□ □		
				-质量		□ □		
				-数量		□ □		
	物料领用	品名	规格	批号	检验单号	数量	操作人	复核人
		维生素E						
		其他						
4	试车,调整参数,使药液符合工艺参数要求		筛网目数:					
5	QA					岗位负责人		
6	异常情况处理:							

(2)药物若是固态,首先将其粉碎过100~200目筛,再与玉米油混合,经胶体磨研匀,或用低速搅拌加玻璃砂研匀,使药物以极细腻的质点形式均匀地悬浮于玉米油中。

2. 软胶囊中的药物与附加剂

由于软质囊材以明胶为主,因此药物应对明胶无溶解作用或不影响明胶性质,即应为对蛋白质性质无影响的液体药物、药物溶液、混悬液或固体粉末、颗粒等。但应注意的是液体药物若含5%水或为水溶性、挥发性、小分子有机物,如乙醇、酮、酸、酯等,能使囊材软化或溶解,不宜制成软胶囊。液态药物pH值以4.5~7.5为宜,否则易使明胶水解或变性,导致泄漏或影响崩解和溶出。常用的填充物介质有植物油、PEG400、乙二醇、甘油等。常用的助悬剂有蜂蜡、1%~15% PEG4000或PEG6000。此外可添加抗氧剂、表面活性剂提高其稳定性与生物利用度。目前,软胶囊剂多为药粉混悬在油性或非油性(PEG400等)液体介质中包制而成,其药粉应过80目筛,且要求尽可能达到极细粉。

3. 常用设备

(1)真空搅拌罐 如图5-6所示,真空搅拌罐是一种控温水浴式加热搅拌罐,罐内可承受一定的正、负压力。溶胶能力2.5~15kg,可溶胶、贮胶,并可实现地面压力供胶。该搅拌罐是用不锈钢焊接而成的三层夹套容器。内桶用于装胶液,夹层装加热用的纯净水。罐体上带有温度控制组件及温度指示表，可准确控制和指示夹层中的水温，以保证胶液需要的工作温度。罐盖上设有气体接头、安全阀及压力表，工作安全可靠，通过压力控制可将罐内胶液输送至主机的胶盒中。

图 5-6　VMP-60 真空搅拌罐　　　　　　　图 5-7　配料罐

（2）配料罐——内容物配料　如图 5-7 所示，配料罐是由不锈钢和碳素钢精制而成，罐内可承受一定的负压，双叶搅拌桨由 X 系列摆线针轮减速机驱动，结构紧凑，搅拌平稳、均匀，噪声低。罐盖上还有抽空口、补（排）气口、投料口、视镜口、安全阀及压力表，保证工作安全可靠。广泛适用于医药、食品及精细化工等行业，作为均质设备。

模块七　软胶囊的压制

一、职业岗位

软胶囊剂成型工。

二、工作目标

1. 能陈述软胶囊剂的定义、特点。
2. 能看懂软胶囊剂的生产工艺流程。
3. 能陈述软胶囊机的基本结构和工作原理。
4. 会分析出现的问题并提出解决办法。
5. 能看懂生产指令。
6. 会进行生产前准备。
7. 能按岗位操作规程进行软胶囊的压制操作。
8. 会进行设备清洁和清场工作。
9. 会填写原始记录。

三、准备工作

（一）职业形象

按"D 级洁净区生产人员进出规程"（详见附录 2）进入生产操作区。

（二）任务主要文件

1. 批生产指令单。

2. 软胶囊的压制岗位操作规程。
3. 软胶囊机操作规程。
4. 软胶囊机清洁操作规程。
5. 物料交接单。
6. 压制生产记录。
7. 清场记录。

（三）物料

根据批生产指令领取配制后的药液和明胶液，并核对物料品名、规格、批号、数量、检验报告单或合格证等，确认无误后，交接双方在物料交接单（详见附录4）上签字。

（四）器具、设备

1. 设备：JLR-100软胶囊机及附件。
2. 器具：不锈钢桶、不锈钢勺子等。

（五）检查

1. 选用模具的规格是否正确，左右模具是否安装在指定位置，模具间间隙是否合适，并且无硬物夹在其中。
2. 加热注射器是否处于高位。
3. 其余参照项目五"胶囊剂生产"中模块四"硬胶囊药物填充"。

四、生产过程

（一）生产操作

1. 根据药品规格，安装好相对应的滚模。
2. 安装滚模时首先拆开门梁，将滚模安装在相应的主轴上，使滚模端面无刻线的一端置于主轴模具座上，使模具座上的定位销嵌入孔中。
3. 滚模装好后将门梁复位，锁紧门梁和滚模即可。安装时注意避免磕碰滚模。
4. 滚模需经过模腔对正调整，使模腔一一对应，使左右滚模不加压力自然接触，通过传动系统后部"对线"的调整机构，使右滚模转动，使左右滚模端面上的刻线对准，对准误差应不大于0.05mm，然后锁紧紧固螺钉即可。
5. 转动供料泵方轴，使供料泵前面的三只柱塞处于极前位置且消除曲轴空行程，即柱塞即将向后推进。
6. 将喷体轻轻放在滚模上，喷体端面上有一喷孔位置刻线，通过微动操作主机动转，与模具端面刻线一致。
7. 将传动系统顶盖上脱开的齿轮啮合，并锁紧即可。
8. 将胶盒固定在胶皮轮上，将加热棒及传感器装入胶盒与喷体中，并将插头连接在传动系统箱后面的接线面板上。
9. 将输胶管连接在两边的胶盒上，锁紧接上插头。
10. 压丸间环境温度控制在18~22℃之间，相对湿度为40%~55%；干燥间温度控制在30℃以下，相对湿度为20%~35%。
11. 打开输胶管和胶盒的加热开关，调整胶盒温控仪，设定温度一般为50~60℃，打开冷风机，调节风温，以上限6℃、下限4℃为宜。
12. 将存放胶液的真空搅拌罐到位，设定罐内压力为0.03MPa，连接输胶管。
13. 待温度稳定，打开真空搅拌罐出口阀门，使胶液流入胶盒中。当胶盒存有三分之二胶液时,开动主机,调节胶盒上厚度调节柄,打开出胶口制胶膜,并调节胶膜厚度为 0.8mm 左右,此时滚模转速以 1~2r/min 为宜。

14. 机器转动约 2min 后,将胶膜由胶皮轮转到油滚系统进行传递,胶膜经过油滚系统可在其表面涂上润滑油。将涂油后的胶膜放在支架上后,引入滚模,通过滚模、下丸器和拉网轴进入废胶桶内。

15. 用测厚表测量两边胶膜厚度,并调整胶盒开口的大小,使胶膜厚度两边均匀,并达到要求(0.7~0.8mm 左右)。

16. 放下供料喷体,使喷体悬浮接触置滚膜上的胶膜表面,调节喷体温度控制仪(通常为 39℃左右),以至能黏合胶膜、不漏液。

17. 拧紧左侧的加压手轮,使左右滚模受力贴合,直至胶膜能被切断、连合。将开关板组件的开关杆向内推动,接通料液分配组合的通路,料液经分流板分配后,部分料液从喷体注出,即可生产出软胶囊,输送至干燥机进行定型干燥。

18. 软胶囊装量通过供料泵后面调节手轮进行调节,通过调节手轮转动,改变柱塞运动行程,进而改变注射量,生产前可先用石蜡油检测软胶囊装量。

19. 从滚模上由前至后取出第一到最后一粒软胶囊,放在烧杯内用无水乙醇洗去胶囊表面的油迹,快速干燥后用电子天平称得胶囊重量并记录。随后剖开胶囊,再用无水乙醇洗去全部内容物后,快速干燥后称得胶囊壳重量并记录,两次重量之差即是内容物的重量。依次并重复多次检验对照,调节装量手轮直至装量和胶皮厚度符合要求后,正式换药液生产,每隔 15min 抽检,确保产品质量。

20. 新成型的软胶囊从主机落入输送溜斗上,并落入转笼干燥箱做定型干燥,经过 4h 后从转笼干燥箱中输出。

21. 压制过程中关注设备运行状态,无异常声音等。

22. 及时填写生产记录(见表 5-8、表 5-9)。

表 5-8 软胶囊的压制生产记录(一)

产品名称	维生素 E 胶丸	规格		批号	
工序名称	软胶囊压制	生产日期	年 月 日	批量	10 万粒
生产场所	软胶囊压制间	主要设备			
序号	指令	工艺参数	操作参数		操作者签名
1	岗位上应具有"三证"	清场合格证 设备完好证 计量器具检定合格证	有 □ 无 □ 有 □ 无 □ 有 □ 无 □		
	取下《清场合格证》,附于本记录后		完成 □ 未办 □		
2	检查设备的清洁卫生	溶胶罐 工具 周转容器 操作室 其他设备	已清洁 □ 未清洁 □ □ □ □ □ □ □ □ □		
	空机试车		正常 □ 异常 □		
3	与中转站管理人员交接物料	核对 -品名 -规格 -批号 -质量 -数量	符合 □ 不符 □ □ □ □ □ □ □ □ □		

续表

		品名	规格	批号	检验单号	数量	操作人	复核人
3	物料领用	配制后药液						
		明胶液						

		标准装量		mg	装量范围		mg～ mg	
4	试车,调整参数,使胶液符合工艺参数要求	左胶皮厚度			左胶盒温度			
		右胶皮厚度			右胶盒温度			
		保温桶温度			保温桶压力			
		冷风机温度			输液管套温度			
		加热注射器温度						
5	定型操作				定型4h			
6	QA				岗位负责人			
7	异常情况处理:							

表 5-9 软胶囊的压制生产记录(二)

		产品名称	维生素E胶丸		规格		批号	
		生产设备		软胶囊机		设备编号		
1	胶囊填充巡回检查	时间						
		粒数						
		总重						
		平均装量						
		外观						
		生产速度						
		操作者签名:				复核人:		
2	装量差异检查	时间(第一次)						
		1		6		11		16
		2		7		12		17
		3		8		13		18
		4		9		14		19
		5		10		15		20
		总重量	平均装量		最高装量	最低装量	装量差异	崩解时限
		操作者签名:				复核人:		
		时间(第二次)						
		1		6		11		16
		2		7		12		17
		3		8		13		18
		4		9		14		19

续表

		5		10		15		20		
2	装量差异检查	总重量		平均装量		最高装量		最低装量	装量差异	崩解时限
		操作者签名:				复核人签名:				
	QA					岗位负责人				

（二）质量控制要点与质量判断

1. 外观（软胶囊是否对称）及夹缝质量（是否粗大、有无漏液）。
2. 内容物重量及装量差异符合药典标准。
3. 左右胶皮厚度一致，约 0.7～0.8mm。

（三）结束工作

1. 将剩余物料标明品名、规格、批号、重量，交至中间站，同时办理物料交接手续。
2. 生产完毕，停车前将开关板组合的开关杆向外拉动切断料液进入料液分配组合的通路，停止供给，注射出的全部料液经回料管返回料斗。关闭真空搅拌桶的出料阀门，停止胶液供给胶盒。
3. 关闭喷体电加热，松开滚模加压手轮使滚模压力放松，升起供料组件。关闭胶盒电加热，继续运转主机，扯断胶皮，关闭润滑油，将胶皮走完，然后停止主机。
4. 排出料斗内的剩余内容物，加入液体石蜡，开动主机约 1min 后排出液体石蜡，再加入液体石蜡，重复操作至料斗、供料泵冲洗干净，料斗内保存清洁的石蜡油，严禁排空料斗，防止空气进入供料泵柱塞腔内，避免氧化腐蚀，当供料系统内残留余料用上述方法难以清洗干净时，必须将供料系统拆开，彻底清洗各部件，清洗胶盒，清洗电加热输胶管。
5. 对周转容器和工具等进行清洗消毒，对溶胶罐内外壁进行清洗消毒，清洁消毒天花板、墙面、地面。
6. 完成生产记录和清场记录（见附录 4）的填写，请 QA 检查，合格后发给"清场合格证"。

五、基础知识

（一）软胶囊的制备方法与设备

软胶囊的制备方法常用滴制法和压制法。前者制成无缝胶丸，后者制成有缝胶丸。

1. 滴制法

滴制法由具有双层喷头的滴丸机完成。以明胶为主的软质囊材（胶液）与被包药液，分别在双层喷头的外层与内层按不同速率喷出，使定量的胶液将定量的药液包裹后，滴入与胶液不相混溶的冷却液中，由于表面张力作用使之形成球形，并逐渐冷却，凝固成软胶囊。收集胶囊后用纱布拭去附着的冷却液（如液体石蜡），用 95%乙醇洗净残留液体石蜡油，再经 38℃以下干燥即得。如制备浓缩鱼肝油胶丸、亚油酸胶丸等。利用本法生产的胶丸具有成品率高、装量差异小、产量大、成本较低的优点。滴制时，胶液、药液的温度，喷头的大小，滴制速率，冷却液的温度等因素均会影响软胶囊的质量。

滴制工艺应选择合适的技术条件。

① 胶囊壳的处方中明胶、甘油、水三组分的比例要合适。以明胶：甘油：水为 1：（0.3～0.4）：（0.7～1.4）为宜。

② 胶液的黏度一般以 25～45mPa·s 为宜。

③ 药液、胶液及冷却液三者应有适宜的密度使之既能保证胶囊在冷却液中有一定的沉降速率，又有足够时间使之冷却成型。如制备鱼肝油胶丸时，三者的密度分别为 0.9g/ml、1.12 g/ml、0.86 g/ml。

④ 温度：胶液、药液应保持 60℃，喷头处应为 75～80℃，冷却液应为 13～17℃，软胶囊干燥温度为 20～30℃，且配合鼓风，使软胶囊受热均匀，干燥快。

⑤ 喷头的设计必须保证定量的胶液能将定量的药液包裹起来。

⑥ 成品的处理：将制得的胶囊拭去附着的冷却液，先用冷风吹 4h，再于 20～30℃温度下烘干，并配合鼓风条件，取出，经石油醚洗涤 2 次，95%乙醇洗涤后于 30～35℃烘干，然后检查、剔除废品、包装。

2. 压制法

压制法是将胶液制成厚薄均匀的胶片，再将药液置于两个胶片之间，用钢板模压或旋转模压制备软胶囊的一种方法。

3. 常用的设备

（1）滴制式软胶囊机　滴制式软胶囊机主要由滴制部分、冷却部分、电气控制系统、干燥部分等组成。其工作原理是：将明胶液与油状药液通过喷嘴喷出，使明胶液包裹药液后滴入不相混溶的冷却液中，凝成丸状无缝软胶囊。该机结构紧凑，操作及维修方便，占地面积小；装量准确，成品率高，物耗少。

（2）滚模式软胶囊机　RGY 系列软胶囊机是由主机、制冷机、胶丸输送机、旋转干燥机、化胶罐、电器控制系统及其他辅助设备组成的一条滚模式软胶囊自动生产线，如图 5-8 所示。该生产线损耗功率小，生产率高，适合企业 24h 连续生产。该机能把各类药品、食品、化妆品及各种油类物质和油溶性混悬液或糊状物定量压注并包封于明胶膜内，形成大小形状各异的密封软胶囊。

图 5-8　滚模式软胶囊机

（二）生产中常见问题及排除方法

软胶囊生产中常见问题及排除方法见表 5-10。

表 5-10　软胶囊生产中常见问题及排除方法

序号	故障现象	发生原因	排除方法
1	喷体漏液	接头漏液	更换接头
		喷体内垫片老化弹性下降	更换垫片
2	机器震动过大或有异常声音	泵体箱内石蜡油不足，以致润滑不足	在泵体箱内添加石蜡油
3	胶皮厚度不稳定	胶盒和上层胶液水分蒸发后与浮子黏结在一起，阻碍浮子运动，使盒内液面高度不稳定	清除黏结的胶液
		胶盒出胶挡板下有异物垫起挡板，使胶皮一边厚一边薄	清除异物
4	胶皮有线状凹沟或割裂	胶盒出口处有异物或硬胶块	清除异物或硬胶块
		胶盒出胶挡板刀口损伤	停机修复或更换胶盒出胶挡板
5	胶皮高低不平有斑点	胶皮轮上有油或异物	用清洁布擦净胶皮轮，不需停机
		胶皮轮划伤或磕碰	停机修复或更换胶皮轮

续表

序号	故障现象	发生原因	排除方法
6	单侧胶皮厚度不一致	胶盒端盖安装不当,胶盒出口与胶皮轮母线不平行	调整端盖,使胶盒在胶皮轮上摆正
7	胶皮在油滚系统与转模之间弯曲、堆积	胶皮过重	校正胶皮厚度,不需停机
		喷体位置不当	升起喷体,校正位置,不需停机
		胶皮润滑不良	改善胶皮润滑,不需停机
		胶皮温度过高	降低冷风温或胶盒温度
8	胶皮粘在胶皮轮上	冷风量偏小、风温或胶液温度过高	增大冷气量,降低冷风温及胶盒温度,不需停机
9	胶盒出口处有胶块拖曳	开机后短暂停机胶液结块或开机前胶盒清洗不彻底	清除胶块,必要时停机重新清洗胶盒
10	胶丸夹缝处漏液	两转模腔未对齐	停机,重新校对滚模同步
		内容物与胶液不适宜	检查内容物与胶液接触是否稳定并作出调整
		环境温度太高或湿度太大	降低环境温度和湿度
11	胶丸夹缝质量差(夹缝太宽、不平、张口或重叠)	转模损坏	更换转模
		喷体损坏	更换喷体
		胶皮润滑不足	改善胶皮润滑
		胶皮温度低	升高喷体温度
		转模间压力过小	停机,重新校对转模同步
		两侧胶皮厚度不一致	校正两侧胶皮厚度,不需停机
		供料泵喷注定时不准	停机,重新校正喷注同步
		转转模腔未对齐	调节加压手轮
12	胶丸内有气泡	料液过稠夹有气泡	排除料液中气泡
		供液管路密封不良	更换密封件
		胶皮润滑不良	改善润滑
		加料不及时,使料斗内药液排空	更换喷体
		喷体位置不正确,使喷体与胶皮间进入空气	摆正喷体
		喷体变形,使喷体与胶皮间进入空气	关闭喷体并加料,待输液管内空气排出后继续压丸
13	胶丸夹缝处漏液	喷体温度过低	减少胶皮厚度
		转模间压力过小	调节加压手轮
		胶液不合格	更换胶液
		胶皮太厚	升高喷体温度
14	胶丸畸形	胶皮太薄	调节胶皮厚度
		环境温度低、喷体温度不适宜	调节环境温度,调节喷体温度
		内容物温度高	调节内容物温度
		内容物流动性差	改善内容物流动性
		转模腔未对齐	停机,重新校对转模同步
15	胶丸装量不准	内容物中有气体	排除内容物中气体
		供液管路密封不严,有气体进入	更换密封件
		供料泵泄漏药液	停机,重新安装供料泵
		供料泵柱塞磨损,尺寸不一致	更换柱塞
		供料泵喷注定时不准	清洗管、喷体等供料系统
		料管或喷体有杂物堵塞	停机,重新校对喷注同步
16	胶皮缠绕下丸器六方轴或毛刷	胶皮温度过高	降低喷体温度
17	胶网拉断	拉网轴压力过大	调松拉网轴紧定螺钉
		胶液不合格	更换胶液
18	转模对线错位	主机后面对线机构紧固螺钉未锁紧	停机,重新校对转模同步,并将螺钉锁紧
19	胶丸干燥后丸壁过硬/过软	配制明胶液时增塑剂用量不足/过多	调整增塑剂用量

项目五 胶囊剂生产

模块八　软胶囊的清洗和干燥

一、职业岗位

软胶囊剂成型工。

二、工作目标

1. 能陈述软胶囊剂的定义、特点。
2. 能看懂软胶囊剂的生产工艺流程。
3. 会分析出现的问题并提出解决办法。
4. 能看懂生产指令。
5. 会进行生产前准备。
6. 能按岗位操作规程进行软胶囊的干燥和清洗操作。
7. 会进行清场工作。
8. 会填写原始记录。

三、准备工作

（一）职业形象

按"D级洁净区生产人员进出规程"（详见附录2）进入生产操作区。

（二）任务主要文件

1. 批生产指令单。
2. 软胶囊的干燥与清洗岗位操作规程。
3. 物料交接单。
4. 干燥与清洗生产记录。
5. 清场记录。

（三）物料

根据批生产指令领取物料，并核对物料品名、规格、批号、数量、检验报告单或合格证等，确认无误后，交接双方在物料交接单（详见附录4）上签字。

（四）器具、设备

晾丸车、晾丸盘、不锈钢桶、塑料袋等。

（五）检查

参照项目五"胶囊剂生产"中模块四"硬胶囊药物填充"。

四、生产过程

（一）生产操作

1. 将待清洗胶囊投入装有95%乙醇的清洗桶内，进行搅拌清洗，在清洗过程中，检查软胶囊的清洁度，清洗结束后，用筛网过滤将清洗干净的软胶囊装入洁净的晾丸盘内，并放置于晾丸车上，至清洗液挥发干净，放好写明品名、规格、批号、数量、日期、操作者等内容的桶签,并做好相关的记录。

2．清洗后的软胶囊待乙醇挥发干净后,调整生产洁净区胶囊间的温湿度,直至生产操作间的温度控制在18～26℃,调整相对湿度≤40%,干燥时间为6～10h。

3．在软胶囊干燥过程中,随时注意软胶囊的干燥情况,注意每盘的料不要太多,以免胶囊粘连变形。

4．及时填写生产记录（见表5-11）。

表5-11 干燥清洗生产记录

产品名称		维生素E胶丸	规 格		批 号	
工序名称		干燥、清洗	生产日期	年 月 日	批量	10万粒
生产场所		干燥、清洗间	主要设备		—	
序号	指令		工艺参数	操作参数		操作者签名
1	岗位上应具有"三证"		清场合格证	有 □ 无 □		
			设备完好证	有 □ 无 □		
			计量器具检定合格证	有 □ 无 □		
	取下《清场合格证》,附于本记录后		—	完成 □ 未办 □		
2	检查设备的清洁卫生		工具	已清洁 □ 未清洁 □		
			周转容器	□ □		
			操作室	□ □		
	空机试车		—	正常 □ 异常 □		
3	与中转站管理人员交接物料		核对 -品名	符合 □ 不符 □		
			-规格	□ □		
			-批号	□ □		
			-质量	□ □		
			-数量	□ □		
	维生素E胶丸领用量:		kg			称量人: 复核人:
4	清洗		乙醇浓度:	清洗次数:		
5	干燥		干燥开始时间:	干燥结束时间:		
6	干燥后维生素E胶丸重:		kg			称量人: 复核人:
7			QA	岗位负责人		
8	异常情况处理:					

（二）质量控制要点与质量判断

1．用95%乙醇清洗定型后的软胶囊至外观清洁为止。

2．干燥定型时,软胶囊堆积厚薄应保持均匀,一般以一层为宜。

3．在刚开始晾丸时每隔15min左右翻动一次,直至胶丸初步干燥;随后,再调整为每隔2h翻动一次,直至胶丸表面不粘连为准。

（三）结束工作

1．将干燥结束的胶丸盛装于内衬清洁袋的不锈钢桶内（同时检查外观）,一桶装满后,将袋口扎紧,标明品名、规格、批号、重量,交至中间站,同时办理物料交接手续。

2．生产结束后,对不锈钢桶外表面进行清洁,将使用过的药用乙醇放于指定位置,放好状态牌。

3. 清洁消毒天花板、墙面、地面。
4. 完成生产记录和清场记录（见附录5）的填写，请QA检查，合格后发给"清场合格证"。

五、基础知识

1. 软胶囊的干燥

（1）软胶囊干燥的目的　干燥是软胶囊制备过程中不可缺少的过程。在压制或滴制成型后，软胶囊胶皮内含有40%～50%的水分，未具备定型的效果，生产时要进行干燥，使软胶囊胶皮含水量下降至10%左右。

（2）软胶囊的干燥条件　因胶皮遇热易熔化，因此干燥过程应在常温或低于常温的条件下进行，即在低温低湿的条件下干燥，除湿的功能将直接影响软胶囊的质量。一般温度应控制在20～24℃、相对湿度在20%左右。压制成型的软胶囊可采取滚筒干燥，动态的干燥形式有利于提高干燥的效果；滴制成型的软胶囊可直接放置在托盘上干燥。为保障干燥的效果，干燥间通常采用平行层流的送回风方式。

2. 软胶囊的清洗

为除去软胶囊表面的润滑液，在干燥后应用95%乙醇或乙醚进行清洗，清洗后在托盘上静置使清洗剂挥干。

模块九　胶囊剂内包装

一、职业岗位

制剂包装工。

二、工作目标

1. 能陈述包装的目的、固体制剂的包装形式。
2. 能看懂泡罩包装设备的工作过程。
3. 能陈述泡罩包装设备的基本构造和工作原理。
4. 会分析出现的问题并提出解决办法。
5. 能看懂包装指令。
6. 会进行包装前准备。
7. 能按岗位操作规程进行泡罩包装生产。
8. 会进行泡罩包装设备清洁和清场工作。
9. 会填写原始记录。

三、准备工作

（一）职业形象

按"D级洁净区生产人员进出规程"（详见附录2）进入生产操作。

（二）任务主要文件

1. 批包装指令单（见表5-12）。
2. 泡罩包装岗位操作规程。
3. 泡罩包装机操作规程。

4. 泡罩包装机清洁操作规程。
5. 物料交接单。
6. 泡罩包装生产记录。
7. 清场记录。

（三）物料

根据批生产指令领取物料，并核对物料品名、规格、批号、数量、检验报告单或合格证等，确认无误后，交接双方在物料交接单（详见附录4）上签字。

表 5-12 批包装指令单

产品名称	维生素C胶囊		包装规格		
批　号			批　量		1万板
物料的批号与用量					
序　号	物料名称	供货单位	检验单号	批　号	用　量
1	PTP				
2	PVC				
3					
4					
5					
生产开始日期	年　月　日		生产结束日期		年　月　日
制表人			制表日期		年　月　日
审核人			审核日期		年　月　日
批准人			批准日期		年　月　日
备注：					

（四）器具、设备

1. 设备：DPP-160 自动泡罩包装机。
2. 器具：不锈钢桶、不锈钢勺子、塑料袋等。

（五）检查

1. 检查选用模具的规格是否正确，模具是否完好。
2. 其余参照项目五"胶囊剂生产"中模块四"硬胶囊药物填充"。

四、生产过程

（一）生产操作

1. 将 PVC 塑片和 PTP 铝箔分别安装在各自支撑轴上。
2. 温度设定值为：
    上加热板　110℃左右（实际值根据泡罩成型情况而定）
    下加热板　110℃左右（实际值根据泡罩成型情况而定）
    热封加热板　150℃左右（实际值根据黏合程度而定）
3. 开进气阀、进水阀、排水阀，打开上加热板、下加热板、热封加热板。
4. 装成型装置
先将下成型板对准左边线，放置于前后中间位置，然后放上吹气板，点动至最高点（此时，牵引夹处于中间位置），此时，吹气板与下成型板吻合，盖上盖板，拧紧吹气板内六角螺丝，调整高度（一张 PVC 厚度），点动至最低点，拧紧四个球头螺母，连接压缩空气管路。

5. 装冲裁装置

先将冲裁下模放平，拧紧四颗内六角螺丝，接着放冲裁上模，盖上盖板，点动至最高点，轻锁两颗内六角螺丝（短），点动至最低点，拧紧四颗球头螺母，点动至最高点，锁紧两颗内六角螺丝（短）。

6. 调节板块长度（换冲裁模具规格时进行，低→长，高→短）。

7. 装热封装置

窄边朝前，宽边朝后，调节成型装置与热封装置间距离（以成型模具和热封模具中恰好放入板块为准），网纹板根据热封板位置进行固定。

8. 调节冲裁，至完整板块产生。

9. 安装批号装置

先将批号垫于平面上，对准批号条，锁紧两颗定位螺丝，将上模与盖板连接（轻锁），将批号字与批号垫条对齐，拧紧两颗内六角螺丝，确认盖板水平，调整盖板高度（一张 PVC 厚度），锁上四颗球头螺母，看效果进行调整，加深批号印迹。

10. 启动机器试运行，视整机情况进行调整（微调）。

11. 确认 PVC 成型、热封及批号打印等正常后，将被包装物料加入料斗，按加料开关启动加料器，开始加料（不规则物品用手工加料）。

12. 包装过程中随时进行外观检查（边缘对齐、印字、版长、完整性检查）。

13. 包装过程中关注设备运行状态，无异常声音等。

14. 及时填写生产记录（见表 5-13）。

（二）质量控制要点与质量判断

1. 批号及字迹正确、清晰，无空板、无缺粒、无半粒胶囊、无漏粉，热压纹清晰、无泄露，PVC 与铝箔之间不得错位。

表 5-13 泡罩包装生产记录

产品名称	维生素 C 胶囊	规格		批号	
工序名称	泡罩包装	生产日期	年 月 日	批量	10 万粒
生产场所	泡罩包装间	主要设备			
序号	指令	工艺参数	操作参数		操作者签名
1	岗位上应具有"三证"	清场合格证	有 □	无 □	
		设备完好证	有 □	无 □	
		计量器具检定合格证	有 □	无 □	
	取下《清场合格证》，附于本记录后		完成 □	未办 □	
2	检查设备的清洁卫生	泡罩包装机	已清洁 □	未清洁 □	
		工具	□	□	
		周转容器	□	□	
		操作室	□	□	
		其他设备	□	□	
	空机试车	—	正常 □	异常 □	
3	与中转站管理人员交接物料	核对 -品名	符合 □	不符 □	
		-规格	□	□	
		-批号	□	□	
		-质量	□	□	
		-数量	□	□	

续表

3	物料领用	品名	规格	批号	检验单号	数量	操作人	复核人
		维生素C胶囊						
		PVC						
		PTP						

4	每版粒数：　　粒			
	按生产指令更换产品批号打印字钉	批号设置人		复核人
	按"DPP-160自动泡罩包装机SOP"开机操作	—		
	成型温度110℃，温度控制范围：100～120℃	成型温度		
	热封温度150℃，温度控制范围：140～160℃	热封温度		
	压缩空气压力应为0.4～0.6MPa	压缩空气压力		

5	与中转站管理人员交接，接受人核对，并在递交单上签名				已签□　　未签□	
	胶囊总领料量	桶　　　kg	PVC使用量		kg	操作人： 复核人：
	铝塑总产量	箱　　　kg	PTP使用量		kg	
	PVC结存量	kg	边角料重量		kg	
	PTP结存量	kg	废弃胶囊量		kg	
	限度:97.0%～103.0%		物料平衡：　　%	符合规定 □		
	计算公式如下： $$物料平衡 = \frac{铝塑总产量+边角料量+废弃胶囊量}{胶囊总领入量+PTP使用量+PVC使用量} \times 100\% =$$					计算人： 复核人：
	QA			岗位负责人		

6	异常情况与处理记录：

2. 胶囊、铝箔、PVC之间不得粘连，泡罩饱满，切口整齐、光滑，铝箔平整，无黑点，无油渍，应随时观察，及时调整。

（三）结束工作

1. 料斗内所剩物料较少时，降低车速，以保证完整性。
2. 生产结束，按停止键，主电机停止运行，关闭上加热板、下加热板、热封加热板。
3. 更换状态标志牌。
4. 关闭总电源开关、进气阀、进水阀。
5. 将产品装入不锈钢桶内塑料袋中，扎紧袋口，做好标签，将中间体和剩余物料标明品名、批号、重量，交至中间站，同时办理物料交接手续。
6. 将小推车移入泡罩包装室，拆模具，将需要清洗的零部件转移至小推车上到清洗间进行清洗消毒，消毒完毕后转移至泡罩包装室。
7. 对周转容器和工具等进行清洗消，清洁消毒天花板、墙面、地面。
8. 对泡罩包装机进行清洗消毒。
9. 完成生产记录和清场记录（见附录5）的填写，请QA检查，合格后发给"清场合格证"。

五、基础知识

（一）泡罩包装常用的设备

目前，药品片剂、胶囊剂、丸剂等口服固体制剂采用泡罩包装的越来越普遍。药品的泡罩包装也称PTP（press through pack aging），常用的设备为药用铝塑泡罩包装机又称热塑成型泡罩包装机，是将塑料硬片加热、成型、药品填充、与铝箔封合、打字（批号）、压断裂线、冲裁和输送等多种功能在同一台机器上完成的高效率包装机械，可用于包装片剂、胶囊、丸剂等口服固体制剂。目前常用的药用泡罩包装机有滚筒式泡罩包装机、平板式泡罩包装机、滚板式泡罩包装机等。

1. 滚筒式泡罩包装机

（1）工作原理　半圆弧形加热器对紧贴于成型模具上的 PVC 片加热到软化程度，成型模具的泡窝孔型转动到适当的位置与机器的真空系统相通，将已软化的 PVC 片瞬时吸塑成型。成型的 PVC 片通过料斗或上料机时，固体制剂填充入泡窝。外表面带有网纹的热压辊压在主动辊上面，利用温度和压力将盖材铝箔与 PVC 片封合，通过间歇运动传输，打批号，通过冲裁装置冲裁出成品板块。

（2）工作过程　PVC 加热（热成型或冷成型）→真空吸泡→固体制剂入泡窝→线接触式与铝箔热封合→打字印批号→冲裁成块。

2. 平板式泡罩包装机

如图 5-9 所示，DPP-100 型行程可调式平板泡罩包装机主要由膜辊、加热装置、冲裁站、压痕装置、进给装置、废料辊、气动夹头、铝箔辊、导向板、成型站、封合站、下料器、压紧轮、双铝成型压膜等组成。

图 5-9　DPP-100 型行程可调式平板泡罩包装机

（1）工作原理　PVC 片通过预热装置预热软化至 120℃左右；在成型装置中吹入高压空气或先以冲头顶成型再加高压空气成型泡窝；PVC 泡窝片通过下料器时自动填充药品于泡窝内；在驱动装置作用下进入热封装置，使 PVC 片与铝箔在一定温度和压力下密封，最后由冲裁装置冲剪成规定尺寸的板块。

（2）工作过程　PVC 加热→吹入高压空气成泡→固体制剂入泡窝→平板式与铝箔热封合→打字印批号→冲裁成块。

（二）胶囊剂质量检查

1. 除另有规定外，胶囊剂应密封贮存，其存放环境温度不高于 30℃，湿度应适宜，防止受潮、发霉、变质。

2. 装量差异

按照下述方法检查，应符合规定。《中国药典》2010 年版二部胶囊剂装量差异限度如表 5-14 所示。

检查法：除另有规定外，取供试品 20 粒，分别精密称定重量后，倾出内容物（不损失囊壳），硬胶囊用小刷或其他适宜用具拭净，软胶囊用乙醚等易挥发性溶剂洗净，置通风处使溶剂自然挥尽，再分别精密称定囊壳重量，求出每粒内容物的装量与平均装量。每粒的装量与平均装量相比较，超出装量差异限度的不得多于 2 粒，并不得有 2 粒超出限度 1 倍。

表 5-14　胶囊剂装量差异限度

平均装量或标示装量	装量差异限度
0.30g 以下	±10%
0.30g 及 0.30g 以上	±7.5%

凡规定检查含量均匀度的胶囊剂，一般不再进行装量差异的检查。

3. 崩解时限

除另有规定外，照崩解时限检查法（《中国药典》2010 年版二部附录Ⅹ A）检查，均应符合规定。《中国药典》2010 年版二部胶囊剂崩解时限规定如表 5-15 所示。

凡检查溶出度或释放度的胶囊剂，可不进行崩解时限的检查。

表 5-15 胶囊剂崩解时限规定

胶囊剂种类	崩解时限/min
普通硬胶囊	30
普通软胶囊	60
肠溶胶囊剂	在盐酸溶液（9→1000）2h 不得有裂缝或崩解现象；加挡板，在人工肠液（pH6.8）中 1h 内全部崩解
结肠肠溶胶囊	在盐酸溶液（9→1000）中 2h、在磷酸缓冲液（pH6.8）中 3h，囊壳均不得有裂缝或崩解现象；加挡板，在磷酸缓冲液（pH7.8）中 1h 内应全部崩解

（三）胶囊剂举例

1. 硬胶囊制备

举例：速效感冒胶囊

【处方】对乙酰氨基酚 300g，维生素 C 100g，胆汁粉 100g，咖啡因 3g，扑尔敏 3g，10%淀粉浆、食用色素适量，共制成硬胶囊剂 1000 粒。

【制法】（1）取上述各药物，分别粉碎，过 80 目筛。

（2）将 10%淀粉浆分为 A、B、C 三份，A 加入少量食用胭脂红制成红糊，B 加入少量食用橘黄（最大用量为万分之一）制成黄糊，C 不加色素为白糊。

（3）将对乙酰氨基酚分为三份，一份与扑尔敏混匀后加入红糊，一份与胆汁粉、维生素 C 混匀后加入黄糊，一份与咖啡因混匀后加入白糊，分别制成软材后，过 14 目尼龙筛制粒，于 70℃干燥至水分 3% 以下。

（4）将上述三种颜色的颗粒混匀后，填入空胶囊中，即得。

【注解】本品为一种复方制剂，所含成分的性质、数量各不相同，为防止混合不均匀和填充不均匀，采用适宜的制粒方法使得颗粒的流动性良好，经混合均匀后再进行填充；加入食用色素可使颗粒呈现不同的颜色，一方面可直接观察混合的均匀程度，另一方面若选用透明空胶囊，可使制剂看上去更美观。

2. 软胶囊制备

举例：硝苯地平软胶囊

【处方】内容物：硝苯地平 0.5kg，PEG400 15 kg，乙二醇 4 kg；

明胶溶液：明胶 10 kg，甘油 4 kg，钛白粉和色素适量，纯化水 14 kg，共制软胶囊剂 10 万粒。

【制法】（1）内容物配制 按处方量称取硝苯地平、PEG400、乙二醇、甘油和纯化水置配料罐混合，用胶体磨粉碎，即得透明黄色药液，放置于物料桶备用；根据化验室检测的结果，计算内容物的重量。

（2）明胶液配制 按处方量称取明胶、甘油、纯化水、钛白粉和色素，按化胶工艺操作规程制备明胶溶液。

（3）取 4 号模具，按软胶囊（压制法）生产操作规程制备软胶囊。

（4）将软胶囊进行干燥、清洗和挥干清洗溶剂。

【注解】硝苯地平遇光不稳定，在配制和压制操作时应避光，配制间和压制间的照明可换成红光照明灯进行生产。

拓 展 学 习

一、肠溶胶囊剂制备

肠溶胶囊剂的制备方法，早期将甲醛蒸气在密闭器中反应，囊壳形成甲醛明胶，由于甲醛明胶已无游离氨基但只保留有羧基，故在胃液中不溶而只能在肠液的碱性介质中溶解并释放药物。但此种工艺影响因素多，胶囊肠溶性也不稳定，现在较少使用。用明胶（或海藻酸钠）先制成空胶囊，再涂上肠溶材料，如CAP、丙烯酸树脂Ⅱ号等，其肠溶性较稳定。如用PVP作底衣，再用CAP、蜂蜡等进行外层包衣，可以改善CAP包衣后"脱壳"的缺点。

目前用于制备肠溶胶囊的方法主要有以下几种。

（1）在空胶囊上包衣　即在明胶壳上涂上肠溶材料，如CAP、虫胶、肠溶型丙烯酸树脂等。可用流化床包衣，先将PVP、CAP溶液喷于胶囊上作为底衣层，以增加其黏附性，然后用CAP、蜂蜡等进行外层包衣，可以改善单用CAP包衣后"脱壳"的缺点。国内已有生产可在不同肠道部位溶解的肠溶空胶囊如普通肠溶胶囊和结肠肠溶胶囊，可将药物填充到空心肠溶胶囊内。

（2）胶囊内容物包衣　将药物（颗粒或小丸等）包上肠溶衣后再装于空胶囊中。此种胶囊虽在胃内溶解，但内容物在胃中不溶解，只能在肠道中溶解释出。

（3）软胶囊包衣　药物先制成软胶囊，再用肠溶材料包衣，包衣后其肠溶型较稳定，抗湿性也好。

二、其他胶囊剂

（1）缓释胶囊剂　是先将药物制备成具有缓释作用的内容物，这些胶囊内容物往往由含有不同比例的阻滞剂的颗粒或包有不同衣层的小丸混合而成，最常见的是将药物与缓释材料制成骨架颗粒，如洛伐他汀缓释胶囊（以HPMC、MC作为缓释材料）；或将药物制成包有缓释材料，能在胃或肠液中缓慢释放的包衣小丸，然后装入空心胶囊，以保证服用后速效和缓释的要求。此外，还有将药物与触变性基质混合后填入胶囊。

（2）粉雾胶囊剂　系将药物的粉末装入胶囊后，放入专用推进器内，使用前使胶壳穿孔，推动推进器供患者吸入囊内粉末。如胸腺五肽肺部吸入粉雾胶囊剂，用于治疗恶性肿瘤、慢性乙型肝炎等。

（3）泡腾胶囊剂　将药物与辅料制成泡腾颗粒装入囊壳，用药后胶囊壳溶解，内容药物经泡腾作用而溶出。如复方氯霉素泡腾胶囊，起局部消炎杀菌作用，为妇科疾病的良药。

（4）直肠和阴道胶囊　多为软胶囊，因为软胶囊有弹性，适于放入腔道内使用。如乳酸菌阴道胶囊。

● 思考题

1. 试述胶囊剂的特点、分类及应用。
2. 空胶囊壳由哪些成分组成？各有何作用？
3. 简述哪些药物不宜制成胶囊剂。
4. 简述各类胶囊剂的制备。
5. 空胶囊的规格有哪些？
6. 简述胶囊剂的质检项目及要求。
7. 简述软胶囊压制过程中的质量控制要点与质量判断。
8. 简述软胶囊制备过程中产生单侧胶皮厚度不一致的原因及解决办法。
9. 简述软胶囊制备过程中产生胶丸畸形的原因及解决办法。

项目六　片剂生产

片剂系指药物与适宜的辅料压制而成的圆片状或异形片状的固体制剂，主要供内服亦有外用。

1. 特点

片剂的主要优点如下。

① 剂量准确，片剂内药物含量差异较小。

② 质量稳定，片剂为干燥固体，且某些易氧化变质及易潮解的药物可借包衣加以保护，光线、空气、水分等对其影响较小。

③ 服用、携带、运输和贮存等都比较方便。

④ 溶出度及生物利用度较丸剂好。

⑤ 机械化生产，产量大，成本低。

片剂的缺点如下。

① 片剂经过压缩成型，溶出度较散剂、胶囊剂差。

② 儿童及昏迷患者不宜服用。

③ 某些片剂易引湿受潮，含挥发性成分的片剂久贮时含量下降。

2. 分类

（1）口服片剂　口服片剂是应用最广泛的一类，在胃肠道内崩解吸收而发挥疗效。

① 普遍压制片(素片)　系指药物与赋形剂混合，经压制而成的片剂，应用广泛。如维生素 B_1 片、复方磺胺甲噁唑片。

② 包衣片　系指在片心(压制片)外包有衣膜的片剂。如胃蛋白酶片。

③ 咀嚼片　系指在口腔中咀嚼后吞服的片剂。在胃肠道中发挥作用或经胃肠道吸收发挥全身作用，适用于小儿或胃部疾患。生产时一般应选择甘露醇、山梨醇、蔗糖等水溶性辅料为填充剂和黏合剂，口感良好，硬度小于普通片剂。药片嚼碎后便于吞服，并能加速药物溶出，提高疗效。如碳酸钙咀嚼片、富马酸亚铁咀嚼片、对乙酰氨基酚咀嚼片。

④ 泡腾片　系指含有碳酸氢钠和有机酸，遇水可产生气体而呈泡腾状的片剂。泡腾片中的药物应是易溶性的，加水产生气泡后应能崩解。有机酸一般用枸橼酸、酒石酸、富马酸等。这种片剂特别适用于儿童、老年人和不能吞服固体制剂的患者。又因可以溶液形式服用，因此药物奏效迅速，生物利用度高，且与液体制剂相比携带更方便。如阿司匹林泡腾片、维生素 C 泡腾片、对乙酰氨基酚泡腾片等。

⑤ 分散片　系指在水中能迅速崩解并均匀分散的片剂。分散片中的药物应是难溶性的，此类片剂应进行溶出度和分散均匀性检查。分散片可加水分散后口服，也可将分散片含于口中吮服或吞服。如阿奇霉素分散片、尼莫地平分散片、罗红霉素分散片等。

⑥ 缓释片　系指在规定的释放介质中缓慢地非恒速释放药物的片剂。缓释片应符合缓释制剂的有关要求并进行释放度检查。如氨茶碱缓释片、硫酸亚铁缓释片、硫酸吗啡缓

释片。

⑦ 控释片　系指在规定的释放介质中缓慢地恒速释放药物的片剂。控释片应符合控释制剂的有关要求并进行释放度检查。如格列吡嗪渗透泵片。

⑧ 肠溶片　系指用肠溶性包衣材料进行包衣的片剂。肠溶片除另有规定外，应进行释放度检查。如胰酶肠溶片、阿司匹林肠溶片、红霉素肠溶片等。

（2）口腔用片剂

① 口含片　系指含于口腔中，缓慢溶化产生局部或全身作用的片剂。含片中的药物应是易溶性的，主要起局部消炎、杀菌、收敛、止痛或局部麻醉作用。口含片比一般内服片大而硬，味道适口，除另有规定外，10min 内不应全部崩解或溶化。如草珊瑚含片。

② 舌下片　系指置于舌下能迅速溶化，药物经舌下黏膜吸收发挥全身作用的片剂。舌下片中的药物与辅料应是易溶性的，主要用于急症的治疗，除另有规定外，应在 5min 内全部溶化。舌下片不仅吸收迅速显效快，而且可避免胃肠液 pH 及酶对药物的不良影响和肝脏的首过效应。如硝酸甘油片、盐酸丁丙诺非舌下片。

③ 口腔贴片　系指粘贴于口腔，经黏膜吸收后起局部或全身作用的片剂。口腔贴片应进行溶出度或释放度的检查。如吲哚美辛贴片。

（3）其他片剂

① 阴道用片　系指置于阴道内应用的片剂，分为阴道片与阴道泡腾片。具有局部刺激性的药物，不能制成阴道片。阴道片为普通片，在阴道内应易溶化、溶散或融化、崩解并释放药物，主要起局部消炎杀菌作用，也可给予性激素类药物。如壬苯醇醚阴道片、甲硝唑阴道泡腾片。

② 可溶片　系指临用前能溶解于水的非包衣片或薄膜包衣片剂。可溶片应溶解于水中，溶液可呈轻微乳光。可供口服、外用、含漱等。如高锰酸钾外用片。

③ 植入片　指用特殊注射器或手术埋植于皮下产生持久药效（数月或数年）的无菌片剂，适用于需要长期使用的药物。如避孕药制成植入片已获得较好效果。

3．质量要求

① 原料药与辅料混合均匀。含药量小或含毒、剧药物的片剂，应采用适宜方法使药物分散均匀。

② 凡属挥发性或对光、热不稳定的药物，在制片过程中应遮光、避热，以避免成分损失或失效。

③ 压片前的物料或颗粒应控制水分，以适应制片工艺的需要，防止片剂在贮存期间发霉、变质。

④ 含片、口腔贴片、咀嚼片、分散片、泡腾片等根据需要可加入矫味剂、芳香剂和着色剂等附加剂。

⑤ 为增加稳定性、掩盖药物不良臭味、改善片剂外观等，可对片剂进行包衣。必要时，薄膜包衣片剂应检查残留溶剂。

⑥ 片剂外观应完整光洁，色泽均匀，有适宜的硬度和耐磨性，以免包装、运输过程中发生磨损或破碎。除另有规定外，对非包衣片，应符合片剂脆碎度检查法的要求。

⑦ 片剂的溶出度、释放度、含量均匀度、微生物限度等应符合要求。

⑧ 除另有规定外，片剂应密封贮存。

4．片剂生产工艺流程

片剂生产工艺流程见图 6-1、图 6-2。

图 6-1　湿法制粒压片生产工艺流程示意

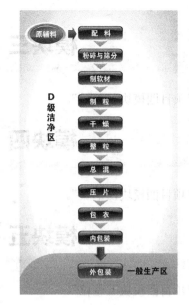

图 6-2　干法制粒压片生产工艺流程示意

5. 工作任务

批生产指令见表 6-1。

表 6-1　批生产指令

产品名称	盐酸苯海拉明片	规　　格	25mg
批　号		批　量	40万片
物料的批号与用量			

序号	物料名称	供货单位	检验单号	批号	用量/kg
1	盐酸苯海拉明				10.00
2	糊精				13.00
3	淀粉				26.00
4	10%淀粉浆				0.88
5	硬脂酸镁				0.50
生产开始日期	年　月　日		生产结束日期		年　月　日
制表人			制表日期		年　月　日
审核人			审核日期		年　月　日
批准人			批准日期		年　月　日

备注：

模块一　配　　料

参见"项目三模块一配料"。

模块二　粉碎与筛分

参见"项目三模块二粉碎与筛分"。

模块三 制 粒

参见"项目四模块三制粒"。

模块四 干 燥

参见"项目四模块四干燥"。

模块五 整 粒

参见"项目四模块五整粒"。

模块六 总 混

一、职业岗位

药物配料、制粒工。

二、工作目标

1. 能看懂颗粒剂的生产工艺流程。
2. 能陈述总混设备的基本结构和工作原理。
3. 能判断和控制总混中颗粒的质量。
4. 会分析出现问题并提出解决办法。
5. 能看懂生产指令。
6. 会进行生产前准备。
7. 能按岗位操作规程进行总混操作。
8. 会进行设备清洁和清场工作。
9. 会填写原始记录。

三、准备工作

(一) 职业形象

按"D级洁净区生产人员进出规程"(详见附录2)进入生产操作区。

(二) 任务主要文件

1. 批生产指令单。
2. 总混岗位操作法。
3. 总混设备标准操作规程。
4. 产品清场管理制度。
5. 物料交接单。

6. 生产记录。
7. 清场记录

（三）物料

根据批生产指令领取干颗粒、外加崩解剂、润滑剂及挥发性药物等，并核对物料品名、规格、批号、数量、检验报告单或合格证等，确认无误后，交接双方在物料交接单（详见附录4）上签字。

（四）器具、设备

1. 设备：V形混合筒或三维运动混合机。
2. 器具：不锈钢桶、不锈钢盆、不锈钢勺子等。

（五）检查

1. 检查清场合格证是否符合要求，更换状态标志牌，检查有无空白生产原始记录。
2. 检查压差、温度和湿度是否符合生产规定。
3. 检查容器和用具是否已清洁、消毒，检查设备和计量器具是否完好、已清洁，查看合格证和有效期。
4. 检查生产现场是否有上批遗留物。
5. 检查设备各润滑点的润滑情况。
6. 检查各机器的零部件是否齐全，检查并固定各部件螺丝，检查安全装置是否安全、灵敏。
7. QA检查合格，填写总混工序开工检查表（见表6-2），摘掉"清场合格证"，附入批记录，挂上"生产运行证"。

表6-2 开工检查表（QA检查员填写）

产品名称				规格			批号		生产日期	
工序名称				生产场所					批量	
班次				操作人					负责人	
上批清场合格证	上批文件标志	上批物料	环境清洁	设备正常	计量器具合格	工具容器清洁	本批物料正确		是否批准开工	QA检查员签字
有○ 无○	有○ 无○	有○ 无○	是○ 否○	是○ 否○	是○ 否○	是○ 否○	是○ 否○		是○ 否○	

四、生产过程

（一）生产操作

1. 领料

（1）根据限额领料单（见表6-3）和批生产指令、批包装指令开具领料通知单，一式二份，交仓库，通知仓库备料。

表6-3 领料单

产品名称	盐酸苯海拉明片	规格	25mg	批号	
生产工序		生产日期	年 月 日	批量	40万片
原辅料名称	批号或编号	本批用量/kg	实际领料量/kg	发料人	收料人

续表

原辅料名称	批号或编号	本批用量/kg	实际领料量/kg	发料人	收料人
备注					

（2）仓库保管员按照限额领料单和领料通知单上的物料及数量备料、发料，将物料送到车间的原辅料收料区及包装材料收料区。

（3）根据领料通知单验收物料，认真核对物料的名称、批号、规格、单位（最小包装单位）、数量。如发现前述各项中有与领料单不符的情况，应拒收，并及时采取措施。

（4）将物料放入物料存放室，按照物料摆放情况放置物料标示牌，并认真填写领料台账、物料卡。并在领料通知单上与仓库保管员共同签字，车间留一份，仓库留一份。

2．称量、配料

（1）更换状态标志牌。

（2）给电子天平通电，对电子天平调水平并校正。

（3）按生产指令领取干颗粒，备用。

（4）按生产指令称量配料，放入不锈钢桶内，贴上标签，备用。

3．按《混合设备消毒规程》对设备及所需容器、工具进行消毒。

4．试机：启动设备空转运行，声音正常后停机，准备加料。

5．加物料开机：按容积的 1/2～2/3 装入干颗粒和外加崩解剂、润滑剂及挥发性药物等，关闭进料口盖，检查放料阀应在关闭状态；开机，按工艺设定混合工作时间。完毕切断电源。

6．出料：将不锈钢桶放置于出料口正下方，打开放料阀出料，物料卸完，贴标签交下道工序。

7．及时填写生产记录（见表6-4）。

表 6-4 总混工序生产记录

产品名称	盐酸苯海拉明片		规格		批号	
工序名称			生产日期		批量	
生产场所			年 月 日		主要设备	
领料量						
序号		操作内容				操作人
1	岗位上应具有"三证"	清场合格证		有 □	无 □	
		设备完好证		有 □	无 □	
		计量器具检定合格证		有 □	无 □	
	取下《清场合格证》，附于本记录后			完成□	未完成□	
2	检查设备的清洁卫生	三维运动混合机		已清洁□	未清洁□	
	空机试车			正常□	异常□	
3	领料人核对	品名		符合□	不符□	
		规格		□	□	
		批号		□	□	
		数量		□	□	
		质量		□	□	

	原辅料名称	第1锅/kg	第2锅/kg	第3锅/kg	第4锅/kg
总混操作					
合计					
混合时间					
操作人					
复核人		QA		岗位负责人	
备注：					

（二）质量控制要点与质量判断

1. 总混操作室必须保持干燥，温湿度应符合规定，室内呈正压。
2. 配料应严格按工艺规程及称量配料的标准操作规程进行。
3. 称量配料过程中要严格实行双人复核制，做好记录并签字。
4. 生产过程中所有物料均应有标示，防止发生混药、混批。
5. 颗粒的质量要求：细粉少，颗粒完整、色泽均匀。

（三）结束工作

1. 操作人员首先撤下"生产运行证"标志，挂上"待清场"标志。
2. 将总混后的颗粒交中转站。
3. 用饮用水刷洗混合机机腔内壁至无生产遗留物，用洗洁精液刷洗三遍，用饮用水冲洗至无泡沫，用纯化水冲洗三遍，用布擦干。
4. 用纯化水擦洗混合机外部，用布擦干。
5. 清洗不锈钢桶等容器和工具。
6. 对电子台秤、容器、工具和设备表面用75%乙醇进行消毒。
7. 清洁消毒天花板、墙面、地面。
8. 完成生产记录和清场记录（见附录5）的填写。

清场后，QA检查员对操作间、设备、容器等进行检查，检查合格后发放"清场合格证"代替"待清洁"状态标记。

五、基础知识

（一）片剂常用辅料

辅料系指除主药以外的一切附加物料的总称。片剂的辅料包括稀释剂和吸收剂、润湿剂和黏合剂、崩解剂、润滑剂等。

片剂制备加入辅料的目的在于压片时物料能够有良好的流动性、润滑性、可压性，成品有良好的崩解性和适宜的硬度等，以确保片剂在运输、贮存中质量稳定。辅料选用不当或用量不当，不但可能影响片剂的制备过程，而且对片剂的质量、稳定性及其疗效的发挥也有一定影响。另外，某些辅料一种物质可兼有几种性能和用途。因此，必须充分考虑各类辅料和原料药物的特点，在实践中灵活运用。

1. 稀释剂与吸收剂

稀释剂与吸收剂常统称为填充剂。前者适用于主药剂量小于0.1g，后者适用于原料药中含有较多挥发油、脂肪油或其他液体而需预先吸收者。常用的有以下品种，有些兼有黏合和崩解作用。

（1）淀粉　为片剂最常用的辅料，淀粉的种类很多，以玉米淀粉最为常用，为白色细腻粉末；性质稳定，能与大多数药物配伍；不溶于冷水和乙醇，在热水中可糊化；遇水膨胀，但遇酸或碱在潮湿状态及加热时逐渐水解而失去膨胀作用；能吸收12%～15%的水分而不潮解。本品价格便宜，是片剂最常用的稀释剂、吸收剂及崩解剂。但淀粉的可压性差，使用量不宜太多，以免造成片剂松散，必要时可与黏合力强的糊精、蔗糖等合用以增加其黏合性。

（2）可压性淀粉　又称预胶化淀粉，为白色或类白色粉末；微溶于冷水，不溶于有机溶剂，有良好的可压性、流动性和润滑性，制成的片剂硬度、崩解性均较好，尤其适于粉末直接压片。

（3）糊精　为淀粉不完全水解产物，白色或微带黄色的粉末，微溶于水，能溶于沸水成黏胶状溶液，兼有黏合作用，不溶于乙醇中，因水解的程度不同而有若干规格。糊精常与淀粉合用作填充剂。本品因黏性强，应用时应严格控制用量，否则会使颗粒过硬而造成片面出现麻点等现象，并影响片剂的崩解。应注意糊精对某些药物的含量测定有干扰作用，也不宜用作速溶片的填充剂。

（4）糖粉　为结晶性蔗糖粉碎而成的白色粉末，味甜、黏合力强，能溶于水，易吸潮结块。常用在口含片、舌下片和咀嚼片中使用，并兼有矫味与黏合作用，也可作为可溶性片剂的优良稀释剂。处方中若含有质地疏松或纤维性较强的药物，也常选糖粉作稀释剂，可减少松片现象，并能使片剂表面光洁，增加硬度。因其具有引湿性，用量不宜过多，以免片剂贮存时间长硬度增大、崩解度和溶出度超限。

（5）乳糖　为片剂优良的填充剂，白色结晶性粉末，无吸湿性，从动物乳中提取制得，略带甜味，能溶于水，难溶于醇；具有良好的流动性、可压性、稳定性，可与大多数药物配伍。制成的片剂光洁、美观，硬度适宜，久贮不延长片剂的崩解时限，释放药物较快，一般不影响主药的含量测定，尤其适用于引湿性药物。乳糖有多种规格，如普通乳糖、喷雾干燥乳糖、无水乳糖等，普通乳糖是由结晶法制成，结晶多呈楔形；喷雾干燥乳糖呈球粒状，其流动性较好，可作粉末直接压片的辅料。因国内产量较少，价格高，现多用淀粉、糊精、糖粉（常用7∶1∶1）三者的混合物代替，其可压性较好，但片剂的外观、药物的溶出不如用乳糖好。

（6）甘露醇　甘露醇为白色结晶性粉末，味甜，易溶于水；无引湿性，是咀嚼片、口含片的主要稀释剂和矫味剂，常与糖粉配合使用，在口腔中因甘露醇溶解过程吸热而有凉爽感。

（7）微晶纤维素　系由纤维素部分水解而制得聚合度较小的结晶性白色粉末，具有良好的流动性、可压性和崩解性及较强的黏合性，压成的片剂有较大硬度，又易崩解，所以为片剂良好的填充剂和干燥黏合剂。因价格较高，为目前粉末直接压片中常用的多功能辅料。

（8）无机钙类　磷酸氢钙为白色细微粉末或晶体，呈微碱性，具有良好的稳定性和流动性，无引湿性。磷酸钙与其性状相似，两者均为中药浸出物、油类及含油浸膏的良好吸收剂，并有减轻药物引湿性的作用。硫酸钙二水物为白色或微黄色粉末，不溶于水，无引湿性，性质稳定，具有较好的抗潮性能，制成的片剂外观光洁，硬度、崩解度较好；本品对油类有较强的吸收能力，并能降低药物的引湿性，常作为稀释剂和挥发油吸收剂。

（9）其他　氧化镁、碳酸镁、氢氧化铝和微粉硅胶等，都可作为吸收剂，尤其适用于含挥发油和脂肪油较多的中药制片。

2．润湿剂与黏合剂

润湿剂与黏合剂在制片中具有使固体粉末黏结成型的作用。润湿剂与黏合剂的合理选用及其用量关系到片剂的成型，影响有效成分的溶出及片剂的生物利用度。

（1）润湿剂　润湿剂本身无黏性，但可润湿药粉，诱发药物自身黏性。若药物自身具有黏性，只需加入润湿剂即可制粒。常用的润湿剂有以下几种。

① 纯化水　为最常用的润湿剂。凡药物本身具有一定黏性，则常将水以雾状喷入，即可产生黏性，但应注意使水分散均匀，以免产生结块现象。不耐热、易溶于水或遇水易水解

的药物则不宜采用。

② 乙醇　为常用的润湿剂。凡具有较强黏性的药物，如某些药物或赋形剂遇水受热易变质；遇水润湿时黏性太强不易制粒；或颗粒干燥后太硬，压片后出现片面花斑、崩解时间超限等，均应采用乙醇为润湿剂。用大量淀粉、糊精或糖粉作赋形剂者常用乙醇作润湿剂。

乙醇浓度一般为30%～70%，当药物水溶性大、黏性大时乙醇浓度应高些；反之，则浓度可稍低。乙醇浓度愈高，物料被润湿后黏性愈小。另外，用乙醇作润湿剂时应迅速搅拌，并立即制粒，以免乙醇挥发影响颗粒质量。

(2) 黏合剂　黏合剂本身具有黏性，能使药物黏结成颗粒便于制粒和压片。若药物自身没有黏性或黏性不足，则需加入黏合剂才可制粒、压片。黏合剂可以是液体也可以是固体。一般来讲，液体的黏合作用较大，容易混匀。黏合剂常用的有以下几种。

① 淀粉浆（糊）　为最常用的黏合剂。系由淀粉与水在70℃左右糊化而成的稠厚液体，放冷后呈半凝固状态。使用浓度为5%～15%，以10%最为常用，为提高黏性，本品可与糊精浆、糖浆或胶浆配合使用。适用于对湿热较稳定的药物，淀粉浆中含有大量水分，遇粉料后水逐渐扩散到药粉中，均匀地润湿片剂物料，制成的片剂崩解性好。

淀粉浆的制法有冲浆法、煮浆法两种。煮浆法的黏性较冲浆法黏性强，可根据物料具体情况选择适宜的制法。

② 糊精　主要作为干燥黏合剂，压片过程中出现裂片或松片时，加入适量的糊精于干颗粒中可以克服。亦可配成10%糊精浆与10%淀粉浆合用。糊精浆的黏性介于淀粉浆与糖浆之间，因其主要使粉粒表面黏合，故对纤维性大及弹性强的中药片剂不很适用。

③ 糖粉与糖浆　糖粉用作干燥黏合剂，糖浆常用浓度为50%～70%（g/g）。本品不宜用于酸性或碱性较强的药物，因为在酸、碱作用下易产生转化糖，增加颗粒的引湿性，不利于压片。糖浆的黏合力较淀粉浆强，适用于纤维性及质地疏松、弹性较强的植物性药物。

④ 胶浆类　具有强黏合性，常用的有阿拉伯胶溶液（10%～25%）、明胶溶液（10%～20%）、海藻酸钠溶液（3%～5%）等，多用于可压性差的松散性药物或作为硬度要求大的口含片的黏合剂。使用时应注意浓度和用量，若浓度过高、用量过大会影响片剂的崩解和药物的溶出。

⑤ 水溶性的纤维素衍生物　甲基纤维素(MC)、羧甲基纤维素钠（CMC-Na）、羟丙基纤维素（HPC）、羟丙基甲基纤维素（HPMC）均溶于水，可用作黏合剂。1%～5% MC水溶液，可用于水溶性与水不溶性物料的制粒，制成的颗粒压缩成型好，不会影响片剂的崩解度，片剂不会因放置时间长而变硬。5%～10% CMC-Na水溶液，制成的颗粒延缓崩解时间，且长时间放置片剂变硬。HPC既可作湿法制粒黏合剂又可作干黏合剂。2%～5%的HPMC溶液可用作黏合剂及增稠剂、分散剂、水凝胶骨架片的材料和薄膜包衣材料。

⑥ 水不溶性的纤维素衍生物　乙基纤维素不溶于水，其2%～10%的乙醇溶液可用于水中不稳定的药物的制粒，黏性较强且在胃肠液中不溶解，对片剂的崩解和药物释放产生阻止作用，因此适用于作缓释、控释制剂的辅料。

⑦ 微晶纤维素　为纤维素部分水解而成的聚合度较小的白色针状微晶，可压性好，可作黏合剂、崩解剂、助流剂和稀释剂。不溶于水、稀酸及有机溶剂中，为常用的干燥黏合剂，压成的片剂有较大的硬度，也可用于粉末直接压片。微晶纤维素价格较淀粉、糊精、糖粉等高，故不单独用作稀释剂，而作为具有稀释、黏合、崩解多种功能的赋形剂使用。因具有吸湿性、吸水膨胀性，故不适用于包衣片及某些对水敏感的药物。

⑧ 聚乙二醇（PEG）　PEG4000、PEG6000为新型黏合剂，具有良好的水溶性，制成的颗粒压缩成型性好，片剂不变硬，也可作干燥黏合剂。聚乙二醇6000可在干燥状态下直接与药物混合，加入崩解剂、润滑剂后即可压片。

⑨ 聚维酮（PVP）　可溶于醇和水，其水溶液尤其适用于作咀嚼片黏合剂；其干粉为直接压片的干燥黏合剂，能增加疏水性药物的亲水性，有利于片剂崩解。5%～10%PVP水溶液

是喷雾干燥制粒时的良好黏合剂，其乙醇溶液适用于对湿热敏感的药物制粒，其无水乙醇溶液可用于泡腾片的酸、碱粉末混合制粒，不会发生酸、碱反应。

3. 崩解剂

崩解剂系指能使药片在胃肠道中迅速溶解或吸水膨胀而崩解，从而发挥药效的一类物质。除口含片、舌下片、长效片要求缓缓溶解外，一般都要求迅速崩解，故多需加入崩解剂。

片剂常用的崩解剂如下。

（1）干淀粉　为最常用的崩解剂。用前应于100～105℃干燥处理，使含水量在8%以下。本品对易溶性药物的片剂作用较差，适用于不溶性或微溶性药物的片剂。淀粉的可压性较差，遇湿受热易糊化，若湿粒干燥温度过高或淀粉用量过多，将影响成品的硬度和崩解度。

（2）羧甲基淀粉钠（CMS-Na）　为白色无定形粉末，用量一般为片重的2%～6%。具良好的流动性和可压性；吸水后体积可膨胀200～300倍，是优良的崩解剂；可溶性和不溶性药物均可使用；既可用于湿法制粒压片，又适用于粉末直接压片。

（3）羟丙基淀粉（HPS）　为白色粉末，无异味，在水中易分散不结块，膨胀性好、崩解快，具有润滑性、不黏冲，具有良好的压缩性，不易裂片，是当前优良的片剂崩解剂之一；也可用作黏合剂。

（4）低取代羟丙基纤维素（L-HPC）　为白色或类白色结晶性粉末，在水中不易溶解，有较好的吸水性，比表面积和孔隙率大，吸水膨胀度达500%～700%，用量一般为2%～5%。本品具有崩解和黏合双重作用，对崩解差的片剂可加速其崩解，对不易成型的药物可使其黏性增大，改善可压性，提高片剂的硬度和光洁度。

（5）泡腾崩解剂　为碳酸氢钠或碳酸钠与酒石酸或枸橼酸组成的崩解剂，遇水产生二氧化碳气体而使片剂崩解。本品可用于溶液片、阴道片等。含此类崩解剂时湿法制粒的酸系统、碱系统应分别制粒，在生产和贮存过程中，要严格控制水分，片剂制备后妥善包装，防止吸潮。

（6）交联聚维酮（PVPP）　为白色粉末，不溶于水，有吸湿性、流动性，在水中可迅速溶胀形成无黏性的胶体溶液，崩解性能非常优越，适用于速溶、咀嚼类片剂，一般用量为片剂的1%～4%。

（7）交联羧甲基纤维素钠（CCNa）　为白色细颗粒状，无臭无味，具有吸湿性，由于交联键存在故不溶于水，在乙醇、乙醚中也不溶解。吸水膨胀力大，所以具有较好的崩解作用，用量为1%～4%，采用外加法的效果比内加法好，并能改善药物的溶出速率。与CMS-Na合用，崩解效果更好，但与干淀粉合用作用降低。

（8）其他　表面活性剂为崩解辅助剂，能增加药物的润湿性，促进水分向片内渗透，而加速疏水性或不溶性药物片剂的崩解。常用品种有聚山梨酯80、月桂醇硫酸钠等。单独使用时效果不好，常与干燥淀粉等混合使用。使用时可将表面活性剂制成适宜浓度的乙醇溶液喷于干颗粒上，密闭渗吸；或制粒时将表面活性剂溶解于黏合剂中；或与崩解剂混匀后加于干颗粒中。

微晶纤维素、可压性淀粉也是良好的崩解剂。

片剂崩解剂的加入方法如下。

（1）内加法　将处方中原辅料与崩解剂混合在一起制成颗粒。此法崩解作用起自颗粒内部，直接崩解成药物粉粒，利于溶出；因崩解剂包于颗粒内部，与水接触较迟缓，故崩解缓慢。

（2）外加法　将崩解剂与已经制成的干燥颗粒混合后压片。此法崩解作用起自颗粒之间，崩解迅速，直接崩解成颗粒，不易崩解成粉粒，溶出稍差。此法是在干颗粒中加入了细粉，用量大时影响物料的流动性，导致片重差异大。

（3）内外加法　内加法与外加法合并，即将崩解剂用量的50%～75%与原辅料混合制颗粒（内加法），其余加在干颗粒中（外加）；此法崩解效果好，当片剂遇水时首先崩解成颗粒，颗粒继续崩解成细粉，药物溶出较快。

4．润滑剂

压片前，物料中应加入一定量的润滑剂，润滑剂的作用是：①润滑作用，能降低冲头、颗粒及片剂与模孔壁间的摩擦力，使压成之片由模孔中推出时所需的力减少，同时减低冲模的磨损。②抗黏附作用，能防止压片操作时物料黏着在冲头表面或模孔壁上，使片剂表面光洁美观。③助流性作用，能减少颗粒间的摩擦力，增加颗粒流动性，使物料顺利流入模孔，减小片重差异。

（1）水不溶性润滑剂

① 硬脂酸镁　为白色细腻粉末，有良好的附着性，为最常用的润滑剂，与颗粒混合后分布均匀而不易分离，用量为干颗粒重的 0.25%～1%。本品润滑性、抗黏附性均好，但助流性差，可与其他助流作用好的润滑剂混合使用，效果更佳。本品为疏水性物质，适用于易吸湿的颗粒，但用量过多影响片剂的润湿性而延长崩解时间，可加入适量表面活性剂改善之。本品用量为干颗粒的 0.25%～1%。硬脂酸镁有弱碱性，遇碱不稳定的药物不宜使用。

此外，硬脂酸钙、硬脂酸锌也可用作润滑剂。

② 滑石粉　为白色至灰白色结晶性粉末，不溶于水，但有亲水性，故对片剂崩解影响小；助流性、抗黏着性良好，可改善颗粒的流动性，降低颗粒间、颗粒与冲模、冲头间的摩擦；润滑性及附着性较差；用量一般为干颗粒重的 3%～6%。本品不溶于水。

③ 硬脂酸　本品常用浓度为 1%～5%，润滑性好，抗黏附性、助流性差。

④ 液体石蜡　常与滑石粉同用以增加滑石粉的润滑作用。本品润滑性很好，但抗黏附性、助流性差。

⑤ 微粉硅胶　用量为 0.15%～3%。为轻质白色无定形粉末，不溶于水，具强亲水性；有良好的流动性、可压性、附着性。为粉末直接压片优良的辅料。微粉硅胶亲水性较强，用量在 1%以上时可加速片剂的崩解，且使片剂崩解得极细，故有利于药物的吸收。但因价格贵，尚不能普遍使用。

（2）水溶性润滑剂　由于疏水性润滑剂对片剂的崩解及药物的溶出有一定的影响，同时为了满足制备水溶性片剂如口含片、泡腾片等的要求，故需选用水溶性或亲水性的润滑剂。

① 聚乙二醇类　常用的 PEG4000、PEG6000，溶于水后为无色澄明溶液，用量 1%～4%。

② 十二烷基硫酸镁与十二烷基硫酸钠　为水溶性表面活性剂，具有良好的润滑作用，用量分别为 1%～3%、0.5%～2.5%。

（二）总混

1．总混加入的药物

总混是片剂生产的一个重要工序，是否将物料混合均匀关系到片剂质量的优劣；在制粒时没有加入的易挥发性药物、遇热易分解失效的药物及润滑剂、崩解剂等应在此时加入。

（1）润滑剂　一般将润滑剂过 100 目或 120 目筛。

（2）崩解剂　外加崩解剂法或内外加崩解剂法，此时均应加入适量的崩解剂。

（3）挥发性药物及挥发油　处方中的挥发性药物或挥发油，应该在颗粒干燥后加入，以免因受热或放置时间长而挥发损失。挥发性固体药物可用适量乙醇溶解，喷入干颗粒中混合均匀，密闭数小时，使挥发性药物均匀渗透到颗粒中。挥发油可直接与润滑剂混合或与颗粒中筛出的部分细粒混合，再与全部干颗粒总混。

（4）不耐湿热的药物　将稳定性药物与辅料制成颗粒，然后将不耐湿热的药物加入到整粒后的干颗粒中混匀。

2. 常用设备

总混一般是将颗粒与干物料混合，所以选用不带搅拌器的混合设备，以防颗粒破碎影响流动性。

（1）混合筒　混合筒有 V 形、双锥形、立方体形等，见项目三模块四图 3-11 所示，V 形混合筒混合效果好。

（2）三维运动混合机　三维运动混合机由混合容器和机身组成。混合容器为一两端呈锥形的圆桶，由两个可以旋转的万向节支撑于机身上，见项目三模块四图 3-13 所示，混合效果好，使用时工作人员应站在安全线以外，以免发生危险。

模块七　压　片

一、职业岗位

片剂压片工。

二、工作目标

1. 能陈述片剂的定义、特点与分类。
2. 能看懂片剂的生产工艺流程。
3. 能陈述压片机的基本结构和工作原理。
4. 能运用片剂的质量标准。
5. 会分析出现的问题并提出解决办法。
6. 能看懂生产指令。
7. 会进行生产前准备。
8. 能按岗位操作规程生产片剂。
9. 会进行设备清洁和清场工作。
10. 会填写原始记录。

三、准备工作

（一）职业形象

按"D级洁净区生产人员进出规程"（详见附录2）进入生产操作区。

（二）任务主要文件

1. 批生产指令单。
2. 压片岗位操作法。
3. 压片设备标准操作规程。
4. 产品清场管理制度。
5. 物料交接单。
6. 生产记录。
7. 清场记录。

（三）物料

根据批生产指令领取总混后的颗粒，并核对物料品名、规格、批号、数量、检验报告单或合格证等，确认无误后，交接双方在物料交接单（详见附录4）上签字。

(四)器具、设备

1. 设备：旋转式压片机。
2. 器具：不锈钢桶、不锈钢盆、不锈钢勺子等。

(五)检查

1. 检查清场合格证是否符合要求，更换状态标志牌，检查有无空白生产原始记录。
2. 检查压差、温度和湿度是否符合生产规定。
3. 检查容器和用具是否已清洁、消毒，检查设备和计量器具是否完好、已清洁，查看合格证和有效期。
4. 检查生产现场是否有上批遗留物。
5. 检查设备各润滑点的润滑情况。
6. 检查各机器的零部件是否齐全，检查并固定各部件螺丝，检查安全装置是否安全、灵敏。
7. 检查模具型号，应符合片重要求。
8. QA 检查合格，填写压片工序开工检查表（见表 6-2），摘掉"清场合格证"，附入批记录，挂上"生产运行证"。

四、生产过程

(一)旋转式压片机生产操作

1. 取下"清场合格证"挂上"生产运行"标志(房间、设备)。
2. 校正电子天平；消毒容器、工具。
3. 模具处理：将模具全部用 95%乙醇依次清洗干净，然后用纱布擦干。清洗时注意检查上下冲的冲尾、冲头和中模孔处是否完好，有无磨损，若有应及时更换。
4. 安装机器

(1) 中模的安装　在转台模孔内装入中模，然后通过插入上冲孔的中模打棒，轻轻打入至转台模孔底部，再用六角扳手拧紧顶丝，安装后应保证上冲进入中模孔灵活自如。

(2) 上冲的安装　翻起上轨道嵌舌，将上冲插入上冲孔，使其与上轨道接触即可，转动手轮安装下一个冲头，直至全部安装完毕，当安装最后一个上冲时，应把嵌舌一起盖上，拧紧螺钉。

(3) 下冲的安装　打开围罩，拆下下轨道垫片，把下冲装入下冲孔，保证下冲进入中模孔上下灵活；转动手轮安装下一个冲头，直至全部安装完毕，应及时把垫片装上，拧紧螺钉。

(4) 安装刮料器　调整支撑螺钉的高低，使刮料器底面与转台工作平面的间隙为 0.05~0.10mm(可用塞尺测量，相当于一张打印纸的厚度)；挡料板与转台工作平面应有间隙，以不磨转台不磕片为准；刮粉板紧贴住转台工作面，以保证充填准确。

(5) 转动充填和片厚调节手轮，使充填量调到较小位置，片厚调到较大位置，转速调到较低位置。转动手轮盘车，使转台旋转 1~2 周，观察入模及运动情况，应灵活无干涉现象。

(6) 安装加料斗、筛片机及吸尘器。

5. 开始生产

(1) 上料前复核品名、批号。检查原料湿度、颗粒度情况（16~20 目筛网筛出的粉粒），加料。

(2) 将压力调节、速度调节、充填调节、片厚调节等调节装置调至零，启动主机，开机并启动吸尘器、筛分器，空转 2~3min 设备运转正常无杂音，速度调至低速运行。

(3) 进行压力、充填量和片厚调节，调至与生产指令相符的片重，检查崩解时限、片重差异、脆碎度、外观等项目,各项指标均符合内控标准后,调整压片机速度进行压片操作。填写记录。

(4) 操作过程中,随时检查基片的外观质量,每15min取样10片,检查一次片重,每班必须检查3次以上脆碎度和崩解时限。根据实际情况进行压力、片厚、充填量、速度的调节。检测并记录片重。当片重靠近上下限时,应及时调整设备,调整后应连续三次取样称重,均合格后,继续压片并记录。

(5) 将压好的素片装入有塑料袋的桶内,密封。填写标签并贴在桶上。

(6) 压片结束后,挂上"待清洁"标志,把片子运到中转站,称料,填写结料记录、素片进出站记录、再制品记录、台秤使用记录、完成物料平衡等。

(7) 机器运转中,适时按操作界面的润滑按钮,每班润滑一次即可。

6. 生产记录

及时填写交接班记录(见表6-5)、压片工序批生产记录(一)(见表6-6)、压片工序批生产记录(二)(见表6-7)、片剂生产结料记录(见表6-8)、素片放行记录(见表6-9)。

表6-5 交接班记录

接班人		接班时间		年 月 日 时
本班工作状况				
备 注				
交班人		交班时间		年 月 日 时

表6-6 压片工序批生产记录(一)

产品名称	盐酸苯海拉明片		规格		批号	
批量			领用颗粒重量	kg	时间	年 月 日
工序名称			工作场所		应压片重	
冲模规格		mm	片重差异	%	10片重量范围	
主要设备						

序号	操作内容			操作者签名
1	岗位上应具有"三证"	清场合格证	有□ 无□	
		设备完好证	有□ 无□	
		计量器具检定合格证	有□ 无□	
	取下《清场合格证》,附于本记录后		完成□ 未办□	
2	检查设备的清洁卫生		已清洁□ 未清洁□	
	空机试车		正常□ 异常□	
	领料人核对	品名	符合□ 不符□	
		规格	□ □	
		批号	□ □	
		数量	□ □	
		质量	□ □	
3	领用颗粒重量	桶号	毛重/kg	皮重/kg	净重/kg
		1			
		2			
		3			
		4			
		5			

		桶号	毛重/kg	皮重/kg	净重/kg	
4	制备基片重量	1				
		2				
		3				
		4				
		5				
		合计				
	可利用余粉		不可用余粉		物料平衡/%	计算人
	复核人		QA		岗位负责人	
5	异常情况与处理记录：					

表6-7 压片工序批生产记录（二）

产品名称	盐酸苯海拉明片			规格			批号		
工序名称				工作场所			批量		
主要设备							时间	年 月 日	
冲模规格	mm		应压片重		片重差异	%	10片重量范围		
项目	序号	时间	10片重量	序号	时间	10片重量	序号	时间	10片重量
片重检查	1			11			21		
	2			12			22		
	3			13			23		
	4			14			24		
	5			15			25		
	6			16			26		
	7			17			27		
	8			18			28		
	9			19			29		
	10			20			30		
崩解检查	序号	崩解时间		序号	崩解时间		序号	崩解时间	
	1			2			3		
脆碎度检查	序号	开始重量		旋转后重量		减失重量		减失/%	
	1								
	2								
	3								
	操作人			复核人		QA		岗位负责人	

备注：

表6-8 片剂生产结料记录

产品名称	盐酸苯海拉明片		规格		批号	
工序名称			批量		生产日期	年 月 日
生产场所			领用颗粒重量		领料人	
桶号						
皮重/kg						
毛重/kg						
净重 kg						

操作人								
总桶数		桶	总重量		kg	合片数		万片
退残量		kg	废品量		kg	成品率		%
复核人			QA			岗位负责人		
备注：								

表6-9 片剂放行记录（QA检查员填写）

产品名称	盐酸苯海拉明片		规格			批号	
工序名称			生产日期		年 月 日	批量	
外观	合格○	不合格○		脆碎度		合格○	不合格○
崩解时限		min				合格○	不合格○
含量	为标示量的	%				合格○	不合格○
含量均匀度	合格○	不合格○		溶出度		合格○	不合格○
是否放行			QA检查员			岗位负责人	
备注							

7. 旋转式压片机操作要点

（1）压片调试时，片厚应由大到小，充填量应由小到大，转速应由小到大，逐步调整。压制直径大、压力大的片剂，转台速度应慢一些；反之，可快一些。

（2）随时加料，使压片机加料斗内颗粒应不少于体积的三分之一，压出的基片立即过筛，严禁基片及颗粒落地。

（3）压片过程中及时调整片重在规定范围内，若发现特殊情况如异常响动、振动、转台表面、片剂表面发黑等均应停车检查，调整至无问题后方可重新压片。

（4）压片过程中应注意监测基片的硬度、外观、脆碎度。

（5）加料器底面应与转台平面距离精确，如高则产生漏粉。

（6）每班压片人员在下班之前都要把本班所用完的物料桶送至清洗室清洗干净。

（7）每班压片人员在机器运行过程中，必须且最少润滑一次机器。

（8）二人同在操作室内，开、停车要相互打招呼。压片机装拆冲头不得开车进行，必须用手盘车。压片机运转时，转动部位不得将手及其他工具伸入，以免发生人身事故。机器上应无工具、无用具。

（9）新购进的模具使用前必须用游标卡尺进行检查，允许误差为0.10mm。

（10）模具应由模具管理员定期校正尺寸，操作人员安装前须经模具管理员确认无误方可安装。

（11）调整刮料器时必须先卸下加料斗，然后调试。

8. 旋转式压片机故障及原因分析

（1）上轨道磨损的原因　缺油、油质不好、粉尘太多黏冲。

（2）重差异大的原因　刮料器磨损、冲具长度不一、刮料器中有异物或较大颗粒。

（二）质量控制要点与质量判断

（1）外观性状　表面完整光洁、色泽均匀、字迹清晰、无杂色斑点和异物。

（2）硬度和脆碎度　用脆碎度仪检查，旋转鼓以25r/min的速度转动，基片在旋转鼓中转100次（一般4min）后，检查片剂的破碎情况。基片减失的重量不得超过1%，且不得检出裂片及碎片。如减失的重量超过1%，复检两次，三次的平均减失重量不得超过1%。

（3）重量差异　平均片重或标示片重0.30g以下，重量差异限度为±7.5%；平均片重或标示片重0.30g及0.30g以上，重量差异限度为±5%。

取20片药片，精密称定总重量，求得平均片重后，再分别精密称定各片重量，每片重量与平均片重相比较，超过重量差异限度的药片不得多于2片，并不得有1片超出限度1倍。

（4）崩解时限　崩解时限系指内服固体制剂在规定的条件下，在规定的介质中崩解或溶散成碎粒，除不溶性包衣材料外，全部通过直径2.0mm筛网的时间。

（三）结束工作

结束工作应包括生产的（中间）产品、剩余物料的处理，清洁和清场及记录，状态标志的更换等。

1．操作人员首先撤下"生产运行证"标志，挂上"待清场"标志。
2．生产的（中间）产品、剩余物料交中转站。
3．用饮用水擦洗干净屋顶和墙壁。
4．压片机的清洁
（1）换品种清场
① 用空压枪把机器表面和内部的粉子吹净，把地上的粉子扫走后擦地。
② 切断电源，从上至下清洁机器。
③ 再拆下加料斗、筛片机、吸尘器、刮料器等辅助装置。
④ 拆下防油圈，依次拆上冲、下冲、中模。把拆下的上、下冲和中模放在冲具清洗盘中(上冲与下冲应冲尾对冲尾放置,防止磕伤)，在专用的冲具清洗盆中95%乙醇依次清洗干净，用布擦干。
注意：防油圈不能用乙醇清洗,易老化,只能用洗洁精液清洗。
⑤ 用湿布擦洗机身顶部。
⑥ 用毛刷蘸95%乙醇刷洗上、下冲孔和转台模孔，然后把纱布包在塑料棒上，把上、下冲孔及转台模孔擦净。
⑦ 再用纯化水擦洗机身的四周，用布擦干。
⑧ 填写清场记录,挂上"已清洁"标志。
⑨ 将拆下的加料斗、筛片机、吸尘器、刮料器等辅助装置推至清洗间进行清洗，用洗洁精液刷洗3遍，用饮用水冲至无泡沫，再用纯化水冲洗1遍，置于清洁架上晾干。
（2）换批清场　用95%乙醇清洗上冲、下冲、冲孔、刮料器及转台表面至无药粉残留，用纯化水擦洗机器的四周，用布擦干。
5．清洗不锈钢桶等容器和工具。
6．对电子台秤、容器、工具和设备表面用75%乙醇进行消毒。
7．清洁消毒天花板、墙面、地面。
8．完成生产记录和清场记录（见附录5）的填写。

清场后，QA检查员对操作间、设备、容器等进行检查，检查合格后发放"清场合格证"，依据不同情况选择标示"设备状态卡"。

五、基础知识

片剂是目前应用最广泛的一种剂型，其制备可以分为颗粒压片法和直接压片法两大类。颗粒压片法根据制备颗粒的工艺不同，又可分为湿颗粒压片法和干颗粒压片法两种，在我国湿法制粒压片法应用最为广泛。

（一）湿法制粒压片法

湿法制粒压片法系将原辅料粉末均匀混合后加入黏合剂或润湿剂制成颗粒，在干燥的颗粒中加入崩解剂、润滑剂等混匀后，压制成片的工艺方法。本法适用于对湿热稳定的药物。湿法制粒压片法是片剂生产中最常用的方法，用于压片的物料必须具有良好的流动性、润滑性和可压缩成型性，但是供压片的物料很少能同时具备这三种性质，因此需要制成颗粒后再进行压片。

1. 湿法制粒压片的优点

（1）良好的流动性　粉末流动性差，不易均匀地填充于模孔中，颗粒的流动性比粉末大，可以减少片重差异过大或含量不均匀的现象。

（2）良好的可压性　细粉内含有很多空气，易产生松片、裂片现象；制成颗粒后，增大了药物松密度，使空气逸出，颗粒受压易于成型，减少片剂松裂现象，得到硬度符合要求的片剂。

（3）良好的润滑性　粉末附着性强，易黏附于冲头表面造成黏冲、挂模现象；颗粒则附着性差，保证片剂不黏冲，得到完整无缺、表面光洁的片剂。

（4）含量准确性强　片剂原辅料密度不同，因机器振动易分层，致使主药含量不匀；制粒后减少各成分分层，使片剂中药物含量准确。

（5）工作环境粉尘小　粉末直接压片易造成细粉飞扬而损失并影响工作人员身体健康；制成颗粒则可以克服此现象。

2. 湿法制粒的方法与设备

（1）原辅料的准备和预处理　主药和辅料在投料前需按现行版《中国药典》要求进行质量检查，合格的物料经粉碎后过80~100目筛；贵重药、毒剧药及有色药物粉碎后过120目筛；工艺要求需要干燥的物料，应先进行干燥处理；然后按照处方规定称取药物和辅料进行投料。

（2）制湿颗粒

① 挤压过筛制粒　系将软材用机械强制挤压方式通过一定大小孔径的筛网制成湿颗粒。软材系指原辅料与适宜润湿剂或黏合剂均匀混合后形成的干湿度适宜的塑性物料，在挤压过筛制粒过程中，制软材是关键步骤。

第一步：制软材，先将主药和辅料（稀释剂与吸收剂、内加崩解剂）置混合机内混合均匀，然后加入适量的润湿剂或黏合剂搅拌均匀，制成松软、黏度与湿度适宜的软材。制软材时润湿剂、黏合剂的种类及用量是非常重要的，水、乙醇对物料粉末黏性的启发是不同的，不同种类的黏合剂黏度存在很大的差别，大生产中多凭操作者的经验来掌握软材的干湿度，适宜的软材应以"握之成团、轻压即散"为准。

第二步：软材过筛，可以根据需要将软材进行一次过筛制粒或多次过筛制粒，若一次过筛制的颗粒细粉较多可采用多次过筛。常用的设备有摇摆式颗粒机，摇摆式颗粒机中常用的筛网有尼龙筛网、不锈钢筛网，筛目一般12~20目。

挤压制粒法是传统的制粒方法，其特点为：生产过程中颗粒松紧程度可通过调节黏合剂用量进行调整；颗粒大小由筛网孔径大小决定，粒子形状多为短圆柱状；制粒前必须将物料先进行混合制软材，程序多、设备多、劳动强度大。

② 转动制粒　系在原料与辅料（稀释剂与吸收剂、内加崩解剂）粉末中加入一定量的润湿剂或黏合剂，在搅拌、振动、摇动等作用下使粉末聚结成球形粒子。常用的制粒设备有圆筒旋转制粒机、糖衣锅等。制出的颗粒呈球形，有较好的流动性。

③ 高速搅拌制粒　系将药物粉末、辅料（稀释剂与吸收剂、内加崩解剂）加入到高速搅拌制粒机中搅拌均匀，然后加入润湿剂或黏合剂，利用高速旋转的搅拌桨与制粒刀的搅拌与切割作用迅速混匀并制成颗粒。高速搅拌制粒的特点是：制粒时间短，在一台机器中完成挤压制粒法的制软材、制湿粒两步，简便、省工序；制得的颗粒均匀、流动性好、质地结实，压出的片剂质量好。同一密闭容器内完成混合及制粒过程，避免了粉尘飞扬和交叉污染。

（3）湿颗粒的干燥　湿颗粒制成后，为避免受压变形或结块，应立即干燥。干燥温度根据药物性质而定，一般药物以60~80℃为宜，耐湿热的药物可以适当升高温度，受热易分解的药物应选择60℃以下。干燥时温度应逐渐升高，因骤热会造成颗粒表面形成硬壳而影响内部水分的蒸发，造成干燥困难；若颗粒中含有淀粉、糖粉等还会造成颗粒坚硬，影响片剂崩解。

大生产静态干燥常用烘箱、烘房，动态干燥常用流化床（沸腾）干燥。

（4）整粒　压片前需要对干颗粒进行质量检查和预处理。

干颗粒的质量要求如下。

① 干颗粒主药含量　按片剂生产规定的测定方法，含量应符合要求。

② 干颗粒的含水量　干颗粒的含水量对片剂成型及质量有较大影响，根据药物性质不同而有不同要求。一般干颗粒的含水量为 3%左右，含水过多会引起黏冲，含水过少会导致片剂硬度不合格。测定颗粒水分常用干燥失重法。

③ 干颗粒的松紧度　颗粒的松紧度与压片时片重差异和片剂外观均有关系，干颗粒的松紧度以手用力捻能碎成细粉为宜，太松影响片剂硬度，太紧会出现麻面现象。另外，颗粒松紧度不同其堆密度不同，造成片重差异超限。

④ 颗粒的粗细度　应根据片重选择颗粒的粒度，片重大选择范围比较宽，片重小必须用较小的颗粒，否则造成重量差异超限；细粉含量大影响物料的流动性，进而影响片重差异。一般颗粒中20～30目的粉粒以控制在20%～40%为宜，且无通过100目筛的细粉。

颗粒制备后在放置及静态干燥过程中易出现粘连或结块现象，整粒的目的是使颗粒分散开，以得到圆整且大小均匀适合压片的颗粒。整粒时筛网孔径应根据干颗粒的松紧状况来选择，如干颗粒较疏松，应选用与制粒时相同或稍粗的筛网以免破坏颗粒和增加细粉量；若颗粒较坚硬，应选用与制粒时相同或较细孔径的筛网。

整粒的设备一般用摇摆式颗粒机或整粒机。

（5）总混　片剂赋形剂种类很多，在制备颗粒时不能将其全部加入，应根据药物的性质及赋形剂的作用适时加入。总混时一般需加入以下物料：润滑剂与崩解剂、挥发油及挥发性药物、对湿热不稳定的药物。总混的设备常用V形混合筒、三维运动混合机。总混后经测定主药含量，计算片重后即可压片。

3. 其他制粒方法

（1）流化沸腾制粒法（略）

（2）喷雾制粒法（略）

（二）片重计算方法

1. 按主药含量计算片重

将原辅料制成颗粒的过程中需要经过一系列操作，期间会造成物料的损失，为了保证片剂制备后符合药典规定的质量，压片前要对颗粒中主药进行含量测定，然后按下式计算片重：

$$片重 = 每片含主药量（标示量）/颗粒中主药的百分含量（实测值） \quad (6-1)$$

例：维生素C片中每片含维生素C 0.1g，制成颗粒后，测得颗粒中的主药含量为58.5%，计算片重。

$$片重 = 0.1/58.5\% = 0.17 \text{ g}$$

2. 按干颗粒总重计算片重

在生产时，根据原辅料的损耗，加入适量辅料，然后按下式计算片重，此方法适用中药片剂的制备。

$$片重 = (干颗粒重 + 压片前加入的辅料重)/应压总片数 \quad (6-2)$$

（三）压片过程与设备

1. 多冲旋转式压片机

多冲旋转式压片机是大生产中广泛使用的压片机，在其转台上均匀分布有多副冲模，这些冲模按一定轨道做圆周升降运动，通过上下压轮使上下冲头做挤压运动，将颗粒状物料压制成片剂。

（1）多冲旋转式压片机的组成及工作原理　多冲旋转式压片机主要由动力部分、转动部分及工作部分三部分组成，其外观见图6-3。

① 动力部分　包括电动机、无级变速轮。

② 转动部分　包括以皮带轮、蜗杆、蜗轮组成的转动部分及带动压片机的机台（亦称中盘）。

③ 工作部分　由装有冲头和模圈的机台、上下压轮、片重调节器、压力调节器、推片调节器、加料斗、饲粉器、刮粉器、吸尘器和防护装置等部件构成。

机台转盘装于机座的中轴上并绕轴顺时针转动，机台分为三层：上层为上冲转盘，上冲均匀分布装于此盘内可以升降，上冲转盘之上有一个垂直安装的上压轮；中层（中盘）为固定模圈的模盘，沿圆周方向等距离装有若干个模圈；下层为下冲转盘，下冲均匀分布装于此盘内，沿下冲轨道旋转时可以升降。下冲转盘之下对应位置有一个下压轮。上冲和下冲各随机台转动并沿固定的轨道有规律地上

图6-3　旋转式压片机外观

下运动，当每副上冲与下冲随机台转动经过上下压轮时，被压轮施加压力，对模孔中的物料加压。

刮粉器：机台中层之上有一固定不动的刮粉器，颗粒可源源不断地流入刮粉器内，被后者均匀分布流入模孔。

调节装置：包括片重调节器和压力调节器。片重调节器装于下冲轨道上；压力调节器可以调节下压轮的位置。

为了防止粉尘飞扬，压片机一般带有吸粉捕尘装置。

（2）压片步骤　旋转式压片机的压片过程可分为填料、压片和出片三个步骤，压片是靠上、下压轮对上下冲头的挤压成型。压片过程见图6-4、图6-5。

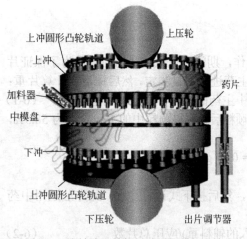

图6-4　旋转式压片机压片过程模拟示意

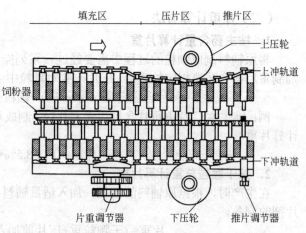

图6-5　旋转式压片机压片过程示意

① 填充　当下冲转到饲粉器之下时，颗粒填入模孔，当下冲继续进行到片重调节器时略有上升，经刮粉器将多余的颗粒刮去。

② 压片　当下冲行至下压轮上面、上冲行至上压轮下面时，两冲间的距离最近，将颗

粒挤压成片。

③ 出片　上、下冲分别沿各自轨道上升，当下冲运行至推片调节器上方时，片剂被推出膜孔并被刮粉器推盖倒入容器中，如此反复进行，实现片剂连续化生产。

（3）旋转式多冲压片机的类型

① 按冲模数目分为16冲、19冲、27冲、35冲、55冲、75冲等多种型号。

② 按流程分为单流程和双流程两种。单流程型：仅有一套上、下压轮；双流程型：有两套压轮、饲粉器、刮粉器、片重调节器和压力调节器等，均装于对称位置，中盘旋转一周，每副冲压制出两个药片。

（4）特点　饲粉方式合理，由上、下冲同时加压，压力分布均匀，片重差异小，生产效率高，机械震动小，噪声小，在国内药厂普遍使用。使用最多的是ZP-33型压片机，其中51冲、55冲压片机效率较高，压片速度可达59万片/h，并能自动剔除过大或过小的药片。

2. 二次（三次）压缩压片机

为了适应粉末直接压片的需要，已有二次（三次）压片机应用于工业生产。二次压片机（见图6-6），粉粒体经过初压轮（第一压轮）适宜的压力压缩后，到达第二压轮时进行第二次压缩。整个受压时间延长，片剂内部密度分布比较均匀，更易于成型。

3. 压片机的冲和模

冲和模是压片机的重要工作部件，需用优质钢材制成，耐磨且有足够的机械强度；冲与模孔径差不大于0.06mm，冲头长度差不大于0.1mm。一般均为圆形，

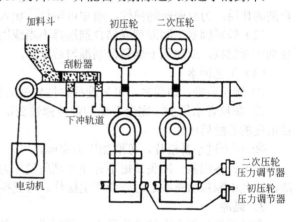

图6-6　二次压片机

端部具有不同弧度和形状。一般表面呈平形或浅的弧形用于压制片；表面呈较深的弧形用于包糖衣片。此外，还有压制异形片的冲模。常用的冲头端部形状见图6-7。冲模大小以冲头、模孔的直径表示，一般为5~19mm，最常用6~12mm，可根据需要选用。

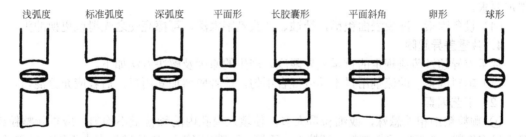

图6-7　常用的冲头端部形状

（四）压片中出现的问题及解决办法

1. 裂片

裂片系指片剂受到震动或经放置时从顶部脱落一层或腰间开裂的现象。顶部脱落一层称顶裂，这是裂片的常见形式；腰间开裂称为腰裂。产生的原因及解决方法如下。

（1）主药因素　颗粒中含纤维性药物、油类成分药物时，因药物塑性差、结合力弱，易发生裂片，可选用塑性强、黏度大的辅料（如糖粉）来克服。

（2）辅料因素　黏合剂黏度小或用量不足，可适当加入干燥黏合剂混匀后压片。

(3) 工艺因素

① 颗粒过粗、过细、细粉过多，应再整粒或重新制粒。

② 颗粒过分干燥，含水量低，可与含水分较多的颗粒混合压片，或喷入适量浓度的乙醇后压片。

③ 压力过大或车速过快，片剂受压时间短使空气来不及逸出，可适当减小压力或减慢车速克服。

(4) 设备因素　冲头及冲模久用磨损，应及时更换冲模。如冲头卷边，压力不均匀，使片剂部分受压过大，而造成裂片；冲模中间直径大于口部直径，片剂顶出时裂片。

2. 松片

松片系指片剂硬度不够，受震动后出现破碎、松散的现象。产生的原因及解决方法如下。

(1) 主药因素　含纤维性药物，受压后弹性回复大；油类成分含量高的药物降低了黏合剂的作用；为克服药物弹性，增加可塑性，加入易塑形变的辅料和黏性强的黏合剂。

(2) 辅料因素　润湿剂或黏合剂选择不当或用量不够，可另选润湿剂或黏性较强的黏合剂重新制粒，或加入干燥黏合剂混匀后压片。

(3) 工艺因素

① 颗粒质松，细粉多，可另选黏性较强的黏合剂或润湿剂重新制粒。

② 颗粒含水量少，完全干燥的颗粒弹性变形大，应调整、控制颗粒含水量，或喷入适量浓度的乙醇后压片。

③ 压力过小易松片，可增加压力克服。

(4) 设备因素　冲头长短不齐使片剂所受压力不同，受压小者产生松片；下冲下降不灵活使模孔中颗粒填充不足时亦会产生松片。可更换冲头、冲模。

3. 黏冲

黏冲系指片剂表面被冲头黏去一薄层或一小部分，造成片剂表面粗糙不平或出现凹痕的现象。刻字的冲头更易发生黏冲。产生的原因及解决方法如下。

(1) 主药因素　药物易吸湿，操作室应保持干燥，避免药物吸湿受潮。

(2) 辅料因素　润滑剂用量不够或混合不匀，前者应增加其用量，后者应充分混匀。

(3) 工艺因素　颗粒干燥不完全，含水量大；或在潮湿环境中暴露过久；应重新干燥至规定要求。

(4) 设备因素　冲模表面粗糙、锈蚀、冲头刻字太深，可擦亮使之光滑或更换冲头。

4. 片重差异超限

片重差异超过药典规定的重量差异限度。产生的原因及解决方法如下。

(1) 辅料因素　助流剂用量不够或混合不匀，前者应增加其用量，后者应充分混匀。

(2) 工艺因素

① 颗粒粗细相差悬殊，或细粉量太多，使填入模孔内的颗粒量不均匀，应重新整粒或筛去过多细粉，必要时重新制粒。颗粒大小不同，孔隙率不同，压片过程中由于压片机震动，颗粒分层，小粒子沉于底部，因其孔隙率较低，所得片重大，即造成片重差异超限。

② 加料斗内的物料量时多时少或双轨压片机的两个加料器不平衡，应保证加料斗中有1/3体积以上的颗粒，调整两个加料器使之平衡。

(3) 设备因素　冲头和冲模吻合性不好，下冲下降不灵活，造成颗粒填充不足，可更换或调整冲头、冲模。

5. 含量均匀度超限

含量均匀度超限系指片剂的含量均匀度超过药典规定的限度。产生的原因和解决方法如下。

(1) 主药因素　主药剂量小，与辅料比例量相差悬殊而未混合均匀，可采用等量递加法混合，并增加混合时间。

（2）工艺因素　可溶性成分在制湿粒时已混合均匀，但在干燥过程中，可溶性成分从颗粒的内部迁移到外表面；箱式干燥器干燥时，可溶性成分随颗粒中水分蒸发气化，迁移到上层颗粒中，使局部浓度增高，导致含量不均匀；采用流化床干燥方法防止颗粒中可溶性成分"迁移"。

（3）其他因素　凡引起片重差异的因素均可造成含量均匀度超限，可采取改善片重差异的方法解决。

6．崩解迟缓

崩解迟缓系指片剂不能在药典规定的时间内完全崩解或溶解。产生的原因及解决方法如下。

（1）辅料因素

① 崩解剂用量不足、干燥不够或选择不当，可增加崩解剂用量、用前干燥、选用适当崩解剂，也可加入适宜的表面活性剂克服。

② 黏合剂黏性太强或用量太大，可增加崩解剂用量或选择适宜的黏合剂。

③ 疏水性润滑剂用量太多，应减少疏水性润滑剂用量或加入适宜的表面活性剂，或改用亲水性润滑剂。

（2）工艺因素　润湿剂用量大，启发物料黏性过强，干燥后颗粒过硬、过粗，可将粗粒过20～40目筛整粒或采用高浓度乙醇喷入使颗粒硬度降低。

（3）设备因素　如压力过大，压出片子过于坚硬，影响崩解，可减小压力。

7．溶出超限

溶出超限系指片剂在规定的时间内未能溶解出规定的药物量。难溶性药物片剂崩解度合格并不一定能保证药物快速完全溶出，也就不能保证该片剂具有可靠的疗效。因此，对难溶性或治疗量与中毒量接近的口服固体制剂要测定溶出度。产生的原因和解决方法如下。

（1）主药因素　由于药物溶解度差，导致溶出速率小，可采取以下措施来改善药物的溶出速率。

① 将药物微粉化处理增加比表面积，加快药物溶出。

② 制成固体分散物，将药物以分子或离子形式分散于易溶性的高分子载体中，载体溶解时药物随之溶解。

③ 制成药物混合物，药物与水溶性辅料共同粉碎制成混合物，水溶性辅料吸附在细小药物粒子周围，当水溶性辅料溶解时，细小药物粒子暴露于溶出介质中，增加其溶解速率。

（2）其他因素　凡引起崩解迟缓的因素都可能造成药物溶出超限，可采用改善崩解迟缓的方法来解决。

8．变色与花斑

片剂表面出现色差或花斑。此种现象多发生于有色片剂，产生的原因及解决方法如下。

（1）主药因素　药物引湿、氧化等引起变色，应控制空气中湿度和避免与金属器皿接触。

（2）辅料因素　使用了可溶解色素的润湿剂，颗粒干燥时色素迁移，压片时造成片面色差；更换润湿剂。

（3）工艺因素

① 主辅料颜色差别大，制粒前未磨细或混匀，需进行返工处理。

② 有色颗粒松紧不均，应重新制颗粒，选用适宜的润湿剂制出粗细均匀、松紧适宜的颗粒。

（4）设备因素　压片机上有油斑或冲头有油垢，应经常擦拭压片机冲头并在上冲头装一橡皮圈以防油垢落入颗粒。

9. 叠片

叠片系指两个片剂叠压在一起的现象。叠片时,压力骤然增大,极易造成机器损坏,应立即停机检修。产生的原因及解决方法如下。

(1) 设备因素 压片机出片调节器调节不当,下冲不能将压好的片剂顶出,饲粉器又将颗粒加于模孔重复加压,出现叠片现象。

(2) 其他因素 压片时由于黏冲致使片剂粘在上冲,再继续压入已装满颗粒的模孔中,出现叠片现象。

拓 展 学 习

一、直接压片法

直接压片法是指不经过制粒过程直接把药物和辅料混合后进行压片的方法。
直接压片法制备工艺见图 6-8。

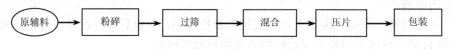

图 6-8 直接压片工艺流程

直接压片法由于主药性状不同,分为结晶直接压片法和粉末直接压片法。直接压片法的优点是:工艺简便、工序少、适用于对湿热不稳定药物制片。随着国外新型药用辅料的引入,国内药用辅料新品种的不断开发、上市,压片设备的不断更新、改进、完善,粉末直接压片法在国内的应用必将逐渐增加。

(一) 结晶压片法

药物为结晶状,流动性、可压性好,只需适当粉碎、过筛,加入适量崩解剂、润滑剂混匀后即可直接压片。如氯化钠、氯化钾、溴化钠、硫酸亚铁、高锰酸钾等结晶性无机药物。

(二) 粉末直接压片法

粉末状药物和适宜的辅料过筛并混匀后直接压片的方法。粉末直接压片法省略了制粒、干燥等过程,避免了湿、热对药物的影响。这种新工艺尤其适合对湿热不稳定的药物。目前,国内以湿法制粒压片应用最为广泛,在国外约有40%的片剂品种已采用这种工艺生产。但粉末流动性差、片重差异大,易造成裂片等是粉末直接压片的弱点。当药物本身有良好的流动性和可压性,且剂量较大时,可以采用粉末直接压片法;但大多数药物粉末不具有良好的流动性和可压性,粉末直接压片存在一定困难时,可通过选择适宜的辅料、改变药物性状的方法解决。

1. 粉末直接压片的辅料

粉末直接压片的辅料应具有相当好的流动性和可压性,并对药物有较大的容纳量,与一定量药物混合后,仍能保持较好的性能。

(1) 微晶纤维素 喷雾干燥法制成的产品流动性较好,药品的容纳量较大。

(2) 预胶化淀粉 由淀粉加工制成,其流动性好,休止角<40°,压缩成型性好,兼有崩解作用。

(3) 乳糖 喷雾干燥品流动性好,制成的片剂不吸潮,光洁度好。

(4) 微粉硅胶 优良助流剂,价格较贵。

（5）其他　聚维酮（PVP-K90D、PVP-K90M）、磷酸氢钙、甘露醇、山梨醇等均可用于粉末直接压片。

2．改变药物性状

通过重结晶法、喷雾干燥法等改变药物的粒子形态、大小来改善其流动性和可压性。

3．改变压片机的性能

传统的压片机不适合粉末直接压片，需对压片机进行改进，如改善饲粉装置；增加预压机构，有利于排出粉末中的空气，减少裂片；改进除尘设施，需有吸粉捕尘装置。

二、中药片剂制备简介

中药片剂系指药材细粉或提取物与适宜的药材细粉或辅料压制而成的片状制剂。一般供内服使用。中药片剂的制法基本上与化学药物片剂的制法相同，但中草药成分复杂，一般不宜直接粉碎压片，需先对药材进行预处理。

（一）中药片剂的分类

（1）全粉末片　全部由药材细粉经制粒制成的片剂，适用于剂量小或贵重药材制片。

（2）半浸膏片　以药材细粉与药材浸膏混合制粒制成的片剂。

（3）浸膏片　全部药材提取成浸膏后再制粒制成的片剂。

（4）有效成分片　药材提取精制得有效成分后再制粒压出的片剂。

（二）中药片剂的制备

中药片剂大部分用湿法制粒压片法制备，其制备工艺见图6-9。

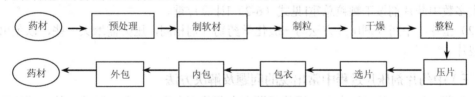

图6-9　中药片剂制备工艺流程

1．中药材的预处理

对药材应尽量选用适宜的方法和溶剂提取有效成分，以减少服用剂量；要求粉碎的药材应按规定进行粉碎并过筛。

（1）有效成分已知　根据有效成分特性，选择适宜的方法提取并分离出有效成分。

（2）含挥发性成分的药材　用水蒸气蒸馏法提取有效成分，必要时将残渣制成浸膏。

（3）含醇溶性成分　可用适宜浓度的乙醇以渗漉法、浸渍法或回流法提取有效成分，制成浸膏。

（4）贵重药、毒剧药　为避免损失，一般直接磨成细粉后，过100目筛。

（5）含淀粉较多的药材　可部分或全部粉碎过100目筛，因淀粉本身是片剂制备的辅料，所以可节省其他辅料用量。

（6）有效成分溶于水且用量大的药材　采用水煎煮提取，提取液浓缩成浸膏备用。

2．制湿颗粒

中药片剂制颗粒时一般选用12～20目筛。制颗粒的方法根据中药片剂种类不同，方法也有差异。

（1）全粉末制粒　即把中药材全部磨成细粉，过80～100目筛，混合均匀，加入适量的润湿剂或黏合剂制成软材，过筛、制粒。适用于药材味数少、剂量小且含纤维性成分少的中草药制片。

（2）全浸膏制粒　全部药材提取、浓缩、干燥，得干浸膏；一般将干浸膏粉碎过80～100目筛，加适宜浓度的乙醇作润湿剂，制成颗粒；若干浸膏黏性差，可将其粉碎过80～100目筛，再加润湿剂或黏合剂制粒；若干浸膏有一定黏性，可直接粉碎成大小适宜的颗粒。此种制粒法制得的片剂吸湿性强，需包糖衣层或薄膜衣层防潮，另外所得片剂硬度大，崩解度差。

（3）半浸膏制粒　处方中有效成分含量低的药材先进行提取、浓缩成稠膏，稠膏黏性强，可作黏合剂用；其他部分药材粉碎后过80～100目筛得细粉，作稀释剂和崩解剂用，这样合理利用中药材，既减少用量，又降低了成本，然后将这两部分混合、制软材、制颗粒。此种制粒法制得的片剂吸湿性强，需包衣处理，另外贮存期间会使片剂变硬，崩解度超限。

（4）有效成分制粒　中药材用适宜的溶剂和方法提取分离得到有效部位或有效成分的单体或混合物结晶，干燥、粉碎、过筛得细粉，经含量测定后，按化学药物制备片剂工艺制备。

3. 干燥

湿颗粒的干燥温度一般为60～80℃，以免颗粒中淀粉糊化而黏结成块，影响压片和崩解；含挥发性成分的颗粒应在60℃以下干燥，以防挥发性成分损失；对热稳定的药物干燥温度可提高到80～100℃，以缩短干燥时间；干颗粒水分含量控制在3%～5%之间。

4. 整粒

一般过14～22目筛或更细的筛整粒。整粒时加入崩解剂，整粒后加入适量的润滑剂，混合均匀。

5. 压片

（1）片重计算　有效成分片的片重按化学药物片重计算式式（6-1）计算片重。大多数中药片剂按干颗粒总重[见式（6-2）]计算片重。

（2）压片　中药片剂压片方法与一般化学药物片剂相同，压力需增大一些，以免出现松片和裂片。

（三）中药片剂压片过程中常出现的问题及解决方法

化学药物片剂压片过程中常出现的问题在中药片剂中也常出现，除此之外中药片剂因所含有的成分复杂，还会出现以下问题。

1. 松片

中草药含纤维、角质类、矿物类成分或挥发油及脂肪油，易出现松片或裂片，制粒时需选用黏性较强的黏合剂；含挥发油或脂肪油较多时需用吸收剂吸收，也可以制成微囊或包合物等；若油为无效成分，可用压榨法或脱脂法除去；压片时使用较大压力或采用二次压缩也可克服。

2. 引湿或受潮

全浸膏片或半浸膏片中因浸膏吸湿性强，压片时应控制操作间的相对湿度，包装应选用防潮性能好的材料，或采取包衣技术。

3. 崩解超限

全浸膏片或半浸膏片，由于浸膏中含有胶、糖等黏性强的物质，制成的颗粒硬度大，易导致崩解迟缓，制粒时采用较高浓度的乙醇以降低粉末间的黏性，压片时压力不宜太大。

4. 花斑或麻面

系由于中药浸膏制成的颗粒过硬，有色颗粒松紧不均，或润滑剂混合不均等造成。因此用乙醇作润湿剂，润滑剂应过100～120目筛，加入后应充分混匀。

5. 微生物污染

由于全粉末中药片剂、半浸膏中药片剂中的药材细粉未经加热处理，而原药材中的微生物很容易被带入中药片剂中，所以中草药原料应经合理净化，在加工压片过程中注意操作卫生，以保证质量和用药安全。

模块八　片剂的包衣

一、职业岗位

片剂包衣工。

二、工作目标

1. 能陈述包衣的定义和目的。
2. 能看懂包糖衣的生产工艺流程。
3. 能陈述普通包衣机的基本结构和工作原理。
4. 能陈述片剂的包衣材料。
5. 会分析出现的问题并提出解决办法。
6. 能看懂生产指令。
7. 会进行生产前准备。
8. 能按岗位操作规程进行片剂包衣。
9. 会进行设备清洁和清场工作。
10. 会填写原始记录。

三、准备工作

（一）职业形象

按"D级洁净区生产人员进出规程"（详见附录2）进入生产操作区。

（二）任务主要文件

1. 批生产指令单。
2. 包衣岗位操作规程。
3. 普通包衣机操作规程。
4. 普通包衣机清洁操作规程。
5. 物料交接单。
6. 片剂包衣工序生产记录。
7. 清场记录。

（三）器具、设备

1. 设备：普通包衣机、化胶锅。
2. 器具：药筛、不锈钢盆、不锈钢筒、不锈钢簸箕、不锈钢药盘、纱布等。

（四）检查

1. 检查上次清场情况、设备清洁度和运转情况。
2. 检查领取的盛装容器是否清洁，容器外应无原有的任何标记。
3. 检查计量器具（磅秤和天平）的计量范围应与称量量相符，计量器具上有设备合格证及周检合格证，并在规定的有效期内。

4. 检查设备各润滑点的润滑情况。

5. 检查各机器的零部件是否齐全，检查并固定各部件螺丝，检查安全装置是否安全、灵敏。

6. QA 同意开工后，填写包糖衣工序开工检查表（见表 6-2），摘掉"清场合格证"，附入批记录，挂上"生产运行证"。

（五）领取物料

操作人员依据日计划生产量，到中转站领取素片、包衣材料等物料，并核对物料品名、规格、批号、数量、检验报告单或合格证等，确认无误后，交接双方在物料交接单（详见附录 4）上签字。注意在领取物料前应首先确认素片是否为"放行"状态标识，同时无检验合格证的物料应拒绝领取。

四、生产过程

（一）包糖衣

1. 生产操作

（1）化糖　在夹层罐中加入糖和水，制糖浆，每 100kg 糖用水 45kg。打开蒸汽阀门加热并不断搅拌至沸腾，趁热用纱布过滤到不锈钢桶内，填写并挂上标签。

（2）化胶　在化胶锅内按每 1kg 桃胶加水 1.5kg 的比例加入桃胶和水，在电磁炉上加热并不断搅拌。至桃胶融化，用纱布过滤到另一锅内，填写并挂上标签。

（3）包衣　基片质量不好，出现破片可使糖衣片杂点增多，遇到此类情况应挑出破片后再进行包衣。

① 包隔离层　每罐投基片 50~60kg，一般包 4~5 层，根据工艺要求，用桃胶浆（桃胶：水=1∶1.5）、糖浆（相对密度为 1.313）和滑石粉包隔离层。每层约用 1h。

开动糖衣机，称取 50~60kg 基片放入糖衣机，加入桃胶浆和糖浆适量，待均匀湿润后，均匀撒入滑石粉关掉冷热风，待滑石粉完全均匀地吸附在基片上时再开冷热风，转动至干燥。如此反复操作，要求层层干燥。包第一层隔离层后应出罐过筛。填写记录。

② 包粉衣层　加入适量糖浆使药片均匀湿润，撒入滑石粉，待滑石粉完全均匀地吸附在基片上时再开冷热风，转动至干燥。如此反复操作，要求层层干燥。一般包 14~16 层，视包衣效果确定包衣层数，温度掌握在 50℃左右。每层约用 40min，约用糖浆 800~1000ml，滑石粉用量逐层减少，约需 2kg。填写记录。

③ 包糖衣层　粉衣层包制后，开电炉，应先烤两层糖，每次加入糖浆 800~1000ml，烤糖时每层时间约 50min，第一层比第二层时间稍长，烤糖后，关掉电炉。包第三层时，开热风，用糖浆 800ml，以后用量逐层减少，每层约用 15~20min，包糖衣 6~7 层时关掉热风。继续包衣，要求层层干燥，包至片面光滑平整。一般包 13~15 层。

④ 包有色糖衣层　分别配制不同颜色的有色糖浆，有色糖浆应随用随配。将工艺规定量色素置于不锈钢盆中，加入 30~40ml 水溶解，溶解后加糖浆 1000~1200ml 放在电磁炉上加热至沸腾后用纱布过滤，备用。

包色衣过程应由浅色至深色操作，每层时间 8~10min，14~16 层，一般 3h 左右。包色衣出现花斑应用糖浆包几层后重新包色衣。

⑤ 打光　打光用蜡粉和硅油。以少量多次的原则分次加入蜡粉至旋转的糖衣机中，待药片光亮、光滑时加入硅油定型，时间为 30min 左右。打光后，用不锈钢簸箕将药片放至三角车上的不锈钢药盘内，填写标签。将糖衣片放在指定的房间内打开红外线灯，晾 12~16h。填写记录。

⑥ 选片　将晾好的糖衣片，倒入挑片盘中，挑片。将合格品放入内有洁净布袋的桶内，

填写并挂上标签。填写记录。将产品运往中转站，与中转站负责人进行复核交接，双方在中转站进出站台账上签字。

（4）填写交接班记录（见表 6-5）、包糖衣工序生产记录（见表 6-10）、晾片记录（见表 6-11）、结料记录（见表 6-8），并依据不同情况选择标示"设备状态卡"。

表 6-10 包糖衣工序生产记录

产品名称	盐酸苯海拉明片		规格		批号		批量		万片	
领用素片重量/kg			片心平均片重/g		预计包衣增重/%		温度/℃			
湿度/%			压差		合格○　不合格○		时间		年　月　日	
工序名称			工作场所		主要设备					
包衣材料									领料人	
领料量/kg										
备注										
胶浆配制	阿拉伯胶：纯化水 =：（重量比）		色糖浆配制		色素：糖浆=：（重量比）				配制人	
糖浆配制	蔗糖：纯化水 =：（重量比）		胶糖浆配制		胶浆：糖浆=：（重量比）					
次数	1	2	3	4	5	6	7	8	9	10	11	12	13	14	15	16
时间																
包衣阶段																
浆液名称																
浆液用量/kg																
次数	17	18	19	20	21	22	23	24	25	26	27	28	29	30	31	32
时间																
包衣阶段																
浆液名称																
浆液用量/kg																
次数	33	34	35	36	37	38	39	40	41	42	43	44	45	46	47	48
时间																
包衣阶段																
浆液名称																
浆液用量/kg																
包衣片最终片重/g					增重/%				包衣操作人							
复核人					QA				岗位负责人							
注意层层干燥				备注												

表 6-11 晾片记录

产品名称	盐酸苯海拉明片	规格		批号	
工序名称		生产日期	年　月　日	批量	
生产场所		领用包衣片重量/kg		领用人	
晾片室温度/℃		入室时间		收片时间		合计晾片时间/h	
相对湿度/%		干燥后平均片重/g		收片人	
复核人		QA		岗位负责人	

2. 质量控制要点与质量判断

（1）包隔离层时要层层干燥。包第一层隔离层后应出罐过筛。操作过程中如发现基片松片应缩短包隔离层时间。

(2) 包粉衣层时滑石粉用量应逐层减少。
(3) 包色衣时颜色应由浅色至深色。

(二) 包薄膜衣

1. 生产操作

(1) 薄膜包衣液的配制　根据包衣材料品种，按相关规定配制薄膜包衣液，随时填写《生产记录》。

(2) 包衣过程

① 将基片放入薄膜包衣机中，将基片预热至40～45℃，调整好包衣锅转速、雾化压力、流量及进出风温度，即可进行喷雾。包制时，按照包衣液颜色由浅至深的顺序包衣。

② 固化　一般在室温或略高于室温下自然放置6～8h使之固化完全。

③ 再干燥　一般在50℃以下再干燥12～24h，以除去残余的有机溶剂。

④ 包衣操作完成后，即可将片剂从锅内转移到内装塑料袋的塑料桶中，填写并挂上标签。填写生产记录。

2. 质量控制要点与质量判断

(1) 包衣过程中包衣液可能会产生沉淀，应维持适当的搅拌。

(2) 喷雾过程中，注意喷嘴不能堵塞，随时清枪，不能有滴液现象。

(3) 包衣过程中片床温度应维持在45～60℃，气压0.2～0.8MPa，设定温度75℃±10℃。

(三) 结束工作

1. 停机切断电源。
2. 在指定位置挂上"待清洁"状态标记。
3. 用专用工具清除残留在罐内壁上的物料。
4. 清除散落在机器外表面的物料。
5. 向罐内加入容积适量的饮用水（90℃左右），用专用工具清洗罐内壁上的残药，然后将罐内水舀出。
6. 重复加水和将水舀出的操作，至排出水中无污物。
7. 用饮用水清洗热风管道、鼓风过滤装置，至无可见残留物为止（停机检修时进行）。
8. 用干燥的清洁布擦拭热风管、鼓风过滤装置至无水迹。
9. 用清洁布蘸消毒剂擦拭罐内壁并晾干。
10. 填写清场记录（见附录5）。
11. 清场后，首先由班组长对操作间、设备、容器等进行检查，检查认可后，在《清场记录》上签字。
12. 通知QA检查员检查，合格后在《清场记录》上签字并发放"清场合格证"代替"待清洁"状态标记。

五、基础知识

(一) 包衣的定义和目的

1. 包衣的定义

片剂的包衣系指药片（片心或素片）的表面包上适宜材料的衣层，使药物与外界隔离的操作。包成的片剂称包衣片，包衣的材料称包衣材料或"衣料"。

2. 包衣的目的

(1) 控制药物在胃肠道的释放部位　将对胃有刺激性、易受胃酸破坏或用于肠道驱虫的药物制成肠溶衣片，使其到达小肠部位才溶解释放，如阿司匹林肠溶片、胰酶片等。

(2) 控制药物的释放速率 对于半衰期较短的药物,制成片心后,采用不同包衣材料,调整包衣膜的厚度和通透性,使药物达到缓释、控释的目的。

(3) 掩盖药物的苦味及不良气味,增加患者的顺应性 如盐酸小檗碱片（盐酸黄连素片）入口后很苦,包成糖衣后可掩盖其苦味,便于服用。

(4) 提高药物的稳定性 衣层可防潮、避光、隔绝空气、防止挥发,如多酶片、维生素C片等包衣后可以有效地防止片剂吸潮、变质。

(5) 防止药物配伍变化 将有配伍禁忌的药物分别制粒包衣后再压片,也可将一种药物压制成片心,片心外包隔离层,从而最大限度地避免药物接触,然后再与另一种药物颗粒压制成包衣片。

(6) 采用不同颜色包衣,改善片剂的外观,便于识别,特别是中药浸膏片剂,包衣后外观可得到改善。

(二) 包衣片剂的质量要求

1. 片心要求

除符合一般片剂质量要求外,片心在形状上应具有适宜的弧度;片心的硬度要较大、脆性较小,以免因多次滚转碰撞、摩擦而造成破碎。

2. 衣层要求

均匀牢固,与片心不起作用,崩解度应符合治疗要求,在较长的贮藏时间内保持光亮美观、颜色一致,并不得有裂纹等。

(三) 包衣种类

根据包衣材料不同,包衣片通常分为糖衣片和薄膜衣片,薄膜衣片根据溶解性能不同又可分为胃溶型薄膜衣片、肠溶型薄膜衣片及胃肠不溶型薄膜衣片三类。有些多层片也起到包衣作用,但在我国还不常用。另外,不仅片剂可以包衣,丸剂也可包衣。

(四) 包衣的生产工艺及包衣材料

1. 包糖衣

包糖衣工艺包括6步,工艺流程见图6-10。

图6-10 包糖衣的工艺流程

(1) 包隔离层

目的:为了形成一层不透水的屏障,防止糖浆中的水分浸入片心。

材料:10%的玉米朊乙醇溶液、15%～20%虫胶乙醇溶液、10%～15%明胶浆、30%～35%阿拉伯胶浆、10%醋酸纤维素酞酸酯乙醇溶液等。

操作要点:一般包3～5层。

(2) 包粉衣层

目的:为了尽快消除片剂的棱角,多采用交替加入糖浆和滑石粉的办法,在隔离层的外面包上一层较厚的粉衣层。

材料:过100目的滑石粉与65%～75%（g/g）单糖浆交替加入。

操作要点:重复操作15～18次,直到片剂的棱角消失。

(3) 包糖衣层

目的:增加衣层的牢固性和甜味,使其表面光滑平整、细腻坚实。

材料：单糖浆。

操作要点：加入浓度较低的糖浆，逐次减少用量（湿润片面即可），在低温（40℃）下缓缓吹风干燥，一般包制10～15层。

（4）包有色糖衣层

目的：使片剂美观，便于识别。

材料：有色糖浆（在糖浆中添加食用色素），也可用浓色糖浆，按不同比例与单糖浆混合配制。

操作要点：有色糖浆由浅到深，用量逐次减少，以免产生花斑，一般需包制8～15层。

（5）打光

目的：为了增加片剂的光泽和表面的疏水性。

材料：一般用四川产的米心蜡，常称为川蜡。用前需精制，即加热至80～100℃熔化后过100目筛，去除悬浮杂质，并掺入2%的硅油混匀，冷却后刨成80目的细粉使用。

操作要点：每万片用量约5～10g，打光操作一般在最后一次有色糖浆加完后接近干燥时，停止包衣锅转动并盖上锅盖，转动数次使锅内温度降至室温，撒入适量蜡粉（总量的2/3），开动包衣锅，使糖衣片在锅内滚动相互摩擦产生光泽，再撒下余下蜡粉，直至片剂表面极为光亮。如打光有困难，可置帆布打光机中打光。

（6）干燥　将已经打光的片剂移至硅胶干燥器或石灰干燥厨中干燥，温度40℃左右，相对湿度50%，室温干燥12h以上。

2．包薄膜衣

薄膜衣材应具备：①能溶解或适当混悬于适当溶剂中；②服用后在一定的pH条件下可溶解或崩裂；③无毒、无味、无臭、无色；④能形成坚韧连续的薄膜，无粘连；⑤抗透湿、透气性好，抗裂性好；⑥性质稳定，不与片心起反应，能与某些附加剂混合使用。

薄膜包衣材料由三部分组成，即溶剂、附加剂和高分子成膜材料。

（1）溶剂　能溶解、分散薄膜衣材料及增塑剂，并使薄膜衣材料在片剂表面均匀分布，且蒸发速率要快。常用乙醇、丙酮等有机溶剂。这类溶剂黏度低，展性好，易挥发出去。但用量大，易燃并有一定毒性。

（2）附加剂

① 增塑剂　能增加成膜材料的可塑性，降低衣膜脆性和硬度，增加衣层的柔韧性。常用的增塑剂分子量相对较大，并与成膜材料有较强亲和力。常用的水溶性增塑剂有甘油、聚乙二醇、甘油三醋酸酯；常用的水不溶性增塑剂有蓖麻油、乙酰单甘油酸酯、邻苯二甲酸酯类等。增塑剂的用量根据成膜材料的刚性而定，刚性大，增塑剂用量应多，反之则少。

② 释放促进剂　又称致孔剂，水溶性物质如氯化钠、蔗糖、表面活性剂、HPMC、PEG等，加入到水不溶性薄膜材料中，遇水后释放促进剂迅速溶解，在薄膜衣上留下许多微孔。选择致孔剂应根据薄膜衣材料。

③ 着色剂和掩蔽剂　可改善产品外观，便于识别，掩盖某些有色斑的片心。目前常用的着色剂有水溶性色素、水不溶性色素和色淀三类。色淀为水溶性色素被氢氧化铝、滑石粉、硫酸钙等惰性物质吸着沉淀而成。当水溶性色素的遮盖能力不强时，可用适当添加水不溶性色素和色淀。为了提高遮盖作用，可加适量的掩蔽剂（如二氧化钛）以提高片心内药物对光的稳定性。

④ 固体粉料　由于有些薄膜衣的黏性过大，可加入适当固体粉末以防止颗粒或片剂的粘连。常用滑石粉、硬脂酸镁、胶态二氧化硅等。

（3）高分子薄膜衣材料　可分为胃溶型、肠溶型和胃肠不溶型。

① 胃溶型薄膜衣材料　胃溶型薄膜衣材料系指在水或胃液中可以溶解的材料，常用的有以下几种。

a．纤维素衍生物类　羟丙基甲基纤维素（HPMC）、羟丙基纤维素（HPC）、羧甲基纤维素钠（CMC-Na）等均可用作成膜材料。目前应用最广泛的是羟丙基甲基纤维素（HPMC），其优点是可溶于某些有机溶剂和水，易在胃液中溶解，对片剂崩解和药物溶出的不良影响小；其成膜性较好，形成的膜强度适宜，不易脆裂等。本品在国外有3种型号，并根据黏度不同而分为若干规格，其低黏度者可用于薄膜包衣。市场上既有HPMC原料出售，也有配成包衣材料的复合物(加入色素、遮光剂二氧化钛及增塑剂等)，用前加溶剂溶解(混悬)后包衣。

b．乙烯聚合物

ⅰ．聚维酮（PVP）　为乙烯聚合物，性质稳定、无毒，能溶于水、乙醇、氯仿、异丙醇等多种溶剂，不容于丙酮、乙醚。本品可形成坚固的膜，但具有吸湿性，较宜与其他成膜材料合用，例如可与虫胶、甘油醋酸酯等合用，也可与PEG合用。

ⅱ．聚乙烯乙醛二乙胺乙酯（AEA）　本品无味无臭，可溶于乙醇、甲醇、丙酮，不溶于水中，但可溶于酸性水中，化学性质稳定。用本品包衣，可增加防潮等性能，可在胃中快速溶解，对药物溶出的不良影响较小。

c．聚丙烯酸树脂类　聚丙烯酸树脂是一大类共聚物，为丙烯酸和甲基丙烯酸甲酯的共聚物，Ⅰ号为水分散体，Ⅱ号、Ⅲ号为肠溶型，Ⅳ号为胃溶型。

树脂丙烯酸Ⅳ号是目前最常用的胃溶型薄膜衣材料之一，为甲基丙烯酸二甲氨基乙酯与甲基丙烯酸酯类的共聚物。本品为淡黄色粒状或片状固体，有特臭。可溶于醇、丙酮、异丙醇、三氯甲烷等有机溶剂，在水中的溶解度与pH值有关，溶解度因pH值下降而升高，在胃液中可快速溶解，是良好的胃溶性包衣材料；成膜性能较好，膜的强度较大；可包无色透明薄膜衣，也可加入二氧化钛、色料及必要的增塑剂后用于包衣。

d．其他高分子材料类　玉米朊系从玉米麸质中提取所得的醇性蛋白。微黄色或淡黄色薄片，具有一定的光泽；无臭，无味。在80%～92%乙醇或70%～80%丙酮中易溶，在水或无水乙醇中不溶。本品的5%～5%乙醇或异丙醇溶液用于包薄膜衣，能防止片剂引湿。溶液中可加入增塑剂，如苯二甲酸二乙酯等可增加膜的可塑性和韧性。由于玉米朊黏性较强，需加入硅油等防止片剂黏结。

② 肠溶型薄膜衣材料　肠溶型薄膜衣材料系指在胃液中不溶，但可在pH值较高的水中及肠液中溶解的成膜材料，常用的有以下几种。

a．纤维素衍生物类

ⅰ．醋酸纤维素酞酸酯（CAP）　可溶于pH6.0以上的缓冲液中，是目前国际上应用较广泛的肠溶性包衣材料。本品为酯类，应注意贮存，否则易水解，水解后产生游离酸及醋酸纤维素，在肠液中也不溶解。曾在国内广泛应用，后因稳定性问题使其推广受到限制，但仍为较好的肠溶性成膜材料。

ⅱ．羟丙基甲基纤维素酞酸酯（HPMCP）　载于美国等很多先进国家的药典。不溶于酸性溶液，但易溶于混合有机溶剂及pH5～5.8以上的缓冲液中，其成膜性能好，膜的抗张强度大。亦为酯类化合物，但其稳定性较CAP好。具有可塑性，可少用或不用增塑剂。包衣时黏度适当，不粘连，易操作，为优良的肠溶性材料。

b．聚丙烯酸树脂类　肠溶型的聚丙烯酸树脂是甲基丙烯酸-甲基丙烯酸甲酯的共聚物，国产的聚丙烯酸树脂分为Ⅰ号（与德国Eudragit L30D相似）、Ⅱ号（与德国Eudragit L100型相似）和Ⅲ号（与德国Eudragit S100型相似）。

Ⅰ号为低黏度的水分散体，系乳浊液，pH6.5以上可成盐溶解；本品形成薄膜过程中必须使水分完全快速蒸发。包衣片包面光滑具有一定硬度，但与水接触易使片面变粗糙，粉末易脱落，可加入增塑剂以增强薄膜的韧性。

Ⅱ号为甲基丙烯酸与甲基丙烯酸甲酯以50∶50的比例共聚而得；Ⅲ号树脂为甲基丙烯酸与甲基丙烯酸甲酯以35∶65的比例共聚而得。二者在胃中均不溶解，可溶于乙醇、丙酮、异丙酮及pH6或pH7以上缓冲液中。实际生产中常用两者混合液作为肠溶衣材料或薄膜衣材料进行包衣，也可制备缓、控释衣膜。成膜性好，无色透明，衣膜致密有韧性和脆性，使用时常加入增塑剂，如邻苯二甲酸二丁酯、聚乙二醇等。衣膜透湿性低，也可作为隔离层材料防潮。Ⅱ号、Ⅲ号树脂包衣液黏附性强，包衣时需撒粉（滑石粉或硬脂酸镁），单独使用Ⅱ号聚丙烯酸树脂时，可添加少量聚乙二醇以提高膜的性能。

c. 聚乙烯酞酸酯（PVAP） 由聚合度700~7000的聚乙烯醇与邻苯二甲酸作用而成的单酯。本品溶于丙酮及乙醇和丙酮的混合溶液。衣膜不具有半透性，肠溶性不受膜厚度的影响。

d. 苯乙烯马来酸共聚物 溶于醇类、酮类，pH值大于7以上溶解，碱性溶液中溶解速率较快，耐胃酸，常用浓度为15%。其增塑剂可选用低聚合度的PEG以及1.8%的邻苯二甲酸二乙酯或二丁酯。

e. 虫胶 不溶于胃液，但在pH6.4以上的溶液中能迅速溶解，可制成15%~30%的乙醇溶液包衣，并应加入适宜的增塑剂如蓖麻油等。应用中应注意包衣层的厚度，太薄不能对抗胃液的酸性，太厚则影响片剂在肠液中的崩解。本品溶解所需pH值高，使用不当，影响片剂质量；因来源不同，其性能有差异，近年应用已较少。

f. 醋酸羟丙基甲基纤维素琥珀酸酯（HPMCAS） 为优良的肠溶性成膜材料，稳定性较CAP及HPMCP好。

③ 胃肠不溶型薄膜衣材料 胃肠不溶型薄膜衣材系指在水中不溶解的高分子薄膜材料。常用的有以下几种。

a. 乙基纤维素（EC） 白色颗粒或粉末，无臭无味，在甲苯或乙醚中易溶，在水中不溶。EC衣膜具有半透性和良好的成膜性，不溶于水和胃肠液，能溶于多数的有机溶剂。与水溶性包衣材料（如MC、HPMC等）合用，通过改变两者的比例以及包衣膜的厚度，可改变药物的扩散和释放。因而广泛用于缓释、控释制剂，既可作为控释膜材料，也可作为阻滞性骨架材料。

b. 醋酸纤维素（CA） 为部分或完全乙酰化的纤维素。白色、微黄色或灰白色的粉末或颗粒，有引湿性。在甲酸、丙酮或甲醇与二氯甲烷的等体积混合液中溶解，在水或乙醇中几乎不溶。常添加邻苯二甲酸二乙酯为增塑剂以改进其强度。可作为缓释剂的包衣材料或直接与药物混合压片，或加入增塑剂制备薄膜衣。醋酸纤维素成膜性好，具有半透性，是制备渗透泵片或缓释片最常用的包衣材料。

（五）滚转包衣方法与设备

此种包衣过程在包衣锅内完成，故也称为锅包衣法，它是一种最经典而又最常用的包衣方法，其中包括普通锅包衣法（普通滚转包衣法）和改进的埋管包衣法及高效包衣锅法。

1. 普通锅包衣法

这是目前最常用的包衣方法之一。片剂的滚转包衣在普通包衣机内进行。

（1）普通包衣机的基本构造 普通包衣机的主要构造包括包衣锅、动力部分、加热和鼓风装置、除尘装置、喷液装置五部分。见图6-11。

① 包衣锅 由紫铜或不锈钢等化学活性较低、传热较快的金属材料制成。多为荸荠形，锅底浅、口大，片剂在锅中滚动快，相互摩擦的机会比较多，散热快，因而水分蒸发也快，手搅拌操作方便，常用于片剂包衣及包衣后的加蜡打光。各种包衣锅大小不一，我国常用的荸荠形锅直径约为1000mm，深度约为550mm。包衣锅轴与水平夹角一般为30°~45°，这样的角度范围在转动时能使锅内片剂得到最大幅度的上下前后翻动。一般来说，锅体直径大时，角度宜小；反之，锅体直径小时，角度则宜大一些。此包衣锅的倾斜角度、转速、温度、风量均可任意调节。包衣锅的转速直接影响包衣效率，通常根据包衣锅的直径、片心大小、轻重、片剂硬度来调节，一般转速为20~40r/min。

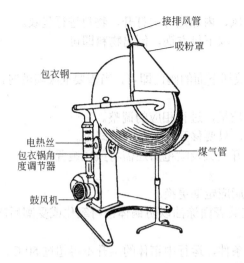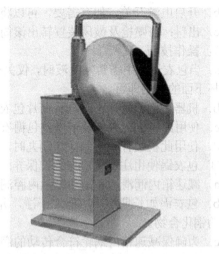

图 6-11　普通包衣机

② 动力部分　由电机和调速器组成。

③ 加热和鼓风装置　热风温度可任意设置，数字显示，设置后自动恒温。加热的方式有两种：一种是电热器或煤气加热装置，由外部通过锅壁向锅内加热。另一种是直接对锅内吹入热风，此法锅内受热均匀，但热量达不到包衣要求。在实际操作中，大都采用两种加热方法相结合，以取得较好的包衣效果。在吹风过程中，吹入热风兼有加快空气流动、提高温度的作用，从而使水分迅速蒸发，吹入冷风还有冷却作用。因此，可借吹风来调节锅内温度。此外，吹风尚可吹去包衣片表面多余的细粉，使其表面光滑、平整。吹风装置都是用鼓风机，连接内设的加热（蒸汽管道或电热丝）管道。冷风、热风可任意调节。

④ 除尘装置　在包衣锅的上方装有一吸尘罩，与室内排风机共同组成除尘装置，用于包衣时排除粉尘及湿热空气，保持操作室内的清洁与干燥。为了减少操作室内的粉尘飞扬，应将包衣锅安装在隔离室内或"墙壁"之内，锅口对着活动玻璃门，便于操作。

⑤ 喷液装置　包括喷枪、液杯，供液采用由高到低自流，只要将液加到液杯中，打开下面开关，浆液就能自流至喷枪。

(2) 工作原理　片心在洁净的包衣锅内在不停地做旋转运动，在运动过程中，按工艺流程和合理的工艺参数，自动喷洒包衣液，同时供给热风。热风通过气管底部排出，使喷洒在片心表面的包衣介质得到快速、均匀的干燥，形成坚固光滑的表面薄膜。

(3) 操作过程

① 操作前准备

a. 将主机放置平稳，开启注油盖，对减速箱添加润滑油至油标线。

b. 将供喷支架移至主机右侧，将喷枪放置于主机包衣锅内，调至合理位置。给液杯内加装包衣液。

c. 接通电源，打开主机调速开关，调整主机转速与旋转方向。

d. 连接好气、液管给液杯加液，打开气、液开关，调整喷枪、喷液的雾幅和方向。

e. 将吹风机口对准锅口调整加热温度和方向。

f. 以上各工序准备完毕，启动主电机，使机器空转 2min，以便判断有无故障，确认正常无误后，即可开启空压机，空气压力约为 4~6kgf/cm²❶。

② 操作过程

a. 上料：把要包衣的药片片心倒入包衣滚筒内，将喷枪支架与喷枪转入锅内固定好。

---

❶ 1kgf/cm²=98.0665kPa，全书余同。

b. 开启电源开关，如有需要，可以将供风、内加热开关打开，物料进行包衣。

c. 出料：将喷枪及鼓风装置转出滚筒外，取下包衣锅，倒出物料即可。

③ 操作技巧

a. 当包衣过程中需暂停喷液时，仅关闭液杯下面的阀门即可，当需要继续喷液时，只打开液杯下面的阀门即可。

b. 机器在操作时，不时查看药片包衣的质量，进行相应的调整。

c. 使用此机进行抛光及干燥及包糖衣时，只要移开支架及喷枪即可。

d. 使用此机进行粉末制粒、制丸时，移开支架及喷枪后还需将鼓风装置移开。

④ 包衣锅使用注意事项与维护保养

a. 减速箱内润滑油和滚动轴承内腔润滑脂应定期更换。

b. 包衣锅如长期不用应擦洗干净，并在其表面涂油以防锅体铜材氧化或受潮后产生有毒性的铜化合物。

c. 为确保减速箱内蜗轮符合传动的润滑条件，运行中箱体的温升不得超过 50℃。

d. 蜗杆轴端的防油密封圈应定期检查更换（一般不超过 6 个月）。

e. 机器必须可靠接地。

f. 每次加入液体或撒粉均应使其分布均匀；每次加入液体并分布均匀后，应充分干燥后才能再一次加溶液，溶液黏度不宜太大，否则不易分布均匀等。

g. 机器在出料后，如不再进行包衣，应对机械及管路内进行清洗。

h. 机器在操作中，严禁用手或其他东西堵住鼓风口和喷枪，以免损坏鼓风机和喷枪。

i. 包衣后的成品必须用低温干燥（最好是风干），且不断翻动；切忌曝晒和高温烘，否则易使丸剂泛油变色。

j. 喷枪系统不用时应将各部件拆除下来，进行保存，喷枪与其他部件应分开保存，保存前先在液杯中加入开水，打开阀门，对喷枪内部进行清洗。

2. 埋管锅包衣法

近年来锅包衣设备有很多改进，如埋管式包衣装置，指在普通包衣锅的底部装有通入包衣液、压缩空气和热空气的埋管（图 6-12）。包衣时，该管插入包衣锅的片床中，包衣液由泵打出经气流雾化，直接喷洒在片剂上，干热空气也随雾化过程同时从埋管中喷出，穿透整个片床进行干燥，湿空气从排出口排出，经集尘滤过器滤过后排出。此法既可包薄膜衣也可包糖衣，可用有机溶剂材料，也可用水性混悬浆液的衣料。由于雾化过程是连续的，实现了连续包衣。大大节省了包衣时间，同时避免了粉尘飞扬，适合于大生产。

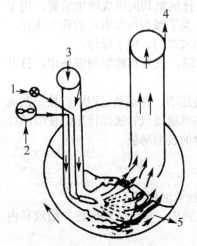

图 6-12 埋管锅包衣

1—压缩空气进口；2—液体进口；3—热空气进气管；4—排气管；5—片床

3. 高效包衣机包衣法

（1）高效包衣机的基本构造 高效包衣机由电脑程序控制包衣全过程。常用的设备是 BG 系列高效包衣机，其外观见图 6-13，其工作示意见图 6-14，高效包衣机设备配置见图 6-15，由主机、电脑控制系统、热风柜、排风柜、糖衣装置、水相薄膜喷雾装置、有机薄膜喷雾装置、控温装置、自动清洗装置及下料装置等部件组成。整机设计符合 GMP 要求，是目前较理想的包衣设备。

① 主机是包衣机的主要工作间，电机采用防爆电机，内有包衣滚筒，滚筒由不锈钢筛孔板组成，筛孔径为 1.5mm，门上装有活动杆，杆端装有可调介质喷枪，该喷枪具有自动顶针、扇形面宽、角度可调、不沾料的优点。滚筒的主传动系统为变频器控制的变频调速机，

滚筒的两边设有热风进风风道与排风风道，风道均安装有亚高效和高效过滤器，确保进入工作间的热风级别符合 GMP 要求。

图 6-13　BG 系列高效包衣机

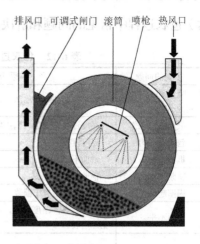

图 6-14　高效包衣机工作示意

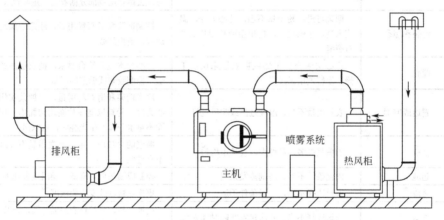

图 6-15　高效包衣机设备配置

② 热风机是主机的热源供应系统，主要由低噪声轴流风机、过滤器、不锈钢 U 形加热器等组成。主机所需的热风经热交换器将所需温度加热至 80℃ 以上时由热风机强制送入包衣机的工作间供主机工作使用。

③ 除尘排风机由离心通风机、壳体袋装过滤器、振动机构、集灰抽屉等组成。主要是通过排风机的工作使包衣滚筒工作区形成负压状态，将经过纺布袋集灰后的废气排放，并使外排气体符合 GMP 要求，其间除尘排风机的功率一定大于热风机的功率，振动电机主要为集灰之用。

④ 系统可编程序控制器或轻触面板（CPU）安装在包衣机的主机上部，是整套设备的电器控制系统。全程控制、设定、显示整套机组的工作状态，具有美观、操作简单、性能稳定的优点。

（2）高效包衣机的工作原理　被包衣的片心在包衣机的滚筒内不断地、连续地、重复做出复杂的轨迹运动，在运动过程中，由控制系统进行可编程序控制，按工艺顺序及参数的要求，将介质经喷枪自动地以雾状喷洒在片心的表面，同时由热风柜提供经过滤的洁净热空气，穿透片心空隙层，片心表面已喷洒的介质和热空气充分接触并逐步干燥，废气由滚筒底部经风道由排风机经除尘后排放，从而使片心形成坚固、光滑的表面薄膜。这种包衣机具有密闭、防尘、防交叉污染的特点,并可将不同类型片剂的不同包衣工艺的参数一次性预先输入微机,也可随时更改参数。实现了包衣的自动化、程序化,特别适用于薄膜衣片和肠溶衣片的制备。

(六)包衣过程中常见的问题和解决办法(见表6-12)

表6-12 包衣过程常见的问题及解决办法

类别	出现的问题	产生原因	解决办法
包衣锅	喷液不均匀或喷枪不喷液	喷枪已堵或喷枪损坏	在液杯上放上开水对喷枪进行清洗或更换喷枪
	鼓风机不工作	温度过高造成鼓风机损坏	更换鼓风机
	包衣不均匀	温度没控制好	调节温度及鼓风机放置地方
	机器振动	地面不平	搬至平坦地方进行操作
	糖浆不粘锅	锅壁上有蜡	洗锅或再涂一层热糖浆和撒滑石粉
	锅壁起毛	锅壁上黏附有干糖浆	洗锅,加热糖浆后不加朱旋转
糖衣片	片面不平	撒粉太多,温度过高,衣层未干燥就包第二层衣	改进操作方法,做到低温干燥,勤加料多搅拌
	色泽不均	片面粗糙,有色糖浆量太少且不匀,温度太高,干燥过快,衣层未干燥就打光	针对原因予以解决,如可用浅色糖浆,增加所包层数,"勤加多上",控制温度,情况严重时,可洗去蜡屑层或部分糖衣层,重新包衣
	龟裂和爆裂	糖浆与滑石粉用量不当,片心太松,温度太高,干燥过快,析出粗糖精使片面留有裂缝	控制糖浆和滑石粉用量,注意干燥时的温度和速度,更换片心
	脱壳	片心层未充分干燥或糖衣层未层层干燥,崩解剂用量过多	片心含水量应符合要求,糖衣层注意要层层干燥,控制胶浆或糖浆的用量
	露边或麻面	衣料用量不当,温度过高或吹风过早	注意糖浆和滑石粉用量,以糖浆衣均匀润湿片心为度,粉料以能在片面均匀黏附一层为宜,片面不见水分和产生光亮时,再吹风
	粘锅	加糖浆过多,黏性大,搅拌不均匀	糖浆的含量应固定,一次用量不宜过多,锅温不宜过低
薄膜衣片	起泡	固化条件不当,溶剂蒸发太快	控制成膜条件,降低干燥温度和速率
	皱皮	衣料选择不当,干燥条件不适	更换衣料,改变成膜温度
	剥落	衣料选择不当,两次包衣间隔时间太短	更换衣料,延长包衣间隔时间,调节干燥温度,降低包衣液浓度
	花斑	增塑剂、色素等选择不当,包衣时混入杂质,可溶性成分迁移	改变包衣处方,控制成膜条件,减慢干燥速率
	色泽不匀	喷雾设备未调节好,喷雾不均匀,色素在包衣浆中分布不均匀	薄膜材料配成稀溶液,少量多次多喷几次,或色素与包衣材料在球磨机中研磨均匀再喷入
	片面粗糙	干燥温度高,溶剂蒸发快,或包衣液混入杂质等	降低干燥温度,适用合适的包衣膜材料
	衣膜表面有液滴或呈油状	包衣液的配方不适当,组成间有配伍禁忌	需改变配方;选择衣料,重新调整包衣处方
	肠溶片不能安全通过胃部	选择衣料不当,衣层太薄,衣层的机械强度不够	选择衣料,重新调整包衣处方
	肠溶片在肠内不溶解	选择衣料不当,衣层太厚,贮存时变质	针对具体原因,合理解决

拓 展 学 习

常用的包衣方法除滚转包衣法以外,还包括流化包衣法和压制包衣法。

一、流化包衣法

本法的基本原理与流化制粒法相类似，设备装置见图 6-16，设备外观见图 6-17。即片心置于流化床中，通入气流，借急速上升的空气流使片心悬浮于包衣室中处于流化状态，另将包衣液喷入流化室并雾化，使片剂的表面黏附一层包衣液，继续通热空气使其干燥，如法包若干层，到达规定要求即得。根据包衣液的喷入方式不同，可分为低喷式、顶喷式和侧喷式三种。用流化床包衣时影响包衣膜性质的关键因素除包衣材料的用量和性质外，主要是包衣温度和喷枪的压力（喷入包衣液的速率）。优点：①自动化程度高；②包衣速率快、时间短、工序少；③整个包衣过程在密闭的容器中进行，无粉尘，环境污染小，并且节约原辅料，生产成本较低。

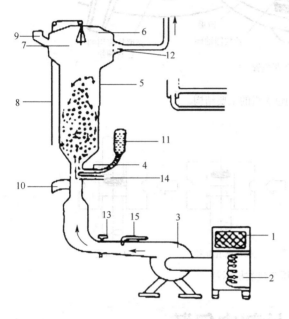

图 6-16　流化包衣设备装置示意　　　　　　图 6-17　流化包衣设备外观

1—空气过滤器；2—预热器；3—鼓风机；4—喷嘴；
5—包衣室；6—扩大室；7—启动塞；8—启动拉绳；
9—进料口；10—出料口；11—包衣溶液筒；12—栅网；
13—风量调节器；14—压缩空气进口；15—温度计

二、压制包衣法

常用的压制包衣机是将两台旋转式压片机用单传动轴配成一套（见图 6-18）。包衣时，用压片机压成片心后，由一专门设计的传递设备将片心传递到另一台压片机的模孔中，在传递过程中需用吸气泵将片外的细粉除去，在片心到达第二台压片机之前，模孔中已填入部分包衣物料作为底层，然后将片心置于其上，再加入包衣物料填满模孔并第二次压制成包衣片（见图 6-19）。该设备还采用了一种自动控制装置，可以检查出不含片心的空白片并自动将其抛出，如果片心在传递过程中被黏住不能置于模孔中时，则装置也可将它抛出。另外，还附有一种分路装置，能将不符合要求的片子与大量合格的片子分开。

特点：此法可以避免水分、高温对药物的不良影响，生产流程短、自动化程度高、劳动条件好，但对压片机械的精度要求较高，目前国内采用得较少。

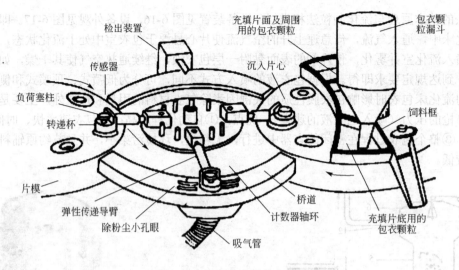

图 6-18 压制包衣机的主要结构

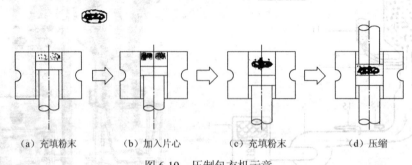

图 6-19 压制包衣机示意

模块九 片剂内包装

一、职业岗位

制剂包装工。

二、工作目标

1. 能看懂片剂瓶装包装的生产工艺流程。
2. 能陈述片剂瓶装包装生产线常用设备。
3. 能陈述片剂的包装材料。
4. 会分析出现的问题并提出解决办法。
5. 能看懂生产指令。
6. 会进行生产前准备。
7. 能按岗位操作规程进行片剂瓶装包装。
8. 会进行设备清洁和清场工作。
9. 会填写原始记录。

三、准备工作

（一）职业形象

按"D 级洁净区生产人员进出规程"（详见附录 2）进入生产操作区。

（二）任务主要文件

1．批包装指令单（见表 6-13）。

表 6-13　批包装指令单

产品名称	盐酸苯海拉明片	规　格	25mg	批　号	
批量	40 万片	工序名称	包装	包装规格	100 片/瓶
包装材料名称	批号或编号	每箱用量/个(张)	本批用量/个(张)	生产厂家	检验报告单号
执行文件	生产文件————生产管理规程、工艺规程、生产岗位 SOP 设备文件————设备操作 SOP、设备维护检修 SOP 卫生文件————卫生管理规程、清洁清洗 SOP 质量文件————QA 管理规程、取样 SOP、产品质量内控标准				
包装开始日期	年　月　日		生产结束日期		年　月　日
制表人			制表日期		年　月　日
审核人			审核日期		年　月　日
批准人			批准日期		年　月　日
备注					

2．片剂内包装岗位操作规程。
3．数片机标准操作规程。
4．片剂内包装岗位清洁操作规程。
5．物料交接单。
6．片剂内包装岗位生产记录。
7．生产废弃物处理管理规程。
8．物料结料、退料工作程序。
9．清场记录。

（三）器具、设备

片剂瓶装包装生产线设备，包括自动理瓶机、电子数片机、自动塞纸机、压旋盖机、电磁铝箔封口机、不干胶贴标机等。

（四）检查

1．检查上次清场情况，设备清洁度和运转情况。
2．检查领取的盛装容器是否清洁，容器外应无原有的任何标记。
3．检查计量器具（磅秤和天平）的计量范围应与称量量相符，计量器具上有设备合格证及周检合格证，并在规定的有效期内。
4．检查设备各润滑点的润滑情况。
5．检查各机器的零部件是否齐全，检查并固定各部件螺丝，检查安全装置是否安全、灵敏。

6. QA同意开工后，摘掉"清场合格证"，附入批记录，挂上"生产运行证"。

（五）领取物料

操作人员依据批包装指令及日计划生产量，到中转站领取有绿色合格状态标记周转卡的待包装半成品。核对物料品名、规格、批号、数量、检验报告单或合格证等，确认无误后，交接双方在物料交接单（见附录4）上签字。注意在领取物料前应首先确认素片是否为"放行"状态标识，同时无检验合格证的物料应拒绝领取。

四、生产过程

（一）包装操作

1. 开启机器前，检查药瓶、药盒、说明书等是否与《包装工艺》要求相符，机器中无其他遗留物。
2. 操作人员启动设备，空运转正常后，开始生产。
3. 操作人员依据包装规格调整电子数片机，保证数片的准确性。
4. 根据产品要求进行干燥剂填充，根据工艺需要对产品进行塞纸。
5. 操作人员应监控设备的情况，将拧盖不正、不紧、塞纸不到位等不合格品挑出，手工调整好再放在包装线上。
6. 塑料瓶经铝箔封口机自动封口。
7. 塑料瓶封口后自动进行贴标，操作人员根据批包装指令安装批号、生产日期、有效期，调整设备使标签打印内容清晰准确，标签粘贴端正平整。
8. 经操作人员检查合格的成品装在洁净周转容器内，准确称取重量，认真填写周转卡片，并挂在物料容器上。
9. 生产完毕后，将产品运往中转站，与中转站负责人进行复核交接，双方在中转站进出站台账上签字。填写生产记录（见表6-14）。
10. 将残料装在塑料袋内称重后，注明品名、批号、规格、重量等交材料员依据《物料结料、退料工作程序》办理退料手续。废料按照《生产废弃物处理管理规程》执行。

（二）质量控制要点与质量判断

1. 操作过程中随时抽查装瓶片数，发现片数不准的情况及时挑出，同时检查设备是否正常。
2. 生产中根据产品要求，需要填充干燥剂时，应在临用前打开干燥剂包装袋，防止吸潮。每天生产结束后，干燥剂应取下，用塑料袋封好，以备转天使用。设备填充干燥剂后，操作人员应检查填充情况，将切碎或未填充的药瓶挑出，完好的片剂重新包装。
3. 操作过程中随时检查包装品的外观质量（包括瓶子，说明书和盒片质量，热缩是否严密、平整，生产日期、产品批号、有效期字迹打印是否清晰等），将封口不严、焦煳等不合格品挑出，封口不严者重新进行封口，焦煳的应做废料处理。完好的片剂重新包装。
4. 操作过程中应随时检查标签情况，挑出不合格品。不合格的标签应按顺序逐个粘贴在空白纸上单独存放，待生产结束后统一计数，及时填写记录并按照《销毁管理规程》做销毁处理。
5. 在包装过程中，随时注意包材质量及药品质量。将内包材质量不合格的挑出，凭此物到车间材料员处更换包材。发现片剂质量问题，应及时通知工艺员，采取措施进行处理。
6. 将包装完的合格品及时装入包装箱，依据《自动封箱捆包机标准操作规程》的规定，纸箱底盖闭合处用胶带封牢，并用打包带和铁卡扣打包，应紧密。填写相关记录。

表 6-14　塑瓶内包装岗位生产记录

产品名称	盐酸苯海拉明片	规　格		批　号	
代　码		批　量		日　期	

<table>
<tr><td rowspan="6">生产前检查</td><td colspan="5">操作要求</td><td>执行情况</td></tr>
<tr><td colspan="5">1. 生产相关文件是否齐全。</td><td>1.是□ 否□</td></tr>
<tr><td colspan="5">2. 清场合格证是否在有效期内。</td><td>2.是□ 否□</td></tr>
<tr><td colspan="5">3. 按包装指令领取待包装品，核对品名、规格、批号、数量。</td><td>3.是□ 否□</td></tr>
<tr><td colspan="5">4. 按包装指令领取内包装材料，核对品名、规格、批号、数量。</td><td>4.是□ 否□</td></tr>
<tr><td colspan="5">5. 设备是否完好</td><td>5.是□ 否□</td></tr>
<tr><td rowspan="14">生产操作</td><td>时间</td><td>装量准确</td><td>封口严密</td><td>时间</td><td>装量准确</td><td>封口严密</td></tr>
<tr><td></td><td>是□ 否□</td><td>是□ 否□</td><td></td><td>是□ 否□</td><td>是□ 否□</td></tr>
<tr><td></td><td>是□ 否□</td><td>是□ 否□</td><td></td><td>是□ 否□</td><td>是□ 否□</td></tr>
<tr><td></td><td>是□ 否□</td><td>是□ 否□</td><td></td><td>是□ 否□</td><td>是□ 否□</td></tr>
<tr><td></td><td>是□ 否□</td><td>是□ 否□</td><td></td><td>是□ 否□</td><td>是□ 否□</td></tr>
<tr><td></td><td>是□ 否□</td><td>是□ 否□</td><td></td><td>是□ 否□</td><td>是□ 否□</td></tr>
<tr><td></td><td>是□ 否□</td><td>是□ 否□</td><td></td><td>是□ 否□</td><td>是□ 否□</td></tr>
<tr><td></td><td>是□ 否□</td><td>是□ 否□</td><td></td><td>是□ 否□</td><td>是□ 否□</td></tr>
<tr><td></td><td>是□ 否□</td><td>是□ 否□</td><td></td><td>是□ 否□</td><td>是□ 否□</td></tr>
<tr><td></td><td>是□ 否□</td><td>是□ 否□</td><td></td><td>是□ 否□</td><td>是□ 否□</td></tr>
<tr><td colspan="2">物料</td><td colspan="2">领取量</td><td>剩余量</td><td>损耗量</td></tr>
<tr><td colspan="2">素片</td><td colspan="2"></td><td></td><td></td></tr>
<tr><td colspan="2">塑料瓶/ml</td><td colspan="2"></td><td></td><td></td></tr>
<tr><td colspan="2">塑料瓶产地</td><td colspan="2"></td><td></td><td></td></tr>
<tr><td rowspan="2"></td><td colspan="2">包装规格</td><td>片/瓶</td><td colspan="2">包装数量</td><td></td></tr>
<tr><td colspan="2">设备</td><td></td><td colspan="2"></td><td></td></tr>
<tr><td></td><td colspan="2">操作人</td><td></td><td colspan="2">复核人</td><td></td></tr>
<tr><td rowspan="5">物料平衡</td><td colspan="6">公式：（包装数量×每瓶重量+余料量+损耗量）/领料量×100%
　　　（实用瓶量+残损瓶数+退回瓶数）/领取瓶数×100%</td></tr>
<tr><td colspan="6">计算：</td></tr>
<tr><td colspan="6">　　　　　　　　　　　　　　　　　　　　　　　× 100% = %</td></tr>
<tr><td colspan="6">计算人：　　　　　　复核人：</td></tr>
<tr><td colspan="6">　　　　≤限度≤　　　　实际为　　　%　　符合限度□　　不符合限度□</td></tr>
<tr><td rowspan="3">传递</td><td colspan="2">移交人</td><td>交接量</td><td>瓶</td><td>日　期</td><td></td></tr>
<tr><td colspan="2">接收人</td><td colspan="2">监控人</td><td colspan="2"></td></tr>
<tr><td colspan="2">QA</td><td colspan="2">岗位负责人</td><td colspan="2"></td></tr>
<tr><td colspan="7">备注：</td></tr>
</table>

（三）结束工作

1．停机切断电源。

2．在指定位置挂上"待清洁"状态标记。

3．对操作间、设备、容器、工具、地面依据相应《清洁标准操作规程》及《清场管理规程》进行清场。

4．填写清场记录（见附录5）。

5．清场后，首先由班组长对操作间、设备、容器等进行检查，检查认可后，在清场记录上签字。

6. 通知 QA 检查员检查，合格后在清场记录上签字并发放"清场合格证"代替"待清洁"状态标记。

五、基础知识

（一）片剂的包装

片剂的包装不仅直接关系到成品的外观形象，与其应用和贮藏密切相关，而且对成品的内在质量也有重要影响。因此，应选用适宜的包装材料和容器严密包装，以免运输中受撞击震动而松碎，或在贮藏期内受光、热、湿和微生物等的影响而发生潮解、变色、衣层褪色或崩解时间延长等现象。

目前常用的片剂包装容器多由塑料、纸塑、铝塑、铝箔或玻璃等材料制成，应根据药物的性质，结合给药剂量、途径和方法选择与应用。片剂包装按剂量可分为单剂量（每片单个密封包装）和多剂量（数片乃至几百片包装于一个容器内）包装；而按容器有玻璃瓶（管）、塑料瓶（管）包装，或以无毒铝箔为背层材料，无毒聚氯乙烯为泡罩，中间放入片剂，经热压而成的泡罩式包装，或由两层膜片（铝塑复合膜、双纸塑料复合膜等）经黏合或热压形成的窄带式带状包装等。根据分装数量及设备条件，片剂包装可采用手工或机械数片机、自动铝塑包装机等。

片剂包装外应有标签，详细记载通用的名称、主药或有效成分的含量、规格、数量、批号、作用与用途、剂量、生产厂名及有效期等。对于毒剧药片剂须特别标记，以利安全。

（二）瓶装包装常用设备

1. 基本构造

多功能片剂瓶装生产线（见图 6-20）由自动理瓶机、电子数片机、自动塞纸机、压旋盖机、电磁铝箔封口机、不干胶贴标机依次相连组成。

2. 工作原理及工作过程

自动理瓶（自动空气清洁瓶）→数片装瓶（高速条板式数片、多通道光电数片、容积式装瓶）→自动塞纸（多头塞纸、自动塞干燥剂）→压旋盖（多头自动旋盖）→铝箔封口（电磁感应封口、一次冲切成型电加热封口）→自动贴标。

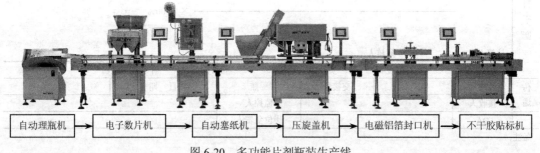

图 6-20 多功能片剂瓶装生产线

3. 特点

① 自动化程度高，整条生产线采用可编程逻辑控制器（PLC）自动控制，具有缺片自动剔除功能和各种检测功能。

② 具有一定的智能功能，可实现单人操作（上料除外）。

③ 选择不同的配置，可适应塑料瓶、玻璃瓶、金属罐等产品装瓶包装。

（三）片剂的质量检查

1. 外观性状

片剂外观应完整光洁，色泽均匀，有适宜的硬度和耐磨性。以免包装、运输过程中发生磨损或破碎，除另有规定外，对于非包衣片，应符合片剂脆碎度检查法的要求。

2. 重量差异

按《中国药典》2010年版二部附录ⅠA的规定进行检查，并符合规定。具体方法如下。

检查方法：取供试品 20 片，精密称定总重量，求得平均片重后，再分别精密称定每片的重量，每片重量与平均片重相比较（凡无含量测定的片剂，每片重量应与标示片重比较），按表 6-15 中的规定，超出重量差异限度的不得多于 2 片，并不得有 1 片超出限度 1 倍。

糖衣片的片心应检查重量差异并符合规定，包糖衣后不再检查重量差异；薄膜衣片应在包薄膜衣后检查重量差异并符合规定；凡规定检查含量均匀度的片剂，一般不再进行重量差异检查。

表 6-15 《中国药典》2010 年版二部规定的片重差异限度

平均片重或标示片重	重量差异限度
0.30g 以下	±7.5%
0.30g 及 0.30g 以上	±5%

3. 脆碎度

脆碎度是指片剂经过震荡、碰撞而引起的破碎程度。脆碎度测定是检查非包衣片的脆碎情况及其物理强度的项目。目前测定片剂脆碎度的仪器主要为罗许（Roche）脆碎仪。

仪器装置：内径约为286mm，深度为39mm，内壁抛光，一边可打开的透明耐磨塑料圆筒，筒内有一自中心向外壁延伸的弧形隔片（内径为 80mm±1mm，内弧表面与轴套外壁相切），使圆筒转动时，片剂产生滚动（见图6-21）。圆筒固定于水平转轴上，转轴与电动机相连，转速为(25±1)r/min。每转动一圈，片剂滚动或滑动至筒壁或其他片剂上。

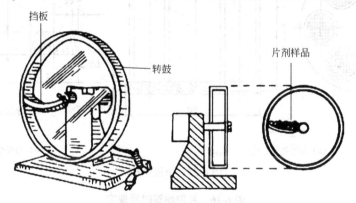

图 6-21 罗许（Roche）脆碎度仪

检查法：片重为 0.65g 或以下者取若干片，使其总重约为 6.5g；片重大于 0.65g 者取 10 片。用吹风机吹去脱落的粉末，精密称重，置圆筒中，转动 100 次（一般约 4min）。取出，同法除去粉末，精密称重，减失重量不得超过 1%，且不得检出断裂、龟裂及粉碎的片。如减失的重量超过 1%，应复检 2 次，3 次的平均减失重量不得超过 1%。不得检出断裂、龟裂及粉碎的片。

4. 崩解时限

崩解系指口服固体制剂在规定条件下全部崩解溶散或成碎粒，除不溶性包衣材料或破碎的胶囊壳外，应全部通过筛网。如有少量不能通过筛网，但已软化或轻质上漂且无硬心者，可作符合规定论。

照崩解时限检查法《中国药典》2010 年版二部附录 ⅩA 的规定进行检查，应符合规定。阴道片照融变时限检查法（《中国药典》2010 年版二部附录 ⅩB）检查，应符合规定；咀嚼片不进行崩解时限检查；凡规定检查溶出度、释放度、融变时限或分散均匀性的制剂，不再进行崩解时限检查。

图 6-22 升降式崩解仪

仪器装置：采用升降式崩解仪（见图 6-22），主要结构为一能升降的金属支架与下端镶有筛网的吊篮[见图 6-23（a）]，并附有挡板[见图 6-23（b）]。升降的金属支架上下移动距离为 55mm±2mm，往返频率为每分钟 30～32 次。

检查方法：将吊篮通过上端的不锈钢轴悬挂于金属支架上，浸入 1000ml 烧杯中，并调节吊篮位置使其下降时筛网距烧杯底部 25mm，烧杯内盛有温度为 37℃±1℃的水，调节水位高度使吊篮上升时筛网在水面下 15mm 处。

除另有规定外，取药片 6 片，分别置上述吊篮的玻璃管中，启动崩解仪进行检查。各片均应在规定时间内崩解。如有 1 片崩解不完全，应另取 6 片，按上述方法复试，均应符合规定。崩解时限规定参见表 6-16。

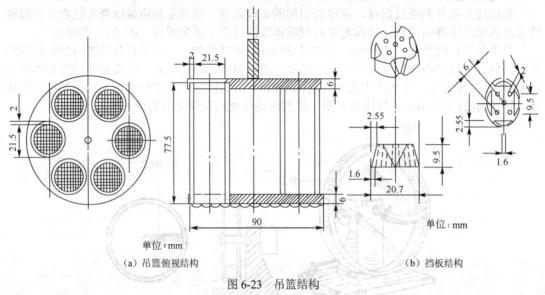

图 6-23 吊篮结构

表 6-16 片剂崩解时限规定

片剂种类	崩解时限
普通压制片	15min
糖衣片	60min
胃溶薄膜衣片	可改在盐酸溶液(9→1000)中进行检查，30min 内全部崩解
肠溶衣片	人工胃液中 2h 不得有裂缝、崩解或软化等，人工肠液（pH6.8）中 1h 全部溶散或崩解并通过筛网
结肠定位肠溶衣片	在人工胃液、人工肠液（pH6.8 以下）中均不应释放或不崩解，人工结肠液（pH7.5～8.0）中 1h 内应全部释放或崩解，片心亦应崩解
含片	各片均不应在 10min 内全部崩解或溶化
舌下片	5min
泡腾片	温度为 15～25℃的水 200ml，在 5min 内崩解
可溶片	水温为 15～25℃，3min 内全部崩解并溶化

5. 溶出度或释放度检查

根据《中国药典》2010 年版二部的有关规定，溶出度检查用于一般的片剂，而释放度检查适用于缓释控释制剂，其主要原因在于：崩解度检查并不能完全正确地反映主药的溶出速率和溶出程度以及机体的吸收情况。

(1) 溶出度　系指药物从片剂或胶囊剂等固体制剂在规定溶剂中溶出的速率和程度。凡检查溶出度的制剂，不再进行崩解时限的检查。

测定方法：照溶出度测定法《中国药典》2010年版二部附录ⅩC的规定进行检查，应符合规定。包括第一法（篮法）、第二法（桨法）、第三法（小杯法）。仪器装置为溶出仪（见图6-24）。

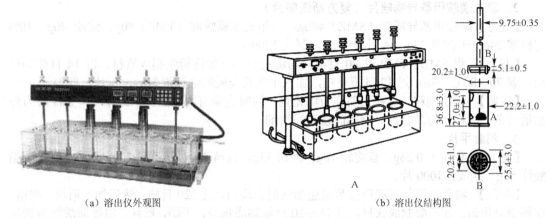

(a) 溶出仪外观图　　　　　(b) 溶出仪结构图

图6-24　溶出仪

(2) 释放度　系指药物从缓释制剂、控释制剂、肠溶制剂及透皮贴剂等在规定条件下释放的速率和程度。

凡检查释放度的制剂，不再进行崩解时限的检查。缓释、控释、肠溶制剂的分类照缓释、控释指导原则（照释放度测定法《中国药典》2010年版二部附录ⅩⅨD）的规定。

测定方法：除另有规定外，照溶出度测定法（《中国药典》2010年版二部附录ⅩC）：第一法（篮法）用于缓释制剂或控释制剂；第二法（桨法）用于肠溶制剂；第三法（小杯法）用于透皮贴剂。仪器装置为溶出仪（见图6-24）。

6. 含量均匀度检查

含量均匀度系指小剂量或单剂量的固体制剂、半固体制剂和非均相液体制剂的每片（个）含量符合标示量的程度。凡检查含量均匀度的制剂，不再检查重量差异。

需要检查含量均匀度的制剂有：① 片剂、胶囊剂或注射用无菌粉末，每片（个）标示量不大于25mg或主药含量不大于每片（个）重量25%者；② 内容物为非均一溶液的软胶囊、单剂量包装的口服混悬液、透皮贴剂、吸入剂和栓剂；③ 复方制剂仅检查符合上述条件的组分。

检查方法：照含量均匀度检查法《中国药典》2010年版二部附录ⅩE的规定进行检查，应符合规定。

7. 发泡量

阴道泡腾片按《中国药典》2010年版二部附录ⅠB的规定进行检查，并符合规定。

8. 分散均匀性

分散片照下述方法检查，应符合规定。

检查法：取供试品6片，置250ml烧杯中，加15~25℃的水，振摇3min，应全部崩解并通过二号筛。

9. 微生物限度

口腔贴片、阴道片、阴道泡腾片和外用可溶片等局部用片剂按照微生物限度检查法（《中国药典》2010年版二部附录ⅩⅠJ）检查，应符合规定。

(四) 片剂的处方设计与举例

1. 盐酸苯海拉明片

【处方】　盐酸苯海拉明25g，糊精32.5g，淀粉65g，10%淀粉浆2.2g，硬脂酸镁1.25g，制成1000片。

【制法】 将盐酸苯海拉明、糊精、淀粉充分混匀，加淀粉浆制软材，过14目筛制粒，70℃以下干燥，整粒，加硬脂酸镁混匀，压片，包糖衣即得。

【注解】 盐酸苯海拉明为结晶，使用前先粉碎过100目筛，本品遇高温产生熔融现象，故干燥及包衣时应注意温度。

2. 复方磺胺甲基异噁唑片（复方新诺明片）

【处方】 磺胺甲基异噁唑（SMZ）400g，三甲氧苄氨嘧啶（TMP）80g，淀粉40g，10%淀粉浆24g，干淀粉23g，硬脂酸镁3g，制成1000片。

【制法】 将SMZ、TMP过80目筛，与淀粉混匀，加淀粉浆制成软材，以14目筛制粒后，置70~80℃干燥后过12目筛整粒，加入干淀粉及硬脂酸镁混匀后，压片，即得。

【注解】 湿法制粒。淀粉主要作为填充剂，同时也兼有内加崩解剂的作用；干淀粉为外加崩解剂；淀粉浆为黏合剂；硬脂酸镁为润滑剂。

3. 利血平片

【处方】 利血平0.26g，蓝淀粉10g，糖粉33g，糊精23g，稀乙醇22g，淀粉50g，硬脂酸镁58g，制成1000片。

【制法】 将利血平与蓝淀粉按等量递加法混合均匀，过120目筛。然后加入糖粉、糊精、淀粉混合均匀。加乙醇制成软材，过16~20目筛制成颗粒，干燥，整粒，将硬脂酸镁与颗粒混合均匀，压片。

【注解】 本品为降压药，用于早期高血压。淀粉、糊精、糖粉为稀释剂，稀乙醇为润湿剂，硬脂酸镁为润滑剂。

4. 硝酸甘油片

【处方】 乳糖88.8g，糖粉38.0g，17%淀粉浆适量，10%硝酸甘油乙醇溶液0.6g，硬脂酸镁1.0g，制成1000片。

【制法】 首先制备空白颗粒，然后将硝酸甘油制成10%的乙醇溶液（按120%投料）拌于空白颗粒的细粉中（30目以下），过10目筛2次后，于40℃以下干燥50~60min，再与事先制成的空白颗粒及硬脂酸镁混匀，压片，即得。

【注解】 这是一种通过舌下吸收治疗心绞痛的小剂量药物的片剂，不宜加入不溶性的辅料（除微量的硬脂酸镁作为润滑剂以外）；为防止混合不均匀造成含量均匀度不合格，采用主药溶于乙醇再加入（当然也可喷入）空白颗粒中的方法。在制备中还应注意防止振动、受热和吸入，以免造成爆炸以及操作者的剧烈头痛。另外，本品属于急救药，片剂不宜过硬，以免影响其舌下的速溶性。

● 思考题

1. 片剂有哪些特点，按给药途径可分为哪几类？
2. 片剂的制备方法有哪些？
3. 简述湿法制粒压片法的工艺流程。
4. 片剂常用的辅料有哪些？
5. 压片中出现的问题及解决办法有哪些？
6. 简述片剂包衣的目的。
7. 包衣的方法有哪些，常用设备有哪些？
8. 片剂的质量检查项目有哪些？
9. 包衣过程常见的问题及解决办法有哪些？

第三部分
液体制剂生产技术

项目七　制药用水生产

制药用水是药物生产中用量最大、使用最广的一种原料，是药品生产中保证药品质量的关键因素之一，尤其是无菌生产中制药用水显得更为重要。对于一家申报 GMP 认证的制药企业，其生产厂房所能达到的洁净级别及制药用水所能达到的标准，是制药企业在 GMP 认证中要重点检查的主要项目。

1. 分类

制药用水因水质和适用范围不同分为饮用水、纯化水、注射用水及灭菌注射用水。

（1）饮用水　制药用水的原水通常为饮用水。饮用水是天然水经净化处理所得的水，其质量必须符合现行中华人民共和国国家标准《生活饮用水卫生标准》。可作为制药用具的粗洗用水。

（2）纯化水　纯化水是饮用水经蒸馏法、离子交换法、反渗透法或其他适宜的方法制备的制药用水。不含任何添加剂，其质量应符合纯化水项下的规定。

（3）注射用水　注射用水是纯化水经蒸馏所得的水。应符合细菌内毒素试验要求。注射用水必须在抑制细菌内毒素产生的设计条件下制备、贮藏及分配。其质量应符合注射用水项下的规定。

（4）灭菌注射用水　灭菌注射用水为注射用水按照注射剂生产工艺制备所得的制药用水，不含任何添加剂。其质量应符合《中国药典》关于灭菌注射用水的相关规定。灭菌注射用水灌装规格应适应临床需要，避免大规格、多次使用造成的污染。

一般应根据各生产工序或使用目的与要求选用适宜的制药用水。制药用水的主要用途见表 7-1。

表 7-1　制药用水的主要用途

水 质 类 别	用　　途
饮用水	① 制备纯化水的水源 ② 口服制剂瓶子初洗 ③ 设备、容器的初洗 ④ 中药材的清洗，口服、外用普通制剂所用药材的浸润和提取
纯化水	① 制备注射用水（纯蒸汽）的水源 ② 配制普通药物制剂用的溶剂或实验用水 ③ 中药注射剂、滴眼剂等灭菌制剂所用药材的提取溶剂 ④ 口服、外用制剂配制用溶剂或稀释剂 ⑤ 非灭菌制剂用器具的精洗用水 ⑥ 非灭菌制剂所用药材的提取溶剂 ⑦ 非灭菌原料药精制
注射用水	① 配制注射剂、滴眼剂等无菌剂型的溶剂或稀释剂 ② 无菌药品直接接触药品的包装材料最后一次清洗用水 ③ 无菌原料药的精制 ④ 无菌原料药直接接触无菌原料的包装材料的最后洗涤用水
灭菌注射用水	注射用无菌粉末的溶剂或注射液的稀释剂

2. 纯化水、注射用水的质量要求

《中国药典》2010 年版中关于原料纯化水和原料注射用水的质量要求见表 7-2。

表 7-2 《中国药典》2010 年版对原料纯化水和原料注射用水的要求

项 目	纯 化 水	注 射 用 水
性状	无色澄明液体、无臭、无味	无色澄明液体、无臭、无味
pH 值/酸碱度	酸碱度符合要求	pH5.0~7.0
氨	≤0.3μg/ml	≤0.2μg/ml
不挥发物	≤1mg/100ml	≤1mg/100ml
硝酸盐	≤0.06μg/ml	≤0.06μg/ml
亚硝酸盐	≤0.02μg/ml	≤0.02μg/ml
重金属	≤0.1μg/ml	≤0.1μg/ml
总有机碳	≤0.5mg/L①	≤0.5mg/L
电导率	符合规定	符合规定（三步法测定）
易氧化物	符合规定①	—
细菌内毒素	—	<0.25EU/ml
微生物限度	细菌、霉菌和酵母菌总数 ≤100 cfu/ml	细菌、霉菌和酵母菌总数 ≤10 cfu/100ml

① 纯化水的总有机碳检查和易氧化物检查两项可选做一项。

3. 纯化水系统和注射用水制备系统

制药用水系统主要由制备单元、贮存与分配单元两部分组成。其中制备单元主要指纯化水机、高纯水机、蒸馏水机。贮存与分配单元主要包括贮存单元、分配单元和用点管网单元。

（1）纯化水系统 纯化水主要的工艺过程可描述为预处理+脱盐+后处理，其中一种典型的生产工艺流程见图 7-1。

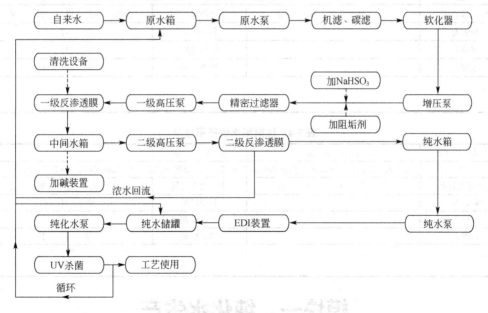

图 7-1 典型的纯化水工艺流程示意

（2）注射用水制备系统 《中国药典》2010 年版中规定，注射用水是使用纯化水作为原料水，通过蒸馏的方法来获得。注射用水的制备通常通过以下三种蒸馏方式获得：单效蒸馏、多效蒸馏、热压式蒸馏。蒸馏是通过气液相变法和分离法来对原料水进行化学和微生物纯化的工艺过程。在这个工艺中水被蒸发，产生的蒸汽从水中脱离出来，而流到后面去的未蒸发的水溶解了固体、不挥发物质和高分子杂质。在蒸馏过程中，低分子杂质可能被夹带在水蒸发后的蒸汽中以水雾或水滴的形式被携带，所以需要通过一个分离装置来去除细小的水雾和夹带的杂质，这其中包括内毒素。纯化了的蒸汽经冷凝后成为注射用水。通过蒸馏的方法至少能减少99.99%内毒素含量。

4.《药品生产质量管理规范》（GMP）对制药用水的要求

2010年修订的GMP中对制药用水有明确的规定，具体如下：

第九十六条 制药用水应当适合其用途，并符合《中华人民共和国药典》的质量标准及相关要求。制药用水至少应当采用饮用水。

第九十七条 水处理设备及其输送系统的设计、安装、运行和维护应当确保制药用水达到设定的质量标准。水处理设备的运行不得超出其设计能力。

第九十八条 纯化水、注射用水储罐和输送管道所用材料应当无毒、耐腐蚀；储罐的通气口应当安装不脱落纤维的疏水性除菌滤器；管道的设计和安装应当避免死角、盲管。

第九十九条 纯化水、注射用水的制备、贮存和分配应当能够防止微生物的滋生。纯化水可采用循环，注射用水可采用70℃以上保温循环。

第一百条 应当对制药用水及原水的水质进行定期监测，并有相应的记录。

第一百零一条 应当按照操作规程对纯化水、注射用水管道进行清洗消毒，并有相关记录。发现制药用水微生物污染达到警戒限度、纠偏限度时应当按照操作规程处理。

5. 工作任务

纯化水和注射用水生产指令单分别见表7-3、表7-4。

表7-3 纯化水生产指令单

产品名称	纯化水	计划产量	
工艺	饮用水→粗过滤器→反渗透器→离子交换床→纯化水储罐		
生产开始时间	年 月 日 时 分	生产结束时间	年 月 日 时 分
制表人		制表日期	年 月 日
审核人		审核日期	年 月 日
批准人		批准日期	年 月 日
备注：			

表7-4 注射用水生产指令单

产品名称	注射用水	计划产量	
工艺	纯化水→进水泵→冷凝器→预热器→各效蒸馏器→冷凝器→注射用水储罐→送水泵→各使用点		
生产开始时间	年 月 日 时 分	生产结束时间	年 月 日 时 分
制表人		制表日期	年 月 日
审核人		审核日期	年 月 日
批准人		批准日期	年 月 日
备注：			

模块一 纯化水生产

一、职业岗位

纯化水、注射用水制备工。

二、工作目标

1. 能陈述纯化水的定义与适用范围。
2. 能看懂纯化水的生产工艺流程。
3. 能陈述纯化水系统的基本结构和工作原理。
4. 能运用纯化水的质量标准。
5. 会分析出现的问题并提出解决办法。
6. 能看懂生产指令。
7. 会进行生产前准备。
8. 能按岗位操作规程生产纯化水。
9. 会进行设备清洁和清场工作。
10. 会填写原始生产记录。
11. 能按操作规程进行制水系统及储罐与输水管道的清洁和消毒。
12. 具备纯化水生产的安全环保知识。
13. 能对突发事件进行应急处理。

三、准备工作

（一）职业形象

1. 按一般生产区生产人员进出标准规程（详见附录1）进入生产操作区。
2. 进入纯化水制备区域穿防滑胶鞋，防止摔倒。

（二）任务主要文件

1. 生产指令单。
2. 纯化水系统标准操作规程。
3. 纯化水系统储罐、管道清洁标准操作规程。
4. 离子交换器再生标准操作规程。
5. 紫外灯使用标准操作规程。
6. 纯化水生产记录。
7. 生产交接班记录。
8. 清场记录。

（三）物料

饮用水、石英砂、活性炭、732型阳离子交换树脂、711型阴离子交换树脂、31%工业盐酸、含量为96%的氢氧化钠。

（四）器具、设备

反渗透设备、离子交换器、纯化水储罐、酸碱度检测器具（1个10ml量筒、2个10ml试管、滴管）、氯化物、硫酸盐与钙盐检测器具（1个50ml量筒、3个50ml试管、1个1ml移液管、2个2ml移液管、滴管）。

（五）检查

1. 检查上次生产的清场合格证（副本）是否符合要求，检查有无空白生产原始记录。
2. 检查生产场地是否洁净，是否有与生产无关的遗留物品。
3. 检查设备是否洁净完好，是否与状态标识相符。
4. 检查生产用设备管道压力是否正常。

5. 检查仪器仪表是否洁净完好,是否有"检查合格证",并在有效期内。
6. 检查记录台是否清洁干净,是否留有上批的生产记录和与本批无关的文件。
7. 上述各项检查达到要求后,由检查员或班长检查一遍,合格后,在操作间的设备状态标识上写上"生产中"方可进行生产操作。

四、生产过程

(一) 生产操作

纯化水系统的设备,见图7-2。

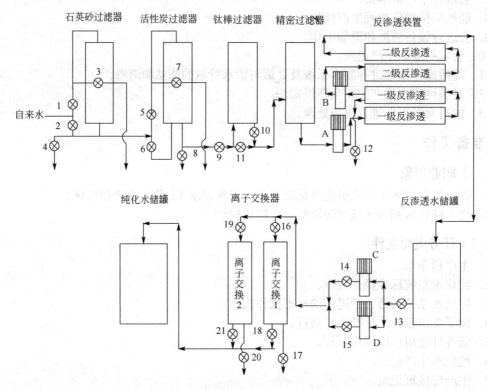

图7-2 纯化水系统的设备示意

1. 更换状态标识牌。
2. 预处理系统运行
(1) 确定来水水量及压力(0.2MPa)是否达到技术要求。
(2) 确定石英砂、滤芯、反渗透膜等均已安装完毕。
(3) 确定配电箱接通电源。
(4) 石英砂过滤器运行(设定1~5号阀门处于关闭状态) 打开排水阀4,把余水放掉,再打开进水阀2,然后关闭排水阀4,打开排水阀3,使来水反向流入石英砂过滤器,观察排水是否清澈,无杂质,反冲洗10~20min。

关闭进水阀2、排水阀3,打开进水阀1、排水阀4,使来水正向流入石英砂过滤器,观察排水是否清澈,无杂质,正冲洗10~20min。

关闭阀门4,向活性炭过滤器供水。

(5) 活性炭过滤器运行(设定6~12号阀门处于关闭状态) 打开排水阀7,开启活性炭过滤器进水阀6,使来水反向流入活性炭过滤器,观察排水是否清澈,无杂质,冲洗5~10min。

关闭6号、7号、9号阀门,开启5号、8号阀门,使来水正向流入过滤器,观察排水是否清澈，无杂质，冲洗 5～10min。

关闭 8 号阀门，打开 9 号阀门，向钛棒过滤器供水。

（6）钛棒、精密过滤器运行　工作压力控制在 0.4MPa 以内，运行温度 5～40℃。打开 10 号阀门，使来水流入钛棒过滤器、精密过滤器，向反渗透设备供水。

3．反渗透装置运行

（1）确保前端已来水。

（2）打开浓水排放阀 12。

（3）启动一级反渗透高压泵 A，待 15～20s 系统运行平稳后，开启二级反渗透高压泵 B。

（4）检测淡水电导率是否在 50μS/cm 以下。

（5）随时注意观察各部位仪表变化，并调整到正常值范围。

（6）注意调节相关设备，使系统稳定运行，严防水泵无水运行导致密封件及壳体损坏。

4．离子交换器操作（设定 13～21 号阀门处于关闭状态）

（1）一号柱操作步骤　开启 13 号、14 号、16 号、17 号阀门，开启高压泵 C，用反渗透水冲洗一号离子柱，检查出水电导率应小于 0.9μS/cm，合格后关闭 17 号阀门，开 18 号阀门，反渗透水经 1 号柱进行离子交换，进入纯化水储罐。

（2）二号柱操作步骤　开启 13 号、15 号、19 号、20 号阀门，开启高压泵 D，用反渗透水冲洗 2 号离子柱，检查出水电导率应小于 0.9μS/cm，合格后关闭 20 号阀门，开 21 号阀门，反渗透水经 2 号柱进行离子交换，进入纯化水储罐。

5．安全规程

（1）设备运行中要认真观察设备是否正常，如有异常停机处理，修复后使用。

（2）不得擅自离岗位，凡需离岗而又不能停机时，必须报班组长批准，并由班组长指定接替人后，方可离开。

6．及时填写生产记录（见表 7-5）。

表 7-5　制水工序纯化水生产记录

产品名称		纯化水		生产日期		
开工时间		结束时间	纯化水产量/L	紫外线杀菌器		操作人
				当日运行时间/h	累积运行时间/h	
生产过程监测	时间					
	电导率/(μS/cm)					
	酸碱度					
	硫酸盐					
	氯化物					
	钙盐					
	电极倒换					
生产过程监测	时间					
	电导率/(μS/cm)					
	酸碱度					
	硫酸盐					
	氯化物					
	钙盐					
	电极倒换					

（二）质量控制要点与质量判断

1．酸碱度

每班按下列项目检测一次并记录。

（1）指示液　甲基红指示液、溴麝香草酚蓝指示液。
（2）仪器用具　10ml量筒（1个）、10ml试管（2个）、滴管。
（3）检验方法　量取本品10ml，置10ml试管中，加入甲基红指示液2滴，摇匀，不得显红色；另取本品10ml，置另一10ml试管中，加入溴麝香草酚蓝指示液5滴，摇匀，不得显蓝色。

2．氯化物、硫酸盐与钙盐
每班按下列项目检测一次并记录。
（1）试剂/试液　硝酸、硝酸银试液、氯化钡试液、草酸铵试液。
（2）仪器用具　50ml量筒（1个）、50ml试管（3个）、1ml移液管（1个）、2ml移液管（2个）、滴管。
（3）检验方法　量取本品，分置三支50ml的试管中，每管各50ml。第一管中加入硝酸5滴与硝酸银试液1ml，第二管中加氯化钡试液2ml，第三管中加草酸铵试液2ml，均不得发生浑浊。

3． 每2h检测一次并记录电导率：$<2\mu S/cm$。

（三）结束工作

1．系统停止运行，先关闭水泵，再关闭各阀门，最后关闭总电源。
2．更换状态标识牌。
3．按《纯化水系统储罐、管道清洁标准操作规程》完成设备、生产场地、用具、容器清洁。
（1）清洁频次　储罐每天放水，储罐管道每周清洗消毒一次，储罐上的呼吸器和管路上的精密过滤器至少每年更换一次，平时生产和清洁时应经常检查呼吸器和过滤器的洁净度，发现变成黄色或堵塞时及时更换。
（2）清洁所用工洁具　无纤维布、板刷。
（3）清洁剂　2%双氧水。
（4）清洁方法
① 储罐水每天下班前将底部水放掉，保证用新鲜纯化水。
② 每周操作工开清洗球用2%双氧水冲洗罐的内部，并开动输送泵向管道输送双氧水循环20min，再用纯化水冲洗至进水口与出水口pH值一致。
③ 每周对储罐、管道用高压纯蒸汽灭菌法消毒一次，再用纯化水循环冲洗30min，将水放掉。
④ 每天用清洁巾将储罐、管道外部电渗析设备、去离子设备、过滤设备外部擦干净，保持清洁。
4．清洁工具按《清洁工具清洁消毒标准操作规程》进行清洁
（1）清洁工具包括：清洁车、水桶、拖把、毛刷、清洁巾、橡胶手套、洗衣机、烘干机、垃圾桶、吸水吸尘器、吸尘器等。
（2）清洁频度
① 清洁车、水桶、拖把、毛刷、清洁巾、橡胶手套、洗衣机、烘干机、吸水吸尘器、吸尘器每次使用结束后清洗、消毒一次。
② 垃圾桶每日清洗消毒一遍。
（3）清洁剂：洗涤灵。
（4）消毒剂：每周轮换使用。
① 5%煤酚皂溶液。
② 0.1%新洁尔灭溶液。

（5）清洁方法

① 清洁车、水桶等用清洁巾蘸清洁剂擦拭干净，用冲洗干净的湿巾擦拭两遍，最后用清洁巾蘸消毒剂擦拭消毒一遍。

② 拖把、毛刷、清洁巾、橡胶手套等用清洗剂清洗干净后用水将清洗剂漂洗干净，用消毒剂浸泡15min，拧干置清洁工具间指定位置晾干备用。

③ 垃圾桶：用饮用水刷干净，再用消毒剂浸泡15min，晾干。

④ 吸尘器：打开机盖，用饮用水清洗机器内腔，再用消毒剂浸泡15min，敞开晾干。机头部分不能倒置，以防电极进水。

（6）清洁效果评价　肉眼检查，应洁净，无可见异物或污迹。

5. 完成生产记录、灭菌记录和清场记录（见附录5）的填写，请QA检查，合格后发给"清场合格证"。

五、基础知识

通常情况下纯化水制备系统的配置方式根据地域和水源的不同而异，目前国内纯化水制备系统的主要配置方式如图7-3所示，但并不局限于这几种。

图7-3　纯化水制备方法
EDI—电去离子系统

纯化水系统需要定期的消毒和水质检测来确保所有使用点的水符合药典对纯化水的要求。

（一）饮用水的预处理

纯化水的制备应以饮用水作为原水。饮用水可采用混凝、沉淀、澄清、过滤、软化、消毒、去离子等物理、化学的方法进行制备，用于减少水中特定的无机物和有机物，去除水源中的悬浮物、胶体物和病原微生物等。

（二）纯化水的制备方法和设备

1. 离子交换法

离子交换法是利用树脂除去水中的阴、阳离子，对细菌和热原也有一定的去除作用。离子交换树脂是一种化学合成的球状、多孔性的，具有活动性离子的高分子聚合体，不溶于水、酸、碱和有机溶剂，但吸水后能膨胀，性能稳定。使用后，可经过再生处理，恢复其交换能力。树脂分子由极性基团和非极性基团两部分组成，吸水膨胀后非极性基团作为树脂骨架；极性基团（又叫交换基团）上的可游离交换离子与水中同性离子起交换作用。进行阳离子交换的叫阳树脂，进行阴离子交换的叫阴树脂。

常用的一种阳离子交换树脂是732型苯乙烯强酸性阳离子交换树脂，可吸附水中的阳离子，并将氢离子交换至水中，具有氢型（$RSO_3^-H^+$）和钠型（$RSO_3^-Na^+$）两种存在形式。其中钠型较稳定，便于保存，临用前需转化为氢型。常用的一种阴离子交换树脂是717型苯乙烯强碱性阴离子交换树脂，可吸附水中的阴离子，并将氢氧根离子交换至水中，具有氢氧型[$RN^+(CH_3)_3OH^-$]和氯型[$RN^+(CH_3)_3Cl^-$]两种存在形式。其中氯型较稳定，便于保存，临用前需转化为氢氧型。当通过阳离子交换树脂已含有无机酸的水再经过阴离子交换树脂时，水中的阴离子被树脂交换除去，树脂上的 OH^- 被置换到水中并与水中的 H^+ 结合成水，这样可使原水得到纯化。

盛装离子交换树脂的管柱被称作树脂床，由于树脂在再生处理中要用到酸碱，因此要求各种设备材料化学性质稳定，耐酸碱的腐蚀，并能耐受一定的压力。生产上多用塑料或橡胶衬里的钢管构成。一般管柱直径与长度之比以 1∶8 较适宜。在树脂床的各种组合中（混合床除外），阳树脂需排在首位，不可颠倒。其原因是如不首先经过阳树脂床，则水中含有的碱土金属离子（Ca^{2+}、Mg^{2+}）就会进入阴树脂床，并与阴树脂交换下来的 OH^- 离子生成沉淀包在阴树脂外面，影响交换能力。工艺上常采用阳床、阴床、混合床的组合形式，混合床是阳、阴树脂以一定比例混合组成。

大生产时，如原水中碱度大于 50mg/L，则阴离子多为 CO_3^{2-}、HCO_3^-，原水经阳树脂交换后，水中含较多二氧化碳。为减轻阴树脂的负担，常在阳床后加一个脱气塔，在塔底装有鼓风机，塔中装有瓷圈，从阳树脂交换过的水洒在瓷圈上时，鼓风机送入的滤过空气，可使水中的二氧化碳随空气排出。

新出厂的阳树脂是钠型，阴树脂为氯型，需分别用酸碱处理转型后才能使用。当交换一段时间后，树脂同水中离子的交换达到饱和时，出水质量开始不合格，树脂已"老化"，需将树脂再生。即以高浓度的酸碱分别处理老化的阳、阴树脂，将其各自吸附的阳、阴离子去除，重新形成氢型阳树脂和氢氧型阴树脂。

2．电渗析法

电渗析法较离子交换法经济，节约酸碱、效率较高，但制得的水纯度不高，比电阻较低，一般在 $(5～10)×10^4Ω·cm$。电渗析的基本原理是依据电场作用下离子定向迁移及交换膜的选择透过性而设计的。

如图 7-4 所示，电渗析器是由许多只允许阳离子通过的阳离子交换膜和只允许阴离子通过的阴离子交换膜组成，这两种交换膜相间地平行排列在两正负电极板之间，形成许多隔室。最初，在所有隔室内，阳离子与阴离子的浓度均匀一致，且成电的平衡状态。当加上电压后，在直流电场的作用下，各隔室中的离子浓度便产生变化，离子浓度增加的隔室称浓水室（如隔室 2、4），离子浓度降低的隔室称淡水室（如隔室 1、3、5）。淡水室中的全部阳离子趋向阴极，在通过阳膜之后，被浓水室的阴膜所阻挡，留在浓水室中；而淡水室中的全部阴离子趋向于阳极，在通过阴膜后，被浓水室的阳膜所阻挡，也被留在浓水室中，于是淡水室中的电解质浓度逐渐下降，而浓水室中的电解质浓度则逐渐上升，将淡水室并联起来，就可获得淡水，这就是电渗析器脱盐的原理。

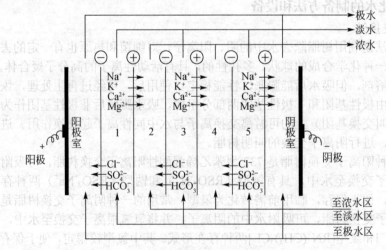

图 7-4 电渗析工作原理示意

当原水含盐量高达 3000mg/L 时，使用离子交换树脂会很快失去活性而老化，而此时电渗析法就比较适用。

3. 反渗透法

反渗透法是在 20 世纪 60 年代发展起来的技术，反渗透（reverse osmosis，RO）的基本原理如图 7-5 所示。用一半透膜将 U 形管内的纯水和盐水隔开，则纯水就透过半透膜扩散到盐溶液一侧，这一现象称为渗透。当渗透达到平衡时，两侧液柱产生的高度差，即表示此盐溶液所具有的渗透压。若开始在盐溶液上施加一大于此盐溶液渗透压的压力，则盐溶液中的水将向纯水一侧渗透，结果水就从盐溶液中分离出来，我们把这一过程称作反渗透。

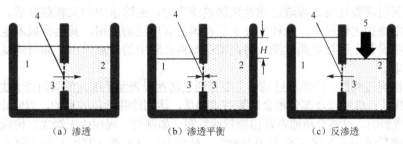

图 7-5 反渗透的基本原理示意

反渗透就是利用反渗透膜的半渗透，即只透过水，不透过盐的原理，采用外加高压克服淡水透过膜后浓缩成盐水的渗透压，将水"挤过"膜，分离出水中的无机盐，同时去除有机污染物和细菌，截留水污染物。常用的膜有醋酸纤维素膜、聚酰胺膜。

一般情况下，一级反渗透装置能除去一价离子 90%～95%、二价离子 98%～99%，同时能除去微生物和病毒，但除去氯离子的能力达不到药典要求。二级反渗透装置能较彻底地除去氯离子，相对分子质量大于 300 的化合物几乎全部除尽，故可除去热原。

进入反渗透装置的原水，应预先经离子交换树脂或膜滤过（5μm 微孔）处理；操作温度与压力不宜过高；停机时为了防霉、防冻，冬季可加入 20%甘油、1%甲醛水溶液，夏季加 3%甲醛水溶液为保护液。用前放掉保护液，用蒸馏水或滤过水反复清洗，无残液即可。

（三）纯化水系统的组成

主要包括纯化水机、纯化水贮存单元、纯化水分配单元和纯化水用点管网单元。

制药行业纯化水制备系统一般由前端的预处理系统和后端的纯化系统两部分组成。

1. 预处理系统

预处理系统（图 7-6）一般包括原水箱、多介质过滤器、微滤、超滤、纳滤、活性炭过滤器、软化器等多个单元。其主要目的是去除原水中的不溶性杂质、可溶性杂质、有机物、微生物，使其主要水质参数达到后续处理设备的进水要求，从而有效减轻后续纯化系统的净化负荷。处理效果主要表现在：①去除原水中较大的悬浮颗粒、胶体、部分微生物等，这些物质可能附着在 RO 膜表面导致膜表面在运行阶段出现污堵；②去除原水中的钙、镁离子，防止在 RO 膜的浓水侧出现 $CaCO_3$、$CaSO_4$、$MgSO_4$、$MgCO_3$ 等难溶解盐，从而造成 RO 膜的污堵；③去除大于 5μm 以上的微颗粒，防止大颗粒对 RO 膜表面的机械性损伤；④去除水中含有的氧化物质，防止氧化物质对 RO 膜表面的氧化性破坏。

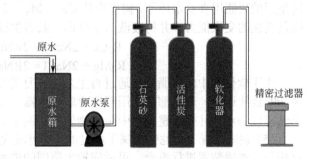

图 7-6 预处理系统流程

(1) 原水箱　原水箱是预处理的第一个处理单元，一般设置一定体积的缓冲水罐，其体积的配置需要与系统产量相匹配，具备足够的缓冲时间并保证整套系统的稳定运行。由于罐体的缓冲时间会造成水流的流速较慢，存在产生微生物繁殖的风险，所以需要采取一定的措施避免市政水或其他原水进入制水系统后可能产生的微生物繁殖的风险。一般建议在进入缓冲罐前添加一定量的次氯酸钠溶液。预处理单元次氯酸钠的浓度不宜过高或过低，一般控制在 0.3～0.5mg/L，可通过余氯检测仪进行自动检测，并在进入 RO 膜之前进行去除。

(2) 多介质过滤器　当原水浊度满足不了后续处理设备的进水标准时，预处理系统应设机械过滤器，否则会影响后续处理设备的正常运行。多介质过滤器大多填充石英砂、无烟煤等，其主要利用薄膜过滤、渗透过滤及接触过滤作用，去除水中的大颗粒杂质、悬浮物、胶体等。其日常维护比较简单，此种处理工艺在国内有广泛的应用，其运行成本也较低，只需要在自控程序设置上进行定期反洗，将截留在滤料孔隙中的杂质排出，即可恢复多介质过滤器的处理效果。

(3) 活性炭过滤器　活性炭过滤器主要是通过活性炭表面毛细孔的吸附能力去除水中的游离氯、微生物、有机物以及部分重金属等有害物质，达到除味除色的目的，以防止它们对反渗透膜系统造成影响。过滤介质通常是由颗粒活性炭（如椰壳、褐煤或无烟煤）构成的固定层。

经过处理后的出水余氯应小于 0.1mg/L。对水中总有机碳（TOC）和余氯的吸附能力是活性炭最主要的考察指标，同时，从前端处理单元泄露过来的少量胶体物质也可以被活性炭吸附。当活性炭过滤吸附趋于饱和时，需对活性炭过滤器进行及时反冲洗。

由于活性炭有多孔吸附的特性，大量的 TOC 被吸附后会出现微生物繁殖，长时间运行后产生的微生物一旦泄漏至后端处理单元，势必会对后端处理单元的使用效果产生影响并带来很大的微生物污染风险，因此需要为活性炭过滤器设置高温消毒系统，对其产生的微生物指标进行有效控制，巴氏消毒和蒸汽消毒方式是活性炭过滤器非常有效的消毒方式。

另外，当原水水质中有机物指标不是很高的情况下，也可以选择化学加药的方式来对水中的余氯等氧化物质进行处理，以取代活性炭过滤器的功能。

(4) 软化器　软化器的主要功能是降低水的硬度，如钙离子、镁离子。软化器通常由盛装树脂的容器、树脂、阀或调节器以及控制系统组成。软化原理主要是通过钠型的软化树脂来对水中的钙离子、镁离子进行离子交换，从而将其去除，防止钙离子、镁离子在 RO 膜表面结垢。其软化过程的离子反应式为：

$$Ca^{2+} + 2RNa = R_2Ca + 2Na^+$$
$$Mg^{2+} + 2RNa = R_2Mg + 2Na^+$$

通常情况下，软化器出水硬度能达到小于 1.5mg/L。

当离子树脂吸收一定量的钙离子、镁离子后就必须进行再生。软化器内树脂的再生是将转型后的树脂用食盐水还原，树脂中的 Ca^{2+}、Mg^{2+} 又被 Na^+ 转换出来，重新生成 RNa 型离子，恢复树脂的交换能力，并将废液污水排出。其再生过程的离子反应式为：

$$R_2Ca + 2NaCl = 2RNa + CaCl_2$$
$$R_2Mg + 2NaCl = 2RNa + MgCl_2$$

由于软化器中的树脂需要通过再生才能恢复其交换能力，为了保证纯化水制备系统能实现 24h 连续运行，通常都是采用双级串联软化器。它能实现一台软化器再生的时候另外一台仍然可以制水，并有效避免水中微生物的快速滋生。

(5) 超滤装置　超滤装置属于膜过滤法，可取代机械过滤器、活性炭过滤器和软化器等，直接与反渗透装置进行组合，可适应较大范围的进水水质变化，产水较好。超滤的使用可以更有效地保护反渗透装置，使反渗透膜免受污染，通常情况下使用寿命可从 3 年延长至 5 年甚至更长时间，同时在产水量不变的前提下减少膜的使用数量，从而减少反渗透装置的设备投资。

超滤的进水通过加压平行流向多孔的膜过滤表面，通过压差使水流过膜，而微粒、有机物、微生物、热原和其他污染物不能通过膜，进入浓缩水流中（通常是给水的 5%～10%）排掉。这使过滤器可以进行自清洁，并减少更换过滤器的频率。和反渗透一样，超滤不能抑制低分子量的离子污染，不能完全去除水中的污染物，也不能阻隔溶解的气体。很多超滤膜是耐氯的，不需要从进水中去除氯。

超滤膜可以使用多种方式消毒，大多数聚合膜能承受多种化学药剂的清洗，如次氯酸盐、过氧化氢、酸、氢氧化钠及其他药剂，有些聚合膜能用热水消毒，有些甚至能用蒸汽消毒。陶瓷材料能承受所有普通的化学消毒剂、热水、蒸汽消毒或除菌工艺的臭氧消毒。

（6）纳滤　纳滤是一种介于反渗透和超滤之间的压力驱动膜分离方法，纳滤膜的理论孔径是 1nm（10^{-9}m）。

纳米膜有时被称为"软化膜"，能去除阴离子和阳离子，较大阴离子（如硫酸盐）要比较小阴离子（氯化物）更易于去除。对二价阴离子盐以及相对分子质量大于 200 的有机物有较好的截留作用，这包括色素、三卤甲烷前体细胞以及硫酸盐。但是，纳滤对一价阴离子或相对分子质量大于 150 的非离子有机物的截留作用较差。目前在我国的纯水制备系统中，纳滤还没有普遍使用。

（7）微滤　微滤是用于去除细微粒和微生物的膜工艺。在微滤工艺中没有废水流产生。在最终过滤的过滤器中，孔径的大小通常是 0.04～0.45μm。微滤应用的范围很广，包括不进行最终灭菌药液的无菌过滤。

微滤一般应用于纯化系统中一些组件后的微生物的截留，那里可能存在微生物的增长，微滤器在这个区域内的效果非常明显，但是必须采取适当的操作步骤来保证在安装和更换膜的过程中过滤器的完整性，从而确保其固有的性能。微滤器最适合应用于纯化水制备系统的中间过程，而不适用于循环分配系统。微滤在减少微生物方面的效率与超滤一样，但不会产生废水。微滤不能去除超滤所能去除的更小的微粒。如果选择合适的材料，微孔过滤器可以耐受加热和化学消毒。

（8）精密过滤器　精密过滤器也称作保安过滤器（如图 7-7 所示），设置在整个水处理系统的末端，主要用在多介质预处理过滤之后，反渗透、超滤等膜过滤设备之前，用来滤除多介质过滤后的细小物质（例如微小的石英砂、活性炭颗粒、碎的树脂等），以确保水质过滤精度及保护膜过滤元件不受大颗粒物质的损坏。精密过滤器大都采用不锈钢做外壳，内部装过滤滤芯（如 PP 过滤棉芯、线绕滤芯或活性炭滤芯），滤芯的安装数目可从一支到几十支不等，主要是根据处理量的大小来确定。

2．纯化系统

纯化系统（图 7-8）的主要目的是将预处理系统的产水净化为符合药典要求的纯化水。纯化系统一般分为 RO/RO、RO/EDI、RO/RO/EDI 等多个净化工艺，其最终合格的产水进入后续贮存单元。

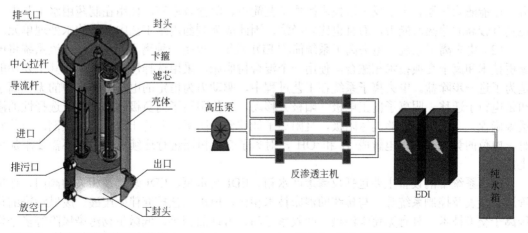

图 7-7　精密过滤器的基本结构　　　　图 7-8　纯化系统流程

(1) 反渗透系统 反渗透（reverse osmosis，RO）是最精密的膜法液体分离技术，反渗透膜是一种只允许水分子通过而不允许溶质透过的半透膜，能阻挡所有溶解性盐及相对分子质量大于 100 的有机物。反渗透膜的结构有非对称膜和均相膜两类。当前使用的膜材料主要为醋酸纤维素和芳香聚酰胺类。其组件有中空纤维式、卷式、板框式和管式，其中卷式结构是制药行业中常规使用的 RO 膜。所有的反渗透膜都能用化学剂消毒，这些化学剂因膜的选择不同而异，特殊制造的膜可以采用 80℃左右的热水消毒。

典型的反渗透系统包括反渗透给水泵、阻垢剂加药装置、还原剂加药装置、5μm 保安过滤器、热交换器、高压泵、反渗透装置、CO_2 脱气装置或 NaOH 加药装置以及反渗透清洗装置等。

反渗透属于压力驱动工艺，主要利用半渗透膜去除水中溶解盐类，同时去除一些有机大分子和预处理阶段没有去除的小颗粒等。反渗透的原理为：在进水侧（浓溶液）施加操作压力以克服水的自然渗透压，当高于自然渗透压的操作压力施加于浓溶液侧时，水分子自然渗透的流动方向就会逆转，进水（浓溶液）中的水分子部分通过膜并成为稀溶液侧的净化产水。反渗透技术除了应用反渗透的原理外，还利用了反渗透膜的选择性吸附和针对有机物的筛分机制。

高压泵可以增加 RO 的进水压力使之高于水的渗透压。由于反渗透膜的最佳工作温度是 25℃，在这个温度下其产水量最大，所有通常采用热交换器对进入反渗透的水进行加温或降温，调节进水温度保持在（25±2）℃。系统中是否需要安装阻垢剂加药装置，取决于原水水质与使用者要求的实际情况。对于产水量较大的系统，单纯依靠软化器来降低硬度，会导致软化器体积很大，日常的耗盐量和维护成本很高，所以可考虑添加阻垢剂的方法来降低钙离子、镁离子在 RO 膜浓水侧结垢的风险。阻垢剂是一种有机化合物，其主要作用是相对增加水中结垢物质的溶解性，以防止碳酸钙、硫酸钙等物质对膜的阻碍，同时也可防止铁离子堵塞膜。目前在制药行业推荐使用的阻垢剂为六偏磷酸钠，而不推荐使用有机化合物作为阻垢剂。等气体分子的反渗透膜透过率几乎为 100%，所以一旦原水中的 CO_2 含量过高，将严重影响产水水质。反渗透系统中添加 NaOH 的目的是为了在弱碱性环境下将 CO_2 转化成 HCO_3 离子态物质，然后通过 RO 膜对离子态物质的有效过滤将其清除，从而预防 CO_2 对后续 EDI 阴离子树脂侧的损坏。如果水中 CO_2 的水平很高，可通过脱气将其浓度降低到 5~10mg/L，脱气有增加细菌负荷的可能性，应将其安装在有细菌控制措施的地方，例如安装在一级与二级反渗透之间。

反渗透虽不能完全去除水中的污染物，很难甚至不能去除极小分子量的溶解有机物，但是却能大量去除水中细菌、内毒素、胶体和有机大分子，能滤除各种细菌，也能滤除各种病毒，还能滤除热原。由于反渗透技术操作工艺简单、除盐效率高，使用在制药用水工艺中，还具有较高的除热原能力，而且也比较经济，因此成为制药用水工艺中首选的水处理单元。

(2) 电去离子系统 电去离子系统简称 EDI 系统，也是一种离子交换系统。该系统将电渗析技术和离子交换技术相融合，使用一个混合树脂床，采用选择性的渗透膜，其主要功能是为了进一步除盐。电去离子系统在工艺过程中，驱动力为恒定的电场，使水中的无机离子和带电粒子迁移。阴离子向正电极（阳极）移动，二价阳离子向负极移动，离子选择性的渗透膜确保只有阴离子能够到达阳极，且阳离子能够到达阴极，并防止迁移方向颠倒。与此同时，电位的势能又将水电解成 H^+ 和 OH^-，对离子交换树脂进行连续再生，且不需要添加再生剂。

EDI 系统中的设备主要包括反渗透产水箱、EDI 给水泵、EDI 装置及相关的阀门、连接管道、仪表及控制系统等。与传统的混床技术相比，EDI 工艺摈弃伴生废酸、废碱污染的传统离子交换技术，具有无化学污染、回收率更高、占地面积小、低微生物污染风险等多个优点，对保护环境、节约能源非常有利。同时其树脂使用量仅为传统混床的 5%，经济高效。

3. 贮存与分配系统

贮存与分配管网系统包括贮存单元、分配单元和用点管网单元。

(1) 贮存单元　贮存单元用来贮存符合药典要求的制药用水并满足系统的最大峰值用量要求。贮存系统必须保持供水质量，以便保证产品终端用水质量合格。贮存系统允许使用产量较小、成本较少并满足生产要求的制备系统。从细菌角度看，储罐越小越好，因为这样系统循环率会较高，降低了细菌快速繁殖的可能性。一般而言，贮存系统的腾空次数需满足 $1\sim5$ 次/h，推荐为 $2\sim3$ 次/h，相当于储罐周转时间为 $20\sim30\mathrm{min}$。

储罐有立式和卧式两种形式，通常情况下立式罐体可优先考虑，因为其最低排放点是一个"点"，很容易满足"全系统可排尽"。但出现罐体体积过大如超过 10000L、制水间对罐体高度有限制、蒸馏水机出水口需高于罐体入水口等情况时，卧式或许是更好的选择。另外，相同体积时，卧式罐体的投资比立式罐体节省较多。

(2) 分配单元　分配系统是整个贮存与分配系统中的核心单元，它没有纯化功能，主要是将符合药典要求的制药用水输送到工艺用点，并保证其压力、流量和温度符合工艺生产的需求。分配系统采用监测流量、压力、温度、TOC、电导率、臭氧等在线检测仪器来进行水质的实时监测和趋势分析，并通过周期性消毒和杀菌来有效控制水中微生物负荷。按药典监测指标的要求，整个分配系统的总供和总回管网处还需安装取样阀进行水质的取样离线分析。

分配系统主要由如下元器件组成：带变频控制的输送泵、热交换器及其加热或冷却调节装置、取样阀、隔膜阀、316L 材质的管道管件、温度传感器、压力传感器、电导率传感器与变送器、TOC 在线监测仪器、备压阀及其配套的集成控制系统（含控制柜、I/O 模块、触摸屏、有纸记录仪等）。

(3) 用点管网单元　用点管网单元是指从制水间分配单元出发，经过所有工艺用水点后回到制水间的循环管网系统，其主要功能是通过管道将符合药典的制药用水输送到使用点。用点管网单元主要有如下元器件：取样阀、隔膜阀、管道管件、支架与辅材、保温材料等，对于注射用水系统，还包含冷用点模块。其管道管件主要由管道、弯头、三通、U 形弯、变径、卡箍、卡盘和垫圈组成。

(4) 贮存与分配系统的消毒　消毒方式的选择与系统材质密切相关。目前，贮存与分配管道广泛选用 316L 不锈钢，此使得选择消毒方案有了很大的灵活性。巴氏消毒、纯蒸汽消毒、过热水消毒、臭氧消毒和紫外线杀菌灯方法均能使用于 316L 不锈钢建造的贮存与分配系统。

(5) 贮存与分配系统的设计原理　制药用水的贮存与分配系统根据使用温度的不同分为三种不同形式：高温循环系统、常温循环系统和低温循环系统。

制药用水的运行方式主要有两种：批次分配和动态/连续分配。

"批次分配"如图 7-9（a）所示，至少需要用到两个储罐。当一个储罐正在补水或检测时，另一个用于为使用点提供符合药典要求的制药用水。其优点在于采用批处理的方式来管理制药用水，在使用前进行检测，储罐上标有 QA/QC 放行签，以证明每个生产批次的水是可以追溯和识别的。

"动态/连续分配"如图 7-9（b）所示，仅需要一个储罐，采用"过程控制"理念，整个贮存与分配系统处于 24h 连续运行状态，储罐液位与制水设备的补水阀门联动，保证使用点的实际用水需求并维持水质满足药典要求。其优点在于系统设计简单、投资成本与运行管理成本低，并利用罐体缓冲能力有效解决生产时峰值用量的需求。

常见的贮存与分配系统有批处理循环系统，多分支/单通道系统，单罐、平行循环系统，热贮存、热循环系统、常温贮存、常温循环系统，热贮存、冷却再加热系统，热贮存、独立循环系统，使用点热交换系统 8 种。

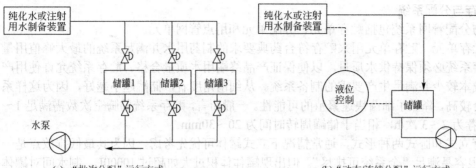

(a) "批次分配"运行方式
储罐 1 正在使用
储罐 2 隔离等待放行
储罐 3 进水

(b) "动态/连续分配"运行方式
① 根据液位控制信号使水处理设备（如蒸馏水机）自动工作或停止；
② 根据电阻率可自动冲洗和排放

图 7-9 纯化水、注射用水"批次分配"和"动态/连续分配"运行方式

（四）纯化水质量检查方法与结果判断

《中国药典》规定纯化水质量应符合其二部关于纯化水的相关规定。应为无色的澄清液体，无臭、无味；符合纯化水电导率要求；符合纯化水总有机碳或易氧化物的含量要求（其中总有机碳和易氧化物两项可选做一项，TOC 含量不高于 0.5mg/L）；微生物限度为细菌、霉菌和酵母菌总数不高于 100cfu/ml（采用膜过滤处理，参考《中国药典》2010 年版二部附录 Ⅺ J 微生物限度检查法）；硝酸盐含量不高于 0.06μg/ml；亚硝酸盐含量不高于 0.02μg/ml；符合酸碱度要求；氨含量不高于 0.3μg/ml；重金属含量不高于 0.1μg/ml；不挥发物含量不高于 1mg/100ml。

模块二 注射用水生产

一、职业岗位

纯化水、注射用水制备工。

二、工作目标

1．能陈述注射用水的定义与适用范围。
2．能看懂注射用水的生产工艺流程。
3．能陈述注射用水系统的基本结构和工作原理。
4．能运用注射用水的质量标准。
5．会分析出现的问题并提出解决办法。
6．能看懂生产指令。
7．会进行生产前准备。
8．能按岗位操作规程生产注射用水。
9．会进行设备清洁和清场工作。
10．会填写原始生产记录。
11．能按操作规程进行注射用水制备系统及储罐与输水管道的清洁和消毒。
12．具备注射用水生产的安全环保知识。
13．能对突发事件进行应急处理。

三、准备工作

（一）职业形象

1. 按一般生产区生产人员进出标准规程（详见附录1）进入生产操作区。
2. 进入注射用水制备区域穿防滑胶鞋，防止摔倒。

（二）任务主要文件

1. 批生产指令单。
2. 注射用水系统标准操作规程。
3. 注射用水系统储罐、管道清洁灭菌标准操作规程。
4. 注射用水生产记录。
5. 生产交接班记录。
6. 清场记录。

（三）物料

1. 原水：纯化水。
2. 辅料：冷却水、蒸汽。

（四）器具、设备

多效蒸馏水机、注射用水储罐、氯化物、酸碱度检测仪器用具（pH试纸）、硫酸盐与钙盐检测器具（1个50ml量筒、3个50ml试管、1个1ml移液管、2个2ml移液管、滴管）。

（五）检查

1. 操作工检查操作间及设备应清洁。
2. 打开纯化水进水阀门，检查系统管路阀门是否正常。
3. 检查管路及接头是否密封。

四、生产过程

（一）生产操作

1. 接通总电源。
2. 开启注射用水储罐的温控及液位显示装置，设置储水温度80℃。
3. 操作

（1）开动多效蒸馏水机，待出水稳定、出水温度达到95℃以上时，打开注射用水储罐的进水阀门，将注射用水送入注射用水储罐。

（2）注射用水储量达到0.3t时，可以开动输送泵向各使用点供水。供水时打开储罐送水管道上热交换器的冷却水阀门，保证回水的温度大于65℃。

（3）按要求每隔2h记录储罐和回水温度，测试成品水的pH值，每班测定氯化物、硫酸盐、钙盐一次，并做记录。

（4）本系统有两个储罐，制注射用水时应先注满一个储罐，再向另一个储罐注水。向车间输送注射用水时也应先使用一个储罐的水，回水回到本储罐，当注射用水快用尽时，再将阀门调整到另一个储罐供水，以保证注射用水贮存时间短，随时生产随时使用。

4. 安全规程

（1）设备运行中要认真观察设备是否正常，如有异常应停机处理，修复后方可使用。

（2）不得擅自离岗位，凡需离岗而又不能停机时，必须报班组长批准，并由班组长指定接替人后，方可离开。

5. 及时填写生产记录（见表7-6）。

表7-6 制水工序注射用水生产记录

产品名称				生产日期			
开工时间		结束时间		注射用水产量/L		操作人	
生产过程监测	时间						
	储罐温度℃						
	回水温度℃						
	酸碱度						
	硫酸盐						
	氯化物						
	钙盐						

（二）质量控制要点与质量判断

1．酸碱度

（1）仪器用具　pH试纸。

（2）检验方法　用pH试纸测试，测试范围：5.0～7.0。

2．氯化物、硫酸盐与钙盐

（1）试剂/试液　硝酸、硝酸银试液、氯化钡试液、草酸铵试液。

（2）仪器用具　50ml量筒（1个）、50ml试管（3个）、1ml移液管（1个）、2ml移液管（2个）、滴管。

（3）检验方法　量取本品，分置三支50ml的试管中，每管各50ml。第一管中加入硝酸5滴与硝酸银试液1ml，第二管中加氯化钡试液2ml，第三管中加草酸铵试液2ml，均不得发生浑浊。

（三）结束工作

1．关闭总电源。

2．当天生产结束将储罐、管道余水全部放净，将所有阀门关闭。

3．清洁按《注射用水系统储罐、管道清洁标准操作规程》执行。

（1）清洁频次　储罐、管道每天放水，每周清洗灭菌一次。储罐上的呼吸器和管路上的精密过滤器至少每年更换一次，平时生产和清洁时应经常检查呼吸器和过滤器的洁净度，发现变成黄色或堵塞时及时更换。

（2）清洁所用工洁具　无纤维布、板刷。

（3）清洁剂　2%双氧水。

（4）清洁方法

① 储罐、管道内存水每天下班前放掉，保证用新鲜注射用水。

② 每周对储罐、管道用高压纯蒸汽灭菌一次，再用注射用水循环冲洗30min，将水放掉。

③ 本系统停用2天以上时，操作工应开清洗球用2%双氧水冲洗罐的内部，并开动输送泵向管道输送双氧水循环20min，再用注射用水冲洗至进水口与出水口pH值一致。

④ 清洗时，注意两个注射用水储罐之间的连接部位应调整阀门冲洗到，防止有死角对整个系统产生污染。

⑤ 每天用清洁巾将多效蒸馏水机、储罐、纯蒸汽发生器、管道外部擦干净，保持清洁。

4．清洁工具按《清洁工具清洁消毒标准操作规程》进行清洁（同本项目模块一）。

5．完成生产记录、灭菌记录和清场记录（见附录4）的填写，请QA检查，合格后发给"清场合格证"。

五、基础知识

（一）热原

热原系能引起恒温动物和人体体温异常升高的致热性物质。大多数细菌都能产生热原，致热能力最强的是革兰阴性杆菌所产生的热原。真菌和病毒也能产生热原。

当含有热原的输液注入人体，约 0.5h 后，就会使人体产生发冷、寒战、体温升高、出汗、恶心呕吐等不良反应，有时体温可达到 40℃，严重者出现昏迷、虚脱，甚至有生命危险，临床上称为热原反应。

1. 热原的组成

热原是微生物的一种内毒素，它存在于细菌的细胞膜和固体膜之间。内毒素是由磷脂、脂多糖和蛋白质所组成的复合物，其中脂多糖是内毒素的主要成分，具有特别强的致热性。因此，大致可以认为热原的致热性主要是由内毒素中的脂多糖引起的。脂多糖的化学组成因菌种不同而异。

2. 热原的性质

① 耐热性热原在 100℃加热也不会降解，但在 180℃3～4h、200℃1h、250℃30～45min或 650℃1min 可使热原彻底破坏。在通常注射剂的热压灭菌法中热原不易被破坏。

② 水溶性热原能溶于水，呈分子状态，似溶液。

③ 不挥发性热原本身不挥发，但在制备蒸馏水时，可随水蒸气雾滴进入注射用水，应采取措施加以避免。

④ 滤过性热原体积小，约在 1～5nm 之间，故对于一般的除菌滤器均可通过。

⑤ 其他热原能被强酸、强碱破坏，能被强氧化剂如高锰酸钾或过氧化氢所破坏，超声波也能破坏热原，热原还可被活性炭吸附，利用这些性质可除去热原。

3. 污染热原的途径

（1）从溶剂中带入　溶剂是污染热原的主要途径。如蒸馏水机结构不合理，操作不当，注射用水储藏时间过长都会污染热原，故配制注射剂必须使用新鲜注射用水。

（2）从原料中带入　某些容易滋长微生物的药物，如葡萄糖等因贮存过久，包装不严常导致污染热原；用生物方法制备的药物如右旋糖酐、水解蛋白或抗生素等常因致热物质未除尽而引起热原反应。

（3）从容器、用具、管道和设备等带入　生产中对这些物品和设备应按 GMP 要求认真清洗处理，合格后方能使用。

（4）操作过程中污染　制备过程中室内卫生条件差，空气洁净度不合要求，操作时间长，装置不密闭，均增加细菌污染的机会，从而可能产生热原。

（5）从输液器具带入　由于输液器具（乳胶管、输液器、针头等）污染而引入热原。

4. 除去热原的方法

（1）高温法　凡能经受高温加热处理的玻璃容器、用具可在洗净后置 250℃加热 30min以上破坏热原。

（2）酸碱法　玻璃容器、用具用重铬酸钾清洁液或稀氢氧化钠溶液处理，可将热原破坏。

（3）吸附法　配制注射液常用优质活性炭处理，常用量为 0.1%～0.5%。活性炭对热原有较强的吸附作用，同时有脱色、助滤作用，在注射剂生产中广泛使用。此外还可用活性炭与白陶土合用除去热原。

（4）离子交换法　国内有用 10%的 301 型弱碱性阴离子交换树脂与 8%的 122 型弱酸性阳离子交换树脂成功地除去丙种球蛋白注射液中的热原。

（5）凝胶滤过法　又称分子筛滤过法。此法是利用凝胶物质如交联葡聚糖凝胶、二乙氨基乙基-交联葡聚糖等作为滤过介质，制备无热原去离子水。

（6）其他方法　用反渗透法通过三醋酸纤维膜除去热原；此外，超滤法也能除去热原。

（二）注射用水的制备方法与设备

注射用水制备可采用蒸馏法和反渗透法。蒸馏法是一种优良的净水方法，也是制备注射用水最经典的方法,它可除去水中微小物质、不挥发性物质和大部分可溶性无机盐类。常水经蒸馏后其中不挥发性物质,包括悬浮物、胶体、细菌、病毒、热原等杂质都能除去。但蒸馏水器的结构、性能、金属材料、操作方法及水源等因素,均可影响蒸馏水的质量。

蒸馏法所用设备常用的有多效蒸馏水机、气压式蒸馏水器和塔式蒸馏水器三种。

1. 多效蒸馏水机

多效蒸馏水机是国内广泛采用的制备注射用水的重要设备。主要特点是耗能低、产量高、水质优。主要结构包括圆柱形蒸馏塔、冷凝器及一些控制元件,主要流程如图 7-10 所示。去离子水先进入冷凝器预热后再进入各效塔内。一效塔内去离子水经高压蒸汽加热(达 130℃)而蒸发,蒸汽经拉西环填料(隔膜装置)进入二效塔内,供作二效塔热源,经热交换后汇集于冷凝器,冷却成蒸馏水,二效塔内的去离子水经加热蒸发成蒸汽,进入三效塔,以同样的方式进行热交换与蒸发,蒸汽经拉西环填料后汇集于冷凝器(废气由冷凝器排出管排出)冷却成蒸馏水。效数更高的蒸馏水器可依此类推,原理相同。

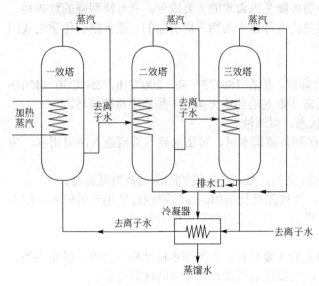

图 7-10 多效蒸馏水机示意

多效蒸馏水机的性能取决于加热蒸汽的压力和效数。压力越大则产量越大,效数越多则热的利用效率越高。从出水质量、能源消耗、占地面积、维修能力诸因素综合考虑,选用四效以上的蒸馏水机较为合理。

2. 气压式蒸馏水器

气压式蒸馏水器主要由自动进水器、热交换器、加热室、蒸发室、冷凝器及蒸汽压缩机等组成。其工作原理是:将进料水加热,使其沸腾汽化,产生二次蒸汽;把二次蒸汽经压缩机压缩成过热蒸汽,其压强、温度同时升高;再使此过热蒸汽通过管壁与进水进行交换,使进水蒸发而此蒸汽冷凝,其冷凝液就是所制备的蒸馏水。气压式蒸馏水器具有多效蒸馏水器的优点,但电能消耗大,故目前应用较少。

3. 塔式蒸馏水器

如图 7-11 所示,主要包括蒸发锅、隔沫装置、冷凝器三部分。制备蒸馏水时,首先在蒸发锅内放入大半锅蒸馏水或去离子水,打开蒸汽阀,由锅炉来的蒸汽,经蒸汽选择器除去夹带的水珠,再经加热蛇形管进行热交换,然后喷入废气排出器中,此时不冷凝气、废气(CO_2、NH_3 等)则从废气排出器内的小孔排出,而回汽水则流入蒸发锅内,以补充蒸发锅中的水量,过量的水则由溢流管排出。蒸发锅内的单蒸馏水由于受蛇形管加热继续蒸发并通过隔沫装置(由中性硬质玻璃管及挡板组成),蒸汽通过此隔沫层,沸腾的泡沫和大部分雾滴被这些障

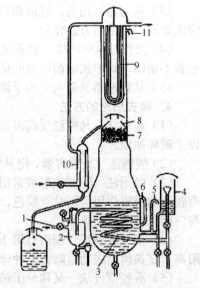

图 7-11 塔式蒸馏水器

1—排气孔;2—U 形管第一冷凝器;3—收集器;
4—隔沫装置;5—第二冷却器;6—汽水分离器;
7—加热蛇管;8—水位管;9—溢流管;
10—废气排出器

碍物挡住，流回蒸发锅内，蒸汽则继续上升，碰到拱形挡水罩，蒸汽则绕过挡水罩上升，雾滴再一次被抑留分离，上升的蒸汽遇到第一冷凝器（U形冷凝管）冷凝后落于挡水罩上，并汇集到挡水罩周围的凹槽而流入第二冷凝器，继续冷却成重蒸馏水。第一冷凝器中不冷凝的气体，可从塔顶部排气孔排出。冷却水是先进入第二冷凝器，再进入第一冷凝器流出。

因以往生产的塔式蒸馏水器耗能多、效率低、出水质量不稳定，故已停止生产，而用多效蒸馏水器取代它。

制造注射用水的房间应保持清洁。蒸馏水收集时应将初馏液弃去，待检查合格后方可收集。注射用水应贮存在密闭容器，配制药液的注射用水应在收集后12h内用完。

（三）注射用水系统的组成

注射用水系统主要由注射用水制备单元和贮存与分配单元两部分组成。制备单元主要是蒸馏水机；贮存与分配单元主要包括注射用水贮存单元、注射用水分配单元和注射用水用点管网单元，与纯化水贮存与分配单元相同，见模块一。

（四）注射用水的贮存

有研究认为 15~55℃是最适合微生物生长的温度范围，所以应避免。高于 85℃易于出现红锈，也应避免。2010 年版《中国药典》规定："注射用水的贮存方式和静态贮存期限应经过验证确保水质符合质量要求，例如可以在 80℃以上保温或 70℃以上保温循环或 4℃以下的状态存放。"

（五）注射用水质量检查方法与结果判断

《中国药典》规定注射用水应为无色的澄清液体，无臭、无味；符合注射用水电导率要求；符合注射用水总有机碳的含量要求，TOC 含量不高于 0.5mg/L；微生物限度为细菌、霉菌和酵母菌总数不高于 10cfu/100ml（采用膜过滤处理，参考《中国药典》2010 年版附录Ⅺ J 微生物限度检查法）；硝酸盐含量不高于 0.06μg/ml；亚硝酸盐含量不高于 0.02μg/ml；pH 值为 5.0~7.0；氨含量不高于 0.2μg/ml；重金属含量不高于 0.1μg/ml；不挥发物含量不高于 1mg/100ml；细菌内毒素含量低于 0.25EU/ml。

● 思考题

1. 制药用水可分为哪几类？各如何获得？各有何用途？
2. 何谓纯化水？制备纯化水常用的方法有哪些？
3. 简述离子交换法制备纯化水的原理。如何连接？阳树脂为何须排在首位？
4. 何谓注射用水？何谓灭菌注射用水？简述多效蒸馏水机制备注射用水的原理。
5. 纯化水、注射用水的制备、贮存与分配中应注意哪些问题？

项目八 注射剂生产

注射剂是指药物与适宜的溶剂或分散介质制成的供注入体内的溶液、乳状液或混悬液及供临用前配制或稀释成溶液或混悬液的粉末或浓溶液的无菌制剂。注射剂由药物、溶剂、附加剂及特制的容器所组成，是临床应用中最广泛的剂型之一。

1．特点

（1）药效迅速、作用可靠　注射剂因直接注射入人体组织、血管或器官内，所以吸收快，作用迅速。特别是静脉注射，药液可直接进入血液循环，更适于抢救危重病症。并且因注射剂不经胃肠道，故不受消化系统及食物的影响，因此剂量准确，作用可靠。

（2）适用于不易口服给药的患者　在临床上常遇到昏迷、抽搐、惊厥等状态的患者，或消化系统障碍的患者均不能口服给药，采用注射给药则是有效的途径。

（3）适用于不易口服的药物　某些药物由于本身的性质不易被胃肠道吸收，或具有刺激性，或易被消化液破坏，可将这些药物制成注射剂。如酶、蛋白质等生物技术药物由于其在胃肠道不稳定，常制成粉针剂。

（4）发挥局部定位作用　如牙科和麻醉科用的局麻药等。

（5）注射给药不方便且安全性较低　由于注射剂是一类直接入血制剂，使用不当更易发生危险。且注射时疼痛，易发生交叉污染，安全性差。故应根据医嘱由技术熟练的人注射，以保证安全。

（6）其他　注射剂制造过程复杂，生产费用较大，价格较高等。

2．分类

注射剂按药物的分散方式不同，可分为溶液型注射剂、混悬型注射剂、乳剂型注射剂以及临用前配成液体使用的注射剂无菌粉末等。

（1）溶液型注射剂　该类注射剂应澄明，包括水溶液和油溶液等，如安乃近注射液、二巯丙醇注射液等。

（2）混悬型注射剂　药物粒度应控制在 $15\mu m$ 以下，含 $15\sim20\mu m$（间有个别 $20\sim50\mu m$）者，不应超过 10%，若有可见沉淀，振摇时应容易分散均匀。混悬型注射剂不得用于静脉或椎管注射。如醋酸可的松注射液、鱼精蛋白胰岛素注射液等。

（3）乳剂型注射剂　该类注射剂应稳定，不得有相分离现象，不得用于椎管注射，静脉用乳剂型注射剂分散相球粒的粒度 90% 应在 $1\mu m$ 以下，不得有大于 $5\mu m$ 的球粒。如静脉营养脂肪乳注射液等。

（4）粉末型注射剂（注射用无菌粉末）　亦称粉针，指供注射用的无菌粉末或块状制剂。如头孢类、蛋白酶类粉针剂等。

注射剂按生产工艺可分为两类，一类是采用最终灭菌工艺生产的注射剂，为最终灭菌产品；另一类是部分或全部工序采用无菌生产工艺生产的注射剂，为非最终灭菌产品。

3. 给药途径

（1）皮内注射　注射于表皮与真皮之间，一次剂量在 0.2ml 以下，常用于过敏性试验或疾病诊断，如青霉素皮试液、白喉诊断霉素等。

（2）皮下注射　注射剂于真皮与肌肉之间的松软组织内，一般用量为 1～2ml。皮下注射剂主要是水溶液，药物吸收速度稍慢。由于人体皮下感觉比肌肉敏感，故具有刺激性的药物混悬液，一般不宜作皮下注射。

（3）肌内注射　注射于肌肉组织中，一次剂量为 1～5ml。注射油溶液、混悬液及乳浊液具有一定的延效作用，乳浊液有一定的淋巴靶向性。

（4）静脉注射　注入静脉内，一次剂量自几毫升至几千毫升，且多为水溶液。油溶液和混悬液或乳浊液易引起毛细管栓塞，一般不宜静脉注射，但平均直径小于 1μm 的乳浊液，可作静脉注射。凡能导致红细胞溶解或使蛋白质沉淀的药液，均不宜静脉给药。

（5）脊椎腔注射　注入脊椎四周蛛网膜下腔内，一次剂量一般不得超过 10ml。由于神经组织比较敏感，且脊椎液缓冲容量小、循环慢，故脊椎腔注射剂必须等渗，pH 在 5.0～8.0 之间，注入时应缓慢。

（6）其他　包括动脉内注射、心内注射、关节内注射、滑膜腔内注射、穴位注射以及鞘内注射等。

4. 质量要求

（1）无菌　注射剂成品中不得含有任何活的微生物，必须达到药典无菌检查的要求。

（2）无热原　无热原是注射剂的重要质量指标，特别是供静脉及脊椎腔注射的制剂。

（3）可见异物　按 2010 年版《中国药典》规定条件下检查，不得有肉眼可见的浑浊或异物。微粒注入人体后，较大的可堵塞毛细血管形成血栓，若侵入肺、脑、肾、眼等组织也可形成栓塞，并由于巨噬细胞的包围和增殖，形成肉芽肿等危害。可见异物检查，不但可保证用药安全，而且可以发现生产中的问题。

（4）安全性　注射剂不应引起对组织的刺激或发生毒性反应，特别是一些非水溶剂及一些附加剂，必须经过必要的动物实验，以确保安全。

（5）渗透压　注射剂的渗透压要求与血浆的渗透压相等或相近。供静脉注射的大剂量注射剂还要求具有等张性。

（6）pH　注射剂的 pH 要求与血液相等或接近（血液的 pH 约 7.4），一般控制在 4～9 的范围内。

（7）稳定性　因注射剂多系水溶液，所以稳定性问题比较突出，故要求注射剂具有必要的物理和化学稳定性，以确保产品在贮存期内安全有效。

（8）降压物质　有些注射液，如复方氨基酸注射液，其降压物质必须符合规定，确保安全。

5. 生产工艺流程

小容量注射剂的生产工艺流程见图 8-1、图 8-2。小容量注射剂也称水针剂，指装量小于 50ml 的注射剂，根据工艺验证结果，选用最终灭菌和非最终灭菌工艺（F_0 值≥8 采用最终灭菌工艺，F_0 值<8 采用非最终灭菌工艺）。该类注射剂除一般理化性质外，无菌、热原、可见异物、pH 等项目的检查均应符合规定。其生产过程包括原辅料和容器的前处理、称量、配制、过滤、灌封、灭菌（热处理）、质量检查、包装等步骤。本项目重点介绍最终灭菌小容量注射剂的生产。

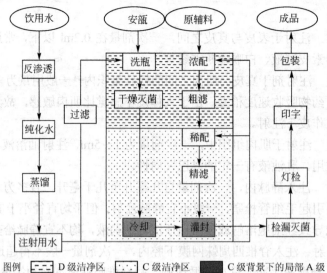

图 8-1 最终灭菌小容量注射剂生产工艺流程示意

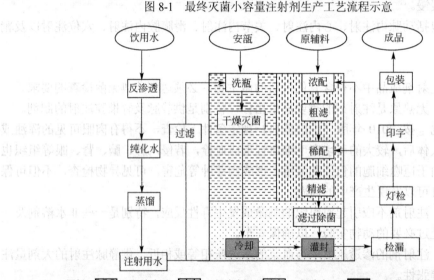

图 8-2 非最终灭菌小容量注射剂生产工艺流程示意

6. 工作任务

批生产指令单、批包装指令单见表 8-1、表 8-2。

表 8-1 批生产指令单

产品名称	维生素 C 注射液		规 格		2ml：0.1g	
批 号			批 量		10 万支	
物料的批号与用量							
序 号	物料名称	物料编码	供货单位	检验单号	批号	用 量
1	维生素 C					10400g
2	碳酸氢钠					4900g
3	依地酸二钠					5g
4	亚硫酸氢钠					200g
5	注射用水					加至 200000ml
6	空安瓿					10 万支

续表

工艺	称量 → 配制 → 过滤 → 灌封 → 灭菌检漏 → 灯检 → 印字包装 → 成品					
生产日期	年　月　日					
制表人		制表日期		年	月	日
审核人		审核日期		年	月	日
批准人		批准日期		年	月	日

备注：

表8-2　批包装计划指令单

产品名称	维生素C注射液	规　　格		2ml：0.1g		
批号		批量		10万支		
待包装产品数量		待包装产品检验报告单编号				
制表人		制表日期		年	月	日
审核人		审核日期		年	月	日
批准人		批准日期		年	月	日
指令接收班组						
作业时间及期限	年　月　日～　年　月　日					

备注：

模块一　安瓿处理

一、职业岗位

理洗瓶工。

二、工作目标

1. 能陈述注射剂的定义、特点与分类。
2. 能看懂小容量注射剂的生产工艺流程。
3. 能陈述立式洗瓶机、热风循环烘箱等机械的基本结构和工作原理。
4. 能运用安瓿洁净度的质量标准。
5. 会分析出现的问题并提出解决办法。
6. 能看懂生产指令。
7. 会进行生产前准备。
8. 能按岗位操作规程进行安瓿处理。
9. 会进行设备清洁和清场工作。
10. 会填写原始记录。

三、准备工作

（一）职业形象

按"D级洁净区生产人员进出规程"（详见附录2）进入生产操作区。

（二）任务主要文件

1. 批生产指令单。

2．小容量注射剂理瓶、洗瓶、烘瓶岗位操作规程。
3．立式超声波洗瓶机、热风循环隧道烘箱操作规程。
4．立式超声波洗瓶机、热风循环隧道烘箱清洁操作规程。
5．物料交接单。
6．小容量注射剂洗瓶、烘瓶生产记录。
7．清场记录。

（三）物料

根据批生产指令领取安瓿，并核对安瓿规格、批号、数量、检验报告单或合格证等，确认无误后，交接双方在物料交接单（详见附录4）上签字。

（四）设备、器具

1．设备：QCL120型立式超声波洗瓶机、ASMR620-43型热风循环隧道灭菌烘箱。
2．器具：安瓿周转盘、不锈钢小推车、工具等。

（五）检查

1．检查压差、温度和湿度是否符合生产规定，洗瓶间与灌封间压差应在20~30Pa之间并填写记录，若不在范围之内应及时通知车间管理人员。
2．检查操作间是否有清场合格标志，并在有效期内，否则按清场标准操作规程进行清场并经QA检查合格后，填写清场合格证，才能进入下一步操作。
3．检查设备是否有"设备完好"标牌、"已清洁"标牌，并对设备状况进行检查，确认正常后方可使用。
4．检查洗瓶机内有无上批遗留物，如发现应及时处理。
5．根据生产指令单填写领料单，并领取安瓿。
6．检查水、电、气各种参数是否正常。
7．悬挂运行状态标志，进入生产操作。

四、生产过程

（一）理瓶

1．根据生产指令单领取生产所需安瓿，严格按物料领用规程验收。
2．将理瓶盘刷洗处理干净。
3．将验收合格安瓿定量理入安瓿理瓶盘内，每理好一盘，挑出烂安瓿、口不圆整安瓿、歪底安瓿、掉底安瓿、脏安瓿，盖好不锈钢网将瓶口朝下振荡3次，放入装安瓿车中，经缓冲间到洗瓶间。
4．统计当班的废品量记录于批生产操作记录中。

（二）检查

1．打开洗瓶机上的电源开关及抽湿风机开关。在手动操作中点击主机触摸屏标示，将主机调至运行状态，使主机空运转5min，查看运转情况是否正常，如不正常须进行必要的调整。通知动力组送压缩空气。
2．检查各参数是否在规定范围
（1）超声波电流：400~600W。
（2）循环水压力：0.20~0.40MPa。
（3）注射用水压力：0.20~0.40MPa。
（4）压缩空气压力：0.30~0.40MPa。
（5）注射用水温度：30~40℃。

(三)洗瓶生产操作

1. 打开注射用水阀门、冷凝器进出水阀门、清洗槽注水阀门,检查注射用水水温应在40~60℃。
2. 检查注射用水可见异物是否合格:250 ml洁净容量瓶取样150ml,置灯检台下观察,应澄明,不允许有可见异物。
3. 将清洁、灭菌好的滤芯装入桶式过滤器内。
4. 倒瓶:打开喷淋器盖板将理好的安瓿瓶导入洗瓶机加料斗,放下喷淋器,然后盖上防护罩。
5. 插好清洗槽和储水槽溢流管,检查过滤网正常后打开注射用水入槽阀门,向清洗槽和储水槽内加水,待加满后关闭注射用水入槽阀门。
6. 打开循环水阀门,打开洗瓶机上的电源开关及抽湿风机开关。在手动操作中点击主机触摸屏标示,将主机调至运行状态,使主机空运转5min,查看运转情况是否正常,如不正常须进行必要的调整。通知动力组送压缩空气。
7. 检查各参数是否在规定范围
   (1) 超声波电流:400~600W。
   (2) 循环水压力:0.20~0.40MPa。
   (3) 注射用水压力:0.20~.40MPa。
   (4) 压缩空气压力:0.30~0.40MPa。
   (5) 注射用水温度:30~40℃。
8. 在操作界面上选择自动操作,点动"启动"按钮,这时"网带电机"、"水泵电机"、"超声波"、"加热器"和"主机"同时启动。这时储水槽内的水位会下降,打开水箱支阀门,将水槽内重新补满注射用水。
9. 打开喷淋水控制阀门,将压力调至能将空安瓿注满水为准。
10. 通过洗瓶机,使安瓿经输瓶网带→喷淋器→超声波清洗→进瓶绞龙→安瓿提升轮→机械手翻转→1次外喷循环水(喷洗外壁)→2次循环水(内壁)→1次压缩空气(内壁)→1次注射用水(内壁)→2次压缩空气(内壁)→1次外喷压缩空气(外壁)→机械手翻转→同步带拔瓶进入不锈钢料斗或热风循环隧道灭菌烘箱中。
11. 在洗瓶过程中要注意观察循环水、注射用水、压缩空气的压力,使其保证在工艺要求范围之内;注意观察循环水、注射用水温度,通过调节冷却水阀门、加热器,使其保证在工艺要求范围之内。
12. 当洗瓶机停止加安瓿时,用挡板推住进安瓿网带上的安瓿,给安瓿适当加压,直到将安瓿洗完。
13. 工作结束时,按下停止按钮,这时"主机"、"水泵电机"、"超声波"、"网带电机"、"加热器"同时停止工作。
14. 关闭压缩空气供气阀门、注射用水供水阀门、电源开关。
15. 将储水箱水排空。
16. 拉起清洗槽溢水插管,将清洗槽内水排空。
17. 洗涤注意事项
   (1) 安瓿要灌满水,不能叠盘放置。
   (2) 循环水滤芯每天班后以纯化水冲洗干净,必要时以2%氢氧化钠溶液浸泡清洗。
   (3) 操作时要轻拿轻放,安全生产,文明操作。
   (4) 如在生产中发现喷淋板下水异常,应立即检查拆换喷淋板。

(四)隧道灭菌生产操作

1. 必须保持进风、排风通畅才能开启加热开关。

2. 预热隧道烘箱：设定灭菌温度 300℃，选择"日间启动" 隧道烘箱进入自动预热状态（洗瓶机开启时隧道烘箱同时进行预热）。

3. 启动隧道烘箱：进入开机界面显示状态，依次出现设备信息画面，在此状态下，点击触摸屏任意位置可进入功能选择界面进行设置：网带电机频率设定为 14Hz，前罩、后罩根据房间压差及送风系统进行调整；温度设定高温为 300℃（灭菌温度在 300℃±10℃）；预热、补偿温度根据高温温度进行调整。

4. 灭菌结束后，隧道烘箱选择"手动走带"，调节速度旋钮至适当挡位，网带继续运行，将隧道内的安瓿送入灌封车间。

5. 安瓿干燥结束后，关闭"手动走带"，选择"夜间启动"按键，输送带停止运行，隧道烘箱进入自动降温状态，待温度降至 100℃后，"热风电机"、"排风电机"停止运行，其他风机继续运行，保持隧道烘箱内部处于层流屏蔽状态，隧道烘箱进入保压状态，以免外部空气进入隧道内。若长期不用应停机。

6. 安瓿灭菌注意事项
（1）储瓶间内要保持洁净，禁止无关人员走动。
（2）烘干安瓿应做到现烘现用，超过一天应重新洗涤烘干。
（3）灌封退回安瓿，必须重新洗涤烘干方能使用。
（4）生产过程中应随时注意监视仪表状态，当发现电压、电流或转速异常时，应及时停机，经检修合格后方可开机。

（五）及时填写生产记录（见表 8-3）。

表 8-3　安瓿洗烘工序生产记录

物料名称		安瓿		规格			交瓶人		
接理瓶数/盘				洗烘数/盘			灌封接收人		
工序名称				主要设备			生产日期		
	洗瓶开始时间				灭菌烘干完成时间				
工艺要求及操作方法							实际操作		
1. 检查压缩空气压力是否在 0.30～0.40MPa 之间				是□　否□			1. 注射用水检查方法及判断标准：250ml 洁净容量瓶取样 100ml，置灯检台下观察，应澄明，不允许有可见异物 2. 洗瓶质量检查标准：用经 0.22μm 滤器滤过的注射用水灌装 100 支。按照《中国药典》2010 年版二部附录"可见异物检查法"检查，应澄明，不允许有外来可见异物，废品率不得超过 1%		
2. 检查注射用水压力是否在 0.20～0.40MPa 之间				是□　否□					
3. 检查循环水水温是否在 30～40℃，压力是否在 0.20～0.40MPa				是□　否□					
4. 检查注射用水可见异物				是□　否□					
5. 对安瓿的灭菌烘干参数进行设定，灭菌段温度为 300℃±10℃				温度打印记录					
6. 调节隧道烘箱链条至规定速度				链动速度：					
7. 进隧道烘箱前挑出破口安瓿、带水安瓿，使排列整齐，高度不一致时将其整理平整				是□　否□					
8. 烘前安瓿进行可见异物检查				是□　否□					
9. 接盘人员将洁净安瓿移至贮存室，并挂上状态标志				是□　否□ 合格□　不合格□					
10. 清洁：执行相关设备、环境等清洁规程									
洗瓶机号	洗瓶操作人员		洗瓶数/盘		破损数/支		隧道烘干操作人		
合计	洗瓶数/盘		破损数/支				破损率/%		
时间	机号	压缩空气压力/MPa	注射用水压力/MPa	循环水压力/MPa		循环水温度/℃	安瓿可见异物检查			
							纤毛	白块	白点	玻屑	其他

续表

房间温度/℃				房间湿度/%				
工序负责人								

异常情况与处理记录：

（六）质量控制要点与质量判断

1．质检员抽查安瓿洗涤质量（每4万支安瓿抽查100支，废品率不得超过1%，如超过，重新洗涤）。

2．检验方法及判断标准

（1）最终洗瓶注射用水检查方法及判断标准：用250ml洁净容量瓶于喷淋板下取样100ml，置灯检台下观察，不允许有可见异物。

（2）洗瓶质量检查方法及判断标准：用经0.22μm滤器滤过的注射用水灌封100支，按照《中国药典》2010年版二部附录"可见异物检查法"检查，应澄明不允许有明显外来可见异物，若有其他可见异物，不得超过1%。

3．灭菌过程的温度观察与记录。

4．空气及水的过滤器定时更换。

5．空气及水过滤时压力控制。

（七）结束工作

1．关机要先关温控开关，再关通风。

2．洗涤、烘干完毕，打扫本岗位卫生，保养机器。

3．隧道烘箱内部、网带若有散落安瓿、玻璃碴，用镊子挑净，网带藏渣处可用毛刷刷干净；用纯化水擦洗烘箱内壁、调风板底板面及箱外壳两遍，将内外部擦拭干净。

4．用丝光毛巾蘸取75%乙醇抹烘箱内壁、调风板直至光亮洁净。

5．清洁效果评价：设备外无污渍；内用一块白腈纶布擦拭清洁部位，看白布表面是否有异色，如无则清洁合格。

6．循环水滤芯撤除后送入滤芯清洗间清洗、灭菌。

7．清洁工具的清洗：用纯化水配制的洗洁精将清洁工具清洗干净，再用纯化水彻底冲洗干净，晾干。

8．清洁工具的存放：清洁工具存放在指定的工具箱或架子上。

9．完成生产记录和清场记录（见附录5）的填写，请QA检查，合格后发给"清场合格证"。

五、基础知识

（一）安瓿的品种与规格

我国目前水针剂生产所用的容器为曲颈易折安瓿，安瓿折断后，断面平整，不易产生玻璃碎屑。易折安瓿有两种：色环易折安瓿和点刻痕易折安瓿。色环易折安瓿是将一种膨胀系数高于安瓿玻璃两倍的低熔点粉末熔固在安瓿颈部成为环状，冷却后由于两种玻璃的膨胀系数不同，在环状部位产生一圈永久应力，用力即可折断。点刻痕易折安瓿是在曲颈部位有一细微刻痕，在刻痕中心标有直径 2mm 的色点，施力于刻痕中间的背面即可折断。安瓿的容积通常为 1ml、2ml、5ml、10ml、20ml 等几种规格，见图 8-3。

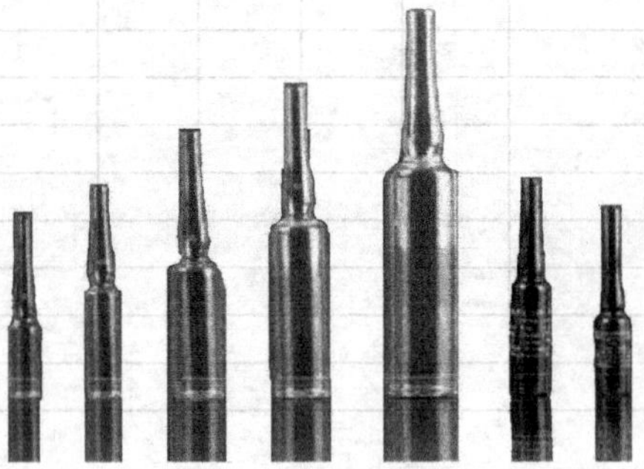

用于制造安瓿的玻璃主要有中性玻璃、含钡玻璃和含锆玻璃。中性玻璃是低硼酸硅盐玻璃，化学稳定性好，适合于近中性或弱酸性注射剂，如葡萄糖注射液。含钡玻璃的耐碱性好，可作碱性较强的注射液的容器，如磺胺嘧啶钠注射液（pH10～10.5）。含锆玻璃系含少量锆的中性玻璃，具有更高的化学稳定性、耐酸、碱性能好，可用于盛装酸碱性较强及对 pH 敏感等药物，如乳酸钠注射液。安瓿多为无色，有利于检查药液的可见异物。对需要避光的药物，可采用琥珀色玻璃安瓿。琥珀色安瓿含氧化铁，不适用于所含成分能被铁离子催化的产品。

图 8-3 安瓿规格

（二）安瓿的洗涤

1. 安瓿的洗涤方法

安瓿在制造和运输过程中难免受到污染，必须经过洗涤方可使用。安瓿的洗涤方法一般有以下几种。

（1）汽水喷射洗涤法 指用滤过的循环注射用水与滤过的压缩空气由针头喷入安瓿内交替喷射洗涤，冲洗顺序一般为气→水→气→水→气。最后一次洗涤用水应是经过微孔滤膜精滤的新鲜注射用水。

（2）超声波洗涤法 超声波洗涤法是采用超声波洗涤与气水喷射洗涤相结合的方法。先超声波粗洗，再经气→水→气→水→气精洗。该法应基本或全部满足下列要求：①外壁喷淋；②容器灌满水后经超声波前处理；③容器倒置，喷针插入，水、气多次交替冲洗，交替冲洗次数应满足工艺要求；④使用清洗介质为净化压缩空气和注射用水（50～60℃）。

2. 安瓿的洗涤设备

药厂生产一般将安瓿洗涤机安装在安瓿干燥灭菌与灌封工序前，组成洗、烘、封联动生产流水线。安瓿洗涤常用的设备如下。

（1）气水喷射式安瓿洗瓶机组 该机组主要由供水系统、压缩空气及其过滤系统、洗瓶机三大部分组成。适用于曲颈安瓿和大规格安瓿的洗涤，气水洗涤程序自动完成。

（2）超声波安瓿洗瓶机

① 卧式安瓿超声波清洗机 结构主要由超声设备、安瓿传送设备和循环水冲洗设备等组成，见图 8-4。清洗程序包括网带进瓶、超声清洗、循环水冲洗、压缩空气冲洗、新鲜水冲洗、压缩空气冲洗、出瓶。

原理：本机属于转辊式超声波清洗机，是利用一个水平卧装的轴拖动有 18 排针管的针鼓转盘进行间歇旋转。每排针管上有 18 个针头，18 排共有 324 个针头组成整个针鼓。在转盘相对的固定盘上于不同的工位装有不同的水、压缩空气管路。在针鼓的间歇转动期间，各排针头依次与循环水、洁净压缩空气、新鲜注射用水等接口相通，并通过电气控制进行冲洗、吹气、冲洗、充气的三洗三冲工序完成安瓿的清洗，见图 8-5。

② 立式安瓿超声波洗瓶机 立式安瓿超声波清洗机的基本原理和清洗程序与卧式安瓿超声波清洗机完全相同。所不同的是立式安瓿超声波清洗机是立式转鼓结构，采用机械手夹瓶翻转和喷管做往复跟踪的方式，利用超声波清洗和水气交替喷射冲洗的原理，采用不同的针管输送不同的介质，对容器逐个进行清洗，见图 8-6、图 8-7。

图 8-4 卧式安瓿超声波清洗机

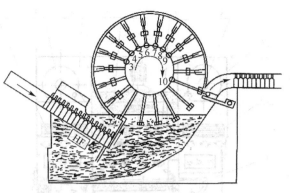

图 8-5 转鼓式洗瓶机原理示意

HF—高频超声波

图 8-6 立式安瓿超声波洗瓶机

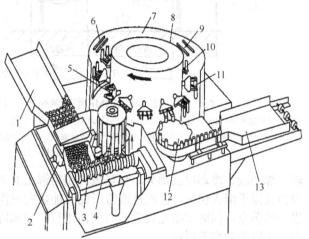

图 8-7 立式安瓿超声波洗瓶机原理示意

1—料槽；2—超声波换能头；3—送瓶螺杆；4—提升轮；5—瓶子翻转工位；
6，7，9—喷水工位；8，10，11—喷气工位；12—拨盘；13—滑道

3. 安瓿的干燥和灭菌及设备

大量生产时，多采用隧道式干热灭菌机，设备有热风循环隧道烘箱和远红外线隧道烘箱，并以前者更为常用。热风循环隧道烘箱，如图 8-8、图 8-9 所示，由传送带、加热器、层流箱、隔热层组成。在安瓿的干燥灭菌过程中，安瓿通过传送带进入隧道烘箱。隧道烘箱分为预热

图 8-8 热风循环隧道烘箱

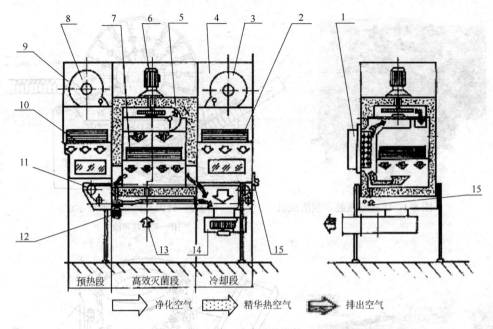

图 8-9 ASMR 型热风循环隧道烘箱工作原理示意

1—空气电加热器；2—空气高效过滤器；3—后层流风机；4—后层流箱；5—高温灭菌仓；6—热风机；7—热空气高效过滤器；8—前层流风机；9—前层流箱；10—空气高效过滤器；11—安瓿输送网带；12—前排风机；13—新鲜空气补充；14—排风机；15—出瓶口

段、加热段、冷却段三部分。预热段内由室温上升到 100℃ 左右，大部分水分被蒸发；中间段为高温干燥灭菌区，也就是通常所说的加热段或保温段，温度达到 300～350℃，残余水分进一步蒸发，同时安瓿在设定的时间内进行灭菌和除热原处理；冷却段由高温降至 100℃ 左右，再冷却后离开隧道。

模块二 配 液

一、职业岗位

注射剂调剂工。

二、工作目标

1. 能陈述注射剂常用溶剂、附加剂的分类与特点。
2. 能计算小容量注射剂的原料投料计算。
3. 能陈述配液罐、滤器的基本结构和工作原理。
4. 能按生产指令领取原料，做好配液准备工作。
5. 按生产指令单执行浓配罐、稀配罐的标准操作规程，完成生产任务。
6. 能运用注射剂溶液的质量标准。
7. 会分析出现的问题并提出解决办法。
8. 能按岗位操作规程配制生产小容量注射剂溶液。
9. 会进行设备清洁和清场工作。
10. 会填写原始记录。

三、准备工作

（一）职业形象

按"C级、D级洁净区生产人员进出规程"（详见附录2、附录3）进入生产操作区。

（二）任务主要文件

1. 批生产指令单。
2. 小容量注射剂稀配液工、浓配液工岗位操作规程。
3. 小容量注射剂配液罐、滤器操作规程。
4. 小容量注射剂配液罐、滤器清洁操作规程。
5. 物料交接单。
6. 小容量注射剂配液生产记录。
7. 清场记录。

（三）物料

根据批生产指令领取原辅料，并对配液所需物料的品名、规格、产品批号、数量、生产企业名称、物理外观、检验合格证等，确认无误后，交接双方在物料交接单（详见附录4）上签字。

（四）器具、设备

1. 设备：300L、500L型配液罐、筒式过滤器（钛滤器、微孔滤膜滤器）。
2. 器具：衡器、不锈钢物料铲、不锈钢容器等。

（五）检查

1. 检查压差、温度和湿度是否符合生产规定。
2. 检查操作间是否有清场合格标志，并在有效期内，否则按清场标准操作规程进行清场并经QA检查合格后，填写清场合格证，才能进入下一步操作。
3. 检查设备是否有"设备完好"标牌、"已清洁"标牌，并对设备状况进行检查，确认正常后方可使用。
4. 检查工具、容器等是否清洁、干燥。
5. 调节电子天平，领取符合生产指令的物料，同时核对品名、数量、规格、质量，做到准确无误，并填写领料单。
6. 按操作规程对配液罐、容器、过滤器、工具进行消毒。
7. 检查水、电、气各种参数是否正常。
8. 挂运行状态标志，进入生产操作。

四、生产过程

（一）浓配灌生产操作

1. 关闭两罐底主输药管连接加压卫生泵前阀门，打开液位观察阀门，连接洁净的液位观察管。
2. 密闭罐口，打开注射用水阀门，加入工艺规程中规定量的注射用水。
3. 核对配制罐的液位，并随时检查两罐底主输药管连接加压卫生泵前阀门是否关闭严密。
4. 关闭注射用水阀，取出注射用水管，密闭罐口。
5. 微启排汽（排水）阀，打开蒸汽阀门，并调节使表压稳定在0.2~0.3MPa，加热，煮沸。
6. 关掉蒸汽阀门，打开排汽（排水）阀门，使表压为0。

7. 打开冷却水阀门，关闭排汽（排水）阀门，2～5min 后打开排汽(排水)阀门，降温(若配制氨基酸类输液，接上配制罐的通氮管和氮气纯化装置，对注射用水填充氮气)。

8. 到达工艺规定的投料温度后，将阀门调节至"回流搅拌"状态，开启搅拌。

9. 从投料口将原料按工艺规程规定的顺序和工艺温度投入，搅拌使溶解。

10. 停止搅拌，静置 2min。

11. 从取样口放出约 500ml 药液，确认原料已溶解。

12. 从取样口取样测 pH 值，并在搅拌下加入工艺规定的 pH 值调节剂，搅匀，从取样口取样测 pH 值，确认药液 pH 值在工艺规程要求的范围内。

13. 按工艺规定投入针用炭，按工艺规定的时间、温度进行炭吸附（间隙打开搅拌器 2～4 次）。

14. 确认钛滤器清洗、安装、连接正常，调节浓配间的滤药管道系统阀门使之呈"回滤"状态。

15. 开启加压卫生泵，将药液循环过滤至该浓配罐。

16. 通知稀配间做好稀配准备。

17. 在稀配间确认"可输送药液"后，调节浓配滤药管道系统阀门使之呈"输药"状态。

18. 观察罐内药液近滤完时，以工艺规定量注射用水，淋洗罐内壁，将残余药液洗滤至稀配罐。

19. 关闭加压卫生泵并做好相关记录。如继续下一批药液的浓配按序号"1"重复操作。

20. 所有浓配结束，按相关清洗消毒标准操作程序对浓配系统容器具进行清洗消毒。

21. 浓配注意事项：在"输药"、"回滤"操作前应严格确认阀门的启闭状态是否符合该项操作要求，以避免发生"跑料"、罐与罐之间"混批"事故。

（二）稀配生产操作

1. 关闭所使用配制罐下口输液管道（所使用配制罐至加压卫生泵前）阀门，密闭罐口。

2. 根据浓配工序"输药"通知，调节输药系统阀门使药液从浓配罐输至相应稀配罐，添加注射用水至配制总量，关闭注射用水阀，取出注射用水管，密闭罐口。

3. 确认配制罐的液位达到生产指令要求。

4. 将阀门调节至"回流搅拌"状态，开启搅拌 5min。

5. 从取样口取样送车间监测室按工艺规程做中间体检验。

6. 确认中间体质量合格，将稀配系统阀门调节至该稀配罐单独的"环形过滤"状态，开启精滤加压卫生泵。

7. 精滤灌装完毕，关闭加压卫生泵。

8. 将稀配系统阀门切换至另一稀配罐单独的"环形过滤"状态。

9. 所有稀配精滤结束，按相关清洗消毒标准操作程序对稀配系统及容器具进行清洗消毒。

10. 环形过滤：指配制间内 1 号罐和 2 号罐共用一套过滤设施和回流搅拌设施，当一个罐做"回流搅拌"或同时"输药"操作时，为避免误操作出现"跑料"、罐与罐之间"混批"事故，必须将与另一个罐管道连接相通的阀门关闭，成为一个单独的系统，而药液可从高位槽溢流口返回罐内。

（三）及时填写生产记录（见表 8-4、表 8-5）。

表 8-4　配制称量生产记录（一）

产品名称	维生素 C 注射液	规格	2ml：0.1g	批号	
工序名称	配液	生产日期	年　月　日	配制量	200000ml
生产场所	称量、配制间	主要设备			
物料名称	化验单号	化验批号	生产厂家	称取量	称量衡器

续表

维生素 C				10400g
碳酸氢钠				4900g
依地酸二钠				5g
亚硫酸氢钠				200g

称量者：　　　　　　　　　　　复核者：

工艺要求	实际操作
1."一证一令"齐全方可操作（清场合格证、批生产指令）	齐全□　　不齐全□
2. 检查原辅料品名、规格、数量、生产厂家无误，外观检查合格	合格□　　不合格□
3. 称量处方中的各种原辅料置于洁净容器中，一料一容器，且容器上的标签与内容物一致	是□　　　否□
4. 剩余的原辅料及时封口，容器外标明品名、规格、日期、剩余数量及使用人等，并及时在备料室内贮存或退库	备料室□　　退库□
5. 天平、电子秤用前应校正	天　平：校正□　　未校正□
	电子秤：校正□　　未校正□

异常情况与处理记录：

工序负责人：

表 8-5　配制称量生产记录（二）

	产品名称	维生素C注射液	规格	2ml：0.1g	批号	
	配制量		回收量		合计	
投料	物料名称	化验单号		投料量	生产厂家	
	维生素 C					
	碳酸氢钠					
	依地酸二钠					
	亚硫酸氢钠					

称　量　人：　　　　　　　　　　复　核　人：

配制开始时间：　　　　　　　　　　　　　　　　　配制结束时间：

工艺要求	实际操作
1. 清场合格证、生产指令齐全方可操作。	齐全□　　不齐全□
2. 检查原辅料品名、规格数量无误。	合格□　　不合格□
3. 配制前先检查浓配罐罐底阀门是否关闭完好。	是□　　　否□
4. 往浓配罐中加入1/3配制量的注射用水。开启搅拌准备加料。	是□　　　否□
5. 先将辅料加入溶解完后，再加入主料。	是□　　　否□
6. 活性炭吸附脱色30min，粗滤至稀配罐。	活性炭吸附开始时间： 结束时间：
7. 加注射用水至全量，调节pH6.0～6.3搅拌循环 15min。	pH 调节过程　第一次： 　　　　　　　第二次：
8. 搅拌均匀后进行中间品检验。	半成品送检时间：
9. 冲管道后检查药液可见异物是否合格。	合格□　　不合格□
10. 填写中间产品传递单，交下道工序	递交人：　　递交量：

半成品检查	含量	pH 值	可见异物	色泽	其他
房间温度/℃				房间湿度/%	
操作人		复核人		QA	

异常情况与处理记录：

（四）质量控制要点与质量判断

（1）色泽　本品为无色或微黄色的澄明液体。

（2）含量　按照《中国药典》2010 年版二部维生素 C 注射液"含量测定"的方法测定含

量，经检查合格后再进行灌装。

（3）pH 值　6.0～6.3。

（4）澄明度　用 250ml 洁净容量瓶取样 100ml，置灯检台下观察应澄明，不允许有可见异物。

（五）结束工作

1. 将稀配系统阀门切换至另一稀配罐单独的"环形过滤"状态。

2. 所有稀配精滤结束，按相关清洗消毒标准操作程序对稀配系统及容器具进行清洗消毒。

3. 清洗

（1）打开投料口盖，用纯化水从上至下冲洗约 2min，同时以专用刮水器刮洗罐内表面至无炭渍，排尽纯化水。

（2）打开注射用水阀门，用注射用水从上至下冲洗约 2min。

（3）自罐底取样口取最终洗淋水约 100ml（如为在线清洗则浓配罐在输药终端出口取样，稀配在高位槽取样口或灌装头取样）检查洗淋水易氧化物。

（4）确认洗淋水易氧化物合格。

（5）在线清洗按照输药管道系统清洗消毒标准操作程序进行在线清洗。

（6）消毒按照输药管道系统清洗消毒标准操作程序进行在线消毒。

4. 清洗消毒周期

（1）每天生产结束后进行在线清洗消毒。

（2）配制罐消毒后在 24h 内使用，否则重新清洗消毒。

5. 关闭电子天平，并对其进行清洁，对周转容器和工具等进行清洗消，清洁消毒天花板、墙面、地面。

6. 完成生产记录和清场记录（见附录 5）的填写，请 QA 检查，合格后发给"清场合格证"。

五、基础知识

（一）注射剂常用溶剂和附加剂

1. 注射剂的溶剂

（1）注射用水　注射用水是纯化水经蒸馏所制得的水。在注射剂生产中用于注射剂和滴眼剂的配液及直接接触药品的包装材料、生产用设备和容器具的最后清洗。其质量要求和存放详见项目七制药用水生产。

灭菌注射用水是注射用水照注射剂生产工艺制备所得，主要用于注射用无菌粉末的溶剂或注射液的稀释剂。灭菌注射用水的性状、pH 值、氯化物、硫酸盐、钙盐、二氧化碳、易氧化物、硝酸盐与亚硝酸盐、氨、电导率、不挥发物、重金属和细菌内毒素均应符合规定。

（2）注射用油　常用是大豆油，要求其碘值为 126～140、皂化值为 188～200、酸值不得大于 0.2。另外还有芝麻油、茶油等。

（3）其他注射用溶剂　注射用溶剂除注射用水和注射用油外，常因药物特性需要而选用其他溶剂或采用复合溶剂，以增加药物溶解度、防止水解及增加稳定性。常用的有乙醇、甘油、丙二醇、聚乙二醇（PEG）、二甲基乙酰胺（DMA）。

2. 注射剂的附加剂

配置注射剂时，可根据药物的性质加入适宜的附加剂，目的是提高注射的有效性、安全性和稳定性。

（1）抑菌剂　凡采用低温灭菌、滤过除菌或无菌操作法制备的注射液，以及多剂量装的注射液，应加入适宜的抑菌剂。供静脉或椎管用的注射液一般不得加抑菌剂。剂量超过 5ml 的注射液应慎用。加有抑菌剂的注射剂，在标签中应标明所加抑菌剂的名称与浓度。常用抑菌剂有苯酚、甲酚、三氯叔丁醇和羟苯酯类。

（2）pH 值调节剂　注射剂需调节 pH 值在适宜的范围，使药物稳定，保证用药安全。一般注射剂溶液的 pH 值控制为 4～9，大剂量的注射剂尽量接近人体血液的 pH 值。常用的 pH 值调节剂有盐酸、枸橼酸及其盐、氢氧化钠、碳酸氢钠、磷酸氢二钠和磷酸二氢钠等。

（3）渗透压调节剂　等渗溶液是指与血浆、泪液等体液具有相同渗透压的溶液。如果血液中注入大量低渗溶液，水分子可迅速通过红细胞膜（半透膜）进入红细胞内，使之膨胀乃至破裂，产生溶血，可危及生命。反之，如注入大量的高渗溶液时，红细胞内的水分会大量渗出，而红细胞呈现萎缩，引起原生质分离，有形成血栓的可能。一般来说，人的机体对渗透压有一定的调节能力。用于椎管注射的必须等渗。常用的等渗调节剂有氯化钠、葡萄糖等。

（4）防止主药氧化的附加剂　为延缓和防止注射剂中药物的氧化变质，提高注射剂的稳定性，可以考虑向注射剂中加入抗氧剂、金属螯合剂和通入惰性气体。根据药物性质，三者可单独应用，也可联合使用。

① 抗氧剂　抗氧剂是易氧化的还原性物质，当其与易氧化的药物共存时首先被氧化而保护了药物，使用时应注意氧化产物的影响。常用的抗氧剂有焦亚硫酸钠、维生素 C、亚硫酸氢钠、亚硫酸钠、硫代硫酸钠、硫脲和焦性没食子酸。

② 金属络合剂　金属络合剂可与由原辅料、溶剂和容器带入注射液中的微量金属离子形成稳定的螯合物，可消除金属离子对药物的氧化催化作用。常用的金属螯合剂有依地酸钙钠、依地酸二钠、枸橼酸盐或酒石酸盐。一般应与抗氧剂合用。

③ 惰性气体　注射剂在配液和灌封时通入惰性气体以驱除注射用水中溶解的氧和容器空间的氧，可防止药物的氧化。常用的惰性气体有 N_2 和 CO_2，使用 CO_2 时应注意其可能改变药液的 pH 值，且易使安瓿熔封时破裂，故常用 N_2。惰性气体需净化后使用。通入惰性气体的方法，一般是先在注射用水中通入惰性气体使其饱和，配液时通入药液中，并在惰性气体的气流下灌封，驱除安瓿中的空气。

（5）增溶剂与助溶剂　配制注射剂时，对于溶解度较小、不能满足临床要求的药物，须采用适宜的方法来增加药物溶解度，同时也能提高药液的澄明度。注射剂中多用安全性较好的吐温类、卵磷脂、普朗尼克等，而普通的药液药剂则有更多的选择。

（6）其他添加剂

① 局部止痛剂　常用的局部止痛剂有 1%～2%苯甲醇、0.3%～0.5%三氯叔丁醇、1%盐酸普鲁卡因、0.25%利多卡因等。

② 助悬剂与乳化剂　注射剂中常用的助悬剂为羟丙基甲基纤维素（HPMC），用量为 0.1%～1%，其助悬和分散作用均较好，贮藏期内质量稳定。注射剂中常用的乳化剂有卵磷脂、大豆磷脂、泊洛沙姆 188 等，均较为安全。

③ 延效剂　延效剂能使注射剂中的药物缓慢释放和吸收，而延长其作用，常用聚维酮（PVP）。

（二）原辅料投料

所有原料药必须达到注射用规格，必须符合《中国药典》2010 年版所规定的各项杂质检查与含量限度。辅料也应符合现行药典规定的药用标准，并应选用注射用规格。原辅料经准确称量，并经两人核对后，方可投料。

（三）配液方法

① 浓配法指将全部药物加入部分处方量溶剂中配成浓溶液，加热或冷藏后过滤，然后

稀释至所需浓度，此法可滤除溶解度小的杂质。

② 稀配法指将全部药物加入于全部处方量溶剂中，一次配成所需浓度，再进行过滤，此法可用于优质原料。

（四）配液设备

1. 配液罐

注射剂生产中配制药物溶液的容器是配液罐，配液罐应由化学性质稳定、耐腐蚀的材料制成，避免污染药液，目前药厂多采用不锈钢配液罐（见图 8-10）。配液罐在罐体上带有夹层，罐盖上装有搅拌器，顶部一般装有喷淋装置便于配液罐的清洗。夹层既可通入蒸汽加热，提高原辅料在注射用水中的溶解速率；又可通入冷水，吸收药物溶解热。搅拌器由电机经减速器带动，转速约 20r/min，加速原辅料的扩散溶解，并促进传热防止局部过热。配液罐分为浓配罐和稀配罐，小容量注射剂的配液流程见图 8-11。

图 8-10　不锈钢配液罐

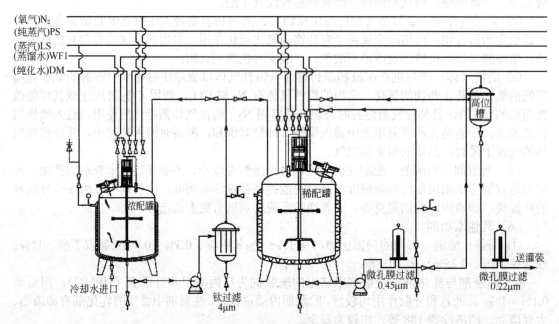

图 8-11　小容量注射剂配液流程

2. 滤器

注射液过滤一般采用二级过滤，一级过滤即先将配制的药液进行预滤，如在浓配环节中的脱碳过滤以及稀配环节中的终端过滤前的保护过滤，常用滤器为钛滤器（如图 8-12 所示），钛滤器筒式过滤设备见图 8-13。二级过滤为药液经含量、pH 检验合格后的精滤，常用微孔滤膜（孔径为 0.22～0.45μm）滤器，一种是圆盘式滤器，另一种是筒式过滤器，过滤器为圆柱体筒状结构（见图 8-14，）用 304L 或 316L 不锈钢制成，以折叠式滤芯为过滤元件（见图 8-15），可滤除液体、气体中的微粒和细菌。为确保过滤质量，很多药厂将精滤后的药液灌装前再进行终端过滤，所用滤器为孔径 0.22μm 的微孔滤膜器。

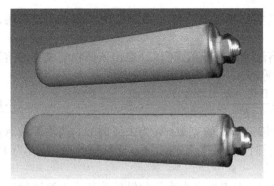

图 8-12 钛滤棒

图 8-13 筒式过滤器

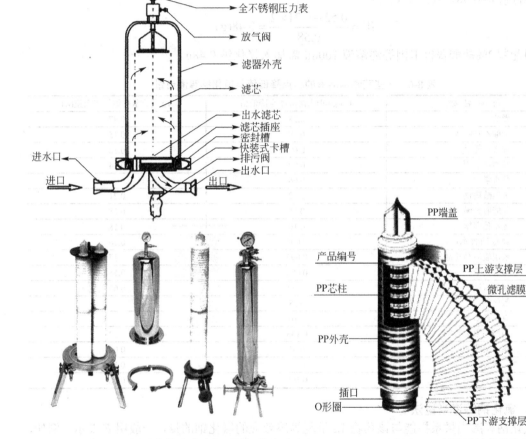

图 8-14 折叠式微孔膜滤芯不锈钢筒式过滤器　　图 8-15 折叠膜滤芯的结构

拓 展 学 习

一、渗透压调节剂用量计算方法

1. 冰点降低数据法

冰点降低数据法的依据是冰点相同的稀溶液具有相等的渗透压。

人的血浆的冰点为-0.25℃,任何溶液只要将其冰点调整为-0.25℃时,即与血浆等渗,成为等渗溶液。

根据表 8-6 所列举的一些药物的 1%水溶液冰点降低值,可以计算出该药物配成等渗溶液时的浓度。低渗溶液可加等渗调节剂调整为等渗,其用量可按下式计算:

$$W = \frac{0.52 - a}{b} \tag{8-1}$$

式中,W 为配制 100ml 等渗溶液需加等渗调节剂的克数;a 为未经调节的药物溶液冰点降低值,若溶液中含有两种或两种以上的物质时,则 a 为各物质冰点降低值的总和;b 为 1%(g/ml)等渗调节剂的冰点降低值。

例如,配制 2%盐酸普鲁卡因注射液 100ml,求需加多少克氯化钠能使其成为等渗溶液?

由表 8-6 可查到 2%盐酸普鲁卡因溶液的冰点降低值 a=0.12×2=0.24,1%氯化钠溶液的冰点降低值 b=0.58。代入下式得:

$$W = \frac{0.52 - 0.21 \times 2}{0.58} = 0.48 \text{(g)}$$

即配制 2%盐酸普鲁卡因等渗溶液 100ml 需加入氯化钠 0.48g。

表 8-6 一些药物水溶液的冰点降低值与氯化钠等渗当量

药 物 名 称	1%(g/ml)水溶液冰点降低值	1g 药物氯化钠等渗当量(E)
硼酸	0.28	0.47
盐酸乙基吗啡	0.19	0.15
硫酸阿托品	0.08	0.10
盐酸可卡因	0.09	0.14
氯霉素	0.06	
依地酸钙钠	0.12	0.21
盐酸麻黄碱	0.16	0.28
无水葡萄糖	0.10	0.18
葡萄糖(含水)	0.091	0.16
氢溴酸后马托品	0.097	0.17
盐酸吗啡	0.086	0.15
碳酸氢钠	0.381	0.65
氯化钠	0.58	
青霉素 G 钾	0.16	
硝酸毛果芸香碱	0.133	0.22
聚山梨酯 80	0.01	0.02
盐酸普鲁卡因	0.12	0.18
盐酸丁卡因	0.109	0.18

2. 氯化钠等渗当量法

氯化钠等渗当量系指能与该药物 1g 呈现等渗效应的氯化钠的量,一般用 E 表示。例如,从表 8-6 查出硼酸的氯化钠等渗当量为 0.47,即 1g 硼酸在溶液中能产生与 0.47g 氯化钠相等的渗透压。查出药物的氯化钠等渗当量后,可计算出等渗调节剂的用量,计算公式如下:

$$X = 0.009V - EW \tag{8-2}$$

式中,X 为配成 V(ml)等渗溶液需加入的氯化钠克数;E 为药物的氯化钠等渗当量;W 为 V(ml)溶液内所含药物的克数;0.009 为每 1ml 等渗氯化钠溶液中所含氯化钠克数。

例如,配制 1%盐酸普鲁卡因注射液 200ml,应加入多少克氯化钠能使其成为等渗溶液?

由表 8-6 可查到盐酸普鲁卡因的氯化钠等渗当量 E=0.18,1%盐酸普鲁卡因注射液 200ml 所含主药为 1%×200=2g,代入下式得:

$$X = 0.009 \times 200 - 0.18 \times 2 = 1.44 \text{g}$$

即配制 1%盐酸普鲁卡因注射液 200ml,应加入 1.44g 氯化钠使其成为等渗溶液。

二、注射剂投料计算

配制药液前，应按处方规定计算原料及附加剂的用量，如一些含结晶水的药物，应注意换算；如果注射剂在使用药用炭吸附或灭菌后主药含量有所下降时，应酌情增加投料量。溶液的浓度，此时可采用"高限"投料，如超过"高限"时应通过实验来确定增加的投料量。投料量可按下式计算：

$$原料实际用量 = \frac{原料理论用量 \times 成品标示量}{原料实际含量}$$

$$原料理论用量 = 实际配液量 \times 成品含量$$

$$实际配液量 = 实际灌装量 + 灌注时损耗量$$

$$实际灌装量 = （每支装量 + 装量增加量） \times 灌注支数$$

例如，今欲制备 2ml 装的 2%盐酸普鲁卡因注射液 10000 支，原料实际含量为 99%，求需投料该原料多少？

① 实际灌装量=（2ml+0.15ml）×10000=21500ml（其中 0.15ml 系按规定应增加的装量）
② 实际配液量=21500ml+（21500ml×5%）=22575ml（其中 5%为实际灌注时的损耗量）
③ 原料理论用量=22575×2%=451.5g
④ 原料实际含量为 99%；盐酸普鲁卡因注射液的含量应为标示量的 95.0%～105.0%，故按平均值即 100%带入公式，即得原料实际用量为：

$$原料实际用量 = \frac{451.5 \times 100\%}{99\%} = 456.0g$$

该原料的实际投料量为 456.0g。

模块三　灌　封

一、职业岗位

水针剂灌封工。

二、工作目标

1. 能陈述注射剂灌封的要求、方法。
2. 能计算注射液装量增加量。
3. 能陈述注射剂拉丝灌封机、洗灌封联动线的基本结构和工作原理。
4. 能按生产指令单和工艺规程做好灌封准备工作，保证灌封质量达到要求。
5. 按灌封机的标准操作规程，完成生产任务。
6. 能运用小容量注射剂灌封的质量标准。
7. 会及时正确悬挂状态标志。
8. 能按岗位操作规程灌封生产小容量注射剂。
9. 会进行设备清洁和清场工作。
10. 会填写灌封原始记录。

三、准备工作

（一）职业形象

按"C 级洁净区生产人员进出规程"（详见附录 3）进入生产操作区。

(二) 任务主要文件

1. 批生产指令单。
2. 小容量注射剂灌封工岗位操作规程。
3. 小容量注射剂拉丝灌封机操作规程。
4. 小容量注射剂拉丝灌封机清洁操作规程。
5. 物料交接单。
6. 小容量注射剂灌封生产记录。
7. 清场记录。

(三) 物料

根据批生产指令核对所灌溶液的品名、规格、数量、物理外观、检验合格证等，核对空安瓿规格、数量和质量状况，确认无误后，交接双方在物料交接单（详见附录 4）上签字。灌封设备运行还需足够压力的天然气、氧气和氮气。

(四) 器具、设备

1. 设备：AGF6 立式安瓿拉丝灌封机。
2. 器具：不锈钢周转盘、镊子、不锈钢推车、硅胶板等。

(五) 检查

1. 检查压差、温度和湿度是否符合生产规定。
2. 检查操作间是否有"清场合格"标志，并在有效期内，否则按清场标准操作规程进行清场并经 QA 检查合格后，填写清场合格证，才能进入下一步操作。
3. 检查设备是否有"设备完好"标牌、"已清洁"标牌，并对设备状况进行检查，确认正常后方可使用，更换状态标志准备生产。
4. 检查工具、容器等是否清洁、干燥。
5. 挂运行状态标志，进入生产操作。

四、生产过程

(一) 生产操作

1. 调节灯头火焰强度适中，封装 10~20 支检查封装质量、装量及充气情况，适当调整使之良好。
2. 将冲洗机器的药液交给配制人员，开始正常生产。
3. 灌封时每封完一盘要认真检查，挑出封口残废品，并逐盘放入本机生产卡片，放于指定位置。
4. 灌封中要随时注意贮液瓶情况，不得使溶液流失或管道装空，通气产品要不定时检查安瓿内液面波动情况，保证通气量不低于 80%。
5. 本岗位质检员每 2h 检查澄明度、装量一次，灌封人员要不定时检查可见异物和装量，（检查方法及判断标准：每机抽取 50 支于灯检台下检查，不得有外来可见异物，如有其他可见异物，不得多于 1 支，不得有装量不合格者）。
6. 生产黏度较大产品时，要注意补足装量，并不定时用注射用水润滑灌注器，以使灌封顺利，装量准确。
7. 每灌封完一个批次，应及时把封好的安瓿全部移交灭菌岗位。
8. 灌封的残废品及时送到指定位置，由配制人员集中回收。
9. 中间休息时，通知配制停止过滤，关好输液阀门，夹好药液管道，防止药液流失，关好电磁开关,把封好的安瓿全部移交灭菌岗位。

10. 本岗位质检员随批抽取烘干安瓿,检查烘干安瓿合格率(烘干安瓿检查方法及判断标准:每200盘抽取100支烘干安瓿,用针头灌注注射用水适量,至灯检台下观察合格率≥99%)。

11. 认真填写灌封生产原始记录,产品抽查记录,附入批生产记录(见表8-7、表8-8)。

表8-7 灌封生产记录

产品名称	维生素C注射液	规格	2ml:0.1g	批号	
工序名称	灌封	生产日期	年 月 日	批量	10万支
生产场所		灌封间	主要设备		
灌封开始时间			灌封结束时间		

工艺要求及操作方法	实际操作
1. 核对配制药液数量与实物是否一致,并记录药液数量。	药液数量: 万毫升
2. 根据生产品种的规格对灌封机进行正确安装调试。	正确□ 不正确□
3. 按"灌封机的操作SOP"进行操作,启动灌封机。并用注射用水冲洗灌封系统至可见异物检查符合规定(250ml容量瓶装水100ml检查应无可见物),然后将系统内残留的注射用水排除干净。	装量调至: ml 机内残存水:排净□ 未排净□
4. 核对该品种所充惰性气体情况。	N_2□ CO_2□ 不充气□
5. 打药液重新检查装量是否符合规定,并取样检查药液的可见异物应符合规定,冲洗管道药液要重新过滤。	装 量: 合格□ 不合格□ 可见异物: 合格□ 不合格□
6. 每2h检查一次装量、可见异物,并随时挑出炭化、封口不严、起泡、装量不足等不合格品。	装量检查: 是□ 否□ 可见异物检查:是□ 否□
7. 灌封结束后药品在安瓿盘中摆放整齐,排列紧密,盘卡片标明品名、规格、批号、顺序号、机号等内容。	卡片标记: 正确□ 不正确□
8. 工序负责人填写半成品递交单,签字后交灭菌检漏工序。	填写递交单: 是□ 否□
9. 灌封完毕,切断燃气和氧气气源,用注射用水冲洗灌封系统,并将注射用水排净	切断气源: 是□ 否□ 冲洗、排水: 是□ 否□

房间温度/℃				房间湿度/%			
机号	操作人	产量/盘	废品数/支	机号	操作人	产量/盘	废品数/支
01				06			
02				07			
03				08			
04				09			
05				10			
总灌封数量	支	灌封收率	%	总废品数	支	废品率	%
计算人		复核人		QA		岗位负责人	

异常情况与处理记录:

表8-8 灌封抽查记录

产品名称	维生素C注射液		规格	2ml:0.1g		批号				
工序名称		灌封	生产日期	年 月 日		批量		10万支		
机号	抽查次数	抽查数	玻屑	纤毛	白点	其他	共计	废品率/%	备注	

检查人		QA		岗位负责人	

（二）质量控制要点与质量判断

1. 烘干容器的清洁度：用经 0.22μm 滤器滤过的注射用水灌封 100 支，按照《中国药典》2010 年版二部附录"可见异物检查法"检查，应澄明不允许有明显外来可见异物，若有其他可见异物，不得超过 1%。

2. 药液的可见异物：用 250ml 洁净容量瓶取样 100ml，置灯检台下观察应澄明，不允许有可见异物。

3. 药液装量：应按照《中国药典》2010 年版二部附录规定，适当增加装量，用精确的小量筒矫正注射泵的吸液量，试装若干支安瓿，经检查合格后再进行灌装。

4. 外观：安瓿封口要求严密不漏气，颈端圆整光滑，无尖头、无泡头、无平头、无焦头。

（三）结束工作

1. 收集中间产品挂上标签，标明状态，交中间站，做好交接工作。

2. 当天工作结束，用热注射用水冲洗灌封机输液管道 5～10min，更换状态标志，清洁机器，打扫卫生，认真清场，由组长负责检查。

3. 完成生产记录和清场记录（见附录 5）的填写，请 QA 检查，合格后发给"清场合格证"。

4. 换产品时，根据清洗要求认真清洗灌封机零部件及输液管道并灭菌，杜绝混药事故发生。

5. 灌封组设专人负责灌封用天然气、氧气、惰性气体的供应，根据上、下班时间及时供气和停气。生产中根据压力表指示及时换气保证供应。

五、基础知识

（一）灌装封口

注射剂灌封包括灌注药液和封口两步，即灌装和熔封，常在一个设备上完成，即用安瓿灌封机。注射剂灌装后立即封口，以免污染。灌封室的洁净度应为 C 级背景下的局部 A 级。

药液灌封要求做到计量准确，药液不沾瓶，不受污染。灌注标示量不大于 50ml 的注射剂，应按照《中国药典》2010 年版二部附录规定，应按表 8-9 适当增加装量，以抵偿在给药时由于瓶壁黏附和注射器及针头的吸留而造成的损失，保证用药剂量准确。

表 8-9 注射剂增加装量

标示装量/ml	增加量/ml	
	易流动液体	黏稠液体
0.5	0.10	0.12
1	0.10	0.15
2	0.15	0.25
5	0.30	0.50
10	0.50	0.70
20	0.60	0.90
50	1.0	1.5

安瓿封口要求严密不漏气，颈端圆整光滑，无尖头和泡头。封口方法主要为旋转拉丝式封口。拉丝封口是指当旋转安瓿瓶颈在火焰加热下熔融时，采用机械方法将瓶颈顶端拉断，使熔融处闭口封合，拉丝封口严密，不易出现毛细孔。

灌封中可能出现的问题主要有剂量不准确、封口不严，出现泡头、平头、尖头、焦头等。焦头是经常遇到的问题，产生焦头的原因有：①灌药时给药太急、溅起的药液在安瓿壁上，封口时形成炭化点；②针头回液不好，挂有液滴在拔出时沾于瓶口；③针头安装不正，尤其安瓿粗细不均匀；④压药与针头打药的行程配合不好，造成针头刚进瓶口就注药或针头临出瓶口时才注完药液；⑤针头升降轴润滑不够，针头起落迟缓等。解决的方法有降低灌药速率、调整设备、调整火焰位置和熔封的时间及调整充气压力和充气量等，其中封口火焰的调节是影响封口质量的首要因素。

易氧化药物溶液在灌注时，安瓿内要通入惰性气体以置换安瓿中的空气。常用的有氮气和二氧化碳，高纯度的氮气可不经处理，纯度差的氮气可通过缓冲瓶，然后经硫酸、碱性焦性没食子酸、1%高锰酸钾溶液、注射用水处理。二氧化碳可用于装有浓硫酸、硫酸铜溶液、1%高锰酸钾溶液、注射用水的洗气瓶处理。安瓿应先充气，再灌注药液，最后再充气。通气效果，可用测氧仪进行残余氧气的测定。

（二）灌装封口设备

1. 安瓿灌封工作流程

安瓿灌装封口的工艺过程一般包括安瓿的上瓶、料液的灌注、充氮和封口等工序。

（1）上瓶　在一定的时间间隔内，将定量的已灭菌的安瓿按照一定的距离排放到灌封机的传送装置上，然后通过传送装置送到下一工序进行安瓿的灌封。

（2）灌注　将经过滤的药液按照相应的装量要求按照一定的体积注入安瓿中。料液的灌注主要通过灌注计量机构和注射针头来实现。

（3）充惰性气体　对于易氧化的药品充入氮气或二氧化碳气体，置换料液上部的空气，以确保其药品不被氧化。

（4）封口　将已灌注完料液的安瓿通过传送部分进入安瓿的预热区，通过轴承进行自转以使安瓿颈部均匀受热；然后进入封口区，安瓿在高温下融化，同时在旋转作用下通过机械拉丝钳将安瓿上部多余的部分强力拉走，安瓿封口严密。

2. 安瓿拉丝灌封机

安瓿拉丝灌封机，见图8-16，是一种结构紧凑、杆件空间交叉多的设备，各部分由电机带动主轴进行控制。

（1）传送部分　主要由料斗、梅花盘、移瓶齿板和传送装置组成，安瓿拉丝灌封机的传送部分见图8-17。

图8-16　安瓿灌封机

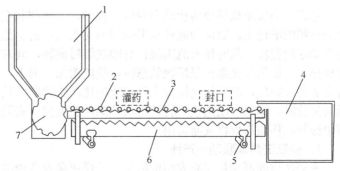

图8-17　AAG6/1-2安瓿拉丝灌封机送瓶机构示意
1—进瓶斗；2—安瓿；3—固定齿板；4—出瓶斗；
5—偏心轴；6—移瓶齿板；7—梅花盘

原理：灭菌后的安瓿通过不锈钢盘放入到料斗上，料斗下的梅花盘由链条带动，随着转动可将六支安瓿推入到固定齿板上。当偏心轴做圆周运动时，带动与之相连接的移瓶齿板动作，当动作到上半部后，先将安瓿从固定齿板上托起，然后超过固定齿板三角形槽的齿顶，在将安瓿移动六格放入到固定齿板上，这样偏心轴转动一周，安瓿通过移瓶齿板向前移动六格，如此循环运动中实现安瓿的传送。

（2）灌注部分结构　主要由凸轮杠杆装置、吸液灌液装置和缺瓶止灌装置组成，其结构与工作原理如图 8-18 所示。

原理：当压杆顺时针摆动时，压簧使针筒芯向上运动，针筒的下部将产生真空，此时单向玻璃阀 8 关闭、9 开启，药液罐中的药液被吸入针筒。当压杆逆时针摆动而使针筒芯向下运动时，单向玻璃阀 8 开启、9 关闭，药液经管路及伸入安瓿内的针头注入安瓿，完成药液灌装操作。充惰性气体针头与灌液针头并列安装于同一针头托架上，灌装后随即充入气体。

（3）封口部分结构　主要由拉丝机构、加热机构、压瓶机构三部分组成，其结构与工作原理如图 8-19 所示。加热装置的主要部件是燃气喷嘴，所用燃气是由煤气、氧气和压缩空气组成的混合气。

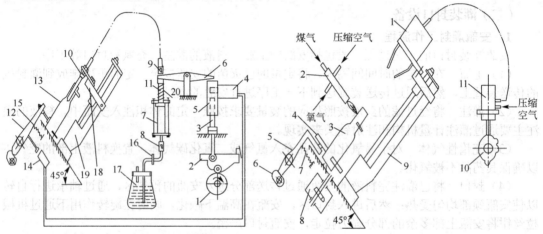

图 8-18　安瓿灌装机结构示意

1—凸轮；2—扇形板；3—顶杆；4—电磁阀；5—顶杆座；
6—压杆；7—针筒；8，9—单向玻璃阀；10—针头；11—压簧；
12—摆杆；13—安瓿；14—行程开关；15—拉簧；16—螺丝夹；
17—贮液灌；18—针头托架；19—针头托架座；20—针筒芯

图 8-19　安瓿拉丝封口机构示意

1—拉丝钳；2—喷嘴；3—安瓿；4—压瓶滚轮；
5—摆杆；6—压瓶凸轮；7—拉簧；8—蜗轮蜗杆箱；
9—钳座；10—凸轮；11—气阀

原理：当安瓿被移瓶齿板送至封口工位时，其颈部靠在固定齿板的齿槽上，下部放在蜗轮蜗杆箱的滚轮上，底部则放在呈半球形的支头上，而上部由压瓶滚轮压住。此时，蜗轮转动带动滚轮旋转，从而使安瓿围绕自身轴线缓慢旋转，同时来自于喷嘴的高温火焰对瓶颈进行加热。当瓶颈加热部位呈熔融状态时，拉丝钳张口向下，到达最低位置时，拉丝钳收口，将安瓿颈部钳住，随后拉丝钳向上将安瓿融化丝头抽断，从而使安瓿闭合。当拉丝钳运动至最高位置时，钳口启闭两次，将拉出的玻璃丝头甩掉。安瓿封口后，压瓶凸轮和摆杆使压瓶滚轮松开，移瓶齿板将安瓿送出。

3．安瓿洗烘灌联动生产线

安瓿洗烘灌联动机是将安瓿的清洗、干燥灭菌及药液的灌封进行联动生产的设备，由安瓿超声波洗瓶机、隧道式灭菌干燥机和安瓿灌装封口机三部分组成，安瓿洗烘灌联动生产线外观见图 8-20。

图 8-20 安瓿洗烘灌联动生产线

工作过程：B 型易折曲颈安瓿经过淋灌后，进入粗洗水箱进行超声波洗瓶，粗洗完成后再经过螺杆、提升凸轮进入到精洗工序，提升凸轮提升来的安瓿通过机械手夹瓶进行翻转，再对瓶内进行两次循环水（或者一次净化压缩空气、一次纯化水）、一次净化压缩空气、一次注射用水、再二次压缩空气清洗，同时对瓶外壁进行一次循环水与一次净化压缩空气的冲洗，清洗完成后，再通过同步带出瓶，完成整个清洗过程。经过清洗的安瓿自动输入杀菌干燥机后，在 A 级层流密闭的箱体内进行烘干灭菌，安瓿在 300～350℃的灭菌温度中运行，随后进入冷却区将安瓿冷却后，再送至安瓿灌装封口机进行灌装封口。安瓿经过烘干灭菌后，通过灌封机的小网带传送到分瓶盘输送到螺杆后，螺杆再将安瓿送至拨轮处，连续拨轮再将安瓿送至行走梁，行走梁依次将安瓿带至充氮工位、灌封工位、再冲氮工位、预热工位、拉丝封口工位，完成整个灌装封口工序，封口完成后再进行成品计数，最后进行装盘。整个灌封过程都在 A 级层流的保护下进行。其工作原理如图 8-21 所示。

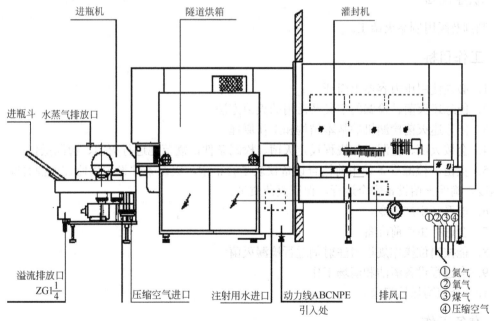

图 8-21 安瓿洗烘灌联动机工作原理

安瓿洗烘灌联动生产线生产过程的自动化程度高，根据程序输入运行参数和工艺控制参数，能最大限度地保证生产的可靠性，最大限度地避免了人为操作失误；生产全过程在密闭和层流条件下进行，确保了安瓿的灭菌质量；物料的进入采用输送轨道进行，有效地避免了混淆和交叉污染。

4. 吹塑、灌装、密封（简称吹灌封）设备

吹灌封是一台可连续操作，将热塑性材料吹制成容器并完成灌装和密封的全自动机器。该技术为先进的无菌处理技术之一，图8-22是此技术的简单过程示意。

吹灌封设备可全自动运行，缩短了停机时间。整台设备的运行设计理念是尽可能少地使用操作人员，从而减少管理成本，提高设备运行的稳定性。每台设备一般都将在线清洁和在线灭菌整合在系统中，大大增加了设备的生产工作时间，提高了机器运行效率，从而直接为用户节约了生产成本，增大了收益。

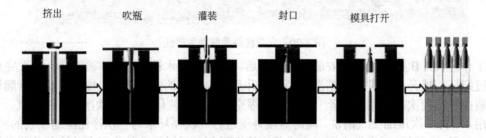

图8-22　吹灌封技术过程示意

模块四　灭菌检漏

一、职业岗位

制剂及医用制品灭菌工。

二、工作目标

1. 必须使用压力容器上岗证。
2. 能陈述灭菌、检漏的定义及常用的灭菌方法。
3. 能陈述灭菌检漏机的基本结构和工作原理。
4. 会按灭菌、检漏操作规程设定灭菌、检漏条件，规范地进行灭菌、检漏操作。
5. 灭菌、检漏设备使用前检查设备仪表是否正常，灭菌条件设定后监控灭菌时间、灭菌温度，确保灭菌设备安全运行，保证灭菌质量。
6. 能看懂生产指令。
7. 会进行生产前准备。
8. 能按岗位操作规程对注射剂进行检漏灭菌。
9. 会进行设备清洁和清场工作。
10. 会填写原始记录。

三、准备工作

（一）职业形象

按一般生产区生产人员进出规程（详见附录1）进入生产操作区。

（二）任务主要文件

1. 批生产指令单。

2. 检漏灭菌岗位操作规程。
3. 检漏灭菌设备操作规程。
4. 检漏灭菌设备清洁操作规程。
5. 检漏灭菌岗位清洁操作规程。
6. 物料交接单。
7. 检漏灭菌生产记录。
8. 清场记录。

（三）物料

根据批生产指令领取需检漏灭菌的注射剂，并核对物料品名、规格、批号、数量、检验报告单或合格证等，确认无误后，交接双方在物料交接单（详见附录4）上签字。

（四）器具、设备

1. 设备：HYMA型检漏灭菌器、蒸汽发生器、真空泵、空压机。
2. 器具：灭菌推车、托盘、色水（亚甲基蓝溶液）等。

（五）检查

1. 检查操作间是否有清场合格标志，并在有效期内，否则按清场标准操作规程进行清场并经QA检查合格后，填写清场合格证，才能进入下一步操作。
2. 检查设备是否有"设备完好"标牌、"已清洁"标牌，并对设备状况进行检查，确认正常后方可使用。
3. 检查前次的清场情况，确认无上批遗留物。
4. 检查蒸汽、纯化水、压缩空气、饮用水（或循环水）供应情况。
5. 确认（或配制好）检漏用色水，备用。
6. 悬挂运行状态标志，进入生产操作。

四、生产过程

（一）生产操作

1. 待灭菌品整齐码入载物车的格架内，并逐层装满（中间和顶层加垫板，防止挤压和漂浮）。
2. 合上电源，打开真空泵、水、蒸汽、压缩空气阀门。如果前后门呈关闭状态，压缩空气在规定值以上，则"前门关"、"后门关"、"自动准备"指示灯亮，整机进入自动程序预备状态。
3. 按下副操作面板"门圈真空"按钮约10s后，按一下开门按钮，气缸带动门栓到开启位，然后将门拉开。
4. 将被灭菌药品推入灭菌柜后，将门关闭，再按下关门按钮，气缸带动门栓到关闭位。
5. 此时若前门关闭到位，空气压在额定值以上，则可开蒸汽源和压缩气源，开电源根据生产品种（或物品）的灭菌温度和时间选择相应的运行程序，按下启动按钮，设备按预定程序自动运行，并做相应记录。每次运行前需排除蒸汽源冷凝水。
6. 灭菌时注意观察机器的运行状态，注意灭菌柜的灭菌温度、灭菌压力（或真空度）、有无蒸汽泄漏等，如有异常应及时处理并记录。

7. 灭菌结束，按操作程序开启灭菌柜另一侧门拉出载物车，剔除漏气瓶和破瓶后装入周转车，将已灭菌注射液运至指定地点保存（周转盘则根据需要移入灌封间）。

8. 切断电源，关闭蒸汽和水源。

9. 及时填写生产记录（见表8-10）。

表8-10 灭菌检漏生产记录

产品名称		维生素C注射液	规格		2ml：0.1g	批号		
工序名称		灭菌检漏	生产日期		年 月 日	批量		10万支
生产场所		灭菌间	主要设备		检漏灭菌柜			
灭菌开始时间					灭菌结束时间			
操作要点						操作记录	操作人	
1. 检查上批清场情况，确认无上批遗留产品。 2. 开水源阀门。 3. 开蒸汽和压缩气源。 4. 开电源预置灭菌参数。 5. 设定自动程序。 6. 工作结束后，切断电源，关闭水源、蒸汽源。 7. 紧急情况处理：当出现停水、停汽等情况，应取消程序，复位后，重新设置程序						是□ 否□ 是□ 否□ 是□ 否□ 是□ 否□ 是□ 否□		
预置检漏灭菌参数		灭菌温度	100℃			灭菌时间/min	15	
		冷却温度	45℃			真空保压时间/min	3	
		清洗时间/min	5			F_0	8	
柜次号	灭菌数量	灭菌温度	升温开始时间	灭菌开始时间	灭菌结束时间	操作者	复核者	设备清洁状况
质量员检查项目	时间	生产运行状态		设备运行状态标志	生产记录填写		设备清洁	质量员签字
复核人				QA			岗位负责人	
异常情况与处理记录：								

（二）质量控制要点与质量判断

1. 操作时应将灭菌前、后的药品严格区分开，以防止漏灭漏检的现象发生。

2. 抽真空时，内柜压力应在-0.078MPa以下，2~3min，方可进色水。

3. 灭菌、检漏、干燥时的各项参数应符合工艺规程的规定。

4. 灭菌后的药品应符合灭菌检查规定标准。

（三）结束工作

1. 对检漏灭菌器的内外进行清洁：用中性洗涤剂擦洗内室、门板以及喷淋盘底面，并把室内底部过滤网上的各种沉积物清理干净，然后用自来水冲洗干净，最后用不起毛的布擦干；用拧干后的软布擦拭检漏灭菌器的各部件，用软布蘸取中性洗涤剂擦拭柜体及门轨道。

2. 清洗消毒车与消毒盘：用中性洗涤剂擦洗，然后用自来水冲洗干净，最后用不起毛的布擦干。

3. 对检漏色素罐进行清洁整理。

4. 对检漏灭菌器的前后室进行清洁。

5. 完成生产记录和清场记录（见附录 5）的填写，请 QA 检查，合格后发给"清场合格证"。

五、基础知识

（一）小容量注射剂生产的灭菌与检漏

一般小容量的注射剂，大多采用湿热灭菌，100℃ 30～45min；容量较大的安瓿可酌情延长灭菌时间。对热稳定的产品，可用热压灭菌。每批灭菌后的注射液，均需进行"无菌检查"，合格后方可移交下一工序。

安瓿熔封时，有时由于熔封工具或操作等原因，少数安瓿顶端留有毛细孔或微隙而造成漏气。漏气安瓿则易污染微生物而药液变质，不得应用，因此必须查出漏气安瓿，予以剔除。检查方法有下列两种。

① 将安瓿浸入有色溶液（如 0.05%曙红、酸性大红 G 或亚甲基蓝等）中，再置灭菌器内灭菌；或将灭菌后的安瓿趁热浸入有色溶液中，当冷却时，因安瓿内压力降低，有色溶液借助负压由漏孔进入安瓿内，从而使药液染色，即可检出。

② 将安瓿置于密闭容器内，抽去容器内空气后再放入有色溶液，由于漏气安瓿内空气也被抽出，当放入空气时，有色溶液借助大气压力进入漏气安瓿而被检出。若药液色泽较深，可在减压后灌入常水，如药液色泽变浅，即表示漏气。

（二）灭菌

灭菌法是指用热力或其他适宜方法将物质中的微生物杀灭或除去的方法。微生物包括细菌（致病与非致病菌）、真菌、病毒，这些微生物无所不在，且繁殖速度惊人。其中细菌的芽孢具有较强的抗热性，不易杀死，因此灭菌效果以杀死芽孢为灭菌标准，而 F 与 F_0 值可作为验证灭菌可靠性的参数。

1. 灭菌参数

（1）F 值 F 值为在一定温度（T）下，给定 Z 值所产生的灭菌效果与在参比温度（T_0）下给定 Z 值所产生的灭菌效果相同时，所相当的灭菌时间，以分钟为单位。F 值常用于干热灭菌。其数字表达式为：

$$F = \Delta t \sum 10^{(T-T_0)Z} \tag{8-3}$$

（2）F_0 值 在湿热灭菌时，参比温度定为 121℃，以嗜热脂肪芽孢杆菌作为微生物指示菌，该菌在 121℃时，Z 值为 10℃，F_0 值就是在一定灭菌温度（T）下，Z 为 10℃时所产生的灭菌效果与 121℃，Z 值为 10℃所产生的灭菌效果相同时所相当的时间。无论温度如何变化，F_0 值是把所有温度条件下的灭菌效果都转化为 121℃下灭菌的等效值，故称 F_0 为标准灭菌时间。t 分钟内的灭菌效果相当于在 121℃下灭菌 F_0 分钟的效果。

$$F_0 = \Delta t \sum 10^{(T-121)10} \tag{8-4}$$

F_0 目前仅应用于热压灭菌。

（3）影响 F 值与 F_0 值的因素 F_0 值的计算对于验证灭菌效果极为有用，当产品以 121℃湿热灭菌时，灭菌器内的温度虽能迅速升到 121℃，而被灭菌物品内部则不然，由于包装材料热传导、灭菌物品的数量、摆放位置及其他因素影响使灭菌器内各处温度不均匀。F_0 随着产品温度（T）变化而呈指数的变化，故温度即使很小的差别（如 0.1～1℃）也将对 F_0 值产生显著的影响，同时 F_0 值要求测定灭菌物品内的实际温度，故用 F_0 来监测灭菌效果具有重要的意义。为了使 F_0 测定准确，需要研究影响 F_0 值的因素。

① 温度　由于温度的微小差别将使 F_0 值发生显著的变化，因此首先应保证温度测量的准确性。应选择灵敏度高、重现性好、精密度为 0.1 的热电偶，并对热电偶进行校验。其次灭菌时应将热电偶的探针置于被测物的内部。有些灭菌记录仪附有 F_0 计算器，温度探头经灭菌器通向柜外的温度记录仪，在灭菌过程中和灭菌后，自动显示 F_0 值。

② 灭菌物品在灭菌器内的数量与排布　要注意灭菌器内各层、四角、中间位置热分布是否均匀，并进行实际测定，做出合理排布，同时灭菌物品不能挤得太满，应留有空间，使各处温度分布均匀，测得 F_0 值更可靠。

③ 灭菌产品溶液黏度及容器充填量。

④ 灭菌产品微生物污染数　为了确保灭菌效果，根据 $F_0 = D_{121} \times (\lg N_0 - \lg N_t)$，若 N_0 越大，即被灭菌物中微生物越多，则灭菌时间越长，故生产过程中应尽量减少微生物的污染，应采取各种措施使每个容器的含菌数控制在 10 以下（lg10=1）。

另外，计算 F_0 时，应适当考虑增加安全因素，一般增加 50%，如规定 F_0 为 8min，则实际操作以控制到 12min 为好。

2. 灭菌方法

除无菌操作生产的注射剂外，所有的注射剂灌封后都应及时灭菌，不可久置，从配液到灭菌要求在 12h 内完成。灭菌方法有多种，主要根据药液中原辅料的性质来选择不同的灭菌方法和时间，既要保证灭菌效果，又不能破坏主药的有效成分。必要时，采取几种灭菌方法联合使用。在避菌条件较好的环境中生产的注射剂，一般 1～5ml 安瓿多用流通蒸汽 100℃/30min 灭菌；10～20ml 安瓿采用 100℃/45min 灭菌；对热不稳定的产品，可适当缩短灭菌时间；对热稳定的品种、输液，均应采用热压灭菌。以油为溶剂的注射剂，选用干热灭菌。

（1）干热空气灭菌法　系利用热辐射和灭菌器内空气的对流来传递热量而使细菌的繁殖体因体内脱水而停止活动的一种方法。由于干热空气的穿透力弱且不均匀、比热容小、导热性差，故需长时间、高温度才能达到灭菌目的。一般需 135～145℃灭菌 3～5h，或者 160～170℃灭菌 2～4h，或者 180～200℃灭菌 0.5～1h；250℃ 30min 或 200℃ 45min 可破坏热原。

本法适用于耐高温的玻璃、金属等用具，以及不允许湿气穿透的油脂类和耐高温的粉末化学药品如油、蜡及滑石粉等，但不适用橡胶、塑料及大部分药品。如注射剂容器安瓿、输液瓶、西林瓶及注射用油宜用干热空气灭菌法灭菌。

常用设备有电热箱等，有空气自然对流和空气强制对流两种类型，后者装有鼓风机使热空气在灭菌物品周围循环，可缩短灭菌物品全部达到所需温度的时间，并减少烘箱内各部温度差。

（2）湿热灭菌法　湿热灭菌法系利用饱和水蒸气或沸水来杀灭微生物的一种方法，是注射剂生产应用最广泛的灭菌方法。包括热压灭菌法、流通蒸汽灭菌法、煮沸灭菌法。具有穿透力强，传导快，能使微生物的蛋白质较快变性或凝固，作用可靠，操作简便，水蒸气具有潜热、比热容较热空气大等优点，但对湿热敏感的药物不宜应用。

① 热压灭菌法　热压灭菌法系指在密闭的高压蒸汽灭菌器内，利用压力大于常压的饱和水蒸气来杀灭微生物的方法。具有灭菌完全可靠、效果好、时间短、易于控制等优点，能杀灭所有繁殖体和芽孢。适用于输液灭菌。

热压灭菌温度与时间的关系如下：115℃（68kPa）/30min，121℃（98kPa）/20min，126℃（137kPa）/15min。

热压灭菌器的种类很多，最常用的是卧式热压灭菌器，一般为双扉式灭菌柜，其工艺流程见图 8-23。

AM 系列安瓿检漏灭菌柜是一种高性能、高智能化的安瓿灭菌检漏清洗设备，如图 8-24 所示。主要用于安瓿、口服液、小输液瓶等药品制剂的灭菌和检漏处理。该设备设计先进、结构合理、控制高档。灭菌结束后通过真空或真空加色水检漏，保证废品检出率 100%。最后还可用清水进行清洗处理，保证瓶外壁干净无污染。

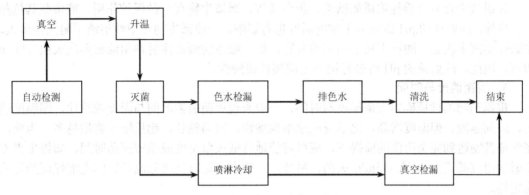

图 8-23　安瓿检漏灭菌柜工艺流程

热压灭菌器使用应注意如下事项。

a. 必须使用饱和水蒸气。

b. 必须将柜内的空气排净，否则压力表上所表示的压力是柜内蒸汽与空气二者的总压，而非单纯的蒸汽压力，温度不符。

c. 灭菌时间必须从全部药液真正达到所要求的温度时算起。在开始升温时，要求一定的预热时间，遇到不易传热的包装、体积较大的物品或灭菌装量较多时，可适当延长灭菌时间，并应注意被灭菌物品在灭菌柜内的存放位置。

d. 灭菌完毕后，必须使压力降到零后等待 10～15min，再打开柜门。

图 8-24　AM 系列安瓿检漏灭菌柜外观

② 流通蒸汽灭菌法　流动蒸汽灭菌系指在常压下，于不密闭的灭菌箱内，用 100℃流通蒸汽 30～60min 来杀灭微生物的方法。本法适用于 1～2ml 注射剂及不耐高温的品种，但不能保证杀灭所有的芽孢，故制品要加抑菌剂。

③ 煮沸灭菌法　煮沸灭菌法系把待灭菌物品放入水中煮沸 30～60min 进行灭菌。本法不能保证杀灭所有的芽孢，故制品要加抑菌剂。

拓 展 学 习

一、影响湿热灭菌的因素

1. 微生物的性质和数量

各种微生物对热的抵抗力相差较大，处于不同生长阶段的微生物，所需灭菌的温度与时间也不相同，繁殖期的微生物对高温的抵抗力要比衰老时期小得多，芽孢的耐热性比繁殖期的微生物更强。在同一温度下，微生物的数量越多，则所需的灭菌时间越长，因为微生物在数量比较多的时候，其中耐热个体出现的机会也越多，它们对热具有更大的耐热力，故每个容器的微生物数越少越好。因此，在整个生产过程中应尽一切可能减少微生物的污染，尽量缩短生产时间，灌封后立即灭菌。

2. 注射液的性质

注射液中含有营养性物质如糖类、蛋白质等，对微生物有一种保护作用，能增强其抗热性。另外，注射液的pH值对微生物的活性也有影响，一般微生物在中性溶液中耐热性最大，在碱性溶液中次之，酸性不利于细菌的发育，如一般生物碱盐注射剂用流通蒸汽灭菌15min即可。因此，注射液的pH值最好调节至偏酸性或酸性。

3. 灭菌温度与时间

根据药物的性质确定灭菌温度与时间，一般来说灭菌所需时间与温度成反比，即温度越高，时间越短。但温度增高，化学反应速率也增快，时间越长，起反应的物质越多。为此，在保证药物达到完全灭菌的前提下，应尽可能地降低灭菌温度或缩短灭菌时间，如维生素C注射剂用流通蒸汽100℃/15min灭菌。另外，一般高温短时间比低温长时间更能保证药品的稳定性。

4. 蒸汽的性质

饱和水蒸气热含量高，穿透力大，灭菌效力高。湿饱和水蒸气热含量较低、过热蒸汽与干热空气差不多，它们的穿透力均较差，灭菌效果不好。

二、其他灭菌法

（一）火焰灭菌法

即以火焰的高温使微生物及其芽孢在短时间内死亡。一般是将需灭菌的物品加热10s以上。如白金等金属制的刀子、镊子、玻棒等在火焰中反复灼烧即达灭菌目的。搪瓷桶、盆和乳钵等可放入少量乙醇，振动使之沾满内壁，燃烧灭菌。

（二）射线灭菌法

1. 紫外线灭菌法

本法是指用紫外线照射杀灭微生物的方法。一般波长200~300nm的紫外线可用于灭菌，灭菌力最强的是波长254nm。

紫外线是直线传播，其强度与距离平方成比例地减弱，并可被不同的表面反射，普通玻璃及空气中的灰尘、烟雾均易吸收紫外线；其穿透力较弱，作用仅限于被照射物的表面，不能透入溶液或固体深部，故只适宜于无菌室空气、表面灭菌，装在玻璃瓶中的药液不能用本法灭菌。

由于紫外线灯的灭菌作用与照射强度、时间和距离有关。一般在6~15m^2的房间安装一只30W紫外线灯，其高度离操作台面不超过1.5m，被灭菌物离灯与台面的垂直点中心不超过1.5m，相对湿度以45%~60%为宜，温度宜在10~55℃范围，并必须保持紫外线灯管无尘、无油垢。

紫外线对人体有一定的影响，照射时间过久，能产生结膜炎、红斑及皮肤烧灼等现象。为此，在操作前开灯1~2h后，再进行操作。由于不同规格紫外线灯，均有一定使用期限规定，一般为3000h，故使用时应记录开启时间，并定期检查灭菌效果。

2. 辐射灭菌法

本法是以放射性同位素（^{60}Co 或 ^{137}Cs）放射的 γ 射线杀菌的方法。其特点是可不升高产品的温度，穿透力强，所以适用于不耐热药物的灭菌，如维生素、抗生素、激素、肝素、羊肠线、重要制剂、医疗器械、高分子材料等。但辐射灭菌设备费用高，某些药品经辐射后，有可能效力降低或产生毒性物质且溶液不如固体稳定，操作时还须有安全防护措施。

3. 微波灭菌法

本法是指用微波照射产生热而杀灭微生物的方法。频率在 300～300000MHz 之间的微波，可被水吸收，进而水分子转动、摩擦而生热。其特点是低温、省时（2～3min）、常压、均匀、高效、保质期长、节约能源、不污染环境、操作简单、易维护。能用于水性注射液的灭菌。但存在灭菌不完全及劳动保护等问题。

（三）滤过除菌法

滤过除菌法系利用滤过方法除去活的或死的微生物的方法。本法适用于很不耐热药液的灭菌。常用的滤器有 G6 号垂熔玻璃漏斗、0.22μm 微孔滤膜等。为保证无菌，采用本法时，必须配合无菌操作法，并加抑菌剂；所用滤器及接受滤液的容器均必须经 121℃ 热压灭菌。

模块五　灯　检

一、职业岗位

灯检工。

二、工作目标

1．能陈述灯检中常见可见异物的种类、检查方法。
2．能陈述灯检机的基本结构和工作原理。
3．能运用注射剂灯检的质量标准。
4．能看懂生产指令。
5．会进行生产前准备。
6．能按生产指令执行典型灯检机的标准操作规程，完成生产任务。
7．会进行设备清洁和清场工作。
8．会填写灯检原始记录。
9．会分析出现的问题并提出解决办法。

三、准备工作

（一）职业形象。

按一般生产区生产人员进出规程（详见附录1）进入生产操作区。

（二）任务主要文件

1．批生产指令单。

2. 灯检岗位操作规程。
3. JP 系列灯检机操作规程。
4. JP 系列灯检机清洁操作规程。
5. 物料交接单。
6. 灯检生产记录。
7. 清场记录。

（三）物料

根据批生产指令领取已灭菌的安瓿等，并核对物料品名、规格、批号、数量等，确认无误后，交接双方在物料交接单（详见附录4）上签字。

（四）器具、设备

1. 设备：灯检仪。
2. 器具：托盘，贴有合格品、不良品、废品标志的盛放容器。

（五）检查

1. 检查操作间是否有清场合格标志，并在有效期内，否则按清场标准操作规程进行清场并经 QA 检查合格后，填写清场合格证，才能进入下一步操作。
2. 确认无上批遗留物，如发现应及时处理。
3. 准备好周转用的空盘及盛放垃圾的储物容器。
4. 调整并确认灯检室的避光符合要求。
5. 悬挂运行状态标志，进入生产操作。

四、生产过程

（一）操作过程

1. 复核待灯检半成品的名称、数量、规格、批号等是否与物料流动卡一致。
2. 打开灯检装置的光源（日光灯），设定并复核光照度是否在 1000~1500lx（无色溶液注射剂设定在 1000~1500lx，透明塑料容器或有色溶液注射剂光照度设定在 2000~3000lx）。
3. 根据可见异物检查法逐支目视检查注射剂中不溶物、析出物或外来异物。
4. 将检验不合格品标明品名、规格、代号（工号）、批号，置于盛放容器内交岗位负责人单独存放。
5. 灯检过程中 QA 检查员和岗位负责人对灯检员所检合格产品进行抽检，发现问题及时通知灯检员复检。
6. 将合格品标明名称、规格、批号、数量、灯检操作工号等信息，灯检结束后通知质量部抽样检查可见异物，合格后移入暂存间。如不合格，则进行复检，直至质量部抽样检查合格。
7. 将灯检不合格品放至指定位置，做好标记。
8. 及时填写生产记录（见表 8-11）。

表 8-11　小容量注射剂灯检生产记录

产品名称	维生素 C 注射液	规格	2ml：0.1g	批号	
工序名称	灯检			批量	10万支
生产场所	灯检间				

续表

灯检开始时间			灯检结束时间		
操作要点			操作记录		操作人
1. 灯检间清场确认,核对待检品标示牌（品名、批号、生产日期）			是□ 否□		
2. 挑出破瓶、装量偏高或偏低、玻璃屑、色点、纤维、白点（块）、炭化、外观不好等不良品			是□ 否□		

亚批号	灯检不合格数								
	破瓶/支	空瓶/支	装量/支	白点/支	色点/支	玻屑/支	炭化/支	纤维/支	其他/支	合计/支
汇总										

3. 物料统计

亚批号	受检总数/支		合格品总数/支		灯检合格率/%	物料平衡/%
	数量	合计	数量	合计		

灯检合格率=合格品总数/受检总数×100%　　　统计人
物料平衡=（灯检不合格品+灯检合格品）/灯检总数×100%　　　工艺员（复核）
复核人　　　　　　　　　QA　　　　　　　　　岗位负责人

异常情况与处理记录：

（二）质量控制要点与质量判断

1. 澄明度：按 2010 年版《中国药典》可见异物检查法的规定，不得检出有肉眼可见的浑浊或异物。
2. 每盘标记、灯检者代号、存放区要有明显的标示，以防混淆。
3. 不良品：凡是有焦头、玻璃纤维、白点、装量问题、色点的为不良品。
4. 废品：凡是瓶身有裂纹、破损、漏药、浑浊、色水现象的为废品。

（三）结束工作

1. 按一般生产区清洁标准操作规程对灯检室进行清洁。
2. 每批生产结束后对地面、墙面和门窗等进行清洁消毒。
3. 完成生产记录和清场记录（见附录5）的填写，请QA检查，合格后发给"清场合格证"。

五、基础知识

（一）常见可见异物的种类

1. 定义

可见异物是指存在于注射剂、滴眼剂中，在规定条件下目视可以观测到的不溶性物质，其粒径或长度通常大于 50μm。

2. 类型

（1）外源性物质　纤毛、金属屑、玻璃屑、白点、白块等。

（2）内源性物质　原料相关的不溶物、药物放置后析出的沉淀物等。

（二）可见异物的检查方法

1. 灯检法

检测原理：肉眼判别。

检查方法：视力符合药典标准要求的操作工在暗室中用目视在一定光照强度下的灯检仪下对注射剂内容物进行逐一检查。

GMP 规定，一个灯检室只能检查一个品种的安瓿。检查时采用 40W 的日光灯作光源，并用挡板遮挡以避免光线直射入眼内，背景为白色或黑色，使其具有明显对比度，安瓿距光源约 200mm 处，轻轻转动安瓿，目测药液内有无微粒。国内厂家基本上采用人工目测法检查安瓿的澄明度。

缺点：灯检人员视力不同，检测结果不同，质量不均一；操作工眼睛易疲劳，容易误检或漏检；长时间工作对操作工的眼睛有一定损害，员工思想压力大，易造成质量波动，产生漏检；生产效率低，每人每小时检查约 1500～2000 支，是大规模生产的产量瓶颈。

2. 光散射法

灯检法不适用的品种选用本法。

仪器：可见异物测定仪。

检测过程：校准（用 40μm、60μm 标准粒子）→计算检测限度值（相当于 50μm 粒子的像素）→上样品瓶→调整视窗→设置旋瓶时间、静置时间、测定限值等→样品测定→给出有无粒子的结果。

检查方法：供试品通过上瓶装置被送至旋瓶装置，供试品在旋瓶装置上沿垂直中轴线高速旋转一定时间后迅速停止，同时激光光源发出的均匀激光束照射在供试品上；当药液涡流基本消失，瓶内药液因惯性继续旋转，图像采集器在特定角度对旋转药液中悬浮的不溶性物质引起的散射光能量进行连续摄像；数据处理系统对采集的序列图像进行处理，然后根据预先设定的阈值自动判定超过一定大小的不溶性物质的有无，同时记录检测结果，指令下瓶装置自动分拣合格与不合格供试品。

光散射法即为人们常说的全自动灯检机的检测原理。全自动灯检机是一种集机电技术于一体的检测设备，相比人工灯检有非常直观的优点：对 50μm 以上微粒可全部检出，完全符合药典的要求；成品质量均一稳定，不存在质量波动，可降低质量风险；可实现大规模工业化生产；对每支次品均可保存其不合格原因，对其做数据分析可更好地对注射剂生产工艺进行优化。

光散射法较为客观，但目前存在成本高、适用品种少、参数设置不当影响检测结果等缺点。

3. 显微镜法

破坏性检查，可作为企业对异物进行定性、查找质量问题原因的手段。

（三）全自动灯检机

全自动灯检机由灯检箱、灯检台、灯检仪和电脑显示屏组成，设备外形如图 8-25 所示。

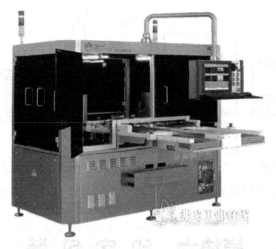

图 8-25　全自动灯检机外观

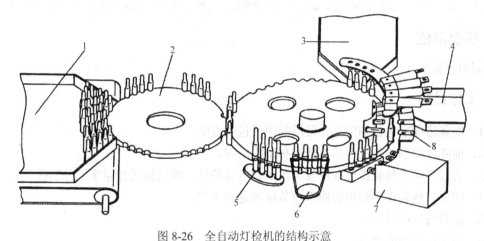

图 8-26　全自动灯检机的结构示意

1—输瓶盘；2—拨瓶盘；3—合格贮瓶盘；4—不合格贮瓶盘；5—顶瓶；
6—转瓶；7—异物检查；8—空瓶、液量过少检查

全自动灯检机的结构示意如图 8-26 所示。当被检测物体送到输送带后，被检测物体由输送带输送到进瓶拨轮，由进瓶拨轮输送到转盘检验区。当到达旋瓶装置时，旋瓶电机高速旋转，使得被检测物体高速旋转。进入光电检测前，通过刹车制动，使得被检测物体停止旋转，而瓶内的液体仍在旋转。此时，被检测物体进入光电检测区，光源一直照射到被检测物体上，工业相机对被检测物体高速拍照，如果被检测物体内液体有任何杂质，经过几幅图像进行比较，即可判定出来。根据预先设定好的参数，电脑会判断出此安瓿是合格品还是不合格品，最后将合格品和不合格品分别送入合格品通道和不合格品通道，完成整个灯检的过程。

第三工位异物检查：安瓿停止转动，瓶内药液仍高速运动，光源从瓶底部透射药液，检测头接收药液中异物产生的散射光或投影，然后向微机输出检测信号，检测原理如图 8-27 所示。

第四工位是空瓶、药液过少检测：光源从瓶侧面透射，检测头接收信号整理后输入微机程序处理，见图 8-28。

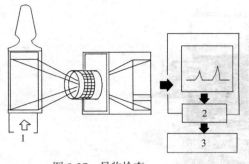

图 8-27 异物检查

1—光；2—处理；3—合格与不合格品的分选

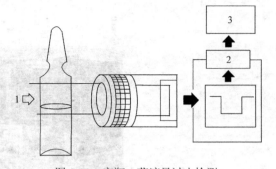

图 8-28 空瓶、药液量过少检测

1—光；2—处理；3—合格品与不合格品的分选

模块六 印字包装

一、职业岗位

制剂包装工。

二、工作目标

1. 能陈述印字包装的定义、常用的印子包装方法。
2. 能陈述印字包装机的基本结构和工作原理。
3. 会按印字、包装操作规程设定印字、包装条件，规范地进行印字、包装操作。
4. 印字、包装设备使用前检查设备运转是否正常。
5. 能看懂生产指令。
6. 会进行生产前准备。
7. 能按岗位操作规程进行小剂量注射剂的印字包装。
8. 会进行设备清洁和清场工作。
9. 会填写原始记录。

三、准备工作

（一）职业形象

按一般生产区生产人员进出规程（详见附录1）进入生产操作区。

（二）任务主要文件

1. 批生产指令单。
2. 印字包装岗位操作规程。
3. 印字包装设备操作规程。
4. 印字包装设备清洁操作规程。
5. 印字包装岗位清洁操作规程。
6. 物料交接单。
7. 印字包装生产记录。

8. 清场记录。

（三）物料

根据批包装指令领取包装材料和灯检合格的注射剂，并核对物料品名、规格、批号、数量、检验报告单或合格证等，确认无误后，交接双方在物料交接单（详见附录4）上签字。

（四）器具、设备

1. 设备：印字包装联动机。
2. 器具：托盘、推车、包装纸盒等。

（五）检查

1. 检查操作间是否有清场合格标志，并在有效期内，否则按清场标准操作规程进行清场并经QA检查合格后，填写清场合格证，才能进入下一步操作。
2. 确认无上批遗留物，如发现应及时处理。
3. 准备好周转用的空盘及盛放垃圾的储物容器。
4. 检查设备各润滑点的润滑情况。
5. 检查各机器的零部件是否齐全，检查并固定各部件螺丝，检查安全装置是否安全、灵敏。
6. 悬挂运行状态标志，进入生产操作。

四、生产过程

（一）生产操作

1. 根据产品名称、规格、批号，安装印字铜板（品名、批号、规格由工序负责人和工序质监员核对）。
2. 核对无误后开印包机，同时检查印字字迹是否清晰并将印字后产品逐一装入纸盒内，每10小盒为一扎，同时检查有无漏装。
3. 需手工包装的产品，每一小盒为一组，每5小盒或10小盒为1中盒，每10中盒或20中盒为一箱，最后装入大箱中，由工序质监员核对装箱单和拼箱单内容，放入装箱单和拼箱单，核对品名、规格、数量等无误后封箱。
4. 及时填写生产记录（见表8-12）。

表 8-12 印字包装生产记录

产品名称	维生素C注射液	规格	2ml : 0.1g	批号	
工序名称	印字包装	生产日期	年 月 日	批量	10万支
生产场所		印字包装间		主要设备	
印字包装开始时间				印字包装结束时间	
操作要点			操作记录		操作人
1. 检查上批清场情况，确认无上批遗留产品。			是□ 否□		
2. 接通电源。			是□ 否□		
3. 设定自动程序，设置参数。			是□ 否□		
			印字速度：		
			包装速度：		
4. 开机。			是□ 否□		
5. 工作结束后，切断电源。			是□ 否□		

续表

检查	时间	生产运行状态	设备运行状态标志	生产记录填写	设备清洁	质量员签字
复核人		QA			岗位负责人	

异常情况与处理记录：

（二）质量控制要点与质量判断

1．批号、有效期的印字应正确，字迹清晰、端正、油墨均匀。
2．每盒装药数量应准确，应有人复核检查。
3．装箱数量准确，应有第二人独立复核检查。
4．包装材料的领用量、使用量、破损量、销毁量、退库量，应有第二人独立复核。
5．注意事项：不同品种、规格的药品及包装材料应严格隔离。包装线在同一时间只能包装同一批产品。

（三）结束工作

1．将剩余的包装材料清点数量，退回仓库。
2．将所有有缺陷及已打印批号、有效期的包装材料清点数量，登记台账，集中销毁。
3．将残损的药清点支数，记录并销毁。
4．按规定清洁设备和操作间。
5．完成生产记录和清场记录（见附录5）的填写，请QA检查，合格后发给"清场合格证"。

五、基础知识

（一）印字包装常用设备

1．安瓿油墨印字机

经检验合格后的注射剂在装入纸盒前需在安瓿体上印上药品名称、规格、生产批号、有效期和生产厂家等标记，以确保使用安全。安瓿印字机是用来在安瓿上印字的专用设备。常用的有转盘式和抛射式两种，见图8-29、图8-30，二者印字原理相同，但推瓶原理不同。抛射式安瓿油墨印字机主要由输送带、安瓿斗、托瓶板、推瓶板和印字轮系统组成，如图8-30所示，安瓿斗与机架呈25°倾斜，底部出口外侧装有一对转向相反的拔瓶轮，其作用为防止安瓿在出口窄颈处被卡住，能使安瓿顺利进入出瓶轨道。

（1）安瓿油墨印字机工作原理　工作时，印字轮、推瓶板、输送带等的动作保持协调同步。在拔瓶轮的协助下，安瓿由安瓿斗进入出瓶轨道，直接落在镶有海绵垫的托瓶板上。此时，往复运动的推瓶板将安瓿送至印字轮下，转动的印字轮在压住安瓿的同时也使安瓿反向滚动，从而完成安瓿印字的动作，已印完字的安瓿从托瓶板的末端落入输送带已翻盖的纸盒内，落入纸盒的安瓿排列整齐，装满一盒时，在安瓿上覆上说明书，盖好盒盖，由输送带送至贴签区。

图 8-29　转盘式安瓿油墨印字机外观　　　　　　图 8-30　抛射式安瓿印字机外观
1—装瓶斗；2—拨瓶轮；3—自动加墨机构；
4—油墨轮；5—钢质匀墨轮；6—着墨轮；7—字版轮；
8—橡皮印字轮；9—托盘；10—落瓶（装盒）及输送装置

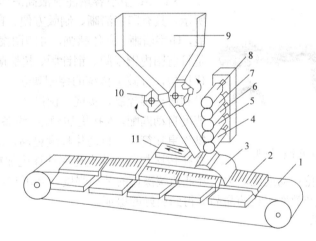

图 8-31　抛射式安瓿印字机结构原理
1—纸盒输送带；2—纸盒；3—托瓶板；4—橡皮印字轮；5—字版轮；6—着墨轮；
7—钢质匀墨轮　8—油墨轮；9—安瓿盘；10—拨瓶轮；11—推瓶板

（2）印字部分的原理　印字系统由五只不同功用的轮子组成，如图 8-31 所示。油墨轮上的油墨，经能转动且有少量轴向窜动的钢质匀墨轮、着（上）墨轮，可均匀地加到字版轮上，转动的字版轮又将其上的正字模印，反印到印字轮上，再由印字轮与下落到位的安瓿做相对滚动，转印到安瓿上，成为正字字痕。

（3）工作过程　两个反向转动的送瓶轮按着一定的速率将安瓿逐支自安瓿盘输送到推瓶板前，即送瓶轮、印字轮的转速及推瓶板和纸盒输送带的前进速率等需要协调，这四者同步运行。做往复间歇运动的推瓶板每推送一只安瓿到印字轮下，也相应地将另一只印好字的安瓿推送到开盖的纸盒槽内。油墨是用人工的方法加到匀墨轮上。通过对滚，由钢质匀墨轮将油墨滚匀并传送给橡皮上墨轮。随之油墨即滚加在字轮上,带墨的钢制字轮再将墨迹传印给印字轮。

由安瓿盘的下滑轨道滚落下来的安瓿将直接落到镶有海绵垫的托瓶板上,以适应瓶身粗细不均的变化。推瓶板将托瓶板及安瓿同步送至印字轮下。转动着的印字轮在压住安瓿的同时也拖着其反向滚动,油墨字迹就印到安瓿上了。

由于安瓿与印字轮滚动接触只占其周长的 1/3,故全部字必须在小于 1/3 安瓿周长范围内布开。如图 8-32 所示,通常安瓿上需印有三行字,其中第一、第二行是标明厂名、剂量、商标、药名等字样,是用铜板排定固定不变的;而第三行是药品的批号,则需使用活版铅字,准备随时变动调整。

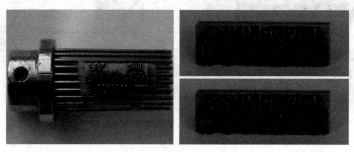

图 8-32 字笼及字模

2. SY-AA 型安瓿高清印字机

图 8-33 安瓿高清印字机外观

SY-AA 型小容量注射液高清印字机,如图 8-33 所示,具有印字清晰、制版方便、自动化程度高等功能,印字清晰、立体感强,可印图案、各国语言文字,是目前国内铜字版、钢针版、树脂版印字机的更新换代机型,打破了传统的控制观念,采用 PLC 编程技术和触摸屏控制,实现一键操作,印字速率和输送带速度自动匹配,入托更加稳定。设备设计更加人性化,操作更加简单,自动化程度更高,采用同步电机,使盒托传送与药瓶落支速率计算更加精确,根据下瓶量主机、传送带、压瓶轮自动配比,大大降低传统操作的劳动强度,并可与自动装盒机、自动捆扎机联动,提高生产效率,让药品品质得到更好的保证。

3. 全自动装盒机

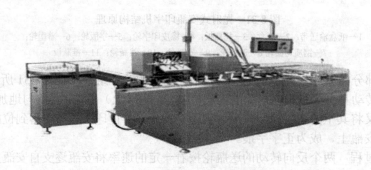

图 8-34 全自动装盒机外观

如图 8-34 所示,全自动装盒机是集光、机、电、气于一体的全自动设备,由 PLC 系统统一协调和控制。适用于药品的机械自动装盒。自动完成药品的传送、说明书的折叠与传送、纸盒的折叠与传送、将药品与说明书装入纸盒内、纸盒两端纸舌封装等工序，并对不合格品进行自动剔除。

自动装盒机的进料一般有三个入口：说明书入口、药品入口和机包盒入口。从机包盒进料到最后包装成型的整个过程大致可分为四个阶段：下盒、打开、装填、合盖。下盒动作通常是有一个吸盘从纸盒进料口吸取一个纸盒，下行到装盒主线上，由一个导轨卡将纸盒固定并用一个推板打开纸盒，同时会有两个可向前移动的卡位从下面升起，从前后方向卡住纸盒两侧面，使盒子打开成直角并迁移到装填区域。装填后，机器的机构会将"耳朵"折进左右的导轨中，然后再进行合盖动作。工作流程如图8-35所示。

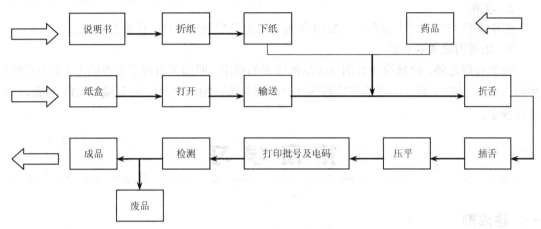

图 8-35　自动装盒机工作流程示意

（二）质量检查

1. 注射液装量检查法

标示装量为不大于 2ml 者取供试品 5 支，2ml 以上至 50ml 者取供试品 3 支；开启时注意避免损失，将内容物分别用相应体积的干燥注射器及注射针头抽尽，然后注入经标化的量入式量筒内（量筒的大小应使待测体积至少占其额定体积的 40%），在室温下检视。测定油溶液或混悬液的装量时，应先加温摇匀，再用干燥注射器及注射针头抽尽后，同前法操作，放冷，检视，每支的装量均不得少于其标示量。

2. 注射用无菌粉末装量差异检查法

检查法：取供试品 5 瓶（支），除去标签、铝盖，容器外壁用乙醇擦净，干燥，开启时注意避免玻璃屑等异物落入容器中，分别迅速精密称定，倾出内容物，容器用水或乙醇洗净，在适宜条件下干燥后，再分别精密称定每一容器的重量，求出每瓶(支)的装量与平均装量。每瓶（支）装量与平均装量相比较，应符合表 8-13 所列规定；如有 1 瓶（支）不符合规定，应另取 10 瓶(支)复试，应符合规定。

表 8-13　注射用无菌粉末装量差限度

平 均 装 量	装量差异限度
0.05g 及 0.05g 以下	±15%
0.05g 以上至 0.15g	±10%
0.15g 以上至 0.50g	±7%
0.50g	±5%

3. 渗透压摩尔浓度

除另有规定外，静脉输液及椎管注射用注射液按各品种项下的规定，照渗透压摩尔浓度测定法（《中国药典》2010年版二部附录Ⅸ G）检查，应符合规定。

4. 可见异物

除另有规定外，照可见异物检查法（《中国药典》2010年版二部附录Ⅸ H）检查，应符合规定。

5. 不溶性微粒

除另有规定外，溶液型静脉用注射液、注射用无菌粉末及注射用浓溶液照不溶性微粒检查法（《中国药典》2010年版二部附录Ⅸ C）检查，均应符合规定。

6. 无菌

照无菌检查法（《中国药典》2010年版二部附录Ⅺ H）检查，应符合规定。

7. 细菌内毒素或热原

除另有规定外，静脉用注射剂按各品种项下的规定，照细菌内毒素检查法（《中国药典》2010年版二部附录Ⅺ E）或热原检查法（《中国药典》2010年版二部附录Ⅺ D）检查，应符合规定。

拓 展 学 习

一、输液剂

（一）概述

输液剂系指通过静脉或胃肠道外其他途径滴注入体内的大型注射液。用量在100ml以上至数千毫升，故又称大输液。它不仅可以补充必要的营养、热能和水分，以维持体内水、盐（电解质）的平衡，而且对改善血液循环，防止和治疗休克，调节酸碱平衡，稀释和排泄毒素，经静脉滴注给药等均有重要作用。

1. 输液的种类

（1）电解质输液　用以补充体内的水分和电解质，调节酸碱平衡等，如氯化钠注射液。

（2）营养输液

① 糖类及多元醇类输液　用以供给机体热量和补充体液，如葡萄糖注射液。

② 氨基酸输液　用于维持危重病人的营养、补充体内的蛋白质，如各种复方氨基酸注射液。

③ 乳剂输液　可为不能口服食物而严重缺乏营养的病人提供大量热量和补充机体必需的脂肪酸，如静脉脂肪乳注射液。

（3）胶体类输液（俗称血浆代用液）　这类输液系一种与血浆等渗的胶体溶液。由于高分子不易通过血管壁使水分可较长时间地保持在循环系统内，增加血容量和维持血压，以防病人产生休克。如右旋糖酐输液。

2. 质量要求

除应符合注射剂一般要求外，尚有下列特殊要求：

① 应具有适宜的渗透压，等渗或略高渗。

② 输液的 pH 值力求接近人体血液的 pH 值。

③ 应无毒副作用，输入体内不会引起血象的异常变化，不损害肝、肾等脏器，某些输液还要求无致敏性的异性蛋白。

④ 应完全澄明、无菌、无热原。

⑤ 输液内不得加入任何抑菌剂、止痛剂、增溶剂。

(二) 输液剂的制备

1. 生产工艺流程（见图 8-36）

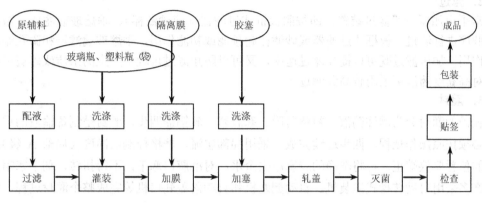

图 8-36 输液生产工艺流程示意

2. 容器及包装材料

输液的包装材料包括输液瓶、隔离膜、橡胶塞及铝盖等。容器以中性硬质玻璃瓶为主，也有聚丙烯塑料瓶（PP 瓶）和软体聚氯乙烯塑料袋。

（1）输液瓶的质量要求和清洁处理　输液瓶应无色透明，瓶口圆滑均匀、端正，无条纹、气泡，耐酸、耐碱、耐水，经灭菌及贮存期不会脱片。输液瓶的清洗有酸洗法和碱洗法两种。前者是将输液瓶先用硫酸重铬酸钾清洁液荡涤整个瓶的内壁及瓶口，再用纯化水、注射用水冲洗。后者是用 2%氢氧化钠溶液冲洗，也可用 1%～3%碳酸氢钠溶液冲洗，由于碱性对玻璃有腐蚀作用，故接触时间不宜过长，再用纯化水、注射用水冲洗干净备用。

（2）胶塞的质量要求和清洁处理　胶塞应具有弹性和柔曲性、性质稳定，不与药液起反应，能耐高温、高压，具有一定耐溶性，吸附作用小，无毒，当针头刺入和拔出后应立即闭合，而且能耐受多次穿刺而无碎屑脱落。新橡胶塞先用饮用水洗净，再用 0.5%～1.0%氢氧化钠煮沸 30min，以除去表面的硬脂酸及硫化物，水洗掉碱以后；再用 1%盐酸煮沸 30min，以除去表面的氧化锌、碳酸钙等，再反复用饮用水洗至洗液 pH 值呈中性，在纯化水中煮沸约 30min，最后用滤过的注射用水冲洗数次，合格后备用。

采用丁基橡胶时，用注射用水漂洗、硅化、灭菌即可。

（3）隔离膜的质量要求和清洁处理　常用的有涤纶薄膜。质量上要求无通透性、理化性质稳定、抗水、弹性好、无异臭、不皱折、不脆裂，并有一定的耐热性和机械强度。清洁处理时，将直径 38mm 白色透明圆片薄膜，用手捻松，抖去碎屑，剔除皱折或残缺者，平摊在有盖不锈钢杯中，用热注射用水浸渍过夜（质量差时可用 70%乙醇浸渍过夜），次日用注射用水漂洗至薄膜逐张分离，并检查漂洗水澄明度，合格后方可使用。使用时再用微孔滤膜滤过的注射用水动态漂洗，边灌药液边用镊子逐张取出，盖在瓶口上，立刻塞上胶塞。但涤纶薄膜具有静电引力，易吸附灰尘和纤维，所以漂洗操作应在清洁的环境中进行。采用丁基橡胶时，可不使用涤纶薄膜。

（三）工艺过程

1. 配液

输液配制的基本操作、环境要求及原辅料等质量要求与安瓿注射剂基本相同，配液必须用新鲜的注射用水，原料应是优质供注射用的。配制时，根据处方按品种进行，必须严格核对原辅料的名称、重量、规格。先加入0.01%~0.5%的针用一级活性炭浓配，经滤过处理后稀释至适量混匀后，测中间体含量和pH值。

2. 滤过

常采用加压三级滤过装置，即按照板框式过滤器（或砂滤棒）、垂熔玻璃滤器、微孔滤膜的顺序进行滤过。板框式过滤器或砂滤棒起预滤或初滤作用，垂熔玻璃滤器和微孔滤膜起精滤作用。加压滤过既可以提高滤过速率，又可以防止滤过过程中产生的杂质或碎屑污染滤液。对高黏度药液可采用较高温滤过。

3. 灌封

输液的灌封分为灌注药液、衬垫薄膜、塞胶塞、轧铝盖四步，灌封是制备输液的重要环节，必须按照操作规程，四步连续完成。采用局部层流，严格控制洁净度（局部A级）。隔离膜的位置要放端正，再将洗净的胶塞甩去余水，对准瓶口塞下，不得扭转，翻下塞帽。大量生产多采用自动转盘式灌装机、自动翻塞机和自动落盖轧口机等完成整个灌封过程，实现了联动化机械化生产，提高了工作效率和产品质量。灌封完成后，应进行检查，对于轧口不紧而松动的输液，应剔出处理，以免灭菌时冒塞或贮存时变质。

现在常用的一种PP瓶大输液的吹洗灌封生产机组，包括吹瓶部分、洗灌封部分和瓶子转送部分，其中瓶子转送部分包括瓶子下降装置、瓶子交接装置和连续进瓶轨道。瓶子交接装置包括取瓶机构和驱动取瓶机构左右移动的伺服机构，取瓶机构由前后移动的安装板以及设置于安装板上的与瓶子下降装置交接瓶子的取瓶手指组成；连续进瓶轨道连接至洗灌封部分，其具有与取瓶手指交接瓶子的多个接瓶夹。该生产机组集吹瓶、洗瓶、灌装、封口于一身，可完成PP瓶大输液生产的全过程，瓶子转送部分将吹瓶部分间歇吹出的瓶子送入连续运动的洗灌封部分，瓶子在保持瓶口向下的状态下进行交接、清洗之后才翻转继续完成灌装、封口工作。此生产方式减少了中间环节，进而降低了生产成本、减少了生产过程中的污染。

4. 灭菌

灭菌要实时，达到灭菌所需条件，以保证灭菌效果。输液从配制到灭菌的时间，一般不超过4h，输液瓶一般容量为100ml、250ml或500ml，且瓶壁较厚，灭菌时需要较长预热时间（一般预热20~30min），以保证瓶的内外均达到灭菌温度，也不会因骤然升温而使输液瓶炸裂。对于大容量注射剂通常采用116℃ 30min或121℃ 15min进行灭菌。

（四）质量检查

输液的质量检查，包括装量、渗透压摩尔浓度、可见异物、不溶性微粒、热原、无菌、含量与pH检查等项，均应符合《中国药典》2010年版的规定。

（五）输液剂生产中的问题及解决办法

输液生产中存在的主要问题是可见异物与微粒问题、染菌和热原反应。

1. 可见异物与微粒问题

输液中的较大的微粒可造成局部循环障碍，引起血管栓塞；微粒过多，造成局部堵塞和供血不足，组织缺氧而产生水肿和静脉炎。微粒包括炭黑、碳酸钙、氧化锌、纤维素、纸屑、黏土、玻璃屑、细菌、真菌等。微粒产生的原因及解决方法如下。

（1）工艺操作中的问题　由于车间空气洁净度差，输液瓶、胶塞、隔离膜洗涤不干净，滤器选择不当，滤过方法欠妥，灌封操作不合要求，工序安排不合理等原因造成的。解决方法有加强工艺过程管理，采用层流洁净技术来净化空气，微孔滤膜过滤。

（2）橡胶塞与输液瓶质量　钙、锌、硅酸盐及铁等物质可从橡胶塞和玻璃容器中析出，成为输液中的"小白点"，在贮存期间可污染药液，故对胶塞与容器的质量须进一步提高。国内现使用丁腈橡胶有利于提高输液的质量。

（3）原辅料质量　如注射用葡萄糖可能含有少量蛋白质及因水解不完全而产生的糊精、钙盐等杂质，这些杂质可使输液产生乳光、小白点、发浑。目前国内已制定"输液用"的原辅料质量标准。

（4）医院输液操作对输液的污染　静脉滴注装置不净、无菌操作不严、不适当的输液配伍加药等。可考虑安置终端过滤器（0.8μm 的微孔滤膜），使微粒大幅度减少。

2. 热原反应

输液的热原反应，临床上时有发生，大多数为使用过程中的污染所致，必须引起足够的重视。据统计，在 25 例热原反应中有 84% 属于输液器和输液管道引起。因此，一方面要加强生产过程的控制，另一方面更应重视使用过程中的污染。国内现已生产一次性全套输液器，包括插管、导管、调速和加药装置、末端过滤、排除气泡及针头等，并在输液器出厂前进行了灭菌，为使用过程中解决热原反应创造了有利的条件。

3. 染菌

有些输液染菌后出现霉团、云雾状、浑浊、产气等现象，也有些即使含菌数很多，但外观上没有任何变化。如果使用这种输液，将会造成严重后果，能引起脓毒症、败血病、内毒素中毒甚至死亡。输液染菌的原因，主要是由于生产过程中严重污染、灭菌不彻底及瓶塞松动、漏气等造成。输液制备过程中要特别注意防止污染，因为有些芽孢菌需经 120℃ 30～40min，甚至某些放线菌要经过 140℃ 15～20min 才能杀死。染菌越严重，这些耐热芽孢菌类污染的可能性就越大。同时，输液多为营养物质，细菌易于生长繁殖，即使最后经过灭菌，但大量细菌尸体存在，也能引起发热反应，因此，解决的根本办法是尽量减少生产过程中的污染，同时还要严格灭菌，严密包装。

（六）举例

1. 葡萄糖注射液

【处方】　注射用葡萄糖 100g，1% 盐酸适量，注射用水加至 1000ml。

【制法】　将葡萄糖投入煮沸的注射用水内,使成 50%～60% 的浓溶液,加盐酸适量,同时加浓溶液量 0.1%(g/ml) 的活性炭,混匀,加热煮沸约 15min,趁热滤过脱炭。滤液加注射用水稀释至所需量,测定 pH 及含量合格后,滤过，灌装，封口，115℃ 30min 热压灭菌。

2. 静脉注射脂肪乳

【处方】　大豆油 150g，大豆磷脂 12g，甘油 25g，注射用水加至 1000ml。

【制法】　大豆磷脂、甘油及适量水置于高速捣碎机中，在氮气流下制成均匀的磷脂分散液，将其倾入二步乳匀机的贮液瓶中，缓缓注加 90℃ 的大豆油在氮气流下进行高压乳化至乳滴直径小于 1 mm，经乳匀机加注射用水至足量，4 号（5～15 mm）垂熔漏斗滤过，灌装，

充 N_2 加隔离膜、橡胶塞及压铝盖，旋转高压灭菌器 121℃15min 灭菌，灭菌完毕后，冲热水逐渐冷却。在 4～10℃下贮存。

3. 碳酸氢钠注射液

【处方】 碳酸氢钠 505g，注射用水加至 10000ml。

【制法】 碳酸氢钠加适量新鲜的注射用水溶解，加水至足量，加热至 100℃并保持 10min，冷却，加活性炭 30 g，搅拌 1min，滤过，再将溶液冷至 15℃以下，不断从底部充入二氧化碳，使 pH 为 7.8～8.0，测定含量，以二氧化碳气加压滤过，分装，100℃ 30min 灭菌。

4. 右旋糖酐注射液

【处方】 右旋糖酐(中分子)60g，氯化钠 9g，注射用水加至 1000ml。

【制法】 取注射用水适量加热至沸，加入右旋糖酐，使浓度为 12%～15%，搅拌使溶解，加入 1.5%的活性炭，保持微沸 1～2 h，加压滤过脱炭，浓溶液加注射用水稀释成 6%溶液，然后加入氯化钠，搅拌使溶解，冷却至室温，取样，测定含量和 pH（pH4.4～4.9），再加活性炭 0.5%，搅拌，加热至 70～80℃，滤过，至药液澄明后灌装，用 112℃ 30min 灭菌。

二、粉针剂

粉针剂是注射用无菌粉末的简称，临用前用灭菌注射用水配成溶液或混悬液注入体内。制剂中的主药大多为在水溶液中易分解失效或对热不稳定的药物，如青霉素、先锋霉素类、一些酶制剂等。依据生产工艺不同，粉针可分为注射用无菌分装产品和注射用冷冻干燥制品。前者是将已经用灭菌溶剂法或喷雾干燥法精制而得的无菌药物粉末，在避菌条件下分装而得，常见于抗生素药品，如青霉素；后者是将药物配制成无菌水溶液，经冷冻干燥法制得的粉末密封后得到的产品，常见于生物制品，如辅酶。

粉针剂除应符合注射用药物的各项规定外，还应符合下列质量要求：①粉末无异物，配成溶液或混悬液的可见异物检查合格；②粉末的细度或结晶应适宜，便于分装；③无菌、无热原。

（一）注射用无菌分装产品

注射用无菌分装产品，是用无菌操作法将经过无菌精制的药物粉末分装于洁净灭菌的小瓶或安瓿中密封而成。高致敏性药品或生物制品（如青霉素）分装车间必须采用专用和独立的厂房、生产设施和设备。青霉素类产尘量大的操作区域应当保持相对负压，排至室外的废气应当经过净化处理。

1. 生产工艺

注射用无菌分装产品生产工艺流程见图 8-37。

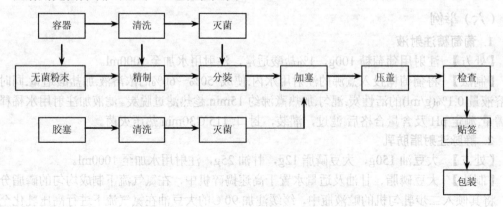

图 8-37 无菌分装粉针剂生产工艺流程示意

（1）药物的准备　为制定合理的生产工艺，需要掌握药物的物理化学性质。主要测定待分装物料的热稳定性、临界相对湿度、粉末的晶形和粉末的松密度。根据物料的临界相对湿度来设计分装室的相对湿度，根据物料的粉末晶形和松密度选择适宜的分装容器和分装机械，根据物料的热稳定性决定产品是否可采取最终灭菌的补充措施。

待分装原料可用无菌过滤、无菌结晶或喷雾干燥法处理，必要时需进行干燥、粉碎、过筛等操作，以得到流动性较好的注射用精制无菌粉末，生产上常把无菌粉末的精制、烘干、包装简称为精烘包。精烘包过程必须在 A 级洁净条件下进行。

（2）分装容器与附件的处理　分装粉针剂主要用西林瓶，西林瓶的清洗灭菌工艺与小容量注射剂使用的安瓿清洗灭菌工艺基本相同，在联动洗瓶线上采用超声波清洗和加汽水喷射洗涤方法冲洗，洗净的小瓶立即在隧道式灭菌烘箱280～340℃干热灭菌后备用。为防止无菌粉末沾瓶，可用硅油处理玻璃瓶内壁。

胶塞清洗方法同输液胶塞，洗净后用硅油进行处理，再于 125℃干热灭菌 2.5h。联动洗塞机可连续进行胶塞的清洗、硅化、灭菌处理。灭菌好的空瓶、胶塞应在净化空气保护下存放，存放时间不超过 24h。铝盖在制造过程中带有较多油污时，可以用洗涤剂清洗，再用纯化水冲洗干净后置于隧道式烘箱内 120℃干燥灭菌 1h。如果铝盖本身经过涂塑处理，表面无油污，只需灭菌即可。

（3）分装　分装必须在高度洁净的无菌室中按照无菌操作法进行。目前使用的分装设备有气流分装机、螺杆分装机等，见图 8-38、图 8-39。分装好后小瓶立即加塞并用铝塑组合盖密封，安瓿用火焰熔封。分装机宜有局部层流装置。还可采用西林瓶分装生产联动线，见图 8-40，该生产线主要由超声波清洗机、隧道式灭菌干燥机、抗生素玻璃瓶高速螺杆分装机、轧盖机等设备组成，联线生产时可完成清洗、干燥灭菌、分装加塞、轧盖等生产工序。

图 8-38　BKFG300 无菌粉针剂直线式分装机

图 8-39　螺杆分装机

图 8-40　西林瓶分装生产联动线设备外观

（4）灭菌和异物检查　对于不耐热的品种，必须严格无菌操作；对于耐热的品种可补充灭菌。以青霉素粉针为例，结晶青霉素在干燥状态时耐热，经150℃ 1.5h加热效价无损失，因此，生产上确定分装后经补充灭菌比较安全。可见异物检查一般用肉眼检视，在传送带上进行，不合格者则从流水线上剔除。

（5）贴签与包装　产品的贴签与包装目前生产上已实现机械化和自动化。青霉素类分装车间应与其他车间严格分隔并专用，防止交叉污染。

2. 无菌分装粉针剂生产中可能存在的问题和解决办法

（1）装量差异　影响装量差异的因素包括分装机械的性能、粉末流动性、粒子形状、粉末吸湿性、分装室内相对湿度、药物的含量均匀度等，需要在生产中不断积累数据，找出问题的原因。例如粉末的水分高，室内湿度大，则粉末流动性差；粉末密度大，容易分装；质轻密度小的针状结晶不易分装准确；采用手工分装，则装量差异与熟练程度有关；采用机械分装，则装量差异与机械性能有关，针对实际情况分别解决。

（2）不溶性微粒　采用直接分装工艺，药物粉末经过一系列处理，增加了污染机会，往往使粉末溶解后出现毛头、小点等，以致澄明度不符合要求。因此，应从原辅料的处理开始，严格控制精烘包车间洁净环境，防止污染。

（3）无菌　在无菌分装过程中，稍有不慎就有可能造成局部染菌。因此，对耐热药品可以采用补充灭菌的办法保证无菌。成品无菌检查合格只能代表抽检的部分合格，而不能代表全部产品合格，如局部污染的细菌在粉剂中缓慢繁殖，用肉眼又难以发现，则有很大的潜在危险性。因此，层流净化装置应定期进行验证，为分装过程提供可靠的环境保证。

（4）吸潮现象　无菌药物粉末在无菌分装过程中应防止吸潮的发生，因吸潮会引起结块，分装时造成装量不准，有的药物还会引起分解和变质，故无菌室的相对湿度应控制在药物的临界相对湿度以下。此外，在用铝盖封口时，常因封口不严而引起产品吸潮变质，故应确保封口的严密。

（5）检漏　粉针的检漏更为困难。耐热产品，可利用补充灭菌（产品经高压蒸汽补充灭菌15min）的同时进行检漏，若有漏气者则吸湿结块。对于不耐热产品，可用亚甲基蓝水溶液检漏，但可靠性有待研究。

（6）贮存　因药物水分偏高，天然橡胶塞的透气性或密封不严等原因易造成贮存变质。因此，一方面要加强对分装环境的温度、湿度控制，另一方面对所有橡胶塞进行密封防潮性能测定，选择性能好的橡胶塞；铝盖压紧后瓶口采用烫蜡工艺，防止水气透入。

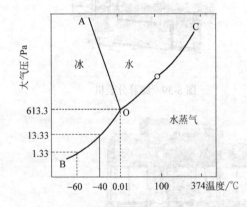

图8-41　水的三相图

OA线—融化曲线；　OB线—升华曲线；　OC线—蒸发曲线

（二）注射用冷冻干燥制品

注射用冷冻干燥制品，是将药物制成无菌水溶液，以无菌操作法灌装，经冷冻干燥后，在无菌条件下密封制成。冷冻干燥工艺是将药物溶液进行无菌过滤、无菌分装后冷冻成固体，然后在高真空、低温条件下，使其中的水分由冻结状态直接升华除去，获得无菌冻干粉针剂的方法。冷冻干燥适合于对热敏感、水溶液不稳定的药物溶液的干燥。

1. 冷冻干燥原理

冷冻干燥原理可利用水的三相平衡，如图8-41所示。图中OA线为融化曲线，在此线上冰、水共存；OB线为升华曲线，在此线上冰、气共存；OC线为蒸发曲线，在此线上水、气共存；O点为冰、水、气三相的平衡点，该点的温度为0.01℃，压力为613.3Pa。从图上可以看出，当压力低于613.3Pa时，不论温度如何变化，只有水的固态和气态存在。根据升华曲线 OB，可通过降低压力或升高温度打破气固两相平衡，使整个系统朝着冰转变为气的方向进行。冷冻干燥就是根据这个原理进行的。

2. 冷冻干燥工艺过程

冷冻干燥的工艺条件对保证产品质量极为重要，对于新品应首先测定产品的低共熔点，然后控制冻结温度在低共熔点以下，以保证冷冻干燥的顺利进行。低共熔点是指在水溶液冷却过程中，冰和溶质同时析出结晶混合物时的温度。溶液的共熔点在冷冻干燥工艺中十分重要，最低共熔点是获得最佳冻干效果的临界温度。

冷冻干燥的工艺过程一般分三步进行，即冻结、一次干燥、二次干燥。冷冻干燥的工艺过程如图 8-42 所示。

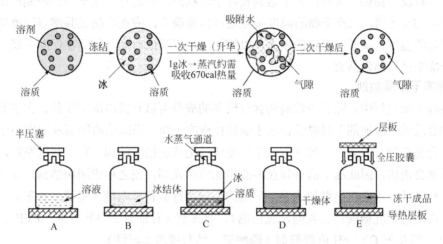

图 8-42 冻干工艺过程示意

1cal=4.18J

（1）冻结（又称预冻） 制品必须进行预冻后才能升华干燥，通常预冻温度应低于产品共熔点。预冻方法有速冻法和慢动法。预冻过程为首先将药物配制成含固体物质 4%～15% 的稀溶液，然后采用缓慢冻结法或快速冻结法冻结，冻结温度通常应低于产品低共熔点 10～20℃。在此过程中，药液中的水即被冻结成冰晶，药物分散在这一晶体结构体中。缓慢冻结法形成结晶数量少，晶粒粗，但冻干效率高；快速冻结法是将冻干箱先降温至-45℃以下，再将制品放入，因急速冷冻而析出细晶，形成结晶数量多，晶粒细，制得的产品疏松易溶，引起蛋白质变性的概率小，对酶类、活菌活病毒的保存有利。实际工作中，应根据具体品种选用预冻方法。

（2）一次干燥（又称升华干燥） 在维持冻结状态的条件下，用抽真空的方法降低制品周围的压力，当压力低于该温度下水的饱和蒸气压时，冰晶直接升华，水分不断被抽走，产品不断干燥。干燥时从外表面开始匀速向内推移时，冰晶升华后残留下的空隙变成升华水蒸气的逸出通道。已干燥和冻结部分的界面称为升华界面，在干燥过程中，升华界面约以每小时 1mm 的速度向下推进。此时，药物的体积和药液冻结时的体积相同。当全部冰晶除去时，一次干燥完成了。一次干燥过程所需的热量是由导热搁板通过玻璃瓶传送到冻结冰晶体内的。

升华干燥法有两种，一种是一次升华法，另一种为反复预冻的升华法。一次升华法适用于共熔点为-20～-10℃的制品，而且溶液的浓度、黏度不大，装量在 10～15mm 厚的情况。反复预冻升华法适用于共熔点较低，或结构比较复杂且黏稠难于冻干的制品，如蜂蜜、蜂王浆等。这些产品在升华过程中往往冻块软化，产生气泡，并在制品表面形成黏稠的网状结构，从而影响升华干燥与产品的外观。如某制品共熔点为-25℃，预冻至-45℃左右，然后将制品升温到共熔点附近，维持30~40min，再将温度降至-40℃左右，如此反复处理，使制品结构改组，表层外壳由致密变为疏松，有利于水分升华，可缩短冻干周期。

（3）二次干燥　制品经升华干燥后，为尽可能除去残余的水，需要进一步干燥。在一次干燥过程中，绝大部分水分随着冰晶体的升华逐步去除，此时约除去全部水分的90%左右。如果将一次干燥的制品置于室温下，制品中残留的水分（吸附水）就为微生物的生长繁殖和某些化学降解反应提供了条件。为了达到良好干燥状态，应进行二次干燥，控制产品水分含量在0.5%~3%之间。二次干燥的温度必须通过试验确定，应在产品低共熔点温度以下，尽量提高产品的温度，降低干燥室的压力，以缩短二次干燥的时间。制品在保温干燥一段时间后，整个冻干过程即告结束。

3. 冷冻干燥添加剂

在冷冻干燥过程中，除了少数药物含有较多的成分可以直接冷冻干燥外，大多数药物都需要添加合适的"添加剂"制成混合液才能进行冷冻干燥。当冻结的稀溶液浓度小于4%时，升华过程会使药物与水蒸气一起飞散或干后变成绒毛状的松散结构，在中断真空后，这种结构的物质就会消散，因此冻干前必须在溶液中加些填充剂，使之形成团块结构，由于加入添加剂，干燥品的复水性也会得到改善。常用的添加剂种类有填充剂（明胶、甘露醇、肌醇、葡聚糖、山梨醇、乳糖酸钙、乳糖、氯化钠）、防冻剂（甘油、二甲基亚砜、PVP）、抗氧剂（维生素E、维生素C）、pH值调整剂（磷酸氢二钠与磷酸二氢钠）。

4. 注射用冷冻干燥制品的工艺

冻干粉针剂的称量、配液等工序的环境洁净度应为B级；过滤、灌装、冻结、升华、干燥、封口等操作过程均应在A级生产环境中完成；轧盖工序的环境洁净度为C级。冻结干燥的工艺流程如图8-43所示。

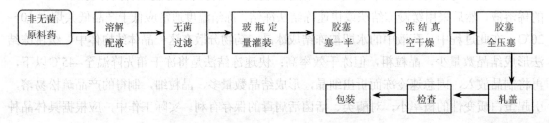

图8-43　西林瓶冻结干燥的工艺流程示意

（1）药液配制　将主药和辅料溶解在适当的溶剂中，通常为含有部分有机溶剂的水性溶液。

（2）药液过滤　用不同孔径的滤器对药液分级过滤，最后通过0.22μm级微孔膜滤器进行除菌过滤。

（3）药液灌装　将已经除菌的药液灌注到容器中，并用无菌胶塞半压塞。

（4）冻干机装载　在无菌环境中把半压塞容器转移至冻干箱内。

（5）冷冻干燥　运行冻干机，降低搁板温度使溶液冻结，然后冻干箱抽真空，对搁板加热，使药品在固体状态下，通过升华干燥除去大部分水分，最后用加热方式解吸附，去除残余水分。

(6) 封口　通过安装在冻干箱内的液压或螺杆升降装置全压塞。

(7) 轧盖　将已全压塞的制品容器移出冻干箱，用铝盖轧口密封。

5. 冻干粉针制备过程中可能存在的问题和解决办法

(1) 产品外形不饱满　冻干产品正常的外形是颜色均匀、孔隙致密的海绵状团块结构，并保持冻干前的体积与形状。如药液浓度太高，冻干开始形成的干燥外壳结构致密，升华的水蒸气穿透阻力增大，水蒸气滞留在已干的外壳，使部分潮解，可致使体积收缩，外形不饱满。黏度大的样品更易出现这种现象。可在配方时加入适量甘露醇、氯化钠等填充剂，或采用反复预冻升华法，改善结晶状态与制品的通气性，使水蒸气顺利逸出，产品外观就可得到改善。

(2) 产品含水量不合要求　产品含水量过低的原因是干燥的时间过长或二次干燥的温度过高；产品含水量过高的原因是二次干燥时间太短或干燥温度太低。含水量偏高、药液装量过厚。热量不足、真空度不够、冷却温度偏高，冷冻结束放入干燥箱的空气潮湿，出箱时制品温度低于室温等原因均会引起产品含水量偏高，可采用旋转冻干机提高冻干效率或用其他相应措施解决。

(3) 喷瓶　在高真空条件下，少量液体从已干燥的固体界面下喷出的现象称为喷瓶。主要是预冻温度过高，产品冻结不实，升华时供热过快，部分产品熔化为液体所造成。可采取控制预冻温度（产品共熔点以下 10～20℃）、加热升华温度（不超过产品共熔点）等措施解决。

(4) 不溶性微粒问题　注射用无菌粉末及注射用冷冻干燥制品的生产均在无菌室内进行，应加强人流、物流与工艺的管理。严格控制环境污染，有的产品重新溶解时澄明度有问题，这多半是粉末原料的质量及冻前处理工作有问题。

6. 举例

(1) 注射用辅酶 A（注射用冷冻干燥制品）

【处方】　注射用辅酶 A 56.1U，水解明胶 5mg，甘露醇 10mg，葡萄糖酸钙 1mg，半胱氨酸 0.5mg。

【制法】　将上述各成分用适量注射用水溶解，无菌过滤，分装在西林瓶中，每支 0.5ml，冷冻干燥，加胶塞，轧盖，半成品质检、包装。

【注解】　注射用辅酶 A 为主药，半胱氨酸为稳定剂，水解明胶、甘露醇、葡萄糖酸钙为填充剂。

(2) 注射用苯巴比妥钠（注射用无菌分装制品）

【处方】　苯巴比妥 1000g，氢氧化钠 172g，80%乙醇 26000ml。

【制法】　①开口工段：向反应釜中加入处方量的 80%乙醇，在不断搅拌下加入氢氧化钠使全溶；反应釜夹层通冷却水保持温度 45～50℃，继续分次加入苯巴比妥使全溶；加活性炭恒温搅拌 20min，粗滤脱炭、精滤、滤液输入无菌室备用。②无菌工段：精滤液至洁净反应釜中，加热回流（78℃）1～2h，析出结晶，冷却至室温，出料甩滤，结晶用无水乙醇洗涤，母液回收乙醇，结晶经干燥后过筛，即可供分装用。

【注解】　苯巴比妥为主药，氢氧化钠为附加剂，80%乙醇为溶剂。

● 思考题

1. 什么是注射剂？应符合哪些质量要求？
2. 注射剂按分散系统可分为哪几类？举例说明。

3. 注射剂的溶剂有哪几类？分别有哪些常用的注射溶剂？
4. 注射剂的附加剂有哪些？举例说明。
5. 写出注射剂的生产工艺流程和输液的生产工艺流程。比较两者的异同。
6. 注射液配制方法有几种？各有何适用范围？
7. 注射液应怎样过滤？常用的滤器有哪几种？各有何性能特点？
8. 注射剂的灌封包括哪几个步骤？灌封时应注意哪些问题？
9. 什么是灭菌法？比较灭菌、消毒、抑菌、防腐、无菌的不同。
10. 什么是F值？什么是F_0值？各有何应用？
11. 什么是物理灭菌法？可分为哪几类？各有何应用特点？
12. 什么是湿热灭菌法？可分为哪几类？各有何应用特点？
13. 使用热压灭菌柜时应注意什么？
14. 常用的化学灭菌剂有哪些？有何应用特点？
15. 什么是无菌操作法？有何特点？
16. 什么是热原？污染途径有哪些？有何特性？除去方法有哪些？检查方法有哪些？
17. 什么是输液？可分为哪几类？举例说明。目前存在哪些问题？怎样解决？
18. 输液的包装材料有哪些？应分别符合哪些质量要求？怎样清洁处理？
19. 输液在质量要求上与注射剂有何不同？
20. 什么是粉针？哪些药物宜制成粉针？举例说明。
21. 写出冷冻干燥工艺流程，有何特点？

项目九　滴眼剂生产

滴眼剂系指由药物与适宜辅料制成的供滴入眼内的无菌液体制剂,可分为水性或油性溶液、混悬液或乳状液,眼用液体制剂也可以固态形式包装,另备溶剂,在临用前配成溶液或混悬液。滴眼剂起消炎、杀菌、散瞳、缩瞳、减低眼压、治疗白内障、诊断以及局部麻醉作用,也可用作润滑或代替泪液等。在眼球的内部或外部发挥作用。

1. 质量要求

(1) pH值　pH值对滴眼液有重要影响,由pH值不当而引起的刺激性,可增加泪液的分泌,导致药物迅速流失,甚至损伤角膜。正常眼可耐受的pH范围为5.0~9.0。

(2) 渗透压　除另有规定外,滴眼剂应与泪液等渗。眼球能适应的渗透压范围相当于0.6%~1.5%的氯化钠溶液,超过2%就有明显的不适感。

(3) 无菌　供角膜创伤或手术用的滴眼剂应无菌;一般滴眼剂为多剂量剂型,病人在多次使用后容易染菌,可以通过加入抑菌剂在下次再用之前恢复无菌。滴眼剂必须达到《中国药典》无菌检查的要求。

(4) 可见异物　滴眼剂中不得检出金属屑、玻璃屑、长度或最大粒径超过2mm的纤维和块状物等明显可见异物。混悬型滴眼剂的沉降物不应结块或聚集,经振摇应易再分散,并应检查沉降体积比。混悬型滴眼剂的混悬微粒,大于50μm的不得超过2个,且不得检出大于90μm的粒子。

(5) 黏度　将滴眼剂的黏度适当增大可使药物在眼内停留时间延长,从而增强药物的作用,合适的黏度在4.0~5.0cPa·s之间。

(6) 装量　除另有规定外,每个容器的装量应不超过10ml。

(7) 稳定性　滴眼剂大多以水为分散介质,易出现水解、氧化或霉变等现象,故要求滴眼剂具备一定的物理、化学和生物学稳定性,确保制剂安全有效。但供外科手术用和急救用的滴眼剂,不得添加抑菌剂或抗氧剂或不适当的缓冲剂,且应包装于无菌容器内供一次性使用。

2. 生产工艺流程

滴眼剂(塑料瓶装)的生产工艺流程见图9-1。

3. 生产任务

批生产指令单见表9-1。

模块一　配　液

参见"项目八模块二配液"。

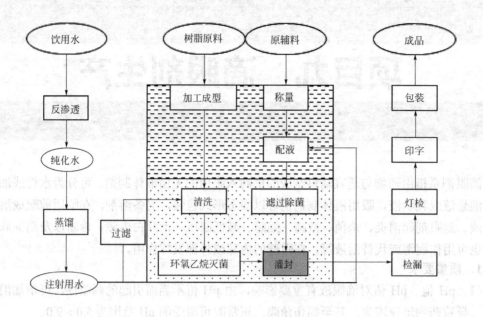

图 9-1 塑料瓶装的滴眼剂生产工艺流程示意

表 9-1 批生产指令单

产品名称		氯霉素滴眼液		规 格		8ml：20mg	
批 号				批 量		1250瓶	
物料的批号与用量							
序 号	物料名称		供货单位	检验单号	批号	用 量	
1	氯霉素					25g	
2	硼酸					190g	
	硼砂					3.8g	
	硫柳汞					0.4g	
生产开始日期		年 月 日		生产结束日期		年 月 日	
制表人				制表日期		年 月 日	
审核人				审核日期		年 月 日	
批准人				批准日期		年 月 日	
备注：							

模块二 灌 封

一、职业岗位

滴液剂工。

二、工作目标

1. 能陈述滴眼剂的定义、特点。
2. 能看懂滴眼剂的生产工艺流程。
3. 能陈述滴眼剂灌装旋盖机的主要结构和工作过程。

4. 能运用滴眼剂的质量标准。
5. 会分析出现的问题并提出解决办法。
6. 能看懂生产指令。
7. 会进行生产前准备。
8. 能按岗位标准操作规程生产滴眼剂。
9. 会进行设备清洁和清场工作。
10. 会填写原始记录。

三、准备工作

（一）职业形象

按"C 级洁净区生产人员进出规程"（详见附录3）进入生产操作区。

（二）任务主要文件

1. 批生产指令单。
2. 滴眼剂灌封岗位标准操作规程。
3. HHGNX-II 双头滴眼剂灌装旋盖机标准操作规程。
4. HHGNX-II 双头滴眼剂灌装旋盖机清洁消毒标准操作规程。
5. 物料交接单。
6. 滴眼剂灌封生产记录。
7. 清场记录。

（三）物料

根据批生产指令领取塑料瓶（瓶塞、瓶盖）和配制好的药液，并核对物料品名、规格、批号、数量、检验报告单或合格证等，确认无误后，交接双方在物料交接单（详见附录 4）上签字。

（四）器具、设备

1. 设备：滴眼剂灌封机。
2. 器具：量筒、不锈钢桶、不锈钢托盘等。

（五）检查

1. 检查清场合格证（副本）是否符合要求，更换状态标志牌，检查有无空白生产原始记录。
2. 检查压差、温度和湿度是否符合生产规定。
3. 检查容器和用具是否已清洁、消毒，检查设备和计量器具是否完好、已清洁，查看合格证和有效期。
4. 检查生产现场是否有上批遗留物。
5. 检查设备各润滑点的润滑情况。
6. 检查各机器的零部件是否齐全，检查并固定各部件螺丝，检查安全装置是否安全、灵敏。
7. 检查压缩空气是否到位，压力是否在规定范围之内。
8. 确认进口出瓶子是否就位，确认振荡料斗滑道内塞、瓶盖是否就位。
9. 检查药液管路、蠕动泵、灌液针头是否安装到位。

四、生产过程

（一）生产操作

1. 接通电源，点触摸屏上"进入系统"、"手动工作"、"手动工作方式启动"。
2. 手动试运行，设置运行参数。
3. 点触摸屏上"启动"按钮，启动灌装机，设备进入自动工作状态。
4. 随时注意振荡器中内塞、外盖的量，并使之充满轨道。
5. 操作过程中每15min抽测一次装量，每小时抽测一次可见异物检查，并随时观察封口质量，及时挑出不合格品。
6. 灌装过程中关注设备运行状态，无异常声音等。
7. 在出料口将合格产品装入不锈钢托盘，满盘后予以标识。
8. 及时填写生产记录(见表9-2、表9-3)。

表9-2　滴眼剂灌封生产记录（一）

产品名称		氯霉素滴眼液	规格		8ml：20mg		批号	
工序名称		滴眼剂灌封	生产日期		年　月　日		批量	1250瓶
生产场所		滴眼剂灌封间	主要设备					
开始时间					结束时间			
序号	指令		工艺参数			标准操作参数		操作者
1	岗位上应具有"三证"		清场合格证			有□　　无□		
			设备完好证			有□　　无□		
			计量器具检定合格证			有□　　无□		
	取下《清场合格证》，附于本记录后		—			完成□　未办□		
2	检查设备的清洁卫生		HHGNX-II双头滴眼剂灌装旋盖机			已清洁□　未清洁□		
			周转容器			□　　　　□		
			操作室			□　　　　□		
3	空机试车		—			正常□　异常□		
4	交接物料		核对 —品名			符合　　不符		
			—规格			□　　　　□		
			—批号			□　　　　□		
			—质量			□　　　　□		
			—数量			□　　　　□		
5	确定装量，试车，调整装量，调整加塞、挂盖、旋盖，使滴眼剂符合工艺参数要求		标准装量：　　　ml			灌装范围：　　ml～ml		
						计量器刻度：　　ml		
						无瓶停机延时：　　s		
						来瓶启动延时：　　s		
6		灌装总量	每瓶灌装量		灌装数		废品数	
7		生产前药液体积/L	余液/L			物料平衡/%		
8	与中转站管理人员交接，接受人核对，并在递交单上签名					已签□　　未签□		
复核人		QA			岗位负责人			
异常情况与处理记录:								

表 9-3　滴眼剂灌封生产记录（二）

产品名称		氯霉素滴眼液		规格		8ml：20mg		批号	
生产设备			滴眼剂灌封机			设备编号			
装量检查	检查时间	1	2	3		3	4		5
	操作者：					复核人：			
可见异物检查	检查时间	抽查数	金属屑	玻璃屑	纤维	块状物	其他		废品率/%
	操作者：					复核人：			
QA			岗位负责人						

（二）质量控制要点与质量判断

1. 注意观察药液的澄明度，定时可见异物检查。
2. 随时抽查药液装量是否符合标准进行，及时调整，使装量符合内控标准要求。
3. 观察内塞是否封口严密，盖子外挂的位置是否合适，随时抽查外盖是否旋紧。

（三）结束工作

1. 更换状态标志牌。
2. 停机前应停止供液、供瓶、供塞、供盖，清理多余包装物。
3. 将滴眼剂放入容器，做好标签，将中间体和剩余物料标明品名、批号、重量，交至中间站，同时办理物料交接手续。
4. 卸下蠕动泵管、灌液针头、压缩空气软管等并清洗。
5. 清洗 HHGNX-II 双头滴眼剂灌装旋盖机内、外表面。
6. 对周转容器和工具等进行清洗消毒，清洁消毒天花板、墙面、地面。
7. 对 HHGNX-II 双头滴眼剂灌装旋盖机进行消毒。
8. 完成生产记录和清场记录（见附录 5）的填写，请 QA 检查，合格后发给"清场合格证"。

五、基础知识

（一）滴眼剂附加剂

1. pH 值调节剂

由于主药的溶解度、稳定性、疗效或改善刺激性等的需要，往往将滴眼剂进行 pH 值调整。滴眼剂 pH 值不当可引起刺激，流泪，甚至损伤角膜。正常眼可耐受 pH 值范围在 5.0～9.0 之间，pH6～8 无不适感，pH<5.0 或>11.4 有明显不适感觉。碱性更易损伤角膜。滴眼剂的最佳 pH 值应是刺激性最小、药物溶解度最大和制剂稳定性最好。可选用适当的缓冲液作眼用溶剂，可使滴眼剂的 pH 值稳定在一定范围内，保证对眼无刺激。

常用的 pH 缓冲液有磷酸盐缓冲液（pH5.9～8.0）、硼酸盐缓冲液（pH6.7～9.1）、硼酸溶液（pH5）。因 pH 值调节剂本身也产生一定的渗透压，因此在此基础上补加氯化钠至等渗即可作为滴眼剂的溶剂使用。

2. 等渗调节剂

滴眼剂应与泪液等渗，渗透压过高或过低对眼都有刺激性。眼球能适应的渗透压范围相当于浓度为 0.6%～1.5%的氯化钠溶液，超过耐受范围就有明显的不适，但不如对 pH 值敏感。低渗溶液应加调节剂调成等渗，常用的等渗调节剂有氯化钠、葡萄糖、硼酸、硼砂等。

3. 抑菌剂

一般滴眼剂是多剂量制剂，使用过程中无法始终保持无菌，因此需要加入适当抑菌剂。要求抑菌作用迅速，抑菌效果可靠，在下次使用之前恢复无菌，有合适的 pH 值，对眼睛无刺激，性质稳定，不与主药和附加剂发生配伍禁忌。

常用的抑菌剂有：有机汞类，如硝酸苯汞；季铵盐类，如苯扎氯铵、苯扎溴铵、消毒净等；醇类，如三氯叔丁醇、苯氧乙醇、苯乙醇；酯类，如尼泊金类，包括甲酯、乙酯与丙酯；酸类，如山梨酸。采用复合抑菌剂可发挥协同作用。

4. 增稠剂

适当增加滴眼剂的黏度，可使药物在眼内停留时间延长，也可使刺激性减弱。常用的有甲基纤维素（MC）、聚乙烯醇（PVA）、聚维酮（PVP）等。

5. 抗氧剂、增溶剂与助溶剂

对于易氧化的药物，需加抗氧剂和金属螯合剂；溶解度小的药物需加增溶剂或助溶剂；大分子药物吸收不佳时可加吸收促进剂。

（二）滴眼剂的制备

1. 制备工艺

滴眼剂的制备工艺流程见图 9-2。

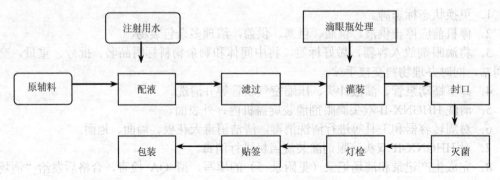

图 9-2 滴眼剂制备工艺流程示意

滴眼剂的生产工艺与注射剂基本相同。用于眼部手术或眼外伤的滴眼剂，按小容量注射剂生产工艺制备，分装于单剂量容器中密封或熔封，最后灭菌，不得加抑菌剂与抗氧剂。

一般滴眼剂在无菌环境中配制、滤过除菌、无菌分装，可加抑菌剂。若药物性质稳定者，可在配液后以大瓶包装于100℃灭菌30min，然后在无菌操作条件下分装。主药性质不稳定者，按无菌操作法制备，并加入抑菌剂。

2．容器处理

滴眼剂的容器有玻璃瓶和塑料瓶两种。玻璃瓶质量要求与输液瓶同，遇光不稳定者可选用棕色瓶。大多数滴眼剂使用塑料瓶包装，包装材料价廉、轻便，由聚烯烃塑料吹塑而成，即时封口，不易污染。

玻璃瓶常用加压倒冲洗涤法、加压喷淋洗涤法洗涤，干热灭菌备用；塑料瓶则切开封口，用真空灌装器将滤过注射用水灌入滴眼瓶中，然后用甩水机将瓶中水甩干，如此反复三次，用气体灭菌后备用。橡胶帽、塞洗涤方法同输液瓶橡胶塞处理方法。

3．灌装和封口

滴眼剂灌封工艺流程见图9-3。

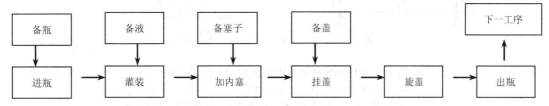

图9-3 滴眼剂灌封工艺流程示意

图9-4 HHGNX-II双头滴眼剂灌装旋盖机

滴眼剂的灌封可采用单头或多头的滴眼剂灌封机，如HHGNX-II双头滴眼剂灌装旋盖机，本机主要由防尘罩、输送带、电器箱、机架、上塞料斗、上盖料斗、转盘、蠕动泵等组成，见图9-4、图9-5。滴眼剂瓶子由输送带传送，由进瓶拨轮拨送给定位圆盘，并由定位圆盘间歇带动至灌装工位。药液由蠕动泵吸入，通过硅胶管输送，在灌装工位由上下移动的针管灌装液体于瓶内。塞子由振荡料斗提供到加塞工位，灌装完的瓶子由定位圆盘间歇依次传送到加塞工位、加盖、旋盖工位，由气缸带动加塞头向下运动并推动塞子进入瓶口内，同样的原理加盖，然后是下降的旋盖头套住盖子完成旋盖动作。旋好盖的瓶子再由出瓶拨轮拨至输送带，最终输送出机器外，并进入下一包装工序。

滴眼剂生产从容器的清洗到灭菌、包装，经过多道工序，因此将这些工序连接起来，制成无菌滴眼剂灌装联动线，由全自动理瓶机、立式洗瓶机、灭菌干燥机、滴眼剂灌装旋盖机、立式贴标机组成，可完成理瓶、水气的清洗、灭菌与烘干、灌装、加塞、加盖、旋盖、贴标等工序，确保瓶子与灌装没有污染，有利于提高产品质量。

（三）质量检查

1．外观

溶液型滴眼剂应澄清；混悬型滴眼剂的混悬物应分散均匀，放置后若有沉淀物，经振摇应易再分散。

2. 可见异物

除另有规定外，滴眼剂照可见异物检查法（《中国药典》2010 年版二部附录Ⅸ H）中滴眼剂项下的方法检查，应符合规定。

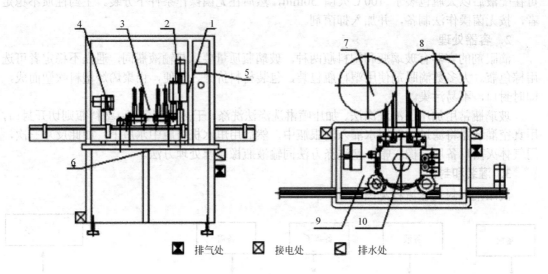

图 9-5　HHGNX-II 双头滴眼剂灌装旋盖机结构示意
1—旋盖机构；2—上盖机构；3—上塞机构；4—计量泵；5—控制面板
6—机架；7—上塞振荡器；8—上盖振荡器；9—输送带；10—转盘

3. 粒度

除另有规定外，混悬型滴眼剂照下述方法检查，粒度应符合规定。

检查法：将供试品强烈振摇，立即量取适量（相当于主药 10μg）置于载玻片上，照粒度和粒度分布测定法（《中国药典》2010 年版二部附录Ⅸ E 第一法）检查，大于 50μm 的粒子不得过 2 个，且不得检出大于 90μm 的粒子。

4. 沉降体积比

混悬型滴眼剂照下述方法检查，沉降体积比应不低于 0.90。

检查法：除另有规定外，用具塞量筒取供试品 50ml，密塞，用力振摇 1min，记下混悬物的开始高度 H_0，静置 3h，记下混悬物的最终高度 H，按下式计算：

$$沉降体积比 = H/H_0$$

5. 装量

照最低装量检查法（《中国药典》2010 年版二部附录Ⅹ F）检查，应符合规定。

6. 渗透压摩尔浓度

除另有规定外，水溶液型滴眼剂按各品种项下的规定，照渗透压摩尔浓度测定法（《中国药典》2010 年版二部附录Ⅸ G）检查，应符合规定。

7. 无菌

照无菌检查法（《中国药典》2010 年版二部附录Ⅺ H）检查，应符合规定。

（四）举例

1. 氧氟沙星滴眼剂

【处方】　氧氟沙星 3g，氯化钠 8.5g，羟苯乙酯 0.3g，注射用水加至 1000ml。

【制法】 取氧氟沙星，加注射用水约 200ml，滴加醋酸使其恰好溶解。另取羟苯乙酯，用适量热注射用水溶解，加入氯化钠使溶解，将上述两溶液混合，用氢氧化钠溶液调节 pH 值，过滤，加注射用水至 1000ml，灌装，封口，100℃流通蒸汽灭菌 30min，灯检后贴签包装。

【注解】 本品为抗生素类药物。处方中氯化钠为等渗调整剂，羟苯乙酯为抑菌剂。

2. 醋酸可的松滴眼液（混悬液）

【处方】 醋酸可的松（微晶）5.0g，聚山梨酯 800.8g，硝酸苯汞 0.02g，硼酸 20.0g，羧甲基纤维素钠 2.0g，注射用水加至 1000ml。

【制法】 取硝酸苯汞溶于处方量的 50%注射用水中，加热至 40～50℃，加入硼酸、聚山梨酯 80 使溶解，滤过备用；另将羧甲基纤维素钠溶于处方量的 30%注射用水中，200 目尼龙筛网滤过，滤液加热至 80～90℃，加醋酸可的松微晶搅匀，保温 30min，冷至 40～50℃，再与硝酸苯汞等溶液合并，加注射用水至足量，200 目尼龙筛网滤过；灌装，封口，100℃流通蒸汽灭菌 30min，灯检后贴签包装。

【注解】 醋酸可的松的粒径应在 5～20μm 之间，过粗易产生刺激性、降低疗效，甚至会损伤角膜；羧甲基纤维素钠为助悬剂，聚山梨酯 80 为润湿剂，硼酸为 pH 值与等渗调整剂，本品的 pH 值为 4.5～7.0。

● **思考题**

1. 写出滴眼剂的质量要求。
2. 写出滴眼剂的生产工艺流程。
3. 氯霉素滴眼液各组分在处方中的作用是什么？
4. 常用的附加剂有哪些？举例说明。

项目十 普通液体制剂生产

液体制剂系指药物分散在适宜的分散介质中所制成的液体形态的制剂，可供内服或外用。

1. 特点

① 药物在介质中的分散度大，吸收快，起效迅速，生物利用度较高。
② 可避免局部药物浓度过高，从而减少某些药物对人体的刺激性，如碘化物、溴化物等。
③ 给药途径多，既可用于内服，亦可外用于皮肤、黏膜和人体腔道。
④ 便于分取剂量，用药方便，特别适用于婴幼儿和老年患者。
⑤ 因药物分散度大，同时受分散介质的影响，化学稳定性较差，易引起药物的分解失效。
⑥ 水性液体制剂易霉败，需加入防腐剂；非水性溶剂具有一定的药理作用。
⑦ 非均相液体制剂物理稳定性差。
⑧ 体积较大，携带、运输、贮存不方便。

2. 分类

（1）按分散系统分类

① 均相液体制剂 药物以离子或分子形式分散在液体分散介质中而形成的澄明溶液，没有相界面的存在。根据药物离子或分子大小不同，又可分为以下两类。

a. 低分子溶液剂 是由离子或小分子药物分散在液体分散介质中形成的液体制剂。药物粒子<1nm，为均相澄明溶液，物理稳定性好。

b. 高分子溶液剂 是由高分子化合物分散在液体分散介质中形成的黏稠液体制剂，又称亲水胶体溶液。药物粒子大小 1~100nm，为均相溶液。

② 非均相液体制剂 药物以胶粒、微粒或小液滴形式分散于液体分散介质中，形成多相、不均匀的分散系统，分散相与液体分散介质间有相界面。根据其分散相粒子的不同，又可分为以下三类。

a. 溶胶剂 药物以胶粒形式（多分子聚合体）分散于液体分散介质中形成的多相分散体系，又称疏水胶体溶液。药物粒子大小 1~100nm，可聚结而具有不稳定性。

b. 混悬剂 不溶性固体药物以微粒的形式分散于液体分散介质中形成的多相分散系统。药物微粒大小一般在 0.5~10μm，外观浑浊，由于聚结或沉降而具有不稳定性。

c. 乳剂 不溶性液体药物以小液滴的形式分散于液体介质中形成的多相分散系统。分散相液滴大小一般在 0.1~10μm，外观呈乳状或半透明状。

（2）按给药途径分类

① 内服液体制剂 如合剂、糖浆剂、口服乳剂、口服混悬剂等。

② 外用液体制剂 皮肤用液体制剂，如洗剂、搽剂等；五官科用液体制剂，如洗耳剂与滴耳剂、洗鼻剂与滴鼻剂、含漱剂等；直肠、阴道、尿道用液体制剂，如灌肠剂、灌洗剂等。

3. 质量要求

① 均相液体制剂应是澄明溶液，非均相液体制剂应使分散相粒子细小而均匀，混悬剂

振摇后可均匀分散。

② 液体制剂应剂量准确,性质稳定。

③ 口服液体制剂应外观良好,口感适宜,外用液体制剂无刺激性。

④ 应具有一定的防腐能力,贮存与使用期间不得发生霉变。

⑤ 包装应方便患者携带和应用,包装材料应符合有关规定。

4. 生产工艺流程

液体制剂生产工艺流程见图 10-1。

5. 工作任务

批生产指令单见表 10-1。

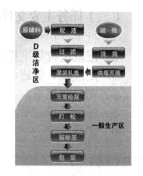

图 10-1 液体制剂生产工艺流程示意

表 10-1 批生产指令单

产品名称		硫酸亚铁糖浆		规 格		100ml : 4g	
批 号				批 量		100L	
物料的批号与用量							
序号	物料名称		供货单位	检验单号		批号	用量/kg
1	硫酸亚铁						4
2	枸橼酸						0.21
3	单糖浆						100
4	薄荷醑						200ml
5	纯化水						适量
生产开始日期	年	月	日	生产结束日期		年 月	日
制表人				制表日期		年 月	日
审核人				审核日期		年 月	日
批准人				批准日期		年 月	日
备注:							

模块一　配　　液

一、职业岗位

酊水剂工、滴液剂工。

二、工作目标

1. 能陈述液体制剂的定义、特点与分类。
2. 能陈述液体制剂的生产工艺流程。
3. 会进行生产前准备工作。
4. 能看懂生产指令,并按"批生产指令"执行配液的岗位操作规程,完成配液任务。
5. 知道 GMP 对配液操作的管理要点,熟悉配液罐等设备的操作要点。
6. 会进行设备清洁和清场工作。
7. 会正确填写原始记录。

三、准备工作

(一)职业形象

按"D 级洁净区生产人员进出规程"(详见附录2)进入生产操作区。

项目十　普通液体制剂生产

（二）任务主要文件

1. 批生产指令单。
2. 配液岗位标准操作规程。
3. 配液罐、储罐、管道清洁消毒标准操作规程。
4. 物料交接单。
5. 配液操作记录。
6. 清场记录。

（三）物料

根据批生产指令领取硫酸亚铁、枸橼酸、单糖浆等，并核对物料品名、规格、批号、数量、检验报告单或合格证等，确认无误后，交接双方在物料交接单（详见附录4）上签字。

（四）器具、设备

配液罐、储液罐、容器、管道。

（五）检查

1. 检查清场情况，是否有清场合格证，并在有效期内。
2. 检查设备有无"合格"、"已清洁"标牌。
3. 检查操作间设施、工具、容器具是否清洁，复核前班清场清洁情况，是否有与生产无关的遗留物品。
4. 检查配液罐、储罐、容器、管道等工具是否已进行消毒，并用纯化水冲洗干净。
5. 检查仪器、仪表、电源、气源等是否正常并处于可用状态。
6. 检查设备各部件是否正常，各阀门是否关闭，管路有无泄漏现象，电源是否接通。
7. 检查搅拌装置主轴润滑是否正常，减速机有无漏油，点动电机，确认搅拌装置运行正常。
8. 盖紧入孔盖，确认关闭出料阀门。试运行配液罐，检查各部件运行情况是否良好。

四、生产过程

（一）生产操作

1. 打开阀门，加入所需纯化水，关闭阀门。
2. 开启真空，抽入相应液体原辅料后关闭真空。
3. 打开入孔盖，投入相应原辅料，关闭入孔盖。
4. 启动搅拌器，进行搅拌。
5. 如需加热，开启蒸汽阀门，向罐内夹层通入蒸汽进行加热，同时打开下部疏水阀，排除冷凝水。
6. 待药液沸腾至规定时间后，关闭加热蒸汽阀门及疏水阀。
7. 打开降温循环水阀门进行降温。
8. 待药液降至适宜温度，关闭降温水阀门，排净夹层中冷却水。
9. 开启真空，将配制好的药液送往过滤器进行过滤。
10. 确认各阀门已关闭，关闭电源。
11. 及时填写生产原始记录（见表10-2糖浆剂配液操作记录）。

表 10-2 糖浆剂配液生产记录

产品名称	硫酸亚铁糖浆		规格	100ml：4g	批号	
工序名称	配液		生产日期	年 月 日	批量	100L
生产场所	配液间		主要设备			
配液开始时间				配液结束时间		
生产前检查	1.检查清场合格证（副本）是否符合要求。				是 □	否 □
	2.记录压差。　　　　数值：				是 □	否 □
	3.记录温度。　　　　数值：				是 □	否 □
	4.记录相对湿度。　　数值：				是 □	否 □
	5.检查设备、计量器具是否完好已清洁。				是 □	否 □
	6.检查容器、用具是否已清洁。				是 □	否 □
	7.检查生产现场是否有上批遗留物。				是 □	否 □
	8.核对品名、批号、数量、质量。				是 □	否 □
	9.纯化水。				已到位 □	未到位 □
	10.设备试运行。				正常 □	异常 □
	检查人：					

配　方					
序号	原辅料名称	批号	检验单号	重量	操作人	复核人
1	硫酸亚铁					
2	枸橼酸					
3	单糖浆					
4	薄荷酯					

工艺过程	1.在配液罐中加适量纯化水。　　　　　　　　是 □　否 □
	2.将硫酸亚铁、枸橼酸投入配液罐。　　　　　是 □　否 □
	3.启动搅拌电机进行搅拌。　　　　　　　　　是 □　否 □
	4.将单糖浆加入到配液罐中。　　　　　　　　是 □　否 □
	5.将薄荷酯加入到配液罐中。　　　　　　　　是 □　否 □
	6.搅拌时间：　时　分至　　时　分　共　　min
物料平衡	物料平衡＝（半成品液总体积×含量）/称量量×100% ＝　　　　（应在 90%～100%）
结料	_____结余量：　　　　单糖浆结余量：
产品移交	移交量：　　ml　　　移交人：　　　　　接收人：
QA	岗位负责人：
异常情况与处理记录：

（二）质量控制要点与质量判断

1. 认真检查、核对，确保所领取原辅料的名称、数量、规格、质量等准确无误。
2. 根据"批生产指令"准确计算所需各类原辅料的质量，并由专人复核。
3. 配制药液体积准确，搅拌充分，避免过滤器堵塞、破裂。
4. 药液澄明度、色泽、含量、pH 值等项目检查应符合规定。

（三）结束工作

1. 将配制好的药液抽滤到高位储液罐贮存，填写请验单，待化验合格后，挂状态标识，与灌封工序交接，等待灌装。
2. 剩余物料填写状态标示牌，送至指定地点暂存。取下生产状态标示牌，换上在清场状态标示牌，开始进行清场操作。

3. 开启罐底出液阀和饮用水阀，对罐体内外壁进行冲洗，使残留药液排尽，关闭饮用水阀。
4. 用刷子蘸取洗涤剂，将罐体内外刷洗洁净，用饮用水和纯化水依次将罐体内外冲洗干净。
5. 清洗过滤装置，定期更换滤芯。
6. 用抹布将设备各部件擦洗干净。
7. 清洁消毒天花板、墙面、地面。
8. 完成生产记录和清场记录（见附录5）的填写，请QA检查，合格后发给"清场合格证"。

五、基础知识

（一）液体制剂常用溶剂

液体药剂的溶剂，对于低分子溶液和高分子溶液而言可称为溶剂，对于溶胶剂、混悬剂、乳剂而言，药物不是溶解而是分散于其中，故可称为液体分散介质或分散剂。溶剂对药物的溶解和分散起重要作用，对液体制剂的性质和质量影响很大。

理想溶剂的条件是：对药物具有良好的溶解性和分散性；无毒性、无刺激性，无不适的臭味；化学性质稳定，不与药物和附加剂发生反应；不影响药物的疗效和含量测定；具有防腐性；便于安全生产，且成本低。选择溶剂时应综合考虑以上因素，尤其应注意混合溶剂的应用。

常用的溶剂如下。

1. 极性溶剂

（1）水　是最常用的溶剂，因其溶解范围广，没有药理作用，是液体制剂生产的首选溶剂。水能溶解大多数极性药物，如生物碱盐类、苷类、糖类、蛋白质类、黏液质类、树胶、鞣质等，水还能与乙醇、甘油等有机溶剂以任意比例混溶而成为复合溶剂。但有些药物在水中不稳定，水性液体制剂易霉变，需添加适宜的防腐剂。

（2）甘油　为无色黏稠液体，毒性较小，能与水、乙醇、丙二醇互溶。甘油能溶解许多不易溶于水的药物，如硼酸、鞣质、苯酚等。内服制剂中使用甘油可以使制剂带有甜味，还能延缓或防止鞣质的析出。甘油作外用液体制剂的溶剂居多，具有防止干燥、滋润皮肤和延长疗效的作用。无水甘油具有较强的吸水性，对皮肤和黏膜有刺激性，但含水10%以上的甘油没有刺激性，反而能降低药物刺激。含量为30%以上的甘油有防腐作用。

（3）二甲基亚砜（DMSO）　为无色透明液体，具有大蒜臭味，有较强的吸湿性，能与水、乙醇、甘油、丙二醇等溶剂混溶。溶解范围广泛，有"万能溶剂"之称。二甲基亚砜对皮肤、黏膜的穿透力较强，能促进药物透皮吸收，同时有止痒、消炎和治疗风湿病的作用，对皮肤有轻度刺激性，高浓度可引起皮肤烧灼感、瘙痒及发红，故一般用其40%~60%的水溶液，孕妇禁用。

2. 半极性溶剂

（1）乙醇　是常用溶剂，可与水、甘油、丙二醇等溶剂任意比例混溶，能溶解多种有机药物和药材中的有效成分，如生物碱及其盐类、苷类、挥发油、树脂、鞣质、有机酸和色素等。含乙醇20%以上具有防腐作用。但有易挥发、易燃烧等缺点。

（2）丙二醇　为无色澄明液体，能溶解多种有机药物，如磺胺类、局部麻醉药、维生素A、维生素D及性激素等。丙二醇和水的混合溶剂能延缓药物的水解，增加稳定性。丙二醇的性质与甘油相似，对药物在皮肤和黏膜的吸收有一定的促进作用，但黏度较甘油小。

（3）聚乙二醇（PEG）　聚乙二醇相对分子质量1000以下为液体，液体制剂中常用PEG 300~600，为无色澄明液体，有微弱特殊臭气，与水、乙醇可以任意比例混溶。聚乙二醇能溶解许多不溶性无机盐和水不溶性的有机药物，对易水解的药物有一定的稳定作用，外用能增加皮肤的柔韧性，具有保湿作用。

3. 非极性溶剂

（1）脂肪油　为麻油、豆油、花生油、橄榄油等植物油的合称，是常用的非极性溶剂。

能溶解非极性药物,如激素、挥发油、游离生物碱、芳香族药物等,多为外用制剂的溶剂。脂肪油易酸败,与碱性药物易发生皂化反应而变质。

(2) 液体石蜡 为无色油状液体,性质稳定。能与非极性的氯仿、乙醚、挥发油等混溶,不能与水或乙醇混溶。能溶解生物碱、挥发油及非极性药物,可作口服制剂和搽剂的溶剂。

(3) 乙酸乙酯 为无色液体,有微臭。可溶解甾体药物、挥发油及其他油溶性药物,常作搽剂的溶剂。具有挥发性和可燃性,在空气中易被氧化、变色,需加入抗氧剂。

(二)表面活性剂

表面活性剂系指具有很强的表面活性,能使液体的表面张力显著下降的物质,是药物制剂中应用广泛的一类重要附加剂。表面活性剂一般为长链的有机化合物(烃链长度一般在 8 个碳原子以上),同时含有亲水亲油基团,称为两亲性结构。亲水基团可以是羧酸及其盐、磺酸及其盐、硫酸酯及其可溶性盐、氨基及其盐,也可以是羟基、酰氨基、醚键、羧酸酯基等;亲油基团则多为较长的碳氢链结构。如钠肥皂是脂肪酸类(R—COONa)表面活性剂,其结构中的脂肪酸碳链(R—)为亲油基团,解离的脂肪酸根(—COONa)为亲水基团。

表面活性剂之所以能降低表面张力,就是因为分子结构上同时具有亲水基团和亲油基团。溶于水后,浓度较小时,表面活性剂的分子被附着于溶液与界面的表面上或水溶液与油交界的界面上,亲水基朝向水相,而亲油基朝向油相或空气中,并在界面上定向排列,从而改变液体表面组成,从而使表面张力明显降低。

1. 表面活性剂的分类

根据表面活性剂在水中是否解离以及解离后所带的电荷,将表面活性剂分为阴离子表面活性剂、阳离子表面活性剂、两性离子表面活性剂和非离子表面活性剂。

(1) 阴离子表面活性剂 该类表面活性剂起表面活性作用的部位是阴离子部分,带有负电荷。常用的有如下几类。

① 肥皂类 系高级脂肪酸的盐,通式为$(RCOO^-)_nM^{n+}$,根据 M 的不同,又可分碱金属皂、碱土金属皂和有机胺皂(如三乙醇胺皂)等。它们均具有良好的乳化性能和分散油的能力,但易被酸破坏,碱金属皂还可被钙、镁盐等破坏。电解质可使之盐析,一般只用于外用制剂。

② 硫酸化物 主要是硫酸化油和高级脂肪醇硫酸酯类,通式为$ROSO_3^-M^+$。硫酸化油的代表是硫酸化蓖麻油,俗称土耳其红油,可与水混合,为无刺激性的去污剂和润湿剂,可代替肥皂洗涤皮肤,也可用于挥发油或水不溶性物质的增溶。高级脂肪醇硫酸酯类中常用的是十二烷基硫酸钠(SDS)、十六烷基硫酸钠(鲸蜡醇硫酸钠)等。它们的乳化性也很强,并较肥皂类稳定,较耐酸和钙、镁盐,但可与一些高分子阳离子药物发生作用而产生沉淀,对黏膜有一定的刺激性,主要用作外用软膏的乳化剂,有时也用于片剂等固体制剂的润湿剂或增溶剂。

③ 磺酸化物 系指脂肪族、烷基芳香磺酸化物等,通式为$RSO_3^-M^+$。它们的水溶性及耐酸、耐钙、镁盐性比硫酸化物稍差,但即使在酸性水溶液中也不易水解。渗透力、去污力强。常用的品种有二辛基琥珀酸磺酸钠(阿洛索-OT)、十二烷基苯磺酸钠等,后者为目前广泛应用的洗涤剂。另外,甘胆酸钠、牛磺胆酸钠等胆酸盐也属此类,常用作胃肠道脂肪的乳化剂和单硬脂酸甘油酯的增溶剂。

(2) 阳离子表面活性剂 该类表面活性剂起表面活性作用的部位是阳离子部分,又称为阳性皂。其分子结构的主要部分是一个五价的氮原子,所以也称为季铵化物,常用品种有苯扎氯铵(洁尔灭)和苯扎溴铵(新洁尔灭)等。其特点是水溶性大,在酸性与碱性溶液中较稳定,具有良好的表面活性作用和杀菌作用,在药剂中常用作杀菌剂和防腐剂,毒性大,主要用于皮肤、黏膜、手术器械的消毒。

(3) 两性离子表面活性剂 该类表面活性剂的分子结构中同时具有带正电和负电的亲水

基团。常用的有如下几类。

① 天然两性离子型表面活性剂如卵磷脂，具有很强的乳化能力，无毒安全，是制备静脉注射用乳剂的主要乳化剂。

② 合成两性离子型表面活性剂如氨基酸型和甜菜碱型，在碱性水溶液中呈阴离子表面活性剂的性质，具有很好的起泡、去污作用，在酸性溶液中呈阳离子表面活性剂的性质，有很强的杀菌能力。

(4) 非离子表面活性剂　该类表面活性剂在水中不解离，品种多，化学性质稳定，表面活性强，增溶作用好，具有良好的乳化和去污能力，毒性、刺激性及溶血作用小，广泛用于外用、口服制剂和注射剂，个别品种可用于静脉注射剂。常用的有如下几类。

① 脂肪酸山梨坦　又称失水山梨醇脂肪酸酯，商品名为司盘（Spans），外观为白色至黄色的黏稠油状液体或蜡状固体，不溶于水，亲油性强，其亲水亲油平衡值（HLB）为 1.8～8.6，是常用的 W/O 型乳化剂，常与吐温类配合使用。

② 聚山梨酯　又称聚氧乙烯失水山梨醇脂肪酸酯，商品名为吐温（Tweens），外观为黏稠的黄色液体，因在结构中增加了亲水性的聚氧乙烯基，亲水性增强，其 HLB 值为 11.0～16.7，是常用的增溶剂、O/W 型乳化剂、分散剂和润湿剂。

③ 聚氧乙烯脂肪酸酯　商品有卖泽。该类表面活性剂有较强水溶性，乳化能力强，为 O/W 型乳化剂。

④ 聚氧乙烯脂肪醇醚　商品有苄泽、西土马哥、平平加 O 等，常用作增溶剂及 O/W 型乳化剂。

⑤ 聚氧乙烯-聚氧丙烯共聚物　商品名泊洛沙姆。本品具有乳化、润湿、分散、起泡和消泡等多种优良性能，但增溶能力较弱。泊洛沙姆 188（普郎尼克 F68）常用作 O/W 型乳化剂，可用于静脉注射用乳剂。

2．表面活性剂的基本性质

(1) 胶团的形成　表面活性剂在水中溶解时，由于初始浓度较低，大多数表面活性剂分子都定向排列于液面上，当表面活性剂的正吸附达到饱和后继续加入表面活性剂，其分子则开始转入溶液内部，形成亲油基团向内、亲水基团向外，在水中稳定分散、大小在胶体粒子范围内的分子聚集体，称为胶团。表面活性剂分子缔合形成胶团的最低浓度称为临界胶团浓度（CMC），不同表面活性剂的 CMC 不同。当达到临界胶团浓度时，溶液的性质会发生一系列变化，如表面张力降至最低、增溶作用突然增强、起泡性能及去污力增大，出现丁达尔现象以及渗透压、黏度以此浓度为转折点发生突变等。

(2) 起昙现象　表面活性剂的溶解度与温度有关。某些含有聚氧乙烯基的非离子型表面活性剂的溶解度开始随温度升高而增大，当上升到一定温度后，其溶解度急剧下降，使得溶液由澄明变浑浊甚至分层，冷却后又恢复澄明。这种因温度变化而使含表面活性剂的溶液由澄明变浑浊的现象称为起昙（或起浊），起昙时的温度称为昙点。

起昙的原因主要是表面活性剂中的聚氧乙烯基在水中形成的氢键不稳定，当温度升高时，发生氢键断裂导致表面活性剂溶解度下降，而出现浑浊。但温度降低时，氢键重新缔结，溶液又恢复澄明。

(3) 亲水亲油平衡值　表面活性剂亲水亲油性的强弱，以亲水亲油平衡值表示，简称 HLB 值。一般将表面活性剂的 HLB 值范围限定在 0～40，其中非离子型表面活性剂的 HLB 值范围为 0～20。表面活性剂 HLB 值越大，亲水性越强，易溶于水；表面活性剂 HLB 值越小，亲油性越强，易溶于油。

表面活性剂的 HLB 值与其用途有密切关系，HLB 值在 3～8 的表面活性剂适合用作 W/O 型乳化剂；HLB 值在 8～16 的表面活性剂，适合用作 O/W 型乳化剂；作为增溶剂的 HLB 值在 15～18，作为去污剂的 HLB 值在 13～16，作为润湿剂的 HLB 值在 7～9，作为消泡剂的

HLB 值在 1~3 等。

两种非离子表面活性剂合用时，其 HLB 值具有加和性，计算公式如下：
$$HLB_{ab}=(HLB_a \times W_a + HLB_b \times W_b)/(W_a + W_b)$$
式中，W_a、W_b 分别代表两种非离子表面活性剂的量（如质量比、体积比等）。

例如，用 45%司盘 60(HLB=4.7)和 55%吐温 60(HLB=14.9)组成的混合表面活性剂的 HLB 值为 10.31。但上式不能用于混合离子型表面活性剂 HLB 值的计算。

(4) 表面活性剂的毒性与刺激性

① 表面活性剂的毒性　一般是阳离子型＞阴离子型＞非离子型。离子型表面活性剂还具有较强的溶血作用，故一般仅限于外用。非离子型表面活性剂有的也有溶血作用，但一般较弱。

② 表面活性剂的刺激性　长期应用或高浓度使用可能出现皮肤或黏膜损害。

③ 表面活性剂与蛋白质的相互作用　与蛋白质发生电性结合，同时还可破坏蛋白质结构中的盐键、氢键和疏水键，使蛋白质变性。

3. 表面活性剂在药物制剂中的应用

(1) 增溶剂　表面活性剂具有增溶作用。增溶是指表面活性剂在水中形成胶团后，一些水不溶性或微溶性药物在溶液中的溶解度显著增加的过程。所用的表面活性剂称为增溶剂。常用增溶剂的 HLB 值为 15~18，多为阴离子型和非离子型表面活性剂。不同药物的增溶机理不同，非极性药物完全进入胶团烃核内部由亲油基团构成的非极性区域而被增溶；半极性药物定向排列于胶团的栅状层，以非极性胶团插入胶团烃核，极性基团伸入胶团栅状层被增溶；极性药物被胶团外缘的亲水基团所吸引而增溶。

(2) 乳化剂　具有乳化作用的表面活性剂称为乳化剂，HLB 值为 3~8 的表面活性剂适合用作 W/O 型乳化剂；HLB 值为 8~16 的表面活性剂，适合用作 O/W 型乳化剂。

(3) 润湿剂　促进液体在固体表面铺展或渗透的表面活性剂称为润湿剂。混悬剂、片剂、丸剂制备中加入润湿剂，可加速疏水性药物的润湿和崩解，从而提高药物的溶出速率和生物利用度。常用润湿剂的 HLB 值为 7~9。

(4) 起泡剂和消泡剂　能产生泡沫和稳定泡沫作用的表面活性剂称为起泡剂和稳泡剂，起泡剂为亲水性较强和 HLB 值较高的表面活性剂。能使原来泡沫破坏消失的表面活性剂称为消泡剂，消泡剂为亲油性较强的表面活性剂，HLB 值为 1~3。

(5) 消毒剂和杀菌剂　大多数阳离子型表面活性剂和两性离子型表面活性剂都能用作消毒剂和杀菌剂，如苯扎溴铵（新洁尔灭）为一种广谱杀菌剂，可用于皮肤、黏膜和手术器械的消毒。

(6) 其他应用　表面活性剂还可用作片剂中的崩解剂、润滑剂，混悬液中的助悬剂，软膏剂中的透皮促进剂，固体分散体中的药物载体，控释制剂中的致孔剂等。

（三）增加药物溶解度的方法

液体制剂生产中，增加药物溶解度的目的是为了使制剂中难溶性药物的浓度达到临床需要的有效治疗浓度。常用的方法有如下几种。

1. 使用增溶剂

增溶剂是指能增加难溶性药物在溶剂中的溶解度的表面活性剂，常用的增溶剂有吐温类、卖泽类等。

2. 使用助溶剂

某些难溶性药物可在溶液中加入第三种物质，使难溶性药物与其形成溶解度较大的络合物、复盐或缔合物，从而增加药物的溶解度，这第三种物质称为助溶剂。助溶剂多为低分子化合物，不是表面活性剂。如碘在水中的溶解度为 1∶2950，加适量的碘化钾后，碘与碘化钾形成分子间的络合物 KI_3，明显增加碘在水中的溶解度，能配成含碘 5%的水溶液。常用助溶剂可分为两类：一类是某些有机酸及其钠盐，如苯甲酸钠、水杨酸钠、对氨基苯甲酸钠等；另一类是酰胺化合物，如乌拉坦、尿素、烟酰胺、乙酰胺等。

3. 使用潜溶剂

使用两种和多种混合溶剂，可以提高某些难溶药物的溶解度。在混合溶剂中各溶剂达到某一比例时，药物的溶解度出现极大值，这种现象称为潜溶，这种溶剂称为潜溶剂。与水形成潜溶剂的有乙醇、丙二醇、甘油、聚乙二醇等。例如，甲硝唑在水中的溶解度为10%，如果使用水和乙醇混合溶剂，则溶解度提高5倍。

4. 制成可溶性盐

一些难溶性的弱酸性或弱碱性药物，制成盐类可增加其溶解度。弱酸性药物与碱（如氢氧化钠）成盐，弱碱性药物与酸（如盐酸）成盐。选用何种酸或碱制成盐，除了要考虑盐的溶解度，还应考虑其盐溶液的稳定性、安全性和刺激性。

（四）液体制剂的防腐与矫味

1. 防腐

（1）防腐目的　液体药剂尤其是以水为溶剂的液体药剂，容易被微生物污染而变质。含有营养成分如糖类、蛋白质等的液体药剂，更易引起微生物的滋长与繁殖。微生物的污染会导致药物理化性质发生变化而严重影响药剂的质量。因此，药剂制备时必须严格控制微生物的污染和增长，并严格执行微生物限度标准，以确保药物的安全性。

（2）防腐措施

① 加强生产过程卫生管理，严格按照 GMP 要求，对生产过程中的环境卫生、工艺卫生、厂房卫生及人员卫生进行管理。

② 根据制剂的需要，添加适宜的防腐剂。

（3）常用的防腐剂　亦称抑菌剂，系指能抑制微生物生长、繁殖的化学物质。选择防腐剂时需重点考虑三个因素：一是对微生物的作用强弱，同等条件下选择有效浓度较小的防腐剂；二是溶液的 pH 值，不同的防腐剂对 pH 值的耐受性不同，应选择适合发挥防腐剂作用的 pH 值范围；三是与药物及其他附加剂间的配伍，防腐剂的作用易受到表面活性剂及高分子物质的影响而降低防腐能力。一般情况下，两种防腐剂合用的效果好于使用单一的防腐剂。

① 对羟基苯甲酸酯类　也称尼泊金类，是一类优良的防腐剂。无毒、无味、无臭，化学性质稳定，在 pH3～8 范围内能耐 100℃ 2h 的灭菌。常用的有尼泊金甲酯、尼泊金乙酯、尼泊金丙酯、尼泊金丁酯等。在酸性、中性溶液中均有效，弱碱性溶液中作用减弱，对大肠杆菌作用最强。本类防腐剂配伍使用有协同作用。通常是乙酯与丙酯（1∶1）或乙酯与丁酯（4∶1）合用，使用浓度均为 0.01%～0.25%。尼泊金类防腐剂不能与吐温类表面活性剂合用，因两者间会发生络合作用，减弱其防腐能力。

② 苯甲酸及其盐　为白色结晶或粉末，无气味或微有气味。苯甲酸未解离的分子抑菌作用强，故在酸性溶液中(pH＜4)抑菌效果较好，用量一般为 0.1%～0.25%。苯甲酸钠和苯甲酸钾必须转变成苯甲酸后才有抑菌作用，用量按酸计。该类常用于糖浆剂的防腐。苯甲酸防霉作用较尼泊金类弱，而防发酵能力则较尼泊金类强，可与尼泊金类联合应用。

③ 山梨酸　为白色至黄白色结晶性粉末，无味，有微弱特殊气味。山梨酸起防腐作用的是未解离的分子，故在 pH4 的水溶液中抑菌效果较好。常用浓度为 0.05%～0.2%。山梨酸与其他防腐剂合用产生协同作用。本品稳定性差，易被氧化，在水溶液中尤其敏感，遇光时更甚，可加入适宜稳定剂。可被塑料吸附使抑菌活性降低。

④ 苯扎溴铵　又称新洁尔灭，系阳离子型表面活性剂。化学性质稳定，溶于水和乙醇，有一定毒性和刺激性，只用于外用药剂中，使用浓度为 0.02%～0.2%。

⑤ 其他防腐剂　20% 以上的乙醇溶液、30% 以上的甘油溶液、0.01% 的桂皮油、0.05% 的

薄荷油、0.02%~0.05%的醋酸氯乙啶（醋酸洗必泰）等。

2. 矫味剂

为掩盖和矫正药物的不良臭味而加入制剂中的物质称为矫味、矫臭剂。

（1）甜味剂　甜味剂能掩盖药物的咸、涩和苦味。甜味剂包括天然和合成两大类。天然甜味剂中以蔗糖、单糖浆及芳香糖浆应用较广泛。芳香糖浆如橙皮糖浆、枸橼糖浆、樱桃糖浆、甘草糖浆及桂皮糖浆等不但能矫味，也具有矫臭的作用。天然甜味剂甜菊苷，其甜度约为蔗糖的 300 倍，常用量为 0.025%~0.05%。甘油、山梨醇、甘露醇亦可作甜味剂。合成甜味剂糖精钠，甜度为蔗糖的 200~700 倍，易溶于水中，常用量为 0.03%，常与其他甜味剂合用。阿司帕坦亦称蛋白糖，甜度为蔗糖的 150~200 倍，并具有清凉感，可用于低糖量、低热量的保健食品和药品中。

（2）芳香剂　在药剂中用以改善药剂气味的香料和香精称为芳香剂。香料由于来源不同，分为天然香料和人造香料两类。天然香料有从植物中提取的芳香挥发性物质，如柠檬、茴香、薄荷油等，以及此类挥发性物质制成的芳香水剂、酊剂、醑剂等。人造香料亦称香精，是在人工香料中添加适量溶剂调配而成，如苹果香精、橘子香精、香蕉香精等。

（3）胶浆剂　胶浆剂具有黏稠缓和的性质，可干扰味蕾的味觉而具有矫味的作用。常用的有海藻酸钠、阿拉伯胶、明胶、甲基纤维素、羧甲基纤维素钠等的胶浆。常于胶浆中加入甜味剂，增加其矫味作用。

（4）泡腾剂　系利用有机酸（如枸橼酸、酒石酸）与碳酸氢钠混合，遇水后产生大量二氧化碳，由于二氧化碳溶于水呈酸性，能麻痹味蕾而矫味。

3. 着色剂

着色剂又称色素，是为了改善药剂外观，使病人看了赏心悦目，乐于使用。有天然色素氧化铁、胡萝卜素、松叶蓝、叶绿素、焦糖等；合成色素有苋菜红、柠檬黄、胭脂红、胭脂蓝和靛蓝等，用量不宜过多。

（五）配制液体制剂的基本操作

1. 称重操作注意事项

① 要根据所取药物的质量范围和允许误差，正确选择天平最大载重量和感量。
② 天平需放置在平稳光洁的台面上，检查并调整好天平。
③ 称量液体时，应将液体置于烧杯里；称量加热过的药物时，应冷却后再称重。
④ 称量时应轻取轻放，保护好天平；称量后，应将天平复位。

2. 量取液体溶剂的注意事项

液体量具的准确性为：移液管>吸量管>滴定管>量筒>量杯。
① 应根据所需量取液体的量及精确度，选择合适的量器，注意在常温下量取。
② 量取时量器要保持垂直，目光平视，读取液体凹面最低处数据，深色液体则以液面为准。
③ 同一量器只能量取同一种液体，已量取的液体，不得再倒回原容器内。
④ 量取 1ml 以下液体可用吸量管。1ml 水在 20℃时从标准滴管中均匀流出为 20 滴。
⑤ 量取黏稠液体如甘油时，不论是注入还是倾出，都应停留充分时间等其按刻度流尽。

3. 搅拌

为了增加药物的溶解度，使混合均匀，配制溶液时需要适当搅拌。少量配制时可用玻璃棒搅拌，大量生产中，配液罐常常配有专用搅拌器，其形状有直棒式、平浆式、旋浆式、锚式、耙式、带式、涡轮式等，需根据液体的黏度、数量及配液容器的形状等条件加以选用。

（六）溶液型液体制剂

溶液型液体制剂系指药物以分子或离子形式分散在溶剂中而形成的供内服或外用的澄

明溶液，亦称真溶液。其分散相的质点小于 1nm，分散度高，药物吸收快。由于该类制剂属于单项分散体系，各成分处于一个体系，容易发生化学反应而导致制剂的质量改变。属于溶液型液体制剂的常见剂型有溶液剂、糖浆剂、芳香水剂、醑剂、甘油剂等。

1. 溶液剂

溶液剂系指药物溶解于适宜溶剂中制成的澄清溶液。溶质一般为非挥发性的低分子化学药物，溶剂多为水，也可为乙醇或油，供内服或外用。溶液剂应澄清，不得有沉淀、浑浊、异物等。根据需要溶液剂中可加入助溶剂、抗氧剂、矫味剂、着色剂等附加剂。药物制成溶液剂后，以量取替代了称取，对小剂量药物或毒性较大的药物很适宜；某些药物只能以溶液形式贮存，如过氧化氢溶液、氨溶液等。

溶液剂的制备方法有溶解法、稀释法与化学反应法，其中以溶解法最为常用。

溶解法的制备过程：称量→溶解→过滤→分装→质检→包装。

制备步骤如下。

准备工作：清洗所用的容器、用具，若为非水溶剂，容器用具应干燥。

称量：调平天平、准确称取药物，量取液体药物时，量器应干燥，黏稠液体要倾倒完全。

溶解：取处方量 1/2~3/4 的溶剂，加入药物搅拌溶解，溶解顺序为溶解度小的药物及附加剂先溶，挥发性药物最后加入。

过滤：选用滤纸、脱脂棉或其他适宜滤器，将药液过滤，然后自滤器上加溶剂至全量。

质检：按质量标准规定检查主药含量、pH 值、澄明度等。

包装：将检验合格的药液灌装入包装容器中，严密封口，贴上标签。

例 1：复方碘溶液

【处方】 碘 2.5g，碘化钾 5g，蒸馏水加至 50ml。

【制法】 取碘化钾置容器内，加蒸馏水 5ml 搅拌溶解，再将碘加入溶解，加入蒸馏水至全量，混匀，即得。

【注解】 ①碘化钾为助溶剂，制备时先用少量水溶解碘化钾，将碘加入溶解后，再补足水，这样碘的溶解速率快；②碘有腐蚀性，勿接触皮肤与黏膜，称量时可用玻璃器皿或蜡纸，不宜用纸；③本品用于甲亢的辅助治疗，碘外用有杀菌作用。

例 2：原料浓氨溶液含 NH_3 30%(g/g)，医疗用氨溶液含 NH_3 10%(g/ml)，现需 1000ml 医疗用氨溶液，如何配置？

【计算】 浓氨溶液用量：

$$10\%(g/ml) \times 1000ml \div 30\%(g/g) = 333.3g$$

【配制】 取约 500ml 水，加入浓氨溶液，搅拌均匀，加水至 1000ml，即得。

【注解】 氨溶液易挥发出 NH_3，操作时应迅速，配制完毕立即分装，并严密封口。

例 3：复方硼砂溶液

【处方】 硼砂 2g，甘油 3.5ml，碳酸氢钠 1.5g，液体苯酚 3.5ml，蒸馏水加至 100ml。

【制法】 取硼砂加入 50ml 热蒸馏水中，溶解、放冷，加入碳酸氢钠溶解。另取液体苯酚加甘油搅匀，缓缓加入上述溶液中，随加随搅拌，待气泡消失后，加蒸馏水至 100ml，必要时过滤，即得。其反应式如下：

$$Na_2B_4O_7 \cdot 10H_2O + 4C_3H_5(OH)_3 \rightarrow 2C_3H_5(OH)HBO_3 + 2C_3H_5(OH)NaBO_3 + 13H_2O$$
$$C_3H_5(OH)HBO_3 + NaHCO_3 \rightarrow C_3H_5(OH)NaBO_3 + CO_2\uparrow + H_2O$$

【注解】 反应生成的甘油硼酸钠显碱性，可中和酸性分泌物，苯酚有抑菌作用，硼砂易溶于沸水或甘油，制备时用热水溶解可加快溶解速率。上述反应中甘油是过量的，剩余甘油可减小苯酚刺激性，并显甜味。

2. 糖浆剂

糖浆剂系指含有药物或提取物的浓蔗糖水溶液，供口服。糖浆剂根据用途不同分为矫味糖浆（例单糖浆、芳香糖浆）和药用糖浆（例硫酸亚铁糖浆）。单糖浆指纯蔗糖的近饱和水溶液，含蔗糖 85%（g/ml）或 64.7%（g/g）。《中国药典》（2010 年版）规定糖浆剂中蔗糖的含量不应低于45%（g/ml）；除另有规定外，糖浆剂应澄清，在贮存过程中不能有发霉、酸败、产气或其他变质现象。糖浆剂易被真菌、酵母菌和其他微生物污染，致使糖浆剂浑浊或变质。当糖浆剂中蔗糖浓度高时，渗透压大，具有抑菌作用；低浓度的糖浆剂则应添加防腐剂。糖浆剂应密封，在30℃下贮存。

糖浆剂的制备方法有：热溶法、冷溶法和混合法。

（1）热溶法　将蔗糖溶于沸水中，继续加热搅拌使其全部溶解，趁热过滤，在适宜温度下加入其他药物，搅拌溶解、过滤，自滤器加蒸馏水至全量，分装即得。

用热溶法制备糖浆剂，温度越高蔗糖在水中溶解度越大；加热条件下蔗糖的溶解速率也快，易过滤；高温还可以杀死微生物。但加热时间过长易使转化糖的含量增加，糖浆剂颜色变深。该法适合于对热稳定的药物和有色糖浆的制备。

（2）冷溶法　将蔗糖溶解于常温水中或含药溶液中，过滤即得。该法制备的糖浆剂颜色较浅，但生产周期较长并容易污染微生物，适用于对热不稳定的药物或挥发性药物。

（3）混合法　将含药溶液与单糖浆直接混合均匀即得，本法用于含药糖浆的制备。

含药糖浆中药物的加入方法如下。

① 水溶性固体药物，先用少量纯化水溶解后，再与单糖浆混匀。
② 水中溶解度小的药物可用其他适宜溶剂使其先溶解，再加入单糖浆中混匀。
③ 可溶性液体药物或液体药物制剂，可直接加入单糖浆中混匀，必要时过滤。
④ 药物为含乙醇的液体制剂时，与单糖浆混合时常发生浑浊，可加入适量甘油助溶。
⑤ 药物为水性浸出制剂时，含杂质较多，需纯化精制后再加入单糖浆中。

例4：单糖浆的制备

【处方】　蔗糖85g，纯化水加至100ml。

【制法】　取45ml水煮沸，加入85g蔗糖搅拌溶解，继续加热至100℃后，趁热用脱脂棉或几层纱布过滤，自滤器补加热水至100ml，混合均匀，即得。

【注解】　单糖浆也可以用冷溶法制备，在洁净环境下将蔗糖装入渗漉筒内，反复渗漉，至蔗糖全部溶解为止。

【注意事项】　①应在无菌环境中制备，各种设备、容器具应清洁消毒或灭菌处理，并及时灌装；②应选择药用白砂糖；生产中宜用蒸汽夹层锅加热，要严格控制加热温度和时间。

3. 芳香水剂

系指芳香挥发性药物的饱和或近饱和的水溶液。芳香水剂的原料多为挥发油，一般浓度较低，主要作芳香剂使用。常见的如薄荷水、浓薄荷水、氯仿水等。

4. 醑剂

系指挥发性药物的浓乙醇溶液，供内服或外用，亦可作矫味剂。醑剂中乙醇含量一般为60%～90%，因乙醇的作用，醑剂中挥发性物质的浓度比芳香水剂中要大得多。常见的如樟脑醑等。

5. 甘油剂

系指药物溶于甘油制成的专供外用的溶液剂。甘油对药物碘、硼酸、鞣质、苯酚等具有较大的溶解度，还可以减少碘、苯酚对皮肤、黏膜的刺激性。常见的如碘甘油、硼酸甘油等。

（七）胶浆剂

胶浆剂系指树胶、纤维素衍生物、黏液质及多糖类等高分子化合物在水中溶胀而形成的黏稠液体，质点大小在1～100nm，属于高分子溶液（亲水胶体）。胶浆剂在药剂辅料中应用广泛，如可减小药物对黏膜的刺激性、用作混悬剂的助悬剂、乳剂的乳化剂、固体制剂的黏合剂和包衣材料等。常用的胶浆剂有阿拉伯胶、西黄蓍胶、淀粉、羧甲基纤维素钠、海藻酸钠、琼脂等。

胶浆剂的制备方法为溶解法。与低分子药物的溶解相比较，高分子化合物在溶解过程中伴随着体积的膨胀，故而称为溶胀过程。

例5：羧甲基纤维素钠胶浆

【处方】 羧甲基纤维素钠 0.25g，琼脂 0.25g，蒸馏水适量，共制 50ml。

【制法】 取羧甲基纤维素钠分次加入热蒸馏水 20ml 中，轻加搅拌使其溶解；另取剪碎的琼脂加入热蒸馏水 20ml 中，羧甲基纤维素钠与琼脂分别静置 10min。煮沸数分钟使琼脂溶解，合并两液，趁热用纱布过滤，再加热蒸馏水至 50ml，搅拌即得。

【注解】 羧甲基纤维素钠若先用少量乙醇润湿，再按上法制作更佳。本品用作助悬剂或片剂的黏合剂。

（八）混悬剂

混悬剂系指难溶性固体药物以微粒状态分散于分散介质中形成的非均匀分散的液体制剂，可口服或外用。混悬剂中药物微粒一般在 0.5~10μm 之间，属于热力学不稳定体系，所用分散介质大多为水，也可用植物油。混悬剂中包括干混悬剂，即难溶性固体药物用适宜方法制成粉状或粒状制剂，使用时加水振摇即可分散成供口服的混悬剂。

1. 混悬剂的特点

可将不溶性药物制成便于口服的液体制剂；有利于提高药物在水溶液中的稳定性；可掩盖药物的不良气味；可延长药物的作用时间等。但由于混悬剂中药物分散不均匀，剂量不准确，毒剧药或剂量小的药物不应制成混悬剂。

2. 混悬剂的质量要求

混悬微粒细腻、均匀，有足够稳定性，如有沉淀经振摇应易再分散，在标签上注明"服前摇匀"；符合装量、沉降体积比、微生物限度、粒度、主药含量等各项质量要求；黏度适当，便于倾倒，外用者易于涂布；混悬剂应密封，置阴凉处贮存。

3. 混悬剂的稳定措施

混悬剂的物理稳定性差，容易发生固体微粒沉降、微粒增长或晶型转变等现象。在混悬剂制备过程中，常采取以下措施增加其稳定性。

① 药物粉碎细腻而均匀，以减小微粒沉降速率。

② 添加各类稳定剂，起到润湿、助悬、絮凝等作用，以保持混悬液的稳定。

a. 润湿剂　疏水性药物（如硫磺）配制混悬液时，必须加入润湿剂，使药物能被水润湿，方能均匀分散于水中。常用一些表面活性剂如吐温类、泊洛沙姆等，此外，乙醇、甘油等也可作润湿剂。

b. 助悬剂　助悬剂的作用是增加混悬液中分散介质的黏度。通常可根据混悬液中药物微粒的性质和含量，选择不同的助悬剂。目前常用的助悬剂有低分子物质（甘油、糖浆）、高分子物质（阿拉伯胶、西黄蓍胶、聚维酮、羧甲基纤维素钠、触变胶、硅皂土等），其中天然高分子类助悬剂易长霉变质，常需添加防腐剂。

c. 絮凝剂和反絮凝剂

在混悬剂中加入适量的絮凝剂，可形成疏松的絮状聚集体，从而防止微粒的快速沉降与结块，提高混悬液的稳定性。反之，为防止絮凝后溶液过度黏稠不易倾倒，可使用反絮凝剂。絮凝剂与反絮凝剂可以是不同的电解质，也可以是同一电解质由于用量不同而起絮凝或反絮凝作用。常用的絮凝剂和反絮凝剂有：枸橼酸盐、酒石酸盐、磷酸盐及一些氯化物等。

4. 混悬剂的制备方法

（1）分散法　系将固体药物粉碎为 0.5~10μm 大小的微粒，再分散于分散介质中而制成混悬剂的方法，常采用"加液研磨"的操作，小量制备常用乳钵，大生产常用胶体磨、球磨机等。加液研磨可用处方中的液体，如水、芳香水、糖浆、甘油等。加液量常为一份药物加 0.4~0.6 份液体，研磨至微粒大小符合混悬剂的要求，最后加入处方中的剩余液体使成全量。分散法制备混悬剂要考虑药物的亲水性。疏水性药物制备混悬剂时，不易被水润湿，很难制成混悬剂，需加入润湿剂与药物共研，改善疏水性药物的润湿性。制备中还需加助悬剂或絮凝剂，以利于混悬剂的稳定性。

（2）凝聚法 利用化学反应或改变物理条件使溶解状态的药物在分散介质中聚集成新相，分为化学凝聚法和物理凝聚法。

① 物理凝聚法 此法一般是选择适当溶剂将药物制成过饱和溶液，在急速搅拌下加至另一种不同性质的液体中，使药物快速结晶，可得到 10μm 以下(占 80%～90%)微粒，再将微粒分散于适宜介质中制成混悬剂。如醋酸可的松滴眼剂就是采用凝聚法制成的。

② 化学凝聚法 将两种药物的稀溶液，在低温下相互混合。使之发生化学反应生成不溶性药物微粒混悬于分散介质中制成混悬剂。用于胃肠道透视的 $BaSO_4$ 就是用此法制成。化学凝聚法现已少用。

例 6:复方硫黄洗剂

【处方】 沉降硫黄 3g，硫酸锌 3g，樟脑醑 25ml，羧甲基纤维素钠 0.5g，甘油 10 ml，纯化水加至 100 ml。

【制法】 将羧甲基纤维素钠用适量水制成 20ml 胶浆；另取硫酸锌溶于 20ml 水中；取沉降硫黄置于乳钵中，加甘油研磨至细糊状，将羧甲基纤维素钠胶浆缓缓加入乳钵中，边加边搅拌，再加入硫酸锌溶液，搅匀；将樟脑醑缓缓以细流加入，并快速搅拌，加纯水至全量，搅匀即得。

【注解】 硫黄为疏水性药物，甘油为润湿剂，羧甲基纤维素钠为助悬剂；樟脑醑加入时应急速搅拌，以免樟脑析出较大结晶颗粒，影响稳定性；本品外观为微黄色混悬液，具有杀菌、收敛作用，可用于治疗痤疮、疥疮等症。

（九）乳剂

乳剂也称乳浊液，系指两种互不相溶的液体混合，其中一种液体以小液滴（乳滴）状态分散在另一种液体（分散介质）中形成的非均匀分散的液体制剂。小液滴被称为分散相、内相或不连续相，分散介质被称为外相或连续相，分散相液滴大小一般在 0.1～100μm。乳剂由油相、水相和乳化剂组成，乳化剂为表面活性剂或其他高分子化合物等。乳剂应用广泛，可内服、外用、注射及制成乳剂型软膏剂、气雾剂等。

1．乳剂的分类与鉴别

乳剂的基本类型有两种：①油为分散相，分散在水中，称为水包油（O/W）型乳剂；②水为分散相,分散在油中,称为油包水(W/O)型乳剂。经过二步乳化法制得的为复乳，分为 W/O/W 或 O/W/O 型。根据乳滴的大小，还可将乳剂分为普通乳、亚微乳、纳米乳。

乳剂的主要鉴别方法见表 10-3。

表 10-3 O/W 型与 W/O 型乳剂的鉴别方法

鉴别项目	O/W 型乳剂	W/O 型乳剂
外观	通常为乳白色	接近油的颜色
稀释	可用水稀释	可用油稀释
导电性	导电	不导电或几乎不导电
水溶性染料	外相染色	内相染色
油溶性染料	内相染色	外相染色

2．乳剂的特点

乳剂中液滴分散度大，吸收好、药效快、生物利用度高；油溶性药物制成 O/W 型乳剂可掩盖药物的油腻性和不良臭味，有利于吸收；水溶性药物制成 W/O 型乳剂有延长药效的作用；外用乳剂能改善药物对皮肤、黏膜的渗透性，减少刺激性；O/W 型乳剂静脉注射吸收快、药效高、有靶向性。

3．乳剂的质量要求

产品不应有分层，贮存过程中不得有发霉、酸败、变色、产气等变质现象；符合装量、微生物限度、稳定性及主药含量等各项质量要求；乳剂应密封、遮光，置阴凉处保存。

4. 乳剂的乳化剂

(1) 乳化剂的种类

① 表面活性剂类乳化剂　常用阴离子型和非离子型表面活性剂。阴离子型表面活性剂有一定的毒性和刺激性，多用于外用乳剂，常用的有肥皂类、硫酸化物等。非离子型表面活性剂毒性和刺激性小，可口服或外用，个别品种可注射用。常用有司盘、吐温、卖泽、苄泽、泊洛沙姆等。此类乳化剂乳化能力强，性质稳定。

② 天然乳化剂　此类多为亲水性高分子较强的化合物，常用于制备 O/W 型乳剂，黏性较大，可增强乳剂的稳定性，易长霉变质，需添加适量防腐剂。常用的有如下几种。

a. 阿拉伯胶　O/W 型乳化剂。常用浓度为 10%～15%，适用于挥发油、植物油的乳化，可供内服。其黏性较小，常与西黄蓍胶等黏性大的乳化剂合用。

b. 西黄蓍胶　乳化能力较差，一般与阿拉伯胶合并使用制备 O/W 型乳剂。其水溶液黏度较高，可防止乳剂分层，提高稳定性。

c. 磷脂　O/W 型乳化剂。来源于卵黄或大豆，无毒、无刺激、无溶血作用，乳化能力强，精制品可供静脉注射用。常用量 1%～3%。

d. 明胶　O/W 型乳化剂，常用量 1%～2%。

e. 胆固醇　主要含有羊毛醇，常用于制备 W/O 型乳剂。

③ 固体粉末类乳化剂　此类乳化剂能吸附于油水界面形成固体微粒膜，提高乳剂稳定性。O/W 型乳化剂有氢氧化镁、氢氧化铝、二氧化硅、硅皂土、白陶土等；W/O 型乳化剂为氢氧化钙、氢氧化锌、硬脂酸镁等。

④ 辅助乳化剂　与乳化剂合用能增加乳剂稳定性。辅助乳化剂的乳化能力一般很弱或无乳化能力，但能提高乳剂的黏度，防止乳滴合并。常用的有纤维素衍生物类，如羧甲基纤维素钠、甲基纤维素、羟丙基纤维素等。

(2) 乳化剂的选用

① 根据乳剂的用途选用　口服乳剂应选用无毒、刺激性小的天然乳化剂、纤维素衍生物类辅助乳化剂或非离子型表面活性剂；外用乳剂可选用毒性和刺激性小的阴离子型表面活性剂或非离子型表面活性剂；注射用乳剂应选用无毒、无刺激、无溶血作用的天然乳化剂或非离子型表面活性剂，如吐温-80 可用于肌内注射，卵磷脂、豆磷脂、泊洛沙姆 188 可用于静脉注射。

② 根据乳剂的类型选用　O/W 型乳剂应选择亲水性天然乳化剂、HLB 值 8～16 的表面活性剂类乳化剂、亲水的固体粉末乳化剂；W/O 型乳剂应选择疏水性天然乳化剂、HLB 值 3～8 的表面活性剂类乳化剂、疏水的固体粉末乳化剂。

5. 乳剂的制备方法

(1) 干胶法　乳化剂（胶粉）先与油相研磨，混合均匀后加入水相，继续研磨形成初乳。此时，油、水、胶三者的比例为：若乳化植物油为 4:2:1，乳化液状石蜡为 3:2:1，乳化挥发油为 2:2:1。最后缓缓加入水稀释至全量。此法适用于使用天然乳化剂，如阿拉伯胶，或阿拉伯胶与西黄蓍胶为混合乳化剂制备 O/W 型乳剂。

(2) 湿胶法　将乳化剂先溶于适量水中得到胶浆，再缓缓加入油相，边加边研磨直至形成初乳，油、水、胶的比例与干胶法相同。最后缓缓加入水稀释至全量，得 O/W 型乳剂。

干胶法与湿胶法的制备要点如下。

① 先制备初乳。初乳中油、水、胶三者的比例应符合上述要求。

② 干胶法适用于乳化剂为细粉者。注意：应使用干燥乳钵、一次加入初乳比例量水、同一方向研磨。

③ 湿胶法不必是细粉，可制成胶浆即可。油相分次加入胶浆中。

(3) 新生皂法　将油水两相混合时，两相界面上反应生成肥皂类乳化油、水两相而形成乳剂。生成的一价皂、三乙醇胺皂为 O/W 型乳化剂；生成的二价皂为 W/O 型乳化剂。

(4) 机械法　将油相、水相、乳化剂混合后，用乳化机械制备乳剂的方法。使用不同的乳化器械可制得粒度不同的乳剂。

乳剂中药物及附加剂的加入方法如下。

① 若药物溶于水或溶于油时，可先将药物分别溶入，然后再经乳化形成乳剂。

② 不溶性药物，可先粉碎成粉末，再用少量与之有亲和力的液体或少量乳剂与之研磨成糊状，然后与乳剂混合均匀。

③ 防腐剂等应先溶于合适液相中，使之更好地发挥作用。

6．制备乳剂的常用设备

（1）乳钵　小量制备乳剂时使用，制得的乳滴较大且不均匀。

（2）胶体磨　用于制备乳剂、混悬剂、溶胶剂。此设备可使半乳状或混悬物料强制通过高速旋转的转子与定子之间的缝隙，因受到复杂力的作用而使物料有效地分散、混合、粉碎、研磨、均质、乳化，从而使内相分散并磨碎，所得乳滴约 5μm。

（3）高压乳匀机　内有高压泵和乳匀阀。将预先制成的粗乳在高压下强迫通过乳匀阀的狭缝，形成细腻乳剂。可反复循环乳化，制得乳滴约 0.3μm。

（4）高速搅拌器　转速在 1000～5000r/min，利用产生的剪切力和破碎力使内相分散，制得乳滴约 0.6μm。搅拌时间越长、转速越快，制得乳滴越小。

（5）超声波乳化器　以超声波高频振荡（频率在 16kHz 以上）为能源，带动金属振动刀片，当乳剂粗品以高压细流喷射到振动刀片上，产生高度空穴作用，使乳滴进一步细化，制得乳滴约 1μm。

例 7：液体石蜡乳

【处方】　液体石蜡 12ml，阿拉伯胶 4g，羟苯乙酯醇溶液（50g/L）0.1ml，蒸馏水加至 30ml。

【制法】（1）干胶法　将阿拉伯胶分次加入液体石蜡中研匀，一次性加水 8ml，研磨发出劈啪声至形成初乳，加入羟苯乙酯醇溶液，补加蒸馏水至全量，研匀即得。

（2）湿胶法　取 8ml 蒸馏水至乳钵中，加 4g 阿拉伯胶配成胶浆，作为水相。再将 12ml 液体石蜡分次加入水相中，边加边研磨至发出劈啪声形成初乳，加入羟苯乙酯醇溶液，补加蒸馏水至全量，研匀即得。

【注解】　干胶法适用于乳化剂为细粉者，乳钵应干燥，制备初乳时加水应按比例量一次性加入，并迅速沿同一方向旋转研磨，否则不易形成 O/W 型乳剂；湿胶法应预先制成胶浆，油相的加入要缓慢，同样边加边迅速沿同一方向旋转研磨，才能得到细腻的初乳；本品为轻泻剂，用于治疗便秘。

例 8：石灰搽剂

【处方】　植物油 10ml，0.3%氢氧化钙溶液 10ml。

【制法】　量取植物油及氢氧化钙溶液各 10ml，置于带塞的试剂瓶中，用力振摇至乳剂形成。

【注解】　本处方中的乳化剂是由氢氧化钙与植物油中所含少量脂肪酸进行皂化反应生成的钙肥皂，为 W/O 型；植物油可为菜油、麻油、花生油、棉籽油等；本品用于轻度烫伤，具有收敛、止痛、润滑、保护等作用。

拓 展 学 习

一、胶浆剂性质

1．带电性

胶浆中高分子化合物因某些基团发生解离而带电，有的带正电，如明胶浆；有的带负电，如阿拉伯胶、羧甲基纤维素钠、淀粉等。而蛋白质分子在溶液中的带电性则随溶液的 pH 值变化而不同,溶液 pH 值大于等电点时,蛋白质分子带负电荷;溶液 pH 值小于等电点时,蛋白质分子带正电荷;溶液 pH 值为等电点时,蛋白质分子呈中性,此时蛋白质的溶解度最小,溶液的黏度、渗透压等都为最小值,生产上可以利用这一特性,用于分离纯化或制备微囊。

2. 渗透压

高分子溶液具有一定的渗透压,这一性质对血浆代用液的生产十分重要。

3. 稳定性

高分子溶液的稳定性主要是靠高分子化合物与水形成的水化膜,其次是高分子化合物的带电性。任何破坏水化膜和电荷现象的发生,都会使高分子聚集而从溶液中沉淀出来。

① 在高分子溶液中加入脱水剂(乙醇、丙酮),因脱水剂与水的亲和力很强,能迅速进入水化层而破坏水化膜,使高分子化合物聚集沉淀。

② 在高分子溶液中加入大量电解质,因电解质的强烈水化作用,与水化膜中的水结合而破坏水化膜,使高分子化合物聚集沉淀,这也是复凝聚法制备微囊的原理。

③ 将两种带有相反电荷的高分子溶液混合,正负电荷中和,使高分子化合物聚集沉淀。

此外,高分子溶液长时间放置后也会出现聚集沉淀,即陈化现象。

4. 胶凝化

某些高分子溶液(如琼脂水溶液、明胶水溶液)在一定浓度以上,当温度降低到某一值时,高分子在水中由链状分散变为网状结构,水分子被包在网状结构内部,溶液由黏稠的胶浆变为不流动的半固体,称为凝胶。形成凝胶的过程称为胶凝。

二、混悬剂的稳定性、质量评价

1. 混悬剂的稳定性

混悬剂属于不稳定的粗分散体系,贮存时易出现沉降、结块等现象,影响其稳定性的主要因素如下。

(1)微粒间的排斥与吸引 混悬液中的微粒由于离解或吸附等原因而带电,微粒与周围分散剂之间存在有电位差。微粒间因带同种电荷而存在排斥,同时也存在吸引(范德华力)。当两种力平衡时,微粒间能保持一定距离。但当两微粒逐渐靠近,吸引力略大于排斥力,且吸引力很小时,此时粒子聚集呈絮状结构,振摇可分散。当粒子之间的距离进一步缩小,这时微粒间的排斥力明显加强,达到一定距离,排斥力达到最大,对混悬剂的稳定性并不是最佳条件。故制成稳定的混悬剂,以体系中微粒状况处于吸引力略大于排斥力,且吸引力不太大的条件为最好。

(2)混悬微粒的沉降 混悬液中药物微粒与液体介质之间存在密度差,如药物微粒密度较大,由于重力作用,静置时会发生沉降。在一定条件,沉降速率符合 Stoke 定律:

$$V = 2r^2(\rho_1 - \rho_2)g/(9\eta)$$

式中,V 是沉降速率;r 是微粒半径;ρ_1 和 ρ_2 分别是微粒和分散介质的密度;g 是重力加速度;η 是分散介质的黏度。

根据公式,为了减小微粒的沉降速率、增加稳定性,可以采取的措施有:①尽量减小微粒半径,将药物粉碎得越细越好;②增加分散介质的黏度,可加入胶浆剂等黏稠液体;③减小固体微粒与分散介质间的密度差,可向水中添加蔗糖、甘油等,或将药物与密度小的载体制成固体分散体。

(3)微粒增长与晶型转变 难溶性药物制成混悬剂时,同种微粒的大小并不相同。当大小微粒共存,半径很小的微粒具有较大的溶解度,使得混悬剂中的小微粒逐渐溶解变得越来越小,大微粒变得越来越大,沉降速率加快,致使混悬剂的稳定性降低。所以在制备混悬剂时，不仅要考虑微粒的粒度，而且还要考虑其大小的一致性。

具有同质多晶性质的药物，若制备时使用了亚稳定型结晶药物（亚稳定型的溶解度比稳定型大、药效更好），在制备和贮存过程中亚稳定型可转化为稳定型，可能改变药物微粒的沉降速率或结块。

（4）絮凝与反絮凝 由于混悬剂中的微粒分散度较大，具有较大的界面自由能，因而微粒易于聚集。为了使混悬剂处于稳定状态，可以使混悬微粒在介质中形成疏松的絮状聚集体，方法是加入适量的电解质，使 ξ 电位降低至一定数值（一般应控制 ξ 电位在 20～25mV 范围内），混悬微粒形成絮状聚集体。此过程称为絮凝，为此目的而加入的电解质称为絮凝剂。絮凝状态下的混悬微粒沉降虽快，但沉降体积比大，沉降物不易结块，振摇后又能迅速恢复均匀的混悬状态。 向絮凝状态的混悬剂中加入电解质，使絮凝状态变为非絮凝状态的过程称为反絮凝。为此目的而加入的电解质称为反絮凝剂，反絮凝剂可增加混悬剂的流动性，使之易于倾倒，方便应用。

（5）分散相的浓度与温度 在相同的分散介质中分散相浓度增大，微粒碰撞聚集机会增加，混悬剂的稳定性降低。温度升高，可增大药物的溶解度和溶解速率，但也会增大微粒聚集合并的趋势，同时导致分散介质黏度降低，稳定性下降；温度降低，则会重新析出结晶，导致结晶增大、转型等。

2. 混悬剂的质量评价

混悬剂的质量评价项目，除了含量测定、装量、微生物限度、微粒大小的测定、絮凝度的测定、重新分散试验等需符合药品标准的要求外，还要做沉降体积比的测定。

沉降体积比（F）是指沉降物的容积（V_u）与沉降前混悬剂的容积（V_0）之比：$F=V_u/V_0=H_u/H_0$。F 值在 1～0 之间，F 值越大混悬剂越稳定。《中国药典》（2010 年版）规定口服混悬剂（包括干混悬剂）3h 沉降体积比应不低于 0.9。

三、乳剂的形成理论、不稳定现象、质量评价

（一）乳剂的形成理论

油、水两相混合能形成稳定的乳剂是因为第三种物质——乳化剂的参与作用，关于乳剂的形成理论主要有两种学说。

1. 界面张力学说

使用表面活性剂作乳化剂时可以降低表面张力，分散体系内虽然表面积增加，但表面自由能没有增大，则体系稳定。

2. 界面吸附膜学说

当油、水中加入乳化剂制成乳剂后，乳化剂会吸附在分散相液滴的周围，形成定向排列的乳化剂膜，阻止分散相液滴的合并。不同类型乳化剂分别可形成不同类型的乳化膜。

（1）单分子膜 使用表面活性剂作乳化剂时形成单分子膜。

（2）多分子膜 使用亲水性高分子化合物作乳化剂时形成多分子膜。

（3）固体粉末膜 使用固体粉末类乳化剂时形成固体粉末膜。

（二）乳剂的不稳定现象

1. 分层

又称乳析，系指乳剂在贮存过程中出现乳滴上浮或下沉的现象。分层的原因主要是由于油、水两相的密度不同造成的。分层后吸附于液滴表面的乳化膜仍完整存在，经适当振摇后还能恢复成乳剂原有状态。乳剂分层时乳滴上浮或下沉的速率符合 Stoke 公式，所以减小乳

滴的粒径、减小乳滴和分散介质之间的密度差、增大分散介质的黏度，都可以减小乳剂分层的速率。

2．絮凝

系指乳滴之间发生可逆的絮状聚集现象。絮凝的原因与混悬剂相似，由于加入电解质使乳滴间的斥力减弱，导致 ξ 电位降低，形成疏松的聚集体。絮凝未破坏乳滴表面的乳化膜，经振摇后可恢复原状，但如果絮凝进一步变化就会导致乳滴由聚集变为合并。

3．转型

又称转相，系指乳剂类型的转变，即由 O/W 型变为 W/O 型或由 W/O 型变为 O/W 型。转型的主要原因是乳化剂性质的改变或分散相体积过大。如一价钠肥皂是 O/W 型乳化剂，遇钙离子后生成二价钙肥皂，变为 W/O 型乳化剂，导致乳剂由 O/W 型变为 W/O 型。分散相浓度即体积比一般在 10%~50% 之间，超过 50% 时，乳滴间距离太近，易发生碰撞而合并或引起转型，使得乳剂不稳定。

4．合并与破裂

系指乳剂中乳滴周围的乳化膜破裂导致乳滴合并最终分为油、水两层的现象，乳剂破裂后经振摇也不能恢复成原有状态。导致破裂的原因较多，主要有乳剂的乳化剂失效、分层、温度改变、pH 值及溶剂的改变、微生物的污染等。

5．酸败

系指乳剂受外界因素（如空气中的氧气、光线、高温等）及微生物的影响而引起变质的现象。为防止乳剂氧化或酸败，在制备过程中需加抗氧剂和防腐剂。

（三）质量评价

1．分层现象观察

乳剂的油相、水相因密度不同放置后分层，分层速率的快慢是评价乳剂质量的方法之一。用离心法加速分层，可以在短时间内观察其稳定性。将乳剂以 4000r/min 的转速离心 15min，不应观察到分层现象。如将乳剂置于离心管中以 3750r/min 的转速离心 5h 观察，其结果相当于乳剂自然放置一年的分层效果。

2．乳滴大小的测定

乳滴大小是衡量乳剂稳定性和治疗效果的重要指标。可以采用显微测定法，测定 600 个以上乳滴数，计算乳滴平均粒径。

3．乳滴合并速率的测定

乳剂制成后，分散相总表面积增加，乳滴有自动合并的趋势。当乳滴大小在一定范围内时，其合并速率符合一级动力学方程：

$$\ln N = \ln N_0 - kt$$

式中，N 代表时间为 t 时的乳滴数；N_0 代表时间为零时的乳滴数；k 代表乳滴合并速率常数。在不同的时间分别测定单位体积的乳滴数，然后计算出 k 值，k 值越大，稳定性越差。

四、药物制剂的稳定性

（一）概述

药物制剂的稳定性系指药物制剂在生产、贮运、流通直至临床应用前的一系列过程中质量变化的速度和程度。对药物制剂的基本要求为具有安全性、有效性、稳定性，而稳定性又是保证药物安全性和有效性的基础，药物若分解变质，不仅使药效降低，而且有些变质的物质甚至可产生毒副作用。研究药物制剂稳定性的目的是提高制剂的内在质量。

药物制剂稳定性一般包括化学、物理和生物学三方面。化学稳定性是指药物因水解、氧化等化学降解反应，使药物含量（或效价）发生变化。物理稳定性是指药物制剂的物理性能发生变化（药物的化学结构不变），例如混悬剂中药物颗粒结块、结晶增长，乳剂的分层、破裂，胶体制剂的老化，片剂崩解度、溶出度的改变等。生物学稳定性一般指药物制剂由于受微生物的污染，而使制剂变质、腐败。药物制剂稳定性是一个复杂的问题，如发生化学稳定性问题，一般也同时发生物理与生物稳定性问题，故应综合三方面影响。

（二）制剂中药物的化学降解途径

1. 水解

系药物降解的主要途径。属于此类降解的药物主要有酯类（包括内酯）如阿司匹林、盐酸普鲁卡因等；酰胺类（包括内酰胺）如青霉素、头孢菌素类等；此外，如维生素 B、安定等药物的降解，也主要是通过水解作用发生。

2. 氧化

也是药物变质的主要途径之一。药物氧化分解通常是自动氧化，即在大气中氧的影响下进行缓慢地氧化。药物氧化后，可能发生颜色变化或沉淀，疗效降低，甚至成为废品。氧化过程与药物的化学结构有关，酚类（如肾上腺素等）、烯醇类（如维生素 C）、芳胺类（如磺胺嘧啶钠）、吡唑酮类（如氨基比林、安乃近等）、噻嗪类（盐酸氯丙嗪、盐酸异丙嗪等）药物较易氧化。此外，含有碳碳双键或共轭双键的药物如油脂、不饱和脂肪酸、维生素 A、维生素 D、叶酸等也易发生氧化。易氧化药物要特别注意光、氧、金属离子对它们的影响，以保证产品质量。

3. 其他反应

（1）异构化 异构化分为光学异构化和几何异构化两种。易发生光学异构化的药物有左旋肾上腺素、四环素等，易发生几何异构化的药物有维生素 A 等。通常药物的异构化使生物活性降低甚至没有活性。

（2）聚合 是两个或多个分子结合在一起形成复杂分子的反应。例如氨苄西林浓的水溶液在贮存过程中能发生聚合反应，生成高聚物，这类高聚物能诱发氨苄西林产生过敏反应。

（3）脱羧 对氨基水杨酸钠在光、热、水分存在的条件下很易脱羧，生成间氨基酚，后者可进一步氧化变色。普鲁卡因水解产物对氨基苯甲酸，也可逐渐脱羧生成苯胺，苯胺受光线影响氧化生成有色物质，易导致盐酸普鲁卡因注射液变黄。

（三）影响药物制剂稳定性的因素

1. 处方因素

（1）pH 值 许多酯类、酰胺类药物常受 H^+ 或 OH^- 催化水解，这种催化作用也叫专属酸碱催化或特殊酸碱催化，此类药物的水解速率主要由 pH 值决定。pH 值调节要同时考虑稳定性、溶解度和药效三方面。pH 值调节剂一般常用盐酸和氢氧化钠，也常用与药物本身相同的酸和碱，如硫酸卡那霉素用硫酸、氨茶碱用乙二胺等进行调节。如需维持药物溶液的 pH 值，则可用磷酸、醋酸、枸橼酸及其盐类组成的缓冲系统来调节。

（2）广义酸碱催化 有些药物也可以被广义的酸碱（给出质子的物质叫广义的酸，接受质子的物质叫广义的碱）催化水解，这种催化作用叫广义的酸碱催化或一般酸碱催化。许多药物处方中，往往需要加入缓冲剂，常用的缓冲剂如醋酸盐、磷酸盐、枸橼酸盐、硼酸盐均为广义的酸碱，为了减少这种催化作用的影响，缓冲剂应尽可能使用低浓度或选用无催化作用的缓冲系统。

（3）溶剂 根据溶剂和药物的性质，溶剂可能由于溶剂化、解离、改变反应活化能等而对药物制剂的稳定性产生显著影响。对于易水解的药物，有时采用非水溶剂，如乙醇、丙二醇、甘油等使其稳定。

（4）离子强度　在制剂处方中，离子强度的影响主要来源于调节 pH 值、调节等渗、防止氧化等需要而加入的附加剂，包括缓冲剂、等渗调节剂、抗氧剂、电解质等。相同离子间的反应，对于带负电荷的药物离子而言，如果受 OH 催化，则由于盐的加入会增大离子强度，从而加快分解反应速率；如果受 H^+ 催化，则分解反应的速率随着离子强度增大而缓慢。对于中性分子药物而言，分解速率与离子强度无关。

（5）表面活性剂　一些容易水解的药物，加入表面活性剂可增加其稳定性，如苯佐卡因易受酸碱催化水解，加入 5%的十二烷基硫酸钠后，水解速率明显降低。但有时表面活性剂的加入反而使某些药物的分解速率加快，如吐温-80 使维生素 D 稳定性下降。故设计处方时须通过实验，正确选用表面活性剂。

（6）处方中的辅料　辅料对药物的稳定性会产生一定的影响，如以硬脂酸镁为润滑剂制备阿司匹林片，导致阿司匹林水解反应加快；以聚乙二醇为基质制备阿司匹林栓，对阿司匹林的水解也有促进作用。因此，在处方设计时选择辅料要通过反复实验。

2．外界因素

外界因素包括温度、光线、空气（氧气）、金属离子、湿度和水分、包装材料等。这些因素对于制定药物制剂的生产工艺条件和包装设计都是很重要的。其中，温度对于水解、氧化等降解途径影响较大，而光线、空气（氧气）、金属离子对易氧化药物影响较大，湿度、水分主要影响固体制剂的稳定性。同时，包装材料对制剂稳定性的影响也是必须考虑的问题。

（1）温度　一般来说，温度升高，化学反应速率加快。而药物制剂在制备过程中，常常需要加热、灭菌等操作，此时应考虑温度对药物稳定性的影响，制定合理的工艺条件。如有些产品在保证完全灭菌的前提下，可降低灭菌温度、缩短灭菌时间；对热特别敏感的药物，如某些抗生素、生物制品，要根据药物性质设计合适的剂型；采取特殊工艺，如无菌操作、冷冻干燥等，所得产品应低温贮存。

（2）光线　有些药物分子受辐射（光线）作用使分子活化而产生分解，此种反应叫光化降解，这类药物称为光敏性药物，例如硝普钠、氯丙嗪、异丙嗪、核黄素、氢化可的松、泼尼松、叶酸、维生素 A、维生素 B、辅酶 Q_{10} 等。药物结构与光敏感性可能有一定关系，如酚类和分子中有双键的药物，一般对光敏感。对光敏感的药物制剂，在生产和贮藏过程中都应避光，常用棕色瓶包装或在容器内衬垫黑纸。

（3）空气（氧气）　空气中的氧是引起药物制剂氧化的主要原因。空气中的氧可以存在于药物容器的空间内，也可以溶解于药物制剂的溶剂中。除去氧气是防止药物氧化的根本措施，如在配液过程中通入惰性气体或适当提高配液温度，以消除或减少氧气在水中的溶解量。此外，对易氧化药物还需加入抗氧剂，如亚硫酸钠、亚硫酸氢钠、焦亚硫酸钠等。

（4）金属离子　微量的金属离子对药物的自氧化反应有显著催化作用，制剂中这些微量金属离子主要来源于原辅料、溶剂、容器及操作工具等。要避免金属离子的影响，应选用高纯度的原辅料，操作过程中尽可能避免使用金属器具，同时还可加入螯合剂，如依地酸盐或枸橼酸、酒石酸、磷酸、二巯乙基甘氨酸等。

（5）湿度和水分　空气中湿度和物料中含水量对固体药物制剂的稳定性的影响特别重要。许多药物在干燥状态很稳定，而吸水后则易分解失效，如乙酰水杨酸、青霉素钠（钾）、维生素 C 等。药物的吸湿量与其临界相对湿度（CRH）及环境的相对湿度（RH）有关，当 RH＞CRH 时，药物吸湿迅速。因此，在固体制剂的分装车间，应保持 RH＜CRH。

（6）包装材料　选用包装材料时，也要考虑到药物稳定性的问题，如受水分或氧气影响易变质的药物，应选密闭性能好的包装材料；遇光易变质的药物，应选有遮光性能的包装材料，另外还要考虑包装材料与药物之间的互相作用。常用的包装材料有玻璃、塑料、橡胶及金属。其中，玻璃的化学性质稳定，一般不与药物发生反应，密闭性好，是目前常用的包装材料。塑料是除玻璃外的常用包装材料，常用的有聚乙烯、聚氯乙烯、聚苯乙烯、聚丙烯、聚酯、聚碳酸酯等高分子聚合物，塑料容器较玻璃轻便，但存在透气性、透湿性和吸附性等问题。鉴于包装材料与药物制剂稳定性关系较大，在产品试制过程中需要进行"装样试验"，对各种不同包装材料进行认真的选择。

（四）药物制剂稳定化的其他方法

1. 改进药物制剂或生产工艺

（1）制成固体制剂　在水溶液中不稳定的药物，将其制成固体剂型可以改善其稳定性。例如，供口服的制成片剂、胶囊剂、颗粒剂等，供注射的则制成粉针剂等，使药物稳定性提高。

（2）制成微囊或包合物　某些药物制成微囊可增加稳定性，如维生素 A、维生素 C、硫酸亚铁等制成微囊后，贮存过程中其稳定性明显提高。将药物用环糊精制成包合物后，可以防止药物氧化、水解、光解以及挥发性成分挥发，有效地提高了药物的稳定性。

（3）采用粉末直接压片或包衣工艺　一些对湿热不稳定的药物制成片剂时，可以采用粉末直接压片或干法制粒，如硫酸亚铁、维生素 C 采用直接压片工艺。片剂包衣后有隔绝氧气、水分及阻挡光线的作用，可以提高药物的稳定性，如对氨基水杨酸钠、氯丙嗪、异丙嗪等均制成包衣片。

2. 将药物制成难溶性盐或难溶性酯

药物发生水解反应的速率取决于药物在溶液中的浓度，若将易水解的药物制成难溶性盐或酯，则药物的水解速率降低，稳定性提高。如普鲁卡因青霉素（水中溶解度 1∶250）、苄星青霉素（水中溶解度 1∶6000）在水中的稳定性均比青霉素钾（钠）的稳定性高。

模块二　灌　封

一、职业岗位

口服液灌装工。

二、工作目标

1. 能陈述液体制剂的定义、特点与分类。
2. 能陈述液体制剂的生产工艺流程。
3. 会进行生产前准备工作。
4. 能看懂生产指令，并按"批生产指令"执行灌封的岗位操作规程，完成灌封任务。
5. 知道 GMP 对灌封操作的管理要点，熟悉灌装轧盖机等设备的操作要点。
6. 会进行设备清洁和清场工作。
7. 会正确填写原始记录。

三、准备工作

（一）职业形象

按"D 级洁净区生产人员进出规程"（详见附录 2）进入生产操作区。

（二）任务主要文件

1. 批生产指令单。
2. GCB4D 型四泵直线式灌装机标准操作规程。
3. FTZ30/80 型防盗盖轧盖机标准操作规程。
4. 物料交接单。

5. 灌装操作记录。
6. 清场记录。

（三）物料

根据批生产指令领取玻璃瓶、防盗盖和配制好的药液，并核对物料品名、批号、数量、检验报告单或合格证等，确认无误后，交接双方在物料交接单（详见附录4）上签字。

（四）器具、设备

GCB4D型四泵直线式灌装机、FTZ30/80型防盗盖轧盖机、药液管道、灌注器等。

（五）检查

1. 检查清场情况，是否有清场合格证，并在有效期内。
2. 检查设备有无"合格"、"已清洁"标牌。
3. 检查操作间设施、设备用具是否清洁，复核前班清场清洁情况。
4. 检查仪器、仪表、设备是否正常并处于可用状态，并根据批生产指令安装柱塞计量泵和灌注器。
5. 检查灌装机、轧盖机、药液管道、灌注器等部件是否已进行消毒，并用纯化水冲洗干净。
6. 检查传动装置是否正常润滑，试运行灌装机、轧盖机，检查各部件运行情况是否良好。

四、生产过程

（一）生产操作

1. 将玻璃瓶口朝上，整齐摆放在理瓶盘上；将防盗盖倒入轧盖机的振荡料斗内。
2. 调节计量泵至规定灌装量。
3. 通过泵将药液传送到高位储液罐，并打开出液阀门。
4. 按《GCB4D型四泵直线式灌装机标准操作规程》、《FTZ30/80型防盗盖轧盖机标准操作规程》进行灌封操作。

（1）开机前准备
① 准确调整灌装器、导轨、电磁挡瓶器、压盖头。
② 接通电源。
③ 检查防盗盖是否振荡到位。

（2）开机操作
① 打开电源，启动灌装机和封口机。
② 开启出液阀，按下传动带开关，开启调速按钮到适宜灌装速度，开始正式生产。
③ 当出现卡瓶、缺瓶、倒瓶时，指示灯亮、同时警铃鸣叫，机器自动停机，待故障排除后，按下"启动"按钮，机器重新开始正常工作。
④ 当机器出现异常情况时，指示灯亮、同时警铃鸣叫，机器自动停机，及时通知车间维修工进行检修，待故障排除后，按下"启动"按钮，机器重新开始正常工作。

（3）停机
① 关闭出液阀，停止灌液。
② 将速度旋钮调到零。
③ 关闭灌装机、封口机和传送带开关。
④ 切断电源。

5. 及时填写灌装岗位生产操作记录（见表10-4）。

表 10-4 糖浆剂灌装轧盖生产记录

产品名称	硫酸亚铁糖浆		规格		100ml：4g		批号		
工序名称	灌装轧盖		生产日期		年 月 日		批量		100L
生产场所	灌装、轧盖间		主要设备						
开始时间						结束时间			
生产前检查	1.检查清场合格证（副本）是否符合要求。						是 □		否 □
	2.记录压差。 数值：						是 □		否 □
	3.记录温度。 数值：						是 □		否 □
	4.记录相对湿度。 数值：						是 □		否 □
	5.检查设备、计量器具是否完好已清洁。						是 □		否 □
	6.检查容器、用具是否已清洁。						是 □		否 □
	7.检查生产现场是否有上批遗留物。						是 □		否 □
	8.核对品名、批号、数量、质量。						是 □		否 □
	9.设备试运行。						正常 □		异常 □
	检查人：								
原辅料	物料名称	批号		检验单号		领用量	实用量	操作人	复核人
	100ml 玻璃瓶								
	硫酸亚铁糖浆								
	防盗盖								
工艺过程	灌装总量		每瓶灌装量			灌装数		废品数	
物料平衡	理论灌装数=灌装总量（ml）/每支灌装量（ml）=＿＿＿＿								
	物料平衡=（灌装数+废品数）/理论灌装数×100%=＿＿＿＿								
结料	硫酸亚铁糖浆结余量					玻璃瓶结余量：			
	防盗盖结余量：								
产品移交	移交产品数： 瓶			移交人：			接收人：		
QA						岗位负责人			
异常情况与处理记录：									

（二）质量控制要点与质量判断

1．注意观察药液的澄明度。
2．随时抽查药液装量是否符合标准。
3．观察药液有无外溅或沾在瓶口，及时调整灌装器位置。
4．观察防盗盖是否封口严密，及时调整轧盖头位置。

（三）结束工作

1．本次生产任务完成后，将灌装好药液并完成轧盖的玻璃瓶送往下一工序。
2．收集本岗位批生产指令、岗位生产记录。
3．剩余物料填写状态标示牌，送到指定地点暂存；取下生产状态标示牌，换上清场状态标示牌，开始进行清场操作。
（1）用纯化水冲洗药液管路，除去残余药液，将消毒剂注入药液管路消毒，再用纯化水将药液管路冲洗干净。
（2）拆下柱塞计量泵、灌注器和连接软管，用75%乙醇冲洗干净。
（3）用毛刷刷洗灌装机和传送带表面的污物及残余药液，用抹布蘸75%乙醇擦洗干净，最后用纯化水冲洗干净。
（4）用洁净的抹布擦干灌装机各部件。
（5）清洁防盗盖轧盖机。
4．清洁消毒天花板、墙面、地面。
5．完成生产记录和清场记录（见附录5）的填写，请QA检查，合格后发给"清场合格证"。

五、基础知识

（一）液体制剂瓶装包装常用设备

1. GCB4D 型四泵直线式灌装机

灌装机有真空式、加压式及柱塞式等，灌装工位有直线式和转盘式。四泵直线式灌装机，如图 10-2 所示，是目前制药企业最常用的糖浆灌装设备，全机可自动完成输送、灌装等工序，适用于 30~1000ml 各类材质的圆瓶、异形瓶等，适用于糖浆、酊剂、油类、水类及一般乳浊液、混悬液等各类液体的灌装。

图 10-2　四泵直线式灌装机

（1）基本构造　灌装机主要由理瓶机构、输瓶机构、灌装机构、挡瓶机构、动力部分组成。理瓶机构主要由理瓶盘、推瓶板、翻瓶盘、储瓶盘、拨瓶杆、异形搅瓶器等部件组成。工作时由理瓶电机通过一对三级塔轮和蜗轮蜗杆减速器带动理瓶盘旋转和输瓶轨道左端轴旋转。输瓶机构主要由输瓶轨道、传送带等组成。由输瓶电机经动力箱变速之后，带动传送带右端轴旋转，使传送带上的瓶子作直线运动。灌装机构主要由四个药液计量泵、曲柄连杆机构、药液储罐等组成。工作时由灌装直流电机通过三级塔轮、蜗轮蜗杆减速器变速后，通过链轮、链条带动曲柄连杆机构，带动计量泵，实现药液的吸、灌动作。当活塞杆向上运动时，向容器中灌注药液；活塞向下运动时，则从储液罐中吸取药液。挡瓶机构主要由两个直流电磁铁组成，通过两个电磁铁交替动作，使输送带上的瓶子定位及灌注后输出。动力部分由三个电机、两个蜗轮蜗杆减速器、两对三级塔轮、动力箱、链条、链轮等组成。

（2）基本原理　容器经理瓶机构整理后，经输瓶轨道将空瓶运送到灌装工位进行灌装，药液经柱塞泵计量后，经直线式排列的喷嘴灌入容器内，同时由挡瓶机构准确定位瓶子灌装药液。

（3）工作过程　瓶子先经翻瓶装置翻正，由推瓶板推入理瓶盘，经拨瓶杆或异形搅瓶器使之有规则地进入输瓶轨道，再由传送带将空瓶运输到灌注工位中心进行灌注，由曲柄连杆机构带动计量泵将待装液体从储液槽中抽出，注入传送带的空瓶内。每次灌注前先用定位器将瓶口对准喷嘴中心，再插入瓶内进行灌装。

2. FTZ30/80 型防盗盖轧盖机

FTZ30/80 型防盗盖轧盖机，如图 10-3 所示，适用于制药、食品、化工等行业，20~1000ml 各类材质圆瓶、异型瓶的旋盖或轧盖。工作过程为输瓶、理盖、取盖、旋盖（或轧盖）。

3. YZ25/500 液体灌装自动线

该线主要由 CX25/1000 型洗瓶机、GCB4D 型四泵直线式灌装机、XGD30/80 型单头旋盖机（或 FTZ30/80 型防盗盖轧盖机）、ZT20/1000 转鼓贴标机（或 TNJ30/80 型不干胶贴标机）组成，可以自动完成洗瓶、理瓶、输瓶、计量灌装、旋盖（或轧盖）、贴标签、印批号等工序。

4. BXTG200 型塑料瓶糖浆灌装联动机组

该机组适用于药厂塑料瓶或圆瓶的理瓶、气洗瓶、灌装、上盖、旋盖等糖浆剂的包装生产。此机是在吸收国外先进技术基础上研制出的新一代糖浆生产联动设备，其规格件少且更换简单、通用性强、设计先进、机构合理、操作人员少、自动化程度高、运行平稳、生产效率高，实现了机电一体化，符合 GMP 要求。

图 10-3　防盗盖轧盖机

（二）质量检查

1. 糖浆剂

（1）外观　除另有规定外，糖浆剂应澄清。在贮存期间不得有发霉、酸败、产生气体或其他变质现象。

(2) 装量　单剂量灌装的糖浆剂，照下述方法检查应符合规定。

检查法：取供试品 5 支，将内容物分别倒入经标化的量入式量筒内，尽量倾尽。在室温下检视，每支装量与标示量相比较，少于标识装量的不得多于一支，并不得少于标示量的 95%。多剂量灌装的糖浆剂，照最低装量检查法（《中国药典》2010 年版二部附录 X F）检查，应符合规定。

(3) 相对密度、pH 值检查应符合规定。

(4) 微生物限度　按照微生物限度检查法（《中国药典》2010 年版二部附录 XI J）检查，应符合规定。

2. 口服溶液剂、口服混悬剂、口服乳剂

口服溶液剂系指药物溶解于适宜溶剂中制成供口服的澄清液体制剂。口服混悬剂系指难溶性固体药物，分散在液体介质中，制成供口服的混悬液体制剂，也包括干混悬剂或浓混悬液。口服乳剂系指两种互不相溶的液体，制成供口服的稳定的水包油型乳液制剂。

(1) 外观　口服溶液剂应澄清；口服混悬剂的混悬物应分散均匀，放置后若有沉淀物，经振摇应易再分散；口服乳剂应呈均匀的乳白色，以半径为 10cm 的离心机每分钟 4000 转的转速离心 15min，不应有分层现象。

(2) 重量差异　除另有规定外，单剂量包装的干混悬剂照下述方法检查，应符合规定。

检查法：取供试品 20 个（袋），分别称量内容物，计算平均重量，超过平均重量±10% 者不得超过 2 个，并不得有超过平均重量±20% 者。凡规定检查含量均匀度者，一般不再进行重量差异检查。

(3) 装量　除另有规定外，单剂量包装的口服溶液剂、口服混悬剂、口服乳剂装量，应符合下列规定。

检查法：取供试品 10 个（袋、支），分别将内容物倾尽，测定其装量，每个（袋、支）装量不得少于其标示量。多剂量包装的口服溶液剂、口服混悬剂、口服乳剂照最低装量检查法（《中国药典》2010 年版二部附录 X F）检查，应符合规定。

(4) 干燥失重　除另有规定外，干混悬剂照干燥失重测定法检查，减失重量不得少于 2.0%。

(5) 沉降体积比　口服混悬剂照下述方法检查，沉降体积比应不低于 0.90。

检查法：除另有规定外，用具塞量筒取供试品 50ml，密塞，用力振摇 1min，记下混悬物的开始高度 H_0，静置 3h，记下混悬物的最终高度 H，按下式计算：沉降体积比=H/H_0。干混悬剂按各品种项下规定的比例加水振摇，应均匀分散，并照上法检查沉降体积比，应符合规定。

(6) 微生物限度　按照微生物限度检查法（《中国药典》2010 年版二部附录 XI J）检查，应符合规定。

● 思考题

1. 液体制剂具有哪些优缺点？
2. 液体制剂增加药物溶解度的方法有哪些？
3. 助溶和增溶的机理有何不同？
4. 什么是表面活性剂？有何结构特点？共分为几类？
5. 什么是临界胶团浓度？什么叫起昙和昙点？
6. HLB 值指的是什么？它与表面活性剂在药剂生产中的用途有什么联系？
7. 用热溶法和冷溶法制备糖浆剂有何不同？
8. 形成何种乳剂的决定因素是什么？如何区别乳剂类型？
9. 干胶法与湿胶法制备乳剂的操作要点有哪些？
10. 混悬剂的稳定性如何？受哪些因素影响？采取哪些措施可增加混悬剂的稳定性？
11. 总结配液、灌封岗位的生产操作要点。

项目十一　口服液生产

口服液是指饮片用水或其他溶剂，采用适宜方法提取制成的单剂量口服液体制剂。它是在汤剂、中药注射剂基础上发展起来的新剂型，吸收了中药注射液的工艺特点，将汤剂进一步精制、浓缩，灌装于安瓿中，灭菌后供口服用。口服液最早是以保健品的形式出现在市场，如人参蜂王浆。最近，许多治疗性的口服液已经在制剂中大量涌现。

1. 特点
① 口服液具有服用量小、应用方便、质量稳定、疗效确切、吸收较快等优点。
② 但口服液的生产设备和工艺条件要求都较高，成本较昂贵。

2. 质量要求
① 饮片应按各品种项下规定的方法提取、纯化、浓缩至一定体积。除另有规定外，含有挥发性成分的饮片宜先提取挥发性成分，再与余药共同煎煮。
② 根据需要可加入适宜的附加剂。如加入防腐剂，山梨酸和苯甲酸的用量不得超过 0.3%（其钾盐、钠盐的用量分别按酸计），羟苯酯类的用量不得超过 0.05%，如加入其他附加剂，其品种和用量应符合国家标准的有关规定，不影响成品的稳定性，并应避免对检验的干扰。必要时可加入适量乙醇。
③ 口服液若加蔗糖，除另有规定外，含蔗糖量应不高于 20%（g/ml）。
④ 除另有规定外，口服液应澄清。在贮存期间不得有发霉、酸败、异物、变色、产生气体或其他变质现象，允许有少量摇之易散的沉淀。
⑤ 一般应检查相对密度、pH 值等。
⑥ 除另有规定外，口服液应做装量、微生物限度检查。

3. 生产工艺流程
口服液生产工艺流程见图 11-1。

4. 工作任务
批生产指令单见表 11-1。

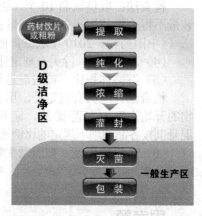

图 11-1　口服液生产工艺流程示意

模块一　有效成分的提取与处理

一、职业岗位

口服液调剂工。

二、工作目标

1. 能陈述口服液的定义、特点。

表 11-1　批生产指令单

产品名称	板蓝根口服液		规　　格	10ml
批　号			批　量	20000 支
物料的批号与用量				
序　号	物料名称	供货单位	检验单号	批号	用　量
1	板蓝根				50kg
2	纯化水				适量
3	乙醇				适量
4	蔗糖				适量
5	苯甲酸钠				适量
生产开始日期	年　月　日		生产结束日期	年　月　日
制表人			制表日期	年　月　日
审核人			审核日期	年　月　日
批准人			批准日期	年　月　日
备注：				

2．能看懂口服液的生产工艺流程。
3．能陈述多功能中药提取罐、浓缩器的基本结构。
4．能运用口服液的质量标准。
5．会分析出现的问题并提出解决办法。
6．能看懂生产指令。
7．会进行生产前准备。
8．能按岗位操作规程生产口服液。
9．会进行设备清洁和清场工作。
10．会填写原始记录。

三、准备工作

（一）职业形象

按"D级洁净区生产人员进出规程"（详见附录2）进入生产操作区。

（二）任务主要文件

1．批生产指令单。
2．提取、纯化、浓缩岗位操作规程。
3．多功能中药提取罐标准操作规程。
4．多功能中药提取罐清洁消毒标准操作规程。
5．超滤机标准操作规程。
6．超滤机清洁消毒标准操作规程。
7．浓缩器标准操作规程。
8．浓缩器清洁消毒标准操作规程。
9．物料交接单。
10．提取、纯化、浓缩生产记录。
11．清场记录。

（三）物料

根据批生产指令领取板蓝根，并核对物料品名、规格、批号、数量、检验报告单或合格证等，确认无误后，交接双方在物料交接单（详见附录4）上签字。

（四）器具、设备

1. 设备：多功能中药提取罐、超滤机、浓缩器及附件。
2. 器具：不锈钢桶、不锈钢勺子等。

（五）检查

1. 检查清场合格证（副本）是否符合要求，更换状态标志牌，检查有无空白生产原始记录。
2. 检查压差、温度和湿度是否符合生产规定。
3. 检查容器和用具是否已清洁、消毒，检查设备和计量器具是否完好、已清洁，查看合格证和有效期。
4. 检查生产现场是否有上批遗留物。
5. 检查设备各润滑点的润滑情况。
6. 检查各机器的零部件是否齐全，检查并固定各部件螺丝，检查各路阀门开闭是否灵活，检查安全装置是否安全、灵敏。
7. 检查生产用设备管道压力是否正常。
8. 检查各管路有无滴漏现象。
9. 检查水、气供应情况。
10. 检查出渣门的搭钩是否灵活，气缸下部小孔是否畅通。
11. 检查出渣门、加料口橡胶密封圈的完整，不允许有破损。
12. 检查附件仪表是否灵敏完整。

四、生产过程

（一）生产操作

1. 提取

（1）关闭出渣门并锁紧出渣门。
（2）将经过前处理的物料投入提取罐内。
（3）加入药材量9倍的纯化水，煎煮2h，到点后放出煎液，过滤后储蓄贮存。
（4）向多功能中药提取罐中再加入9倍量的纯化水，煎煮1.5h，到点后放出煎液，过滤后合并两次煎液。

2. 浓缩

（1）关闭罐下口进药节门、放空节门及罐盖。
（2）打开真空节门，待真空上升至0.50MPa以上时，打开进药节门。
（3）控制药液在罐体2/3处以下，关闭进药节门，真空度控制在0.25MPa以上。
（4）打开冷却水节门、蒸汽进汽节门、回水节门进行浓缩。
（5）控制蒸汽、冷却水的进出量。
（6）待药液浓缩至一定的体积后，关闭蒸汽节门、真空节门、冷却水节门，打开放空节门，待罐内为常压时，打开罐下口放药。

3. 纯化

（1）加入适量乙醇至含醇量达到65%，搅匀，静置12h。
（2）取上清液过滤，滤液回收乙醇至一定量，冷藏。

4. 配制

用超滤机进行滤过，滤液中加入适量65%蔗糖、苯甲酸钠。用纯化水配药液至足量。

5. 及时填写生产记录（见表 11-2、表 11-3）。

表 11-2　提取、纯化、浓缩生产记录（一）

产品名称	板蓝根口服液		规　　格		10ml	批号	
工序名称	提取、纯化、浓缩		生产日期		年　月　日	批量	5000 支
生产场所	提取、纯化、浓缩间		主要设备				
序号	指令		工艺参数		操作参数	操作者签名	
1	岗位上应具有"三证"		清场合格证 设备完好证 计量器具检定合格证		有□　无□ 有□　无□ 有□　无□		
	取下《清场合格证》,附于本记录后		—		完成□　未办□		
2	检查设备的清洁卫生		多功能中药提取罐 超滤机 浓缩器 周转容器 标准操作室		已清洁□　未清洁□ □ □ □ □		
3	空机试车		—		正常□　异常□		
4	交接物料		核对 —品名 —规格 —批号 —质量 —数量		符合□　不符□ □ □ □ □		
操作指导		操　作　记　录				操作人	复核人
提取： 称取板蓝根加入适量水煎煮二次，第一次 2h，第二次 1.5h，合并煎液，滤过		投料日期：__年__月__日__时__分 板蓝根：_____kg 第一次煎煮时间：__时__分 至 __时__分 第一煎水加入量：_____L 第二次煎煮时间：__时__分 至 __时__分 第二煎水加入量：_____L 过滤时间：__时__分 至 __时__分 合并滤液量：_____L					
浓缩： 滤液浓缩至一定量		浓缩时间：__时__分 至 __时__分 得药液体积：_____L 药液相对密度：_____					
QA					岗位负责人		
异常情况与处理记录：							

表 11-3　提取、纯化、浓缩生产记录（二）

产品名称	板蓝根口服液	规　　格	10ml	批号	
工序名称	提取、纯化、浓缩	生产日期	年　月　日	批量	5000 支
生产场所	提取、纯化、浓缩间	主要设备			
操作指导	操　作　记　录			操作人	复核人
纯化： 1. 加乙醇，搅匀，静置 24h。 2. 药液滤过，滤液回收乙醇至一定量，冷藏	静置时间：__月__日__时__分至 __月__日__时__分 乙醇加入量：_____ml　药液乙醇度：____ 超滤机过滤：__月__日__时__分至 __月__日__时__分 得药液：_____L 回收时间：____时____分 至 ____时____分 回收时控温：_____℃　真空度：_____MPa 药液：_____L 冷藏时间：__月__日__时__分至 __月__日__时__分 冷藏温度：_____℃				

续表

配制： 1. 药液滤过，滤液加入适量65%蔗糖、苯甲酸钠 2. 用纯化水配药液至足量	配制日期：___月___日___时___分至___月___日___时___分 加入65%蔗糖：_____kg 加入苯甲酸钠：_____kg 配足后药液总量：_____L		
QA		岗位负责人	
异常情况与处理记录：			

（二）质量控制要点与质量判断

1. 含蔗糖量应不高于20%（g/ml）。
2. 口服液应澄清，不得有发霉、酸败、异物、变色、产生气体或其他变质现象。
3. 浓缩至药液的相对密度在1.15、纯化时药液含醇量控制在65%等。

（三）结束工作

1. 关闭中药提取罐、超滤机、浓缩器电源。
2. 更换状态标志牌。
3. 拆下超滤机过滤网进行清洗，并清洗超滤机。
4. 清洗各管路，清洗中药提取罐、浓缩器内表面、外表面。
5. 对周转容器和工具等进行清洗消毒，清洁消毒天花板、墙面、地面。
6. 对中药提取罐、超滤机、浓缩器进行消毒。
7. 将药液装入指定储罐中，做好标签，同时办理物料交接手续。
8. 完成生产记录和清场记录（见附录5）的填写，请QA检查，合格后发给"清场合格证"。

五、基础知识

（一）浸出制剂概述

1. 定义

采用适当的溶剂与方法，取药材或饮片，经浸提得到的提取液或经浓缩制成膏状、干膏状的一类制剂称为浸出制剂。

2. 分类

浸出制剂的类型，按所用的溶剂来分，一般分为两类，一类为主要用水作溶剂的浸出制剂，如汤剂、合剂和口服液、煎膏剂（膏滋）等；另一类为主要用不同浓度的乙醇作溶剂的浸出制剂如酒剂、酊剂、流浸膏剂和浸膏剂等。

3. 浸出制剂的特点

（1）综合作用　浸出制剂中含有多种成分，因此浸出制剂与同一药材提取的单体化合物相比，有利于发挥某些成分的多效性，有时还能发挥单一成分起不到的作用。如阿片酊不仅具有镇痛作用，还有止泻功能，但从阿片粉中提取的纯吗啡只有镇痛作用。

（2）作用缓和、持久、毒性低　浸出制剂中共存的辅助成分，常能缓和有效成分的作用或抑制有效成分的分解。如鞣质可缓解生物碱的作用并使药效延长。

（3）便于服用　浸出制剂与原药材相比，去除了组织物质和无效成分，相应提高了有效成分浓度，从而减少了用量，便于服用。同时在浸出过程中处理或去除了酶、脂肪等无效成分，不但增加了某些有效成分的稳定性，也提高了制剂的有效性和安全性。

（4）浸出制剂中均有不同程度的无效成分，如高分子物质，黏液质、多糖等，在贮存时易发生沉淀、变质，影响浸出制剂的质量和药效，特别是水性浸出制剂。

（二）常用浸出溶剂与浸出辅助剂

1. 浸出溶剂

常用的是水、乙醇或水醇的混合溶剂。

（1）水 能浸出生物碱盐、苷、水溶性有机酸、氨基酸、黏液质、糖、蛋白质、鞣质、树胶、色素、酶等。不溶解树脂、脂肪油。

（2）乙醇 能溶解生物碱及其盐、苷、有机酸、鞣质、树脂、挥发油。不溶解树胶、淀粉、蛋白质、黏液质等。含醇量40%以上时能延缓酯、盐、苷类的水解。含醇量90%以上时用于浸出挥发油、有机酸、内酯、树脂；含醇量在70%～80%时用于浸出生物碱；含醇量在60%～70%时用于浸出苷类等；含醇量在50%以下时用于浸出蒽醌类等。

乙醚、石油醚、氯仿等有机溶剂，只能用于脱脂或精制，在最后的成品中不得留存。

2. 浸出辅助剂

为增加浸出效果、增加浸出成分的溶解度、增加浸出制剂的稳定性、减少杂质，可加入浸出辅助剂。

（1）酸 用来浸出碱。

（2）碱 用于浸出酸。如用氨溶液浸制甘草制剂时甘草酸浸出完全，防止远志浸出制剂中酸性皂苷的水解。

（3）表面活性剂 改善药材的润湿性，有利于疏水性成分的浸出。

（4）甘油 溶解鞣质。

（三）浸出过程

1. 浸润

浸出溶剂与药材粉粒接触，浸出溶剂先附着在粉粒表面使之润湿，然后通过毛细管和细胞间隙进入细胞组织中。一般非极性溶剂不易从含多量水分的药材中浸出有效成分，必须先将药材干燥；而极性溶剂则不易从富有油脂的药材中浸出有效成分，必须先脱脂，再用水、醇浸出。浸出溶剂能否润湿药材，主要由浸出溶剂和药材的性质而定，尤其是表面张力。故加入表面活性剂可提高润湿性。

2. 溶解

溶剂进入细胞后溶解可溶性成分，溶解速率取决于药材和溶剂的性质，疏松的药材溶解得较快；用乙醇比用水溶解得快。用水作溶剂，其浸出液中多含胶体物质而呈胶体溶液；乙醇浸出液中含较少的胶质；非极性浸出液中则不含胶质。

3. 扩散

细胞内的溶剂溶解了大量的可溶性成分后，造成了细胞内外的浓度差。细胞内具较高渗透压，从而进行扩散。此过程中浓度差是浸出的关键。

4. 置换

浸出的关键在于保持最大的浓度梯度。搅拌或不断地以新鲜溶剂取代浸出液，及利用浸出液的相对密度造成内部对流等都是置换作用，即将粉粒周围的浓溶液变稀，增大浓度梯度以利于浸出过程。

(四)浸出方法

1. 煎煮法

煎煮法系指将药材加水煎煮取汁的方法。该法是最早使用的一种简易浸出方法,至今仍是制备浸出制剂最常用的方法。由于浸出溶剂通常用水,故有时也称为"水煮法"或"水提法"。

(1)制备过程 取药材,切碎或粉碎成粗粉,置适宜煎器中,加水浸没药材,浸泡适宜时间后,加热至煮沸,保持微沸一定时间,分离煎出液,药渣依法煎煮数次(一般为 2~3 次),至煎液味淡为止,合并各次煎出液,浓缩至规定浓度。

(2)注意事项

① 药材的细度 一般采用粗粉。

② 煎器 大多使用陶瓷或不锈钢材质的煎煮器具。

③ 水量 要求能浸没药材;浸泡时间一般为 15~30min。

④ 火候 煎煮时应沸前用武火,沸后用文火。

⑤ 浸出时间 第一次为 1~2h,第二次为 0.5~1h。

⑥ 浸出次数 一般为 2~3 次。

⑦ 药材加入顺序 根据药材的性质,药材的处理方法有先煎、后下、包煎、另煎、烊化、冲服。

(3)适用范围 煎煮法适用于有效成分能溶于水,且对热较稳定的药材。

(4)特点 方法简单;对一些有效成分不清楚的中药材或方剂进行剂型改革时,常用本法;但浸出液杂质多,纯化麻烦;不适宜含挥发性或对热不稳定的成分。

(5)常用设备 常用的煎煮设备为多功能中药提取罐,其结构见图 11-2,常用的浓缩设备为浓缩罐,其结构见图 11-3。随着社会的发展,科技的进步,出现了集煎煮、浓缩、包装于一体的自动煎药包装机,如图 11-4 所示。

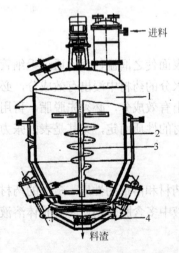

图 11-2 多功能中药提取罐结构示意
1—罐体;2—夹层;3—搅拌装置;4—出渣门

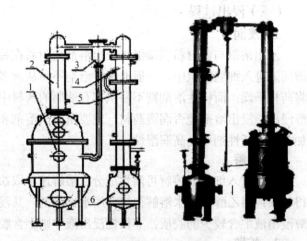

图 11-3 浓缩罐结构示意
1—浓缩罐;2—第一冷凝器;3—汽液分离器;4—第二冷凝器;5—冷却器;6—收液槽

2. 浸渍法

浸渍法系指用定量的溶剂,在一定的温度下,将药材浸泡一定的时间,以提取药材成分的一种方法。

(1)制备过程 取药材饮片或粗块,置有盖容器内,加入定量的溶剂,密闭,在室温下浸渍 3~5 日或至规定时间,经常振摇或搅拌,滤过,压榨药渣,将压榨液与滤液合并,静置

24h 后，滤过，得滤液。

图 11-4　自动煎药包装机　　　　　　图 11-5　渗漉罐

（2）特点　方法简便；浸出率低，不适用于贵重的或有效成分含量低的药材的浸出。

（3）适用范围　适用于黏性无组织的药材，如安息香、没药等；新鲜易膨胀的药材，如大蒜、鲜橙皮等；价格便宜的药材。

3. 渗漉法

渗漉法系指将适度粉碎的药材置渗漉筒中，由上部不断添加溶剂，溶剂渗过药材层向下流动过程中浸出药材成分的方法。

（1）制备过程

① 粉碎药材　粉碎度应适宜，一般以粗粉或最粗粉为宜。过细易堵塞；过粗不易压紧，溶剂消耗量大，浸出效果差。

② 润湿药粉　药粉应先用适量浸提溶剂润湿，使之充分膨胀，避免在渗漉筒中药粉膨胀而造成堵塞。

③ 药粉装筒　渗漉筒底部装假底并铺垫适宜滤材，将已润湿膨胀的药粉分次装入渗漉筒，应松紧适宜，均匀压平，上部用滤纸或纱布覆盖，并加少量重物，以防加溶剂时药粉浮起。

④ 排除气泡　打开渗漉液出口的活塞，从药粉上部添加溶剂至渗漉液从出口流出，溶剂浸没药粉表面数厘米，关闭渗漉液出口。

⑤ 药粉浸渍　一般浸渍 24～48h，使溶剂充分渗透扩散。

⑥ 渗漉　打开渗漉液出口接收渗漉液，渗漉液流出速率以 1000g 药材计算，通常每分钟 1～3ml。渗漉过程中应不断补充溶剂，使溶剂始终浸没药粉。

（2）特点　浸出液自上而下移动，具有良好的浓度梯度，浸出效率高。

（3）浸出范围　适用于毒剧药材、有效成分含量低的药材、贵重药材的浸出。

（4）设备　渗漉法常用设备见图 11-5。

4. 回流法

回流法即加热浸渍法，系指用挥发的有机溶剂提取药材成分，将浸出液加热蒸馏，其中挥发性溶剂馏出后又被冷凝，重新流回浸出器中浸提药材，这样连续循环，直至有效成分回流提取完全的方法。常用的挥发性溶剂有乙醇、乙醚、氯仿等。由于长时间的回流加热，故不适用于受热易破坏的药材成分的浸出。

5. 水蒸气蒸馏法

水蒸气蒸馏法系将药物的粗粉或碎片浸泡润湿后，加水蒸馏或通入水蒸气蒸馏，药材中的挥发成分随水蒸气蒸馏而带出，经冷凝后分层，收集挥发油的提取方法。本法适用于含挥发油的药材提取。

（五）常用浸出制剂简介及举例

1. 汤剂

汤剂系指以中药材为原料加水煎煮、去渣取汁所制成的液体制剂，习惯称为煎剂。汤剂大部分为复方，可内服和外用。一般用煎煮法制备。

举例：麻黄汤

【处方】 麻黄 9g，桂枝 6g，甘草 3g，杏仁 9g。

【制法】 将麻黄先煎约 15min，再加甘草、杏仁合煎，桂枝最后于煎毕前 15min 加入，第二次煎 25min，滤取煎液，合并两次煎液，即得。

2. 合剂与口服液

合剂系指药材用水或其他溶剂，采用适宜方法提取制成的口服液体制剂，单剂量灌装者称为口服液。合剂既是汤剂的浓缩品，又运用了多种浸出方法，故能浸出药材中多种成分，疗效可靠安全。合剂有其确定的制备工艺及质量控制标准，可批量生产。

举例：玉屏风口服液

【处方】 黄芪 600g，防风 200g，白术 200g，蔗糖 400g，纯化水和乙醇适量。

【制法】 将防风碎断蒸馏法提取挥发油，蒸馏后的水溶液另器收集，药渣与其余二味加水煎煮 2 次，第一次 1.5h，第二次 1h，合并煎液，滤过，滤液浓缩至适量，加入适量乙醇使沉淀，取上清液减压回收乙醇，加水搅拌，静置，取上清液滤过，滤液浓缩。另将蔗糖 400g 制成糖浆，与上述药液合并，再加入挥发油及蒸馏后的水溶液，调整总量至 1000ml，搅匀，滤过，灌装，灭菌，包装，即得。

3. 酒剂

酒剂系指药材用蒸馏酒提取制成的澄清液体制剂，习惯称为药酒。除另有规定外，酒剂一般用浸渍法、渗漉法制备。

举例：舒筋活络酒

【处方】 木瓜 45g，玉竹 240g，川牛膝 90g，川芎 60g，独活 30g，防风 60g，蚕砂 60g，甘草 30g，桑寄生 75g，续断 30g，当归 45g，红花 45g，羌活 30g，白术 90g，红曲 180g。

【制法】 以上 15 味，除红曲外，其余木瓜等 14 味粉碎成粗粉，另取红糖 555g，溶解于白酒 11100g 中，照渗漉法，用红糖酒作溶剂，浸渍 48h 后，以每分钟 1~3ml 的速率缓缓渗漉，收集渗漉液，静置，滤过，即得。

【注解】 本品为棕红色的澄清液体；气香，味微甜，略苦。

4. 酊剂

酊剂系指药材用规定浓度的乙醇提取或溶解而制成的澄清液体制剂，也可用流浸膏稀释制成。除另有规定外，含有毒剧药品的酊剂，每 100ml 应相当于原药材 10g；其有效成分明确者，应根据其半成品的含量加以调整，使符合酊剂项下的规定。其他酊剂，每 100ml 相当于原药材 20g。酊剂可用稀释法、溶解法、浸渍法和渗漉法制备。

举例：橙皮酊

【处方】 橙皮（粗粉）20g，70%乙醇适量，共制 100ml。

【制法】 干燥橙皮粗粉 20g，加 70%乙醇 100ml，置广口瓶中，密盖，浸渍 3 日，取上层清液和药渣挤出液，过滤，滤液加 70%乙醇至全量，静置 24h，过滤，即得。

5. 流浸膏剂与浸膏剂

流浸膏剂系指药材用适宜的溶剂提取，蒸去部分溶剂，调整浓度至规定标准而制成的液体制剂，常用不同浓度的乙醇为溶剂，少数以水为溶剂，一般用渗漉法。浸膏剂系指药材用适宜的溶剂提取，蒸去全部溶剂，调整浓度至规定标准所制成的膏状或粉状的固体制剂，不含溶剂，有效成分含量高，体积小，疗效确切，可用煎煮法和渗漉法制备。

举例：桔梗流浸膏

【处方】 桔梗（粗粉）60g，70%乙醇适量，共制60ml。

【制法】 桔梗粗粉60g，加70%乙醇适量，使粗粉润湿、膨胀，分次均匀填装于渗漉筒内，加70%乙醇浸没，浸渍48h，缓缓渗漉，先收集50ml初漉液，续漉液低温减压浓缩，合并，调整至60ml，静置数日，过滤即得。

6．煎膏剂（膏滋）

煎膏剂系指药材用水煎煮，取煎煮液浓缩，加炼蜜或糖（或转化糖）制成的半流体制剂。它是我国中医药在治疗慢性病中常用的一种浸出药剂。

煎膏剂的效用以滋补为主，兼有缓和的治疗作用，故习称"膏滋"。由于药材煎煮时间较长，有效物质浸出量较多，其利用率一般比汤剂高；且因含有蜂蜜、蔗糖，因而味美适口，为患者所采用。

举例：益母草膏

【处方】 益母草2500g，红糖 150g。

【制法】 取益母草，切碎，加水煎煮两次，每次2h，合并煎液，滤过，滤液浓缩至相对密度为1.21～1.25(80～85℃)的清膏。每100g清膏加红糖200g，加热熔化，混匀，浓缩至规定的相对密度，即得。

模块二　灌　　装

一、职业岗位

口服液灌装工。

二、工作目标

1. 能陈述口服液的定义、特点。
2. 能看懂口服液的生产工艺流程。
3. 能陈述HHGG10口服液灌装轧盖机的主要结构和工作过程。
4. 能运用口服液的质量标准。
5. 会分析出现的问题并提出解决办法。
6. 能看懂生产指令。
7. 会进行生产前准备。
8. 能按岗位标准操作规程生产口服液。
9. 会进行设备清洁和清场工作。
10. 会填写原始记录。

三、准备工作

（一）职业形象

按"D级洁净区生产人员进出规程"（详见附录2）进入生产标准操作区。

（二）任务主要文件

1. 批生产指令单。

2. 口服液灌装岗位操作规程。
3. HHGG10 口服液灌装轧盖机标准操作规程。
4. HHGG10 口服液灌装轧盖机清洁消毒标准操作规程。
5. 物料交接单。
6. 口服液灌装生产记录。
7. 清场记录。

（三）物料

根据批生产指令领取口服液瓶、盖子和配制好的药液，并核对物料品名、批号、数量、检验报告单或合格证等，确认无误后，交接双方在物料交接单（详见附录4）上签字。

（四）器具、设备

1. 设备：HHGG10 口服液灌装轧盖机及附件。
2. 器具：不锈钢桶、不锈钢勺子、不锈钢托盘等。

（五）检查

1. 检查清场合格证（副本）是否符合要求，更换状态标志牌，检查有无空白生产原始记录。
2. 检查压差、温度和湿度是否符合生产规定。
3. 检查容器和用具是否已清洁、消毒，检查设备和计量器具是否完好、已清洁，查看合格证和有效期。
4. 检查生产现场是否有上批遗留物。
5. 检查设备各润滑点的润滑情况。
6. 检查各机器的零部件是否齐全，检查并固定各部件螺丝，检查安全装置是否安全、灵敏。
7. 检查压缩空气是否到位，压力是否在规定范围之内。
8. 确认进口出瓶子是否就位，确认振荡料斗滑道内塞是否就位。

四、生产过程

（一）生产操作

1. 开电源，启动灌装机，机器将自动工作，瓶子由供瓶台供瓶。
2. 转盘依次传递然后进入往复回转跟踪灌装。玻璃泵完成计量，药液经胶管、针头传送到瓶子内，灌装过程中针头针架上下往复运动实现灌注动作，并且跟随针架做左右往复运动实现对瓶子的跟踪灌装。
3. 进入输送带传入上盖位，进行上盖。
4. 然后经过输送带传入轧盖位，进行轧盖，最后进入收瓶盘内。
5. 进行试灌，试灌合格后，机器进入正常灌装，灌装过程中经常检查口服液的外观、轧盖以及装量是否符合要求，随时进行调整。
6. 标准操作时要定时加瓶、加盖、加液体和搬走已灌装锁盖好的瓶子。
7. 灌装过程每隔 30min 测一次装量，确保装量在合格范围内，并随时观察轧口质量。
8. 灌装过程中关注设备运行状态，无异常声音等。
9. 及时填写生产记录(见表 11-4、表 11-5)。

表 11-4 口服液灌装生产记录（一）

产品名称	板蓝根口服液		规格	10ml	批号	
工序名称	口服液灌装		生产日期	年 月 日	批量	5000支
生产场所	口服液灌装间		主要设备			
序号	指令	工艺参数		标准操作参数		操作者
1	岗位上应具有"三证"	清场合格证 设备完好证 计量器具检定合格证		有□　无□ 有□　无□ 有□　无□		
	取下《清场合格证》，附于本记录后	—		完成□　未办□		
2	检查设备的清洁卫生	HHGG10 口服液灌装轧盖机 周转容器 标准操作室		已清洁□　未清洁□ □　　　　□ □　　　　□		
3	空机试车	—		正常□　异常□		
4	交接物料	核对 —品名 　　 —规格 　　 —批号 　　 —质量 　　 —数量		符合□　不符 □　　　□ □　　　□ □　　　□ □　　　□		
5	标准装量：　　ml		灌装范围：　　ml～　　ml			
	确定装量，试车，调整装量，调整轧盖，使口服液符合工艺参数要求		计量器刻度：　　ml 无瓶停机延时：　　s 来瓶启动延时：　　s			
6	灌装总量	每瓶灌装量		灌装数	废品数	
7	生产前药液体积/L	余液/L		物料平衡/%		
8	与中转站管理人员交接，接受人核对，并在递交单上签名			已签□　未签□		
复核人		QA		岗位负责人		

异常情况与处理记录：

表 11-5 口服液灌装生产记录（二）

	产品名称	板蓝根口服液	规格	10ml	批号	
	生产设备	口服液灌装轧盖机		设备编号		
检查	时间	1	2	3	4	5
装量检查						
	操作者：			复核人：		
QA		岗位负责人				

（二）质量控制要点与质量判断

1. 外观：轧盖边缘棱角分明，松紧合适，无漏液、漏气现象，应随时观察，及时调整。
2. 装量：是口服液灌装质量控制最关键的环节，应引起高度重视，装量与多方面因素有关，应经常测定，及时调整，使装量符合内控标准要求。

（三）结束工作

1. 更换状态标志牌。
2. 停机前应停止供液、供瓶、供盖，清理多余包装物。
3. 将口服液放入容器，做好标签，将中间体和剩余物料标明品名、批号、重量，交至中间站，同时办理物料交接手续。
4. 清洗 HHGG10 口服液灌装轧盖机内、外表面。
5. 对周转容器和工具等进行清洗消，清洁消毒天花板、墙面、地面。
6. 对 HHGG10 口服液灌装轧盖机进行消毒。
7. 完成生产记录和清场记录（见附录5）的填写，请 QA 检查，合格后发给"清场合格证"。

五、基础知识

（一）口服液质量检查

1. 除另有规定外，口服液应澄清。在贮存期间不得有发霉、酸败、异物、变色、产生气体或其他变质现象，允许有少量摇之易散的沉淀。
2. 装量

检查法：取供试品 5 支，将内容物分别倒入经标化的量入式量筒内，在室温下检视，每支装量与标准装量相比较，少于标示装量的不得多于 1 支，并不得少于标示装量的 95%。

3. 微生物限度

除另有规定外，按照微生物限度检查法（《中国药典》2010 年版一部附录Ⅷ C）检查，应符合规定。

（二）浸出制剂的质量控制

1. 药材来源、品种及规格

药材的来源、品种与规格是浸出制剂质量的基础，制备浸出制剂必须控制药材质量，按药典及地方标准收载的品种及规格要求选用药材。

2. 制备方法

在药材品种确定后，制备方法则对成品的质量起着至关重要的作用，如解表药方剂采用传统的煎煮法提取有效成分时，则易造成有效成分挥发损失，若先用蒸馏法提取挥发性成分，再采用煎煮法则能提高疗效；又如人参精用相同原料，分别用浸渍、渗漉、煎煮、回流等方法制得的制剂，其色泽、有效成分和总皂苷含量均有差别。总之，制备方法和工艺上的改革必然给制剂带来影响。因此，浸出制剂的制备方法须规范化。

3. 成品的理化标准检查

（1）含量测定

① 药材比重法　指浸出制剂若干容量或重量相当于药材多少重量的测定方法。在药材成分还不明确，且无其他适宜方法测定时，可以作为参考指标。酊剂、流浸膏剂、酒剂等现仍用此法控制质量。

② 化学测定法　本法用于有效成分明确且能通过化学方法加以定量测定的药材。如含生物的颠茄、阿片等浸出制剂都用此法。

③ 生物测定法　系利用药材成分对动物机体或离体组织所发生的反应，来确定其含量的方法。此法适用于尚无适当化学测定法的毒剧药材的制剂。如洋地黄生物检定法系比较洋地黄标准品与供试品对鸽的最小致死量，以测定供试品的效价。生物测定法复杂且结果差异大，常需多次试验才能得到结果。

（2）含醇量测定　多数浸出制剂是用乙醇制备的，而乙醇含量的高低影响有效成分的溶解度，故此，药典对这类浸出制剂规定了含醇量的检查。

（3）鉴别试验　包括制剂的鉴别和检查、澄明度检查、水分检查、不挥发性残渣检查等。

4．微生物限度

符合微生物限度检查法（《中国药典》2010年版一部附录Ⅷ C)"微生物限度标准"项下的相关要求。

（三）HHGG10口服液灌装轧盖机工艺流程

口服液灌装轧盖机工艺流程见图11-6。

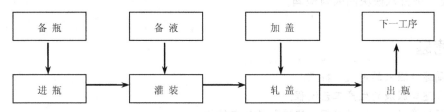

图11-6　HHGG10口服液灌装轧盖机工艺流程示意

（四）HHGG10口服液灌装轧盖机主要结构和工作原理

1．主要结构

HHGG10口服液灌装轧盖机，如图11-7所示，主要由机架、振荡料斗、供瓶转盘、灌装泵、输送带、针架、轧盖箱、出瓶收集盘等组成。

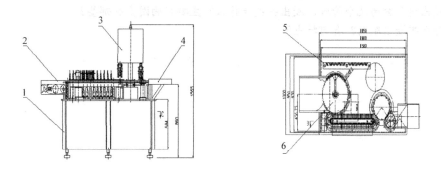

图11-7　HHGG10口服液灌装轧盖机主要结构
1—机架；2—供瓶盘；3—轧盖箱；4—收瓶盘；5—灌装泵；6—转盘

2．工作原理

（1）传动原理　由电机经皮带轮将动力传给减速机蜗轮轴，再由蜗轮轴通过各齿轮，将动力传到拨轮轴及灌装部分和轧盖头。灌装部分、轧盖头及各拨轮同步动作，并通过锥齿轮将动力传到进瓶拨轮装置。

（2）灌装部分的原理　口服液瓶由进瓶大拨轮送至过渡拨轮，再由过渡拨轮送至同步带，由同步带上的镶块拖动瓶子匀速向前运行，灌针在跟踪机构的控制下，插入瓶口，与瓶子同步向前运行，实现跟踪灌装。灌针随着液面的上升而上升，起到消泡作用。

（3）供盖系统　由输盖轨道、理盖头及戴盖机构组成。理盖头采用电磁螺旋振荡原理，将杂乱的盖子理好排队，经换向扭道进入输盖轨道，经过戴盖机构时，由瓶子挂着盖子经过压盖板，使盖子戴正。

（4）轧盖　口服液瓶戴好盖子进入轧盖转盘后，已经张开的三把轧刀将以瓶子为中心，随转盘向前转动，在凸轮的控制下压住盖子，这时三把轧刀在锥套的作用下，同时向盖子轧来，轧好后，同时又离开盖子，回到原位。

（5）跟踪灌装机构　由伺服电机带动齿轮、齿条运动，从而带动灌针做往复运动。通过调整喷针架与安装架的相对位置，可使灌针准确地插入瓶口中间。

模块三　灭　菌

参见"项目八模块四灭菌检漏"。

● 思考题

1. 简述口服液的定义、特点。
2. 简述口服液的生产工艺流程。
3. 简述多功能中药提取罐、浓缩器的基本结构。
4. 简述口服液的质量要求。
5. 简述常见浸出制剂及其特点。
6. 简述常用浸出溶剂的应用特点。常用浸出辅助剂有哪些？
7. 简述HHGG10口服液灌装轧盖机主要结构和工作原理。
8. 简述HHGG10口服液灌装轧盖机工艺流程。
9. 浸出制剂的质量控制方法有哪些？
10. 浸出过程分为几个阶段，浸出关键是什么？主要影响因素有哪些？
11. 什么叫浸出制剂？有何特点？

第四部分
半固体及其他制剂生产技术

项目十二 软膏剂、乳膏剂生产

软膏剂系指药物与油脂性或水溶性基质混合制成的均匀的半固体外用制剂。乳膏剂系指药物溶解或分散于乳状液型基质中形成的均匀的半固体外用制剂。乳膏剂由于基质不同,可分为水包油型(O/W)乳膏剂与油包水型(W/O)乳膏剂。

1. 特点

软膏剂与乳膏剂多应用于慢性皮肤病,对皮肤、黏膜或者创面起到保护、润滑和局部治疗作用,如消炎、杀菌、防腐、收敛等。软膏剂中的药物亦可通过透皮吸收进入体循环,产生全身治疗作用。但急性损伤的皮肤不能使用软膏剂。

2. 分类

(1) 根据基质分类

① 油膏剂 以油脂性基质如凡士林、羊毛脂等制备的软膏剂。

② 乳膏剂 以乳剂型基质制成的易于涂布的软膏剂。

③ 凝胶剂 药物与能形成凝胶的辅料制成的软膏剂。

(2) 根据药物在基质中的分散状态分类

① 溶液型 为药物溶解(或共熔)于基质或基质组分中制成的软膏剂。

② 混悬型 为药物细粉均匀分散于基质中制成的软膏剂。

③ 乳剂型 即乳膏剂,系指药物溶解或分散于乳剂型基质中形成的软膏剂。

3. 质量要求

① 软膏剂应均匀、软滑、细腻,涂于皮肤上无粗糙感。

② 应有适宜的黏稠度,涂于皮肤或黏膜上不融化,黏稠度随季节变化应很小。

③ 易涂布易洗除,不污染皮肤和衣物。

④ 性质稳定,应无酸败、异臭、变色、变硬,乳膏剂不得有油水分离及胀气等现象,能保持药物的固有疗效。

⑤ 无刺激性、致敏性及其他不良反应。

⑥ 用于溃疡、大面积烧伤等创面的软膏剂应无菌,眼用软膏剂应在无菌条件下配制。

4. 生产工艺流程

软膏剂生产工艺流程见图12-1。

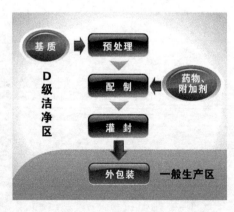

图12-1 软膏剂、乳膏剂生产工艺流程示意

5. 工作任务

批生产指令单见表12-1。

表12-1 批生产指令单

产品名称	醋酸氟轻松乳膏	规 格	20g:5mg
批 号		批 量	10万支
物料的批号与用量			
序 号	物料名称	供货单位	检验单号	批号	用 量

续表

1	醋酸氟轻松			0.5kg
2	十八醇			180kg
3	二甲基亚砜			30kg
4	白凡士林			200kg
5	液状石蜡			120kg
6	月桂醇硫酸钠			20kg
7	甘油			100kg
8	尼泊金乙酯			2kg
生产开始日期	年　月　日		生产结束日期	年　月　日
制表人			制表日期	年　月　日
审核人			审核日期	年　月　日
批准人			批准日期	年　月　日
备注：				

模块一　配　　制

一、职业岗位

软膏调剂工。

二、工作目标

1．能陈述软膏剂的定义、特点及分类。
2．能看懂软膏剂的生产工艺流程。
3．能按 ZJR、TZGZ 型真空乳化搅拌机的标准操作规程进行操作。
4．能看懂生产指令。
5．能按岗位操作规程生产软膏剂。
6．能够进行配制生产工艺参数控制和质量控制。
7．能按 GMP 要求进行设备的清洁及清场操作。
8．能对生产过程中出现的异常情况进行处理。
9．能正确填写原始记录。

三、准备工作

（一）职业形象

按"D 级洁净区生产人员进出规程"（详见附录2）进入生产操作区。

（二）任务主要文件

1．批生产指令单。
2．软膏剂配制岗位操作法。
3．软膏剂配制设备标准操作规程。

4. 软膏剂配制设备清洁、保养操作规程。
5. D级洁净区操作间清洁标准操作规程。
6. 物料交接单。
7. 软膏剂配制生产记录。
8. 清场记录。

（三）物料

按照生产指令的要求领取物料，物料交接过程中，发放人和接收人均需仔细核对发放物料的名称、批号、规格、数量、质量合格证等，确认无误后，交接双方在物料交接单（详见附录4）上签字。

（四）设备、器具

1. 设备：ZJR型真空均质乳化机、TZGZ系列真空乳化搅拌机。
2. 器具：不锈钢桶、不锈钢勺子等。

（五）检查

1. 检查设备和工作场所是否有上批遗留的产品、文件或与本批次生产无关的物料。
2. 检查是否有上次生产的"清场合格证"（副本），是否有质检员或检查员签名。
3. 检查配制容器、用具等是否已清洁消毒干燥，是否已更换状态标识，并核对是否在有效期内。
4. 检查设备是否洁净完好，是否处于"已清洁"及待用状态。
5. 检查操作间的温度、相对湿度、压差是否与要求相符，并记录在洁净区温度、相对湿度、压差记录表上。
6. 复核所用物料的名称、代码、批号和标识是否正确，容器外标签是否清楚，内容与所用的指令是否相符，复核质量、件数是否相符。

四、生产过程

（一）生产操作

1. 检查水、电供应是否正常，开启纯化水阀放水10min。
2. 操作前检查加热、搅拌、真空装置是否正常，关闭油相罐、乳化罐底部阀门，打开真空泵冷却水阀门。
3. 检查无异常后挂本次运行状态标识，进入配制操作。

（1）配制油相　将油脂性和油溶性物质置于水浴或夹层锅中，调节温度至80℃，开始加热，待油相开始熔化时，开动搅拌至完全熔化，保温备用。

（2）配制水相　将水溶性成分（含防腐剂、保湿剂等）投入处方量的纯化水中，加热至略高于油相温度，搅拌使溶解完全，保温备用。

（3）乳化　启动加热装置和真空泵，将油、水两相从带过滤装置的管路中抽入到乳化锅中，边加边搅拌，使其发生乳化，待乳化完全后，降温并搅拌至冷凝，停止搅拌，真空静置。

（4）加药　根据药物的性质，可在配制水相或油相时加入药物并搅拌均匀。

4. 及时填写生产记录（见表12-2）。

表 12-2 软膏剂（乳膏剂）生产记录

产品名称		醋酸氟轻松乳膏		产品规格		20g：5mg	产品批号	
工序名称		软膏剂配制		生产日期			批量	10 万支
生产场所		软膏剂配制间		主要设备		ZJR 型真空均质乳化机		

序号	指令		工艺参数		操作参数		操作人
1	生产环境检查		室内温度：18~26℃		符合□	不符□	
			相对湿度：45%~65%		符合□	不符□	
			压差		符合□	不符□	
			清场合格证存在		有□	无□	
			生产状态牌填写完整		是□	否□	
2	设备安装与检查		设备清洁情况		清洁□	未清洁□	
			将设备部件按要求安装到位		是□	否□	
			检查水、电、气是否正常		是□	否□	
3	领料		核对：品名		符合□	不符□	
			批号		□	□	
			重量		□	□	
4	配制		油相温度		□	□	
			油相搅拌时间		□	□	
			水相温度		□	□	
			水相搅拌时间		□	□	
			乳化罐搅拌速率		□	□	
			乳化时间		□	□	
			软膏最终冷却温度		□	□	
5	质量考察		外观		符合□	不符□	
			粒度		□	□	
			黏稠度		□	□	
6	中间产品（乳膏）	桶号	毛重/kg	皮重/kg	净重/kg	日期	班次	设备编号
		1						
		2						
	与中转站管理人员交接，接受人核对，并在递交单上签名					已签□	未签□	
	写请验单报检					是□	否□	
生产日期					复核人			
物料平衡								
备注								

（二）质量控制要点与质量判断

1. 油相、水相的加热温度、时间应严格控制，水相温度比油相温度略高约 5℃。
2. 乳化完全后，温度不宜骤降，需缓慢降温并搅拌至冷凝，以免影响产品外观。
3. 外观：应均匀、细腻、润滑，涂于皮肤上无粗糙感。
4. 粒度：混悬型软膏必须控制粒度在规定范围内。
5. 黏稠度：黏稠度适宜，应易涂布于皮肤或黏膜上，不融化。

（三）结束工作

1. 操作室、设备、容器具更换成"待清洁"标识。
2. 将中间产品称重并做好记录，填写请验单报质检部检验。
3. 将中间产品加盖密闭，置于中间站存放，待检验合格后转入灌封工序。
4. 生产过程中产生的废弃物（如滤渣等）按标准操作规程进行集中处理。
5. 清理本批次生产所用生产文件。

6. 对生产设备、容器、器具进行清洁消毒，QA复核签字，并更换"已清洁"标识。

7. 对生产操作的整个区域进行清洁，包括天花板、墙面、地面、操作台等，经QA人员复核并签字，发"清场合格证"一式两份，正本纳入本批生产记录，副本留下作为下批生产凭证。

8. 将操作室更换为"已清洁"标识。

9. 及时填写清洁、清场记录（详见附录5）。

10. 操作人员退出洁净区，按进入洁净区时的相反程序执行。

五、基础知识

（一）常用基质

1. 基质的作用

软膏剂主要由药物、基质和附加剂组成，基质不仅是软膏剂的赋形剂，也是药物的载体，而且对软膏剂的质量与药物的治疗有重要影响，它能影响药物的理化性质、药物的释放和吸收以及在皮肤内的扩散。不少起保护、润滑作用的软膏剂，基质还是发挥生理效应的药物。另外，软膏剂中还可加入保湿剂、防腐剂、增稠剂、抗氧剂、透皮吸收促进剂等附加剂，但用量相对较少，可根据需要而定。

2. 基质的质量要求

① 应均匀、细腻、润滑，稠度适宜，易于涂布，在不同地区、不同气温下变化较小。

② 性质稳定，不与主药或附加剂等发生配伍变化。

③ 具有一定的吸水性，能吸收伤口分泌物。

④ 无刺激性与过敏性、无生理活性，不妨碍皮肤的正常功能。

⑤ 容易洗除，不污染皮肤和衣服等。

⑥ 具有良好的释药性能。

3. 种类

常用的软膏剂基质根据其组成可分为三类：油脂性基质、水溶性基质和乳剂型基质。应根据各基质的特点、药物的性质、制剂的疗效和产品的稳定性等具体分析，合理选用不同类型基质混合组成。

（1）油脂性基质　油脂性基质主要包括烃类、类脂类和油脂类等。此类基质的特点是无刺激性、润滑性好，涂于皮肤能形成封闭性油膜，防止水分蒸发，可促进皮肤水合作用，对皮肤有保护和软化作用；理化性质稳定，能与多种药物配伍，不易长菌。但油腻性大，不易洗除；疏水性强，吸水性较差，与分泌物不易混合；药物的释放性能差，往往影响皮肤的正常生理，故不适用于有渗出液的皮肤损伤。油脂性基质一般不单独用于制备软膏，可加入表面活性剂增加其吸水性或用作乳剂型基质中的油相。此类基质主要用于遇水不稳定的药物，适用于表皮增厚、角化、皲裂等慢性皮损和某些感染性皮肤病的早期。

① 烃类　烃类是石油蒸馏后得到的高级烃的混合物，其中大部分为饱和烃，主要包括凡士林、固体石蜡和液状石蜡等。

a. 凡士林　又称为软石蜡，为液体烃类与固体烃类的半固体混合物，是最常用的油脂性基质。分为黄、白两种，后者系经前者漂白而得，其中黄凡士林的刺激性小。熔程38～60℃，无臭无刺激，化学性质稳定，抗氧性良好，不易酸败，配伍面广，特别适用于遇水不稳定的药物如抗生素类等。凡士林有适宜的黏稠性与涂展性，既可单独做软膏剂基质，也能与蜂蜡、植物油等混合使用。在特性上，凡士林油腻性大，极具防水性，不易与水混合，对皮肤有保护、软化及保湿作用，是良好的皮肤保护层。但本品对皮肤的穿透性差，释药速率慢，主要起局部的覆盖和保护作用，仅适用于皮肤表面病变。

凡士林吸水性差，仅能吸收其重量 5%的水分，故不能与较大量的水性药液配伍，不适用于急性炎症且有大量渗出液的患处。使用时可加入适量羊毛脂、胆固醇和一些高级脂肪醇等增加其吸水性，如在凡士林中加入 15%羊毛脂，可增加吸水量至 50%，加入适量表面活性剂也可增加吸水性。

b．固体石蜡和液状石蜡　均为从石油中得到的烃类混合物。固体石蜡是固体饱和烃混合物，熔程 50～65℃，因石蜡的结构比较均匀，与其他基质融合后不易单独析出，故较优于蜂蜡，可用于调节软膏剂的稠度。液状石蜡为液体饱和烃混合物，能与多数脂肪油或挥发油混合，主要用于调节软膏剂的稠度，也常用作乳剂基质的油相。液状石蜡还可作为加液研磨的液体，用来研磨药物粉末，以利于药物与基质混匀。液状石蜡分轻质和重质两种，黏度也略有不同，常用轻质液状石蜡。

② 类脂类　此类基质是高级脂肪酸与高级脂肪醇化合而成的酯及其混合物，常从动物中提取分离而得，如羊毛脂、鲸蜡、蜂蜡等。其物理性质类似脂肪，但化学性质较脂肪稳定。其具有一定吸水性和表面活性作用，常与油脂性基质特别是烃类合用，可增加油脂性基质的吸水性。此类基质可吸收较多的水分而形成 W/O 型乳剂，具有乳化作用。

a．羊毛脂　又称无水羊毛脂，为淡黄色至棕黄色软膏状物，其主要成分为胆固醇类的棕榈酸酯及游离的胆固醇类，熔程 36～42℃，化学性质稳定，不易酸败，有黏性而滑腻，臭微弱而特异。羊毛脂不溶于水，但具有较强的吸水性，可吸收约 2 倍其重量的水并形成 W/O 型乳剂型基质。羊毛脂的组成和性质与皮脂分泌物类似，能使主药迅速被黏膜及皮肤吸收，有附着力，故可提高药物的穿透性，有利于药物的透皮吸收。但纯羊毛脂过于黏稠，涂于局部有不适感，不宜单独作软膏基质，常与凡士林合用，可改善凡士林的吸水性与药物的渗透性，亦可调节软膏稠度，以得到适宜的软膏基质。含水 30%的羊毛脂称为含水羊毛脂，其黏性低，取用方便，便于应用，可在乳剂基质中起辅助乳化剂的作用。

b．蜂蜡与鲸蜡　两者均为蜡状固体，吸水性差，不易酸败。蜂蜡的主要成分为棕榈酸蜂蜡醇酯，有黄、白之分，后者由前者精制而成，熔程 62～67℃。鲸蜡的主要成分为棕榈酸鲸蜡醇酯，熔程为 42～50℃。两者均因含有少量游离高级脂肪醇而具有一定的表面活性作用，为较弱的 W/O 型乳化剂，在 O/W 型乳剂基质中可作稳定剂，常用于取代乳剂型基质中的部分脂肪性物质以调节基质稠度或增加稳定性。

③ 硅酮　俗称硅油或二甲基硅油，由不同分子量的聚二甲基硅氧烷组成，为无色或淡黄色透明油状液体，无臭无味，黏度随分子量增加而增大，在应用温度范围内（-40～150℃）黏度变化极小。本品不溶于水，化学稳定性良好，但在强酸强碱中降解，对皮肤无刺激性与毒性。硅酮较好的疏水性和较小的表面张力，使之具有较好的润滑性而易于涂布，且不污染衣物，不妨碍皮肤的正常功能，是一种较理想的疏水性基质。

本品能与多种基质如羊毛脂、硬脂醇、硬脂酸甘油酯、聚山梨酯类等配合应用，还可将其与油脂性基质合用制成防护性软膏，保护皮肤对抗水性酸液、碱液等的刺激与腐蚀，亦可制成乳剂型基质应用。硅酮对药物的释放及对皮肤的穿透性较羊毛脂与凡士林快，但成本较高。其对眼睛有刺激性，故不宜作为眼膏剂基质。

④ 油脂类　油脂类系动植物高级脂肪酸甘油酯及其混合物，因动物性油脂稳定性差而很少应用，常用植物油脂。油脂类常与类脂类混合使用，以获得适当稠度的油脂类基质。

a．植物油　常用麻油、花生油、棉籽油等，植物油由于其分子结构中存在不饱和键，故稳定性不如烃类，在贮存过程中易受空气、温度、光线、氧气等因素的影响而发生分解、氧化和酸败等，常加入抗氧剂和防腐剂加以克服。植物油在常温下为液体，不能单独作基质使用，常与熔点较高的蜡类熔合而得到适宜稠度的基质，如花生油或棉籽油与蜂蜡以 2∶1（*W/W*）的比例加热熔合而成的"单软膏"，可直接用作软膏基质。植物油还可作为乳剂型基质中的油相使用。

b. 氢化植物油 即由植物油经催化加氢而得的饱和或近饱和的脂肪酸甘油酯，稳定性较原植物油好，不易酸败，也可与其他基质混合用作软膏基质。

(2) 水溶性基质 是由天然或合成的水溶性高分子物质胶溶在水中形成的半固体状的凝胶。此类基质易溶于水，无油腻感，易涂展，易洗除；对皮肤和黏膜无刺激性，可与水性物质混合并能吸收组织渗出液，有利于分泌物的排除，释药速率较快。但其对皮肤的润滑、软化作用较差，基质中的水分易蒸发使软膏硬化，部分基质久贮易霉败，因此常需加入防腐剂和保湿剂。水溶性基质多用于湿润、糜烂创面、腔道黏膜等，还可作为防油保护性软膏的基质。遇水不稳定的药物不宜选用此类基质。常用于制备此类基质的高分子物质有聚乙二醇类、甘油明胶、纤维素衍生物、淀粉甘油、卡波姆等。

① 聚乙二醇（PEG） 系用环氧乙烷与水或乙二醇逐步加成聚合得到的水溶性聚醚，常用物质的相对分子质量为 300～6000，随分子量增加由无色无臭黏稠液体过渡到蜡状固体。此类基质无毒，对眼睛和皮肤无明显刺激，具有良好的水溶性和药物相溶性，能与渗出液混合且易洗除；能耐高温，性质较稳定，不易霉变。聚乙二醇具有较强的吸水性，PEG 软膏因具有清洁、干燥表面的作用而被用于处理发炎、渗出液体及皮炎等，但涂于皮肤有刺激感，久用可引起皮肤脱水，产生干燥感。

固体与液体聚乙二醇以适当比例混合可制成半固体的软膏基质，并通过改变分子量调节稠度。PEG 对季铵盐类、山梨糖醇及羟苯酯类等有配伍变化，可与苯甲酸、水杨酸、鞣酸等络合，使基质软化，并降低防腐剂活性，使用时需注意避免。

② 甘油明胶 系由 10%～30%的甘油、1%～3%的明胶，与水加热制成的透明凝胶。本品温热后易涂布，涂于皮肤上形成一层保护膜，因具有弹性，故使用时较舒适，特别适合于含维生素类的营养性软膏的制备。

③ 纤维素衍生物类 系纤维素的合成衍生物，常用的有甲基纤维素（MC）、羧甲基纤维素钠（CMC-Na）等。此类基质的水溶液呈中性，性质稳定，MC 可溶于冷水，CMC-Na 在冷、热水中均溶，浓度较高时呈凝胶状，较为常用。羧甲基纤维素钠是阴离子型化合物，遇强酸及汞、铁、锌等重金属离子及阳离子型药物时可生成不溶物，故不能配伍使用。

④ 卡波姆 白色疏松粉末，引湿性强，水溶液黏度低，呈酸性，加碱中和后呈稠厚凝胶。无毒，耐热，粉末对眼、黏膜、呼吸道等有刺激（详见凝胶剂基质）。

⑤ 淀粉甘油 由 7%～10%的淀粉、70%的甘油与水加热制成。本品能与铜、锌等金属盐类配伍，可用作眼膏基质。因甘油含量高，故能抑制微生物生长而较稳定。

(3) 乳剂型基质 系指油相与水相借助乳化剂的作用在一定温度下混合乳化，搅拌至冷凝并在室温下形成的半固体基质，用乳剂型基质制备的软膏剂也称为乳膏剂。基质常用的油相多为固体或半固体，如硬脂酸、蜂蜡、石蜡、高级醇（十八醇）、凡士林等，有时为了调节稠度，也可加入一定量液状石蜡、植物油等。根据乳化剂种类的不同，乳剂型基质有水包油（O/W）型和油包水（W/O）型。其中 O/W 型乳剂基质外相能与大量水混合，基质含水量较高，无油腻性，易于涂布和用水洗除，色白如雪，有"雪花膏"之称。W/O 型乳剂基质较不含水的油脂性基质油腻性小，易涂布，能吸收部分水分，且使用后水分从皮肤蒸发时有和缓的冷却作用，故有"冷霜"之称。

乳剂型基质油腻性较小或无油腻性，稠度适宜，润滑性好，易于涂展和洗除，乳化剂的表面活性作用使其对水和油均有一定的亲和力，可与创面渗出物或分泌物混合，利于药物与表皮接触，促进药物的经皮渗透，药物的释放不妨碍皮肤的分泌与水分的蒸发，对皮肤的正常功能影响较小。乳剂型基质特别是 O/W 型基质中药物的释放和透皮吸收均较快。但 O/W 型基质因外相含水量多，在贮存过程中易霉变，常需加入防腐剂如尼泊金类、三氯叔丁醇、山梨酸等，同时水分易挥发而使软膏变硬甚至转型，故常加入甘油、丙二醇、山梨醇等作保湿剂，一般用量为 5%～20%。因含水，不宜用于遇水不稳定的药物如四环素、金霉素等。

乳剂型基质适用于亚急性、慢性及无渗出液的皮肤损伤和皮肤瘙痒症，但因其具有"反向吸收"作用，即 O/W 型软膏用于分泌物较多的皮肤病，如润湿性湿疹时，被吸收的分泌物可重新透入皮肤而使炎症恶化，因此忌用于糜烂、溃疡、水疱及脓疱等有大量渗出液的皮损和创面。

乳化剂对乳剂型基质的形成起关键性作用，常用的乳化剂有皂类、高级脂肪醇、脂肪醇硫酸酯类、多元醇酯类、聚氧乙烯醚类等。

① 肥皂类

a. 一价皂　由脂肪酸（如硬脂酸、油酸等）与一价金属离子（如钠、钾、铵等）的无机碱或有机碱作用生成的新生皂类，如钠皂、钾皂、三乙醇胺皂等。一价皂的 HLB 值在 15～18 之间，亲水性强于亲油性，易形成 O/W 型的乳剂型基质。

b. 多价皂　系由二价、三价的金属（如钙、镁、锌、铝）氧化物与脂肪酸作用而成，如硬脂酸钙、硬脂酸镁、硬脂酸铝等。多价皂 HLB 值<6，解离度小，亲油性强，易形成 W/O 型乳剂型基质。新生多价皂较易形成，可在制备基质反应中生成，因其黏度较大，形成的乳剂也较稳定。但耐酸性差。

② 高级脂肪醇与脂肪醇硫酸酯类

a. 高级脂肪醇　常用的有十六醇（鲸蜡醇）和十八醇（硬脂醇），熔程分别为 45～50℃ 和 56～60℃。二者为白色晶体，均不溶于水，但有一定的吸水能力，吸水后可形成弱的 W/O 型乳化剂，若用于 O/W 型基质的油相中可增加基质稠度和乳剂的稳定性。本品还可与凡士林等油脂性基质混合，以增加凡士林的吸水性，形成 W/O 型乳剂基质。以新生皂为乳化剂的乳剂基质中，若用十六醇和十八醇取代部分硬脂酸，所形成的基质较细腻光亮。

b. 脂肪醇硫酸酯类　常用的有十二烷基硫酸钠（SDS），又称月桂醇硫酸钠（SLS），属阴离子型表面活性剂，HLB 值为 40，是优良 O/W 型乳化剂。本品易溶于水，水溶液呈中性，对皮肤刺激性较小，在广泛的 pH 值范围内稳定，能耐酸和钙、镁盐等，但与阳离子表面活性剂及阳离子药物作用可形成沉淀并失效，加入 1.5%～2% 的氯化钠可使之丧失乳化作用，其乳化作用的适宜 pH 值为 6～7，不应小于 4 或大于 8。本品常与其他 W/O 型乳化剂合用，调节 HLB 值以达到油相所需范围，其与辅助 W/O 型乳化剂如十六醇、十八醇、硬脂酸甘油酯、司盘类等合用可增加稳定性和黏稠度，常用量为 0.5%～2%。

③ 多元醇酯类

a. 硬脂酸甘油酯　即单、双硬脂酸甘油酯的混合物，不溶于水，溶于热乙醇及乳剂型基质的油相中，HLB 值为 3.8，是一种较弱的 W/O 型乳化剂，与较强的 O/W 型乳化剂合用时，则制得的乳剂型基质稳定，且产品细腻润滑，用量为 15% 左右。本品常作为乳剂型基质的稳定剂或增稠剂，并可增加其润滑性。

b. 脂肪酸山梨酯类（司盘类）与聚山梨酯类（吐温类）　司盘类和吐温类均为非离子型表面活性剂，中性，毒性小，对黏膜和皮肤的刺激性小，对热稳定。其中吐温类的 HLB 值为 10.5～16.7，为 O/W 型乳化剂；司盘类的 HLB 值为 4.3～8.6，为 W/O 型乳化剂。两者均可单独作软膏剂的乳化剂，也可与其他乳化剂合用以调节 HLB 值，亦可增加基质稳定性。使用时可与酸性盐或电解质配伍，但与碱类、重金属盐、酚类及鞣质均有配伍变化，使乳剂被破坏。吐温类能严重抑制一些防腐剂、消毒剂的效能，易与尼泊金类、苯甲酸、季铵盐类防腐剂络合，使部分失活，但可通过适当增加防腐剂用量予以克服。以非离子型表面活性剂为乳化剂的基质中可用的防腐剂有山梨酸、洗必泰碘、氯甲酚等，用量约 0.2%。

④ 聚氧乙烯醚类

a. 平平加 O　系脂肪醇聚氧乙烯醚类，HLB 值 15.9，属非离子型 O/W 型乳化剂。本品单独使用不能制成稳定的乳剂型基质，常与其他乳化剂或辅助乳化剂，按不同配比混合使用，可提高乳化效率，增加基质稳定性。平平加 O 不宜与酚羟基类化合物如苯酚、间苯二酚等配伍，以免形成络合物，可破坏乳剂型基质。

b. 乳化剂 OP　系烷基酚聚氧乙烯醚类，HLB 值为 14.5，属于非离子型 O/W 型乳化剂。易溶于水，1%水溶液的 pH 值为 5.7，对皮肤无刺激性。本品耐酸、碱、还原剂及氧化剂，性质稳定，但水溶液中如有大量的金属离子如铁、锌、铜存在时，会使乳化剂 OP 的表面活性降低。用量一般为油相重量的 5%～10%，常与其他乳化剂合用。亦不宜与酚羟基类药物配伍，避免破坏乳剂基质。

（二）制备方法

软膏剂的制备一般采用研合法、熔合法和乳化法。制备方法的选择需根据药物与基质的性质、用量及设备条件而定。通常溶液型、混悬型多采用研和法和熔和法，乳剂型常采用乳化法。

1. 基质的处理

基质处理主要是针对油脂性基质的，若质地纯净可直接取用，若混有机械性异物，或大量生产时，则需进行加热滤过及灭菌处理。先将基质加热熔融，用细布或七号筛趁热过滤除杂，继续加热至 150℃约 1h，灭菌并除去水分。

2. 药物的加入方法

① 药物不溶于基质时，须将其粉碎成能通过六号筛的细粉（眼膏剂中药粉应过九号筛）。若采用研和法，可先取少量液体成分如液状石蜡、植物油、甘油等与药粉研匀呈糊状，再用等量递加法与剩余基质混匀。

② 药物可溶于基质中时，将油溶性药物直接溶于少量液态或熔化的油脂性基质中，再与其他油脂性基质混匀制成软膏剂；水溶性药物也可用少量水溶解后，用羊毛脂等吸水性较强的油脂性基质吸收，然后加入到油脂性基质中。此类软膏剂多为溶液型。

③ 含有特殊性质的药物时，若为半固体黏稠性药物（如鱼石脂或煤焦油等），可直接与基质混合，必要时先与少量羊毛脂或聚山梨酯类混合再与凡士林等油性基质混合；药物有共熔性成分（如樟脑、薄荷脑、冰片等）时，可先研磨至共熔再与基质混合。单独使用时可用少量适宜溶剂溶解，再加入基质中混匀。

④ 中药浸出物为液体（如水煎浓缩液、流浸膏等）时，可浓缩至稠膏状后加入基质中；如为固体浸膏，则可加少量水或稀醇等研成糊状后，再与基质混匀。

⑤ 挥发性或受热易破坏药物，制备时又采用了熔和法或乳化法时，应在基质冷却至 40℃以下后加入，以减少破坏或损失。

3. 制备方法

（1）研和法　基质为油脂性的半固体时，可直接采用研和法（水溶性基质和乳剂型基质不适用）。即在常温下通过研磨或搅拌将基质与药物均匀混合，对热不稳定的药物及不溶于基质的药物可采用此法。制备时先取已研细的药物与部分基质或适宜液体研磨成细腻糊状，再等量递加其余基质研匀，直至制成的软膏取少许涂于手背上无沙砾感为止。可溶性药物可用水、甘油溶解，用羊毛脂吸收后再加入油性基质中。不溶性药物量少（小于 5%）时，用适量液体石蜡或植物油研磨后再加入到基质中研和。此法适用于小量制备，可用软膏刀在陶瓷或玻璃的软膏板上调制，也可在乳钵中研制，大量制备时可用电动研钵生产。

（2）熔和法　此法适用于熔点较高、常温下不能与药物均匀混合的软膏基质，也适用于对热稳定的药物或可溶解于基质的药物。制备时先将熔点高的基质加热熔化，然后将其余基质依熔点高低顺序依次加入，待全部基质熔化后，加入液体成分或可溶性药物，搅匀并至冷凝成膏状。操作时加热温度可逐渐降低，以避免低熔点物质高温分解。在熔融和冷凝过程中，均应不断搅拌，使成品均匀光滑。但冷却过程不可太快，以免高熔点基质呈块状析出。基质凝固后应停止搅拌，以免搅入空气而影响质量。不溶于基质的药物，须先研成细粉后筛入熔化或软化的基质中，搅拌混合均匀，若不够细腻，可通过胶体磨或三滚筒软膏研磨机进一步研匀，使软膏细腻均匀、无颗粒感。此法适合于油脂性基质的大量制备，可用电动搅拌机混合。

（3）乳化法　乳化法是专门用于制备乳剂型软膏剂的方法。将油脂性和油溶性组分一并加热熔化成油相，细布或筛网过滤，并保持温度在80℃左右；为防止两相混合时油相组分过早析出或凝结，另将水溶性组分（含防腐剂、保湿剂等）溶于水作为水相，加热至较油相温度略高时，将油、水两相混合，边加边搅，直至乳化完成并冷凝。为防止搅拌时空气混入而引起乳膏在贮存时发生油水分离、腐败等问题，大量生产时可在乳膏温度降至30℃左右时再通过胶体磨研磨使产品更细腻均匀。

油、水两相的混合方法如下。

① 两相同时掺和，适用于连续性生产或大批量的操作；需要配置输送泵和连续混合装置等。

② 分散相加到连续相中，适用于含小体积分散相的乳剂系统。

③ 连续相加到分散相中，适用于多数乳剂系统，混合过程通过乳剂的转型，从而产生更为细小的分散相粒子，形成的乳剂均匀细腻。

（三）生产设备

软膏剂配制常用的设备有 ZJR 型真空乳化机、TZGZ 系列真空乳化搅拌机、胶体磨、配料锅等。

1. ZJR 型真空均质乳化机

ZJR 型真空均质乳化机（图 12-3）由主锅、油锅、水锅、电器控制系统、液压系统、真空系统以及机架等构成。主锅由均质搅拌锅、双向搅拌机构等组成，可用于软膏剂的加热、溶解、乳化，可搅拌、乳化高黏度物料。加料及出料都可用真空泵完成，操作简便。尤其适合乳膏剂的制备，根据生产规模可选择不同型号的机型。

图 12-3　ZJR 型真空均质乳化机

操作时物料先在水、油锅中预热、搅拌，再通过输送管道在真空状态下直接吸入均质锅内。在均质锅内经搅拌、混合后流入均质器中，并被迅速破碎成 0.2～2μm 的微粒。物料微粒化、乳化、混合、调匀、分散等可于短时间内完成。均质结束后升高锅盖，按下倾倒按钮开关可使锅内物料排向锅外容器内。

2. TZGZ 型真空乳化搅拌机

TZGZ 型真空乳化搅拌机可用于软膏剂的加热、溶解、均质乳化，本机组主要由预处理锅、主锅、真空泵、液压、电器控制系统等组成，均质搅拌采用变频无级调速，加热采用电加热和蒸汽加热两种，乳化快，操作方便。

模块二　灌　封

一、职业岗位

软膏剂灌装工。

二、工作目标

1. 能按生产指令单领取物料，做好软膏剂灌封前的准备工作。

2. 能按软膏灌封机的标准操作规程进行操作。
3. 能按岗位操作规程对软膏剂进行灌封。
4. 能够进行灌封生产工艺参数控制和质量控制。
5. 能应对生产过程中出现的异常情况。
6. 能按标准操作规程要求进行设备的清洁、保养及清场操作。
7. 能正确填写原始记录。

三、准备工作

（一）职业形象

按"D级洁净区生产人员进出规程"（详见附录2）进入生产操作区。

（二）任务主要文件

1. 批生产指令单。
2. 软膏剂灌封岗位操作规程。
3. 软膏灌封机、灌装封尾机标准操作规程。
4. 设备清洁、保养操作规程。
5. D级洁净区操作间清洁标准操作规程。
6. 物料交接单。
7. 生产记录。
8. 清场记录。

（三）物料

根据生产指令的要求领取物料，包括已检验合格的软膏、内包材、外包材等，并仔细核对物料的名称、批号、规格、数量、合格证等，确认无误后，交接双方在物料交接单（详见附录4）上签字。

（四）设备、器具

1. 设备：GZC40全自动软膏灌封机、B·GFW-40型自动灌装封尾机。
2. 器具：不锈钢桶、不锈钢勺子等。

（五）检查

1. 检查工作场所及设备是否有上批遗留的产品、文件或与本批次生产无关的物料。
2. 检查是否有上次生产的"清场合格证"（副本），是否有质检员或检查员签名。
3. 检查用具、容器等是否已清洁消毒，并核对是否在有效期内。
4. 检查设备是否洁净完好，是否处于"已清洁"及待用状态。
5. 检查天平是否已校正。
6. 检查操作间的温度、相对湿度、压差是否与要求相符，并记录在洁净区温度、相对湿度、压差记录表上。
7. 复核所用物料及中间产品的名称、代码、批号和标识、数量是否正确，容器外标签是否清楚，内容与所用的指令是否相符。

四、生产过程

（一）生产操作

1. 检查水、电、气供应是否正常。

2．检查储油箱的液位不超过视镜的 2/3，用润滑油涂抹阀杆和导轴。

3．用 75%乙醇溶液对储料罐、喷头、活塞、连接管等进行消毒，并按由下至上的顺序进行安装。安装计量泵时方向要准确，并扭紧，紧固螺母时力度要适宜。

4．检查抛管机械手是否安装到位。

5．启动灌封机前应手动试机 2~3 圈，确保运转无误。

6．检查铝管，表面应平滑光洁，内容清晰完整，光标位置正确；管内无异物，管帽与管嘴配合；检查合格后装机。

7．装上批号板，点动灌封机，观察运转是否正常；检查密封性、光标位置和批号。

8．挂本次运行状态标识，进入灌封操作。

（1）操作人员戴好口罩和一次性手套。

（2）加料　将料液加满储料罐，盖上盖子，生产中当储料罐内料液不足储料罐总容积的 1/3 时，必须进行加料。

（3）灌封　开启灌封机总电源开关；设定每小时产量、是否注药等参数，按"送管"开始进空管，通过点动设定，抽样检查是否有空管，检查装量合格并确认设备无异常后，正常开机；每隔 10min 检查一次密封口、批号、装量。

9．及时填写灌封操作记录（表 12-3）

表 12-3　软膏剂（乳膏剂）灌封操作记录

产品名称		醋酸氟轻松乳膏		产品规格	20g：5mg	产品批号	
工序名称		软膏剂灌封		生产日期		批量	10 万支
生产场所		软膏剂灌封间		主要设备	GZC40 全自动超声波、软膏灌封机		
序号	指令	工艺参数			操作参数		操作人
1	生产环境检查	室内温度：18~26℃			符合□	不符□	
		相对湿度：45%~65%			符合□	不符□	
		压差			符合□	不符□	
		清场合格证存在			有□	无□	
		生产状态牌填写完整			是□	否□	
2	设备安装与检查	设备清洁情况			清洁□	未清洁□	
		将设备部件按要求安装到位			是□	否□	
		天平是否校正			□	□	
		检查水电气是否正常			□	□	
		点动运行检查设备是否正常			□	□	
3	领料	核对：品名			符合□	不符□	
		批号			□	□	
		数量			□	□	
4	灌封	抛管机械手			是□	否□	
		压缩空气			□	□	
		手动试车			□	□	
		批号			□	□	
		铝管			符合□	不符□	
		调节装量			□	□	
5	质量考察	外观			符合□	不符□	
		装量			□	□	
		密封性			□	□	
6	灌封后乳膏	桶号	毛重/kg	皮重/kg	净重/kg	数量/支	班次	设备编号
		1						

续表

序号	指令	工艺参数			操作参数			操作人
		桶号	毛重/kg	皮重/kg	净重/kg	数量/支	班次	设备编号	
6	灌封后乳膏	2							
	与中转站管理人员交接，接受人核对，并在递交单上签名						已签□ 未签□			
	写请验单报检						是□ 否□			
生产日期						复核人			
物料平衡									
备注									

（二）质量控制要点与质量判断

（1）密封性　密封合格率应达到100%。

（2）外观　光标位置准确，批号正确完整清晰，文字对称美观，尾部折叠严密、整齐，铝管无变形。

（3）装量　密切关注影响的因素，定时测定，及时调整，以符合装量标准要求。

（三）结束工作

1. 操作室、设备、容器具更换成"待清洁"标识。

2. 清退生产剩余物料并转移至指定的区域存放；收集生产废料并按标准操作规程进行处理。

3. 对生产设备、容器、器具进行清洁消毒，做好记录，QA复核签字，并更换"已清洁"标识。

4. 清走本批次生产所用的生产文件和用具。

5. 对生产区域进行清洁，包括天花板、墙面、地面、操作台等，并填写清洁、清场记录（详见附录5），经QA人员复核，发"清场合格证"一式两份，正本纳入本批生产记录，副本留下作为下次生产凭证。

6. 将操作室更换为"已清洁"标识。

7. 操作人员退出洁净区，按进入洁净区时的相反程序执行。

五、基础知识

（一）生产设备

软膏剂的灌封设备通常采用全自动软膏灌封机或灌装封尾机。型号有GZC40全自动超声波软膏灌封机（图12-4）、B·GFW-40型自动灌装封尾机、YRGFW-250药用软膏灌封机等。

全自动灌封机的全部功能通常由PC机控制，具有从自动上管到自动排料等一系列自动化功能，可自动完成软管进料、对位、定量充填、封尾、打印批号及日期、排出成品等工序。采用先进的超声波等塑料焊接技术，可对各种塑胶软管或复合软管

图12-4　GZC40全自动超声波软膏灌封机

进行封尾，热封速度快，封合牢度高，外形美观。用户可根据需求增加温控及搅拌等辅助功能，操作方便。配合各种不同规格的灌装头使用，还可满足不同黏度的灌装要求。自动软管装盒机与灌装机联用，还可进行软管装小盒、装大盒、贴签等操作。

（二）质量检查

《中国药典》2010 年版在"制剂通则"项下规定，软膏剂应作粒度、装量、无菌和微生物限度等项目检查。另外，软膏剂的质量评价还包括药物含量测定、物理性质、刺激性、稳定性检测和软膏剂中药物的释放、穿透及吸收等项目的评定。

1．粒度

混悬型软膏剂要求进行粒度检查。取适量供试品，涂成薄层，薄层面积相当于盖玻片面积，共涂 3 片，按照粒度和粒度分布测定法（《中国药典》2010 年版二部附录Ⅸ E 第一法）检查，均不得检出大于 180μm 的粒子。鼻用混悬型软膏剂除另有规定外，检出 50μm 粒子不得多于 2 个，并不得检出大于 90μm 的粒子。

2．装量

按照最低装量检查法（《中国药典》2010 年版二部附录Ⅹ F）检查，应符合规定，最低装量要求如表 12-4 所示。

检查方法：取供试品 5 个（50g 以上者 3 个），按照《中国药典》2010 年版附录最低装量检查法检查均应符合表 12-4 的规定，如有 1 个容器装量不符合规定，则另取 5 个（50g 以上者 3 个）复试，应全部符合规定。

表 12-4　最低装量要求

标示装量	平均装量	每个容器装量
20g（ml）以下	不少于标示装量	不少于标示装量的 93%
20g（ml）至 50g（ml）	不少于标示装量	不少于标示装量的 95%
50g（ml）以上	不少于标示装量	不少于标示装量的 97%

3．微生物限度

按照微生物限度检查法（《中国药典》2010 年版二部附录Ⅸ J）检查应符合规定，每 1g 含细菌数不得过 100cfu，含霉菌和酵母菌数不得过 100cfu，不得检出金黄色葡萄球菌、铜绿假单胞菌。

4．无菌

用于大面积烧伤及严重创伤的软膏剂与乳膏剂，按照无菌检查法（《中国药典》2010 年版二部附录Ⅸ H）项下的方法检查，应符合规定。

5．其他质量评价

（1）主药含量　可先用适宜溶剂将药物从基质中溶解提取，再进行含量测定。测定方法必须考虑和排除基质对提取物含量测定的干扰和影响，测定方法的回收率要符合要求。

（2）物理性质

① 熔点　油脂性基质或原料可用熔点检查控制质量，测定方法可采用药典法或显微熔点仪测定，由于熔点的测定不易观察清楚，须取数次平均值来评定。一般软膏以接近凡士林的熔点(38～60℃)为宜。

② 黏度与稠度　对液体物质如液体石蜡、硅油，测定其黏度可控制质量，目前常用的有旋转黏度计、落球黏度计、穿入计等。对半固体或固体供试品如凡士林等，除黏度外，常需测定塑变值、塑性黏度、触变指数等流变性指标，这些因素的总和称为稠度。可用插度计测定，一般软膏常温时插入度为 100～300 之间，其中乳膏在 200～300 之间。

③ 酸碱度　凡士林、液体石蜡、羊毛脂等基质在精制过程中须用酸、碱处理，故药典规定应检查产品的酸碱度，以免引起刺激。测定时取样品加适当溶剂振荡，所得溶液用 pH 计

测定。酸碱度一般控制在 pH4.4~8.3 之间，乳剂型基质 W/O 型 pH≤8.5，O/W 型 pH≤8.3。

④ 物理外观　要求色泽均匀一致，质地细腻，无粗糙感，无污物。

（3）刺激性　用于考察软膏对皮肤、黏膜有无刺激性或致敏作用，可在动物及人体上进行试验。测定方法是将供试品涂在去毛的家兔皮肤、眼黏膜上，或黏附在人体的手臂、大腿内侧皮肤上，24h 后观察有无发红、起泡、充血或其他过敏现象。能引起过敏反应的药物和基质不宜采用。

（4）稳定性　软膏剂普遍受温度的影响较大，将软膏装入密封容器内，分别置于烘箱(40℃±1℃)、室温(25℃±3℃) 及冰箱(5℃±2℃)中至少贮存一个月，检查其稠度、失水、酸碱度、色泽、均匀性、霉败等现象及药物含量是否改变等。乳膏剂应进行耐热、耐寒试验，将供试品分别置于55℃恒温 6h 及–15℃放置 24h，应无油水分离现象。一般 W/O 型乳剂基质耐热性差，油水易分层，O/W 型乳剂基质耐寒性差，质地易变粗。

（5）药物释放、穿透及吸收

① 体外试验法　有离体皮肤法、半透膜扩散法、凝胶扩散法和微生物法等，其中以离体试验法较为接近实际情况。

② 体内试验法　将软膏涂于人体或动物的皮肤上，定时测定体液或组织器官中药物含量。测定方法与指标有体液与组织器官中的药物含量测定法、生理反应法、放射性示踪原子法等。

③ 释放度检查法　主要有表玻片法、渗析池法、圆盘法等。虽然这些方法不能完全反映制剂中药物吸收的情况，但作为药厂控制内部质量标准有一定的实用意义。

（三）举例

例1．聚乙二醇（PEG）基质

【处方】　聚乙二醇 3350 400g，聚乙二醇 400 600g。

【制法】　将两种不同分子量的聚乙二醇混合后，在水浴上加热至 65℃使融化，搅拌至冷凝，即得。

【注解】　若需较硬基质，则可取等量混合后制备。若药物为水溶液（6%~25%的量），则可用 30~50g 硬脂酸取代同重量聚乙二醇 3350，以调节稠度。

例2．清凉油

【处方】　樟脑 160g，薄荷脑 160g，薄荷油 100g，桉叶油 100g，石蜡 210g，凡士林 200g，氨溶液（10%）6.0ml，蜂蜡 90g。

【制法】　先将樟脑、薄荷脑混合研磨使其共熔，然后与薄荷油、桉叶油混合均匀，另将石蜡、蜂蜡和凡士林加热至 110℃（除去水分），必要时滤过，放冷至 70℃，加入芳香油等，搅拌，最后加入氨溶液，混匀即得。

【注解】　本品较一般油性软膏稠度大些，近于固态，熔程 46~49℃，处方中石蜡、蜂蜡、凡士林三者用量配比应随原料的熔点不同加以调整。

例3．水杨酸乳膏

【处方】　水杨酸 50g，硬脂酸甘油酯 70g，硬脂酸 100g，白凡士林 120g，液状石蜡 100g，甘油 120g，十二烷基硫酸钠 10g，羟苯乙酯 1g，蒸馏水 480ml。

【制法】　将水杨酸研细后通过 60 目筛，备用。取硬脂酸甘油酯、硬脂酸、白凡士林及液状石蜡加热熔化为油相，80℃保温备用。另将甘油及蒸馏水加热至 90℃，再加入十二烷基硫酸钠及羟苯乙酯溶解为水相。然后将水相缓缓倒入油相中，边加边搅拌，直至冷凝，即得乳剂型基质。将过筛的水杨酸加入上述基质中，搅拌均匀即得。

【注解】　① 本品为 O/W 型乳膏，采用十二烷基硫酸钠及硬脂酸甘油酯（1∶7）为混合乳化剂，其 HLB 值为 11，接近本处方中油相所需的 HLB 值 12.7。制得的乳膏剂稳定性较好。② 在 O/W 型乳膏剂中加入凡士林可以克服应用上述基质时有些干燥的缺点，有利于角质层的水合而有润滑作用。③ 加入水杨酸时，基质温度宜低，以免水杨酸挥发损失，而且温度过高，当本品冷凝后常会析出粗大的药物结晶。操作时还应避免与铁或其他重金属器具接触，以防水杨酸变色。

例4．尿素乳膏

【处方】 尿素 150g，石蜡 50g，白凡士林 50g，司盘 80 20g，单硬脂酸甘油酯 120g，蜂蜡 50g，液状石蜡 260g，吐温 80 10g，尼泊金乙酯 1g，蒸馏水加至 1000g。

【制法】 取油相物质单硬脂酸甘油酯、白凡士林、液状石蜡、石蜡、蜂蜡、司盘 80；另取尿素、尼泊金乙酯、吐温 80 及适量蒸馏水为水相，两相分别置适当容器中，加热至熔化或溶解，并保持 70 ℃左右，将水相缓缓加入油相中，边加边搅拌，至冷凝即得。

【注解】 ① 本品为 W/O 型乳膏。② 司盘 80 与单甘酯为主要乳化剂（W/O 型），吐温 80 调节适宜 HLB 值，起稳定作用；通常将司盘 80 加入油相，吐温 80 加入水相。③ 尿素易溶于水（1∶1），其水溶液受热或久贮可分解，放出氨及二氧化碳，故在配制时，水相温度不宜超过 85 ℃，以防尿素分解。

例5．红霉素软膏

【处方】 红霉素 10g，液体石蜡 50g，凡士林 940g。

【制法】 分别称取液体石蜡和凡士林，在 150 ℃干热灭菌 30min，待温度降至 60～70 ℃时，分别过滤。取红霉素粉末与等量的液体石蜡研磨成糊状，加入到凡士林中，用剩余液体石蜡冲洗研磨器具，均倒入凡士林中。继续搅拌研磨均匀至冷凝，即得。

【注解】 加入液体石蜡主要是调节软膏的稠度适宜。

拓 展 学 习

一、糊剂

糊剂系指大量的固体粉末（一般 25%以上）均匀地分散在适宜的基质中所组成的半固体外用制剂。

（1）作用特点：有收敛、消炎、吸收分泌物等作用，适用于亚急性及慢性炎症。

（2）举例：龙胆紫糊剂

【处方】 龙胆紫 1g，甘油 10ml，氧化锌 15g，淀粉 15g，无水羊毛脂 20g，凡士林 100g。

【制法】 先将氧化锌、淀粉分别过五号筛，与龙胆紫、甘油溶液搅拌至不见水珠；将羊毛脂和凡士林加热熔化（约 60 ℃），与上述物质混合，搅拌冷凝成膏状。

【注解】 ① 本品含粉末量在 25%以上，淀粉加入时凡士林温度不宜超过 50 ℃，以免糊化而降低其吸水性。② 若为冬季，可加入液体石蜡少许调节硬度。③ 为防止久存龙胆紫退色，可添加 50%硫代硫酸钠溶液 25ml 作抗氧化剂。

二、眼膏剂

眼膏剂系指由药物与适宜基质均匀混合，制成无菌溶液型或混悬型膏状的眼用半固体制剂。

1．特点

① 眼膏基质无水、呈化学惰性，适用于配制剂量小且遇水不稳定的药物如抗生素类。

② 较滴眼剂在结膜囊内保留时间长，疗效持久，属缓释长效制剂。

③ 能减轻眼睑对眼球的摩擦，有助于角膜损伤的愈合，常用于眼科术后用药。

④ 缺点是有油腻感，可致视力模糊。

2．质量要求

① 眼膏剂中的药物必须极细（通过九号筛），基质必须纯净，制成的眼膏剂应均匀、细

腻、稠度适当，易涂布于眼部，对眼无刺激性。
② 无微生物污染，成品不得检出金黄色葡萄球菌和绿脓杆菌，不得检出霉菌和酵母菌。
③ 用于眼部手术或创伤的眼膏剂应灭菌或按无菌操作制备，且不得加入抑菌剂或抗氧剂。

3. 常用基质

常用黄凡士林8份，液体石蜡、羊毛脂各1份混合而成，根据季节与气温不同，可适当调整液体石蜡的用量，以调节软硬度。基质中羊毛脂的表面活性作用、较强的吸水性和黏附性，使眼膏易与泪液混合，并易附着于眼黏膜上，使基质中药物易于穿透角膜。因白凡士林为黄凡士林漂白而得，与硅酮一样对眼有刺激，故不能用于眼膏剂。

眼膏剂制备前需将基质先进行灭菌处理，即将基质加热融合后用细布或滤器保温滤过，并在150℃干热灭菌1~2h，冷后备用。

4. 眼膏剂的制备

眼膏剂的制备与一般软膏剂基本相同，但其配制和灌封必须在净化条件下（C级洁净区内）进行，一般在净化室或净化台中配制。配制眼膏剂所用的基质、药物、器械与包装材料等均应严格灭菌，避免染菌而导致眼睛感染。配制用具如研钵、容器及滤器等可用水洗净后干热灭菌或用75%乙醇擦洗；大量生产用的搅拌机、研磨机、填充器等可预先洗净干燥后，再用75%乙醇擦洗干净。内包装用软膏管洗净后，用75%乙醇或1%~2%苯酚溶液浸泡，用时再用蒸馏水冲洗干净，烘干即可。

眼膏剂中所用的药物，主药易溶于水且性质稳定者，宜先配成少量水溶液，用适量基质研匀吸水后，再逐渐加到其余基质中研匀制成溶液型眼膏剂；主药不溶于水或不宜用水溶解又不溶于基质中者，应先研磨成能通过九号筛的极细粉，将药粉与少量眼膏基质或灭菌液体石蜡研成糊状，然后与基质混合制成混悬型眼膏剂。

5. 举例：复方碘苷眼膏（复方疱疹净眼膏）

【处方】 碘苷5g，硫酸新霉素5g（新霉素500万单位），无菌注射用水20ml，眼膏基质加至1000g。

【制法】 按无菌操作法，取碘苷新霉素置灭菌乳钵中，加灭菌注射用水研成细腻糊状，再等量递加已灭菌的眼膏基质至全量，研匀，无菌分装，即得。

【注解】 操作时应注意容器、器具及用水的灭菌处理。

三、凝胶剂

凝胶剂系指药物与能形成凝胶的辅料制成均一、混悬或乳状液型的稠厚液体或半固体制剂。主要供外用。

1. 特点

水性凝胶基质涂布性好，无油腻感，易涂展和洗除，能吸收组织渗出液，不妨碍皮肤正常功能，黏滞度小，故有利于药物，特别是水溶性药物的释放。但润滑性较差，易失水，易霉变，需加入保湿剂和防腐剂。

2. 分类

凝胶剂有单相分散系统和双相分散系统之分，即单相凝胶和双相凝胶。外用及局部应用的凝胶多为单相凝胶，由有机化合物形成。双相凝胶是由小分子无机药物胶体微粒以网状结构存在于液体中形成，具有触变性，也称混悬凝胶剂，如氢氧化铝凝胶。单相凝胶又分为水性凝胶和油性凝胶。水性凝胶的基质一般由西黄蓍胶、明胶、淀粉、纤维素衍生物、卡波姆和海藻酸钠等加水、甘油或丙二醇等制成。油性凝胶的基质常由液体石蜡与聚氧乙烯或脂肪油与胶体硅或铝皂、锌皂构成，但不常用。临床上应用较多的是水凝胶剂。

3. 常用基质

常用的多为水性凝胶基质，包括天然树胶、海藻酸钠、纤维素衍生物、卡波姆等。它们大多在水中溶胀成水性凝胶而不溶解。

（1）卡波姆　系丙烯酸与丙烯基蔗糖交联的高分子聚合物，又称聚羧乙烯，商品名为卡波普（carbopol），是一种新型的凝胶基质，国内已有生产，按黏度不同有 934、940、941等规格。本品是一种引湿性很强的白色松散粉末，因分子结构中有大量羧酸基团，理化性质类似聚丙烯，在水中迅速溶胀，但不溶解，分散成浑浊的酸性混悬溶液，1%的水分散液呈酸性，pH3.1，黏度较低。当用碱中和时，随大分子的不断溶解，黏度也逐渐上升，在低浓度时形成澄明溶液，在浓度较大时形成半透明而又黏稠的凝胶。卡波姆为 pH 敏感型水凝胶，中和的水凝胶 pH6~11 时有最大的黏度和稠度。pH 小于 3 或大于 12 时，黏度显著降低。盐类电解质可使其黏度下降，强酸也可使卡波姆失去黏性。某些抑菌剂也应避免使用，或者以低浓度使用。卡波姆遇间二苯酚变色，且和苯酚、阳离子的聚合物不相容。痕量的铁或其他过渡金属能够催化降解卡波姆分散液。配伍时需注意避免。制剂中常用的碱性物质有 NaOH、KOH、硼砂、胺类物质（如三乙醇胺）或弱无机碱（如氨水）等。

卡波姆制成的凝胶基质无油腻感，涂用润滑舒适，特别适宜治疗脂溢性皮肤病。但卡波姆粉末对眼、黏膜、呼吸道有刺激，操作时应注意做好防护。

（2）纤维素衍生物　系纤维素的合成衍生物，常用的有甲基纤维素（MC）、羧甲基纤维素钠（CMC-Na）等，MC 可溶于冷水，pH 2~12 时均稳定，CMC-Na 在冷、热水中均溶，在 pH 值<5 或 pH 值>10 时黏度显著降低，两者常用浓度为 2%~6%。纤维素衍生物在水中可溶胀或溶解形成胶性物，调节适宜的稠度即可形成水溶性软膏基质，涂于皮肤时黏附性较强，但易失水干燥，有不适感，需加入 10%~15%的甘油调节。制备时均需加入防腐剂，如 0.2%~0.5%羟苯乙酯。此类基质不宜加金属盐防腐剂如硝酸汞，不宜与阳离子型药物配伍。

（3）其他凝胶基质　有交联型聚丙烯酸钠（SDB-L-400）、西黄蓍胶、明胶、淀粉、海藻酸钠等，可加水、甘油或丙二醇制成。

4. 制备

水凝胶剂的一般制法是先将水溶性药物溶于部分水或甘油中，必要时加热以加速溶解；处方中其余成分按基质配制方法制成水凝胶基质，再与药物溶液混合，加水至足量搅匀即得。药物不溶于水者，可先用少量水或甘油研细，分散后，再混入基质中搅拌均匀。

5. 举例：吲哚美辛凝胶

【处方】吲哚美辛 10g，聚乙二醇（PEG）4000 80g，交联型聚丙烯酸钠 10g，甘油 100g，苯扎溴铵 8g，纯化水加至 1000g。

【制法】称取聚乙二醇 4000 和甘油置烧杯中微热至完全溶解，加入吲哚美辛混匀，交联型聚丙烯酸钠加入 800ml（60℃）水在乳钵中研匀，将基质与 PEG4000、甘油、吲哚美辛混匀，加入苯扎溴铵，搅匀，加水至 1000g，搅匀即得。

【注解】①处方中交联型聚丙烯酸钠是一种高吸水性树脂材料，吸水后膨胀成胶状半固体，具有保湿、增稠、皮肤浸润等作用。②聚乙二醇为透皮吸收促进剂，可使其经皮渗透作用提高 2.5 倍；甘油为保湿剂；苯扎溴铵为防腐剂。

思考题

1. 软膏剂常用基质有哪几类？简述常用基质的性质和用途。
2. 软膏剂有哪几种制备方法？各自适用范围如何？
3. 乳化法中，油相和水相的混合方法有哪几种？
4. 常用的眼膏剂基质是什么？对眼膏基质有何特殊要求？
5. 简述软膏剂配制前的检查内容包括哪些？
6. 简述软膏剂灌封完毕后结束工作的程序有哪些？

项目十三 栓剂生产

栓剂是指药物与适应基质制成一定形状供腔道给药的固体制剂。栓剂在常温下为固体，塞入人体腔道后，在体温下迅速熔融、软化或溶解于分泌液中，逐渐释放药物而发挥局部作用或全身作用。

1. 分类

栓剂根据使用部位不同可分为直肠栓、阴道栓、尿道栓。目前，常用的有肛门栓、阴道栓两种。不同使用部位的生理特性决定了栓剂的性状和重量也各不相同，一般均有明确规定，如图 13-1 所示。

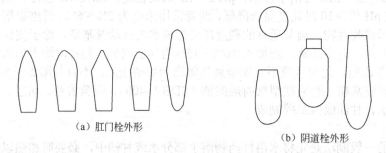

(a) 肛门栓外形　　(b) 阴道栓外形

图 13-1　栓剂的形状

（1）直肠栓　又称肛门栓，有圆锥形、圆柱形、鱼雷形等形状。每颗重量约 2g，长 3～4cm，儿童用约 1g。其中以鱼雷形较好，塞入肛门后，因括约肌收缩容易压入直肠内。肛门栓中药物只能发挥局部治疗作用。

（2）阴道栓　阴道栓有球形、卵形、鸭嘴形等形状，每颗重量约 2～5g，直径 1.5～2.5cm，其中以鸭嘴形的表面积最大。

近年来又有新给药部位用栓剂如耳用栓、喉道栓、牙用栓出现。同时各国还相继开发出了一系列具有新释药特点的栓剂，如双层栓、中空栓、缓控释栓等。

2. 特点

栓剂的作用可分为局部作用和全身作用两种。直肠给药的栓剂可以发挥局部作用，同时还可以起到全身作用，阴道给药的栓剂主要起局部作用。

（1）局部作用　局部作用的栓剂通过将药物分散于腔道的黏膜表面而发挥作用，临床常用于润滑、抗菌、消炎、杀虫、收敛、止痛、止痒等用途。

（2）全身作用　全身作用的栓剂药物能够通过直肠黏膜吸收至体循环而发挥作用，与口服剂型相比有以下特点。

① 药物可以避免胃肠道 pH 值或酶的影响和破坏。
② 药物直肠吸收比口服吸收干扰因素少。
③ 大部分药物可以避免肝脏的首过效应，也可减少对肝脏的毒性和副作用。
④ 可以避免药物对胃黏膜的刺激性。
⑤ 对不能或不愿吞服药物的成人或小儿患者用此给药较为方便。

随着对栓剂的深入研究，其全身治疗作用越来越受到重视，现临床已用于镇痛、镇静、兴奋、扩张支气管和血管等作用。

3. 质量要求

① 外形应完整光滑，有一定的硬度，以免在包装、贮存或使用时变形。

② 栓剂中的药物与基质应混合均匀。

③ 栓剂塞入腔道后，无刺激性，能迅速融化、软化或溶化，并能与分泌液混合而释放药物。

4. 生产工艺流程

栓剂的生产工艺流程图见图 13-2。

5. 工作任务

批生产指令单见表 13-1。

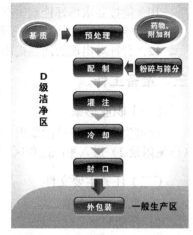

图 13-2 栓剂的生产工艺流程示意

表 13-1 批生产指令单

产品名称		对乙酰氨基酚栓剂		规 格		0.15g	
批 号				批 量		1000 枚	
物料的批号与用量							
序 号	物料名称		供货单位	检验单号	批号	用	量
1	对乙酰氨基酚						150g
2	混合脂肪酸甘油酯						995g
生产开始日期		年 月 日		生产结束日期		年 月	日
制表人				制表日期		年 月	日
审核人				审核日期		年 月	日
批准人				批准日期		年 月	日
备注：							

模块一　配　　制

一、职业岗位

栓剂调剂工。

二、工作目标

1. 能够陈述栓剂的定义、特点与分类、处方组成和制备工艺流程。
2. 能够简述原辅料的名称、规格、作用、主要理化性质及质量标准。
3. 能够看懂 GMP 对物料配料过程的管理要点，领料、物料前处理及配料等生产前准备的操作规程。
4. 能陈述典型电子秤、栓剂化基质罐、栓剂高效均质机的名称、型号、规格、基本结构。
5. 能够看懂栓剂化基质罐、栓剂高效均质机、电子秤的使用和清洁规程。
6. 能够按生产指令单进行生产前核查工作。
7. 能按生产指令单领取原辅料，按配料处方正确计算投料量。
8. 能正确执行电子秤、栓剂化基质罐、栓剂高效均质机等设备的标准操作规程。
9. 能够运用栓剂的质量标准进行质量自检。

10. 能按要求填好栓剂生产原始记录。
11. 能按照操作规程对电子秤、栓剂化基质罐、栓剂高效均质机等设备进行清洁和保养。
12. 会针对出现的问题提出解决方案，并能对突发事件(如停电等)进行应急处理。

三、准备工作

（一）职业形象

栓剂生产对洁净度的要求一般是在 D 级条件下，人员按"D 级洁净区生产人员进出规程"（详见附录 2）进入生产操作区。

（二）任务主要文件

1. 批生产指令单。
2. 栓剂配制生产记录。
3. D 级洁净区生产人员进出规程。
4. D 级洁净区物料进出标准操作规程。
5. 栓剂配制岗位标准操作规程。
6. 电子天平标准操作规程。
7. 栓剂化基质罐使用、清洁消毒标准操作规程。
8. 栓剂高效均质机使用、清洁消毒标准操作规程。
9. 生产过程状态标示操作规程。
10. D 级洁净区清场标准操作规程。
11. 清场记录。

（三）物料准备

按照《D 级洁净区物料进出标准操作规程》要求，物料通过传递窗或缓冲间移送到指定地点后，操作人员根据生产指令单领取对应物料，并仔细核对品名、批号、规格、数量、来源是否与生产指令一致、是否有合格状态标示，由专门人员（QA）复核，做好验收记录（详见附录 4），进行下一步操作。

（四）器具、设备

1. 设备：采用栓剂化基质罐（即蒸汽加热配料夹层锅）、SJZ-I 型栓剂高效均质机、胶体磨，如图 13-3 所示。

(a) 蒸汽加热配料夹层锅　　(b) 栓剂高效均质机　　(c) 胶体磨

图 13-3　栓剂配制主要设备

2. 器具：电子秤、不锈钢桶、不锈钢舀等。

(五)检查

1. 检查操作室是否有清场合格证（副本），时间是否在有效期内。
2. 检查压差、温度和湿度是否符合生产规定。
3. 检查容器、用具和计量器是否已清洁、消毒，是否完好，是否在有效期内。
4. 检查设备是否已清洁、消毒，是否完好，是否在有效期内。
5. 检查生产现场是否有上批次生产的遗留物，如文件、用具、物料等。
6. 检查本次生产用文件是否齐全，如生产记录、各种状态标示。
7. 检查栓剂化基质罐安全附件、附属各阀门（压力表、蒸汽阀、排气阀、排水阀）是否完好。
8. 检查栓剂高效均质机投料口、进出口封条、输送泵、夹层加热装置、电机装置等其他附件是否完好。
9. 检查操作场地有无其他安全隐患（电线线路安全、无破损或老化），检查管道各接口连接完好。

四、生产过程

(一)生产操作

1. 基质融化

① 按照生产指令单将称量合格的基质（混合脂肪酸甘油酯）投放到栓剂化基质罐中。
② 打开排气阀、排水阀，排尽夹层内的冷水、气。
③ 打开蒸汽阀门，将罐体加热 2~3 min 后，关小排气阀、排水阀，并随时观察压力表的指示，必须在允许承受的压力范围之内。
④ 利用蒸汽加热罐体而使基质融化，待温度达到 55~65℃，并且有 2/3 基质已融化时，关闭蒸汽阀，搅拌融化。
⑤ 基质全部熔融后，55~65℃保温备用。

2. 对乙酰氨基酚浆液的配制

① 将处方量的对乙酰氨基酚细粉末加入栓剂化基质罐中初步搅拌混合，制成含药浆液，保温备用。
② 启动水浴电循环泵为栓剂高效均质机罐体加热至 55~65℃保温。
③ 将部分对乙酰氨基酚浆液从投料口投入，经输送泵（通过 80 目筛）输入罐体中，并启动高速剪切电机装置，开始搅拌。
④ 搅拌过程中，由投料口不断添加剩余对乙酰氨基酚浆液，直至全部添加，搅拌 30min。
⑤ 将混匀的浆液通过胶体磨循环搅拌 40min，温度保持在 55~60℃条件，灌入储药罐中保温备用，贴黄色待检标示，移入中间站，待检。
⑥ 在生产过程中，详细填写生产记录（见表 13-2、表 13-3）。
⑦ 栓剂化基质罐打开排气阀、排水阀，排尽夹层中的气、水，并按清洁规程清洁。
⑧ 栓剂高效均质机关闭输送泵、关闭水浴循环泵、关闭搅拌电机，并按清洁规程清洁。

表 13-2 栓剂配制岗位生产记录（一）

产品名称	对乙酰氨基酚栓	规格		0.15g		批号	
工序名称	栓剂配制	生产日期		年 月 日		批量	1000 枚
生产场所	配制间	主要设备					
序号	指令	工艺参数		操作参数		操作者签名	
1	岗位上应具有"三证"	清场合格证		有 □	无 □		
		设备完好证		有 □	无 □		
		计量器具检定合格证		有 □	无 □		

续表

序号	指令	工艺参数	操作参数	操作者签名
1	取下《清场合格证》，附于本记录后	—	完成 □ 未办 □	
2	检查设备的清洁卫生	电子天平 栓剂化基质罐 栓剂高效均质机 胶体磨 周转容器 操作室 其他设备	已清洁 □ 未清洁 □ □ □ □ □ □ □ □ □ □ □ □ □	
		空机试车	正常 □ 异常 □	
3	与中转站管理人员交接物料	核对 -品名 -规格 -批号 -数量 -质量	符合 不符 □ □ □ □ □ □ □ □ □ □	
物料领用	桶号	毛重/kg	皮重/kg	净重/kg	主药含量/%
	1				
	2				

序号	指令	工艺参数	操作参数	操作者签名
4	栓剂化基质罐操作	安全附件、附属各阀门 投料 打开排汽阀、排水阀 打开蒸汽阀门 关闭蒸汽阀	符合要求 □ 完成 □ 排尽夹层内的冷水、气 □ 压力 Pa 温度 ℃	
6	栓剂高效均质机	高速搅拌电机 水浴电循环泵 进出口密封 输送泵 启动水浴电循环泵为罐体加热保温 初步投料 启动搅拌电机 投料，并全部投入 关闭输送泵 关闭搅拌电机 关闭水浴循环泵	符合要求 □ 符合要求 □ 符合要求 □ 符合要求 □ 完成 □ 温度 ℃ 完成 □ 搅拌 min 完成 □ 完成 □ 完成 □ 完成 □	
7	投料总量： kg		混合后基质总量： kg	
	计算人	复核人	QA	岗位负责人	
8			异常情况与处理记录：		

表 13-3 栓剂配制岗位生产记录（二）

产品名称		对乙酰氨基酚栓	规格	0.15g	批号	
1	物料平衡计算	物料平衡=混合后基质总量/投料总量×100%				
		操作者签名：		年 月 日		
2	药物含量检查	序号	取样量/g		药物含量/%	
		1				

续表

		序号	取样量/g	药物含量/%
2	药物含量检查	2		
		3		
		4		
		5		
		6		
	QA		岗位负责人	
"中间品递交许可证"粘贴处					
备注:					

（二）质量控制要点与质量判断

（1）**蒸汽压力**　不能高于栓剂化基质罐所承受最大压力，同时通过调整蒸汽阀门控制温度在规定值。

（2）**基质熔融物温度**　合理控制在规定范围内，不宜过高，否则会造成冷却后栓剂中空或顶端塌陷，因此当基质融化了 2/3 时，停止加热，搅拌溶解。

（3）**药物预处理**　对乙酰氨基酚应先粉碎成细粉，否则影响药物在基质中的分散。

（4）**投料**　投料准确，搅拌混合均匀，药物含量以及药物均匀度符合要求。

（三）结束工作

1. 将装有药物基质的储药罐贴黄色待检标识，移入中间站，经检验合格后转入下一步操作。
2. 操作间的状态更换成"清洁中"，设备悬挂"待清洁"标识。
3. 清退剩余物料、废料，并按车间生产过程剩余产品的处理标准操作规程进行处理。
4. 打开栓剂化基质罐的出水阀、进水阀排净夹层内水、气后关闭。
5. 打开出料阀，用清洁剂清洗夹层锅的内壁，直至无残留物为止，再用纯化水冲洗两遍，用 75%乙醇溶液擦拭搅拌器的刀叶、刀座，以及夹层锅内腔壁包括不锈钢上盖消毒 1 遍。
6. 清洗栓剂化基质罐外壁，并用 75%乙醇溶液擦拭。
7. 向栓剂高效均质机中通入清洗液，打开输送泵和搅拌电机，由出料口流出，至无残留物为止。
8. 向栓剂高效均质机中再通入纯化水冲洗两遍，通入 75%乙醇溶液消毒一遍。关闭输送泵和搅拌电机。
9. 定期清洁进出口过滤器。
10. 清洁之前，必须关掉电源，不得带电清洁，以防安全事故。并且避免电机溅上水，以防损坏电机。
11. 及时填写清场记录（详见附录5），纳入批生产记录，经QA人员复核，发"清场合格证"一式两份，正本纳入本批清场纪录，副本作为下次生产凭证。

五、基础知识

（一）处方组成

栓剂一般是由主药、基质、附加剂组成。一般情况下，供制栓剂用的固体药物，应预先用适宜方法制成细粉，并全部通过六号筛。根据施用腔道和使用目的的不同，制成各种适宜的形状。栓剂处方中常见的附加剂有：硬化剂、增稠剂、乳化剂、吸收促进剂、表面活性剂、着色剂、抗氧剂、防腐剂等。

(二) 常用基质

为满足栓剂的质量要求，选择适宜的基质是十分重要的，基质不仅是栓剂成型的附加剂，还可以直接影响药物的释放，进而影响其局部或全身作用的发挥。

1. 理想基质的要求

① 室温时具有适宜的硬度，塞入腔道时不变形或碎裂。在体温时易软化、融化或溶解。

② 性质稳定，与药物混合后不发生化学反应，不妨碍主药的作用与含量测定。

③ 对黏膜无刺激性、无毒性、无过敏性，局部作用的栓剂，基质应缓慢而持久；全身作用的栓剂，要求在腔道内能迅速释药。

④ 具有润湿或乳化的能力，能容纳较多的水分。

⑤ 适用于热熔法和冷压法制备栓剂，且易于脱模。

⑥ 油性基质的酸价应在 0.2 以下，皂化价应在 200～245，碘价低于 7，熔点与凝固点之差要小。

2. 基质的分类

栓剂基质可分为油脂性基质和水溶性基质两大类。

（1）油脂性基质

① 可可豆脂　可可豆脂(cocoa butter)是梧桐科植物可可树种仁中得到的一种固体脂肪，为白色或淡黄色的脆性蜡状固体。熔点 29～34℃。加热至 25℃时开始软化，在体温下能迅速熔化，但在 10～20℃时性脆。可可豆脂的化学组成主要为含硬脂酸、棕榈酸、油酸和月桂酸的甘油酯，其中以 β 型最稳定，熔点为 34℃。可可豆脂吸水量少，若加入 2%的胆甾醇或 5%～10%的羊毛脂，制成 W/O 型乳剂基质，可吸收 10%～20%的水溶液，且含 10%以下羊毛脂时能增加其可塑性；若加入亲水性乳化剂如卵磷脂、月桂醇硫酸钠、聚山梨酯、泊洛沙姆等制成 O/W 型乳剂基质，可吸收 25%的水溶液，且还有助于药物混悬于基质中。乳化基质中药物释放更快。可可豆脂的熔点有时因某些药物的加入而降低，如樟脑、苯酚、薄荷脑等，这可以通过加入蜂蜡、鲸蜡等来提高，用量一般为 3%～6%。

② 半合成椰油脂　本品系椰油加硬脂酸再与甘油酯化而成，为乳白色块状物。熔点为 33～41℃，凝固点为 31～36℃，有油脂臭，吸水能力大于 20%，刺激性小，抗热能力较强。

③ 半合成山苍子油脂　本品由山苍子油水解，分离得月桂酸再加硬脂酸与甘油经酯化而得。在常温下为乳白色或微黄色固体，具有油脂光泽。各种型号的熔点不同，其规格有 34 型(33～35℃)、36 型(35～37℃)、38 型(37～39℃)、40 型(39～41℃)等，其中，栓剂制备中最常用的为 38 型，其理化性质与可可豆脂相似。

④ 半合成棕榈油脂　本品系以棕榈仁油经处理后与硬脂酸、甘油经酯化而得的油脂。本品为乳白色固体，抗热能力强，酸价和碘价低，对直肠和阴道黏膜均无不良影响。

⑤ 硬脂酸丙二醇酯　本品系硬脂酸丙二醇单酯与双酯的混合物，为乳白色或微黄色蜡状固体，熔点 35～37℃，水中不溶，遇热水可膨胀。对腔道黏膜无明显的刺激性、安全无毒。

（2）水溶性基质

① 甘油明胶　甘油明胶系将明胶、甘油和水以一定比例混融而成。本品具有很好的弹性，不易折断；且在体温下不熔化，但能软化并缓缓溶于分泌液中缓慢释放药物。药物溶解速率与明胶、甘油和水的比例有关，甘油与水的含量越高越易溶解，甘油还能防止栓剂干燥变硬。通常明胶与甘油的用量为等量，水分在 10%以下。本品多用作阴道栓基质，明胶是胶原的水解产物，凡能与蛋白质产生配伍变化的药物，如鞣酸、重金属盐等均不能用甘油明胶作基质。

② 聚乙二醇类(PEG)　聚乙二醇类基质无生理作用，遇体温不熔化，但能缓缓溶于体液中，为难溶性药物的常用载体。相对分子质量在 1000 时为蜡状，熔点为 38～40℃。本品吸湿性较强，对黏膜有一定的刺激性，加入约 20%的水，则可减轻刺激性。为避免刺激性还可

在纳入腔道前先用水润湿，也可在栓剂表面涂一层蜡醇或硬脂醇薄膜。聚乙二醇(PEG)的熔点随分子量增长而升高。通常将不同分子量的聚乙二醇混合加热、熔融，可得到理想稠度及特性的栓剂基质。另外，聚乙二醇基质不能与银盐、鞣酸、氨基比林、奎宁、水杨酸、乙酰水杨酸、苯佐卡因、氯碘唑啉、磺胺类配伍。

③ 吐温 61　吐温 61 系聚氧乙烯脱水山梨醇单硬脂酸酯，为淡琥珀色可塑性固体，熔点在 35~39℃，有润滑性。

④ 聚氧乙烯(40)单硬脂酸酯类　聚氧乙烯(40)单硬脂酸酯类系聚乙二醇的单硬脂酸酯和二硬脂酸酯的混合物，并含有游离的乙二醇。本品为白色或微黄色蜡状固体，无臭或稍有脂肪臭味。商品代号为 S-40，熔点为 39~45℃，可溶于水、乙醇、丙酮等，不溶于液体石蜡。S40 与 PEG 混合使用，可制得崩解、释放性能较好的稳定的栓剂。

⑤ 泊洛沙姆　泊洛沙姆是一种表面活性剂，为乙烯氧化物与丙烯氧化物的嵌段聚合物。本品有多种型号，随聚合度增大，物态从液态、半固态至蜡状固体，较常用的为 188 型，商品名为普朗尼克 F68。易溶于水，能促进药物吸收，作基质用可起到缓释与延效的作用。

（三）配制方法

基质一般锉沫后用水浴或蒸汽浴加热熔化，注意为避免过热，一般在基质熔融达 2/3 时应停止加热，适当搅拌。然后按照药物性质采用不同方法加入药物混合均匀，并根据需要加入表面活性剂、吸收促进剂、抗氧剂等附加剂。药物加入的方法如下。

① 油溶性药物直接混入已熔化的油脂性基质中使溶解。

② 水溶性药物直接加入已熔化的水溶性基质中，或用少量水制成浓溶液，用羊毛脂吸收后再与油脂性基质混匀。

③ 难溶性药物制成最细粉，过 6 号筛，与基质混合。

④ 含挥发油的中药量大时加入乳化剂，制成乳剂型基质直接加入。

（四）生产设备

栓剂灌装前主要混合设备多采用栓剂高效均质机（如 SJZ-I 型，图 13-4），主要进行药物与基质按比例混合后搅拌、均质、乳化，是配料罐的替代产品。其工作原理是基质与药物在夹层保温罐内，通过高速旋转的特殊装置，将药物与基质从容器底部连续吸入转子区，在强烈的剪切力作用下，物料从定子孔中抛出，落在容器表面改变方向落下，同时新的物料被吸进转子区，开始一个新的工作循环。主要特点如下。

图 13-4　SJZ-I 型栓剂高效均质机

① 结构简单，适用于不同物料混合。

② 混合均匀，药物与基质混合充分，使栓剂成型后不分层，有利于提高生物利用度。

③ 灌注时不产生气泡和药物分离。

④ 与药物接触部件全部为不锈钢材质，符合 GMP 标准。

拓 展 学 习

一、直肠栓的吸收途径

栓剂给药时，药物在直肠的吸收主要有两条途径：一条是通过直肠上静脉，经门静脉进入肝脏，进行代谢后再由肝脏进入大循环；另一条是通过直肠下静脉和肛门静脉，经髂内静脉绕过肝脏进入下腔大静脉，而进入大循环。因此发挥全身作用的栓剂应用时塞入不宜太深，距肛门口约2cm处为宜，这样可使一半以上的药物不经过肝脏代谢。

此外，据报道，一般由直肠给药约有50%~70%不经肝脏而直接进入大循环。对于阴道附近的血管，几乎均与大循环相连，所以施入阴道的药物吸收速率也比较快，且因不经肝脏而使作用也较强。此外，也有研究指出，淋巴系统对直肠药物的吸收几乎与血液处于相同的地位。所以，直肠淋巴系统也是栓剂药物吸收的一条途径。

二、置换价

在栓剂生产中，栓剂模型的容量是固定的，由于药物或基质的密度不同，成型后栓剂的重量也会不一样。一般栓模所容纳的质量（如1g或2g）是指以可可豆脂为代表的基质质量。为保持栓剂原有体积及含药量准确，必须测定置换价，从而准确计算基质用量。

置换价（f）：药物的质量与同体积栓剂的质量的比值。

测定方法如下：做纯基质栓，称其平均重量为G，另制药物含量为$C\%$的含药栓，得平均重量为M，每粒平均含药量为$W=M \times C\%$，则可用下式计算某药物对某基质的置换价(f)：

$$f=W/[G-(M-W)]$$

用测定的置换值可以方便地计算出该种含药栓所需基质的重量X：

$$X=(G-W/f) \times n$$

这里G表示纯基质栓的平均重量，W表示处方中药物的剂量，n为拟制备栓剂枚数。

模块二　成　型

一、职业岗位

栓剂成型工。

二、工作目标

1. 能够陈述栓剂灌装工艺操作要点及控制要点。
2. 能够了解典型栓剂灌封机的名称、型号、规格。
3. 能够看懂栓剂灌封机的使用和清洁规程。
4. 能够按生产指令执行栓剂灌封机的标准操作规程，合格完成生产任务。
5. 能在生产过程中进行合理的有效监控。
6. 能按要求填好栓剂灌封的生产原始记录。
7. 能按照操作规程对栓剂灌封机等设备和用具进行清洁和保养。
8. 会针对出现的问题提出解决方案，并能对突发事件(如停电等)进行应急处理。

三、准备工作

（一）职业形象

栓剂的生产对洁净度要求一般是在D级条件下，人员按"D级洁净区生产人员进出规程"（详见附录2）进入生产操作区。

（二）任务主要文件

1. 批生产指令单。

2. 生产记录。
3. D级洁净区生产人员进出规程。
4. D级洁净区物料进出标准操作规程。
5. 栓剂灌封岗位标准操作规程。
6. 栓剂灌封机使用、清洁消毒标准操作规程。
7. 生产过程状态标示操作规程。
8. D级洁净区清场标准操作规程。
9. 清场记录。

（三）物料准备

操作人员根据生产指令单领取对乙酰氨基酚浆液，并仔细核对品名、批号、规格、数量、来源是否与生产指令一致、是否有合格状态标示，由专门人员（QA）复核，做好验收记录（详见附录4），进行下一步操作。

（四）器具、设备

1. 设备：采用栓剂全自动灌封机（如sever-300栓剂灌装机）。
2. 器具：不锈钢桶、不锈钢舀、储药桶等。

（五）检查

1. 检查操作室是否有清场合格证（副本），时间是否在有效期内。
2. 检查压差、温度和湿度是否符合生产规定。
3. 检查容器、用具和计量器是否已清洁、消毒，是否完好，是否在有效期内。
4. 检查设备是否已清洁、消毒，是否完好，是否在有效期内。
5. 检查生产现场是否有上批次生产的遗留物，如文件、用具、物料等。
6. 检查本次生产用文件是否齐全，如生产记录、各种状态标示。
7. 检查房间、设备是否已更换状态标示牌。
8. 检查其他安全因素等。

四、生产过程

（一）生产操作

1. 检查机器内外有无异物。
2. 检查机器底部循环水箱内的水位是否在正常水位。
3. 接通总电源。
4. 接通机器总开关，检查所有功能开关状态，所有功能开关应处于目前正常生产状态。
5. 打开搅拌开关，调整适当转速，调整循环水水温至工艺要求温度。
6. 调整四块铝箔和循环水加热仪表，设置温度至横封150～165℃、纵封150～170℃。
7. 将铝箔轻轻放在机器供料盘上，锁紧。旋开偏心胶辊，将铝箔从两轮中间穿过。
8. 从左至右将前后两条铝箔分别穿过各工位(切口、冲压、灌注、封口、压纹)夹存卡具上，旋紧偏心胶辊。
9. 待升温结束后可开车调整铝带，放下冲压工作螺栓，启动运转按钮，点动若干工作循环，然后将冲压工作螺栓旋至工作位置。
10. 开车运转，检查铝箔带情况(外观、密闭、批号、剪裁位置等)做必要调整。
11. 装上注塞泵，紧定各螺栓、螺母，灌注针头涂少量润滑基质并将其安装在灌注泵上，接通循环水。注意六个栓塞的前后位置，不要超出泵体，也不要退入过多。

12. 将料斗旋至灌封口相对位置。用连接管加垫与灌注泵连接,并将料斗卡死。
13. 空车运转确认无误后,打开落料阀门,灌药。
14. 检查药品灌注量,凋节泵活塞。
15. 调整机器时必须停车,两人操作时必须两人同意后再开车。
16. 灌注完毕后关主机,继续运转冷却部分至全部药品输运完毕。
17. 关闭机器总开关,关闭水。
18. 卸下针头、灌注泵,连接管、垫,用热水洗净待用,注意清洗,拆卸时轻拿轻放,严禁磕碰。
19. 详细记录批生产记录(见表13-4、表13-5)。

表13-4 栓剂成型岗位生产记录(一)

产品名称	对乙酰氨基酚栓	规格		0.15g		批号	
工序名称	栓剂成型	生产日期		年 月 日		批量	1000枚
生产场所	栓剂成型间	主要设备					
序号	指令	工艺参数		操作参数			操作者签名
1	岗位上应具有"三证"	清场合格证		有 □		无 □	
		设备完好证		有 □		无 □	
		计量器具检定合格证		有 □		无 □	
	取下《清场合格证》,附于本记录后			完成 □		未办 □	
2	检查设备的清洁卫生	电子天平		已清洁 □		未清洁 □	
		栓剂化基质罐		□		□	
		栓剂高效均质机		□		□	
		胶体磨		□		□	
		周转容器		□		□	
		操作室		□		□	
		其他设备		□		□	
	空机试车			正常 □		异常 □	
3	与中转站管理人员交接物料	核对 -品名		符合 □		不符 □	
		-规格		□		□	
		-批号		□		□	
		-数量		□		□	
		-质量		□		□	
	物料领用	桶号	毛重/kg	皮重/kg		净重/kg	主药含量/%
		1					
		2					
4	栓剂灌封机操作	打开搅拌开关,设置循环水温度		完成 □ 温度 ℃			
		铝箔放置于正确位置		符合要求 □			
		开车试运转		符合要求 □			
		安装灌注塞		完成 □			
		加装料斗		完成 □			
		空车运转		符合要求 □			
		加料灌封		完成 □			
5	投料含药基质总量: kg			合格栓剂总量: kg			
	计算人	复核人		QA		岗位负责人	
6	异常情况与处理记录:						

表 13-5 栓剂成型岗位生产记录（二）

	产品名称		对乙酰氨基酚栓	规格	0.15g	批号	
1	物料平衡计算		物料平衡=混合后基质总量/投料总量×100%				
			操作者签名：			年　月　日	
2	药物含量检查		取样量/g	平均枚重/g	重量差异限度/%	融变时限/min	
		1					
		2					
		3					
		4					
		5					
	QA				岗位负责人		
			"中间品递交许可证"粘贴处				
备注：							

（二）质量控制要点与质量判断

（1）栓剂外形　光滑整洁，无气泡、花斑、杂点等。
（2）栓剂的硬度　有适宜的硬度，以免在包装或贮存时变形。
（3）栓剂重量　应符合重量差异限度要求。

（三）结束工作

1．将装有栓剂的储药桶贴黄色待检标识，移入中间站，经检验合格后转入下一步操作。
2．操作间的状态更换成"清洁中"，设备悬挂"待清洁"标识。
3．清退剩余物料、废料，并按车间生产过程剩余产品的处理标准操作规程进行处理。
4．清洁之前，必须关掉电源，不得带电清洁，以防安全事故。并且避免电机溅上水，以防损坏电机。
5．栓剂灌封机外表面及整个操作台面用清洁剂刷洗至无污垢后，用饮用水反复刷洗清洁剂，再用纯化水擦洗2遍，最后用消毒剂擦洗两遍。
6．拆下模具、出料口、灌装嘴，随后用清洁剂擦洗干净，然后用饮用水反复冲洗掉清洁剂，再用纯化水冲洗两遍，最后用消毒剂擦拭两遍，晾干备用。
7．拆下储料管的管路，随后用清洁剂擦洗干净，然后用饮用水反复冲洗清洁剂，再用纯化水冲洗两遍，最后用消毒剂擦拭两遍，晾干备用。
8．拆下储药罐，用清洁剂擦洗干净，然后用饮用水反复冲洗清洁剂，再用纯化水冲洗两遍，最后用消毒剂擦拭两遍，晾干备用。
9．清场完毕，及时填写清场记录（详见附录5），并请QA检查复核，确认清洁合格后，签字并贴挂"已清洁"状态标示；发"清场合格证"一式两份，正本纳入本批清场记录，副本作为下次生产凭证。

五、基本知识

（一）制备方法

栓剂的制备主要有热熔法与冷压法。油脂性基质两法都可采用，而水溶性或亲水性基质多采用热熔法。

1. 冷压法

冷压法主要用于油脂性基质，不论是搓捏或模型冷压，均是先将药物与基质锉末置于容器内混合均匀，然后手工搓捏成型或装入制栓模型机内压成一定形状的栓剂。现在生产上很少采用此法。

2. 热熔法

热熔法是将基质加热熔化，温度适当，防止过高，然后按药物性质以不同方法加入。混合均匀，倾入涂有润滑剂的模型中至稍溢出模口为度。放冷，待完全凝固后，削去溢出部分，开模取栓。热熔法应用较广泛，工厂生产一般均已采用机械自动化操作来完成。

模孔内润滑剂：① 油脂性基质的栓剂，常用软肥皂、甘油各一份与 95%乙醇 5 份混合所得；② 水溶性或亲水性基质的栓剂，常用液状石蜡或植物油等。

（二）生产设备

1. GZS-15A 高速全自动栓剂灌封机组

如图 13-5 所示，GZS-15A 型高速全自动栓剂灌封机组是目前国内自动化程度最高，产量最大的栓剂设备。该机组主要由高速制带机、高速灌注机、高速冷冻机、高速封口机组成。能自动完成栓剂的制壳、灌注、冷却成型、封口、打批号、撕口线、切底边、齐上边、计数剪切全部工序。具有瘪泡不灌装并自动剔除功能。该机组由 PLC 程序控制，工业人机界面操作是目前国内自动化程度最高的栓剂设备之一。本设备生产栓剂的工艺路线为：成卷的塑料片材（PVC、PVC/PE）经过栓剂制带机正压吹塑成型，自动进入灌注工位，已搅拌均匀的药液通过高精度计量装置自动灌注到空壳

图 13-5　GZS-15A 高速全自动栓剂灌封机组

内后，连续进入冷却工位，经过一定时间的低温定型，实现液态到固态的转化，变成固体栓剂。通过封口工位的预热、封上口、打批号、打撕口线、切底边、齐上边、计数剪切工序制成成品栓剂。

2. GZS-9A 型高速全自动栓剂灌封机组

GZS-9A 型高速全自动栓剂灌封机组是消化吸收国外先进技术，结合国内外栓剂生产实际而研制开发的新产品，该机组主要由四部分组成：高速制带机、高速灌注机、高速冷冻机、高速封口机。能自动完成栓剂的制壳、灌注、冷却成型、封口、打批号、打撕口线、切底边、齐上边、计数剪切全部工序。具有瘪泡不灌装并自动剔除功能，具有对色标自动纠偏功能，具有灌装量检测功能。该机组由 PLC 程序控制，工业人机界面操作，是目前国内自动化程度最高的栓剂设备之一。

3. ZS-I 直线型全自动栓剂灌封机

本机组可适应于各种基质、各种黏度及各种形状的化学药品和植物药品的栓剂生产。工作原理是成卷的塑料片材(PVC、PVC/PE)经栓剂制壳机正压吹塑成型，自动进入灌注工序，已搅拌均匀的药液通过高精度计量泵自动灌注空壳后，被剪成多条等长的片段，经过若干时间的低温定型，实现液-固态转化，变成固体栓粒，通过整形、封口、打批号和剪切工序，制成成品栓剂。

4. UKLX120A 型栓剂生产自动线

如图 13-6 所示，本生产线适用于医药行业栓剂的自动包装。全线由 UG3A 型栓剂灌装机、UL5A 型栓剂冷冻机、UF13A 栓剂封切机三台单机组成。

图 13-6　UKLX120A 型栓剂生产自动线

可自动完成栓剂定量灌装、冷冻固化、封口、定数分版、切断等功能。采用变频调速，速度调节方便，生产效率高。全线既可联线生产，也可单机操作。冷冻固化无需转带，栓带连续运动，方便地实现全线联机。封切机可在封口处热打印批号及药品名称，分板切断数量可(在 1~10 粒内)任意设定。封口部位牢固、密封性好。

（三）质量检查

1. 外观应完整光滑，无气泡、断层、花斑等，对乙酰氨基酚栓呈为乳白色至微黄色。
2. 塞入腔道后应无刺激性，应能融化、软化或溶化，并与分泌液混合，逐渐释放出药物，产生局部或全身作用；应有适宜的硬度，以免在包装或贮存时变形。缓释栓剂应进行释放度检查，不再进行融变时限检查。除另有规定外，应在30℃以下密闭贮存，防止因受热、受潮而变形、发霉、变质。
3. 除另有规定外，栓剂应进行以下相应检查。

（1）重量差异 《中国药典》2010年版二部栓剂重量差异限度如表13-6所示。

检查方法：取供试品10粒，精密称定总重量，求得平均粒重后，再分别精密称定各粒的重量。每粒重量与平均粒重相比较，超出重量差异限度的药粒不得多于1粒，并不得超出限度1倍。

表13-6 栓剂重量差异限度

平均粒重	重量差异限度
1.0g 及 1.0g 以下	±10%
1.3g 以上至 3.0g	±7.5%
3.0g 以上	±5%

凡规定检查含量均匀度的栓剂，一般不再进行重量差异检查。

（2）融变时限 除另有规定外，按照融变时限检查法（《中国药典》2010年版二部附录ⅩB）检查，应符合规定。

（3）微生物限度 按照微生物限度检查法（《中国药典》2010年版二部附录ⅪJ）检查，应符合规定。

（四）包装与贮存

栓剂在大量生产时多采用铝箔、塑料片材如聚氯乙烯（PVC）、聚氯乙烯/聚乙烯（PVC/PE）、聚氯乙烯/聚偏二氯乙烯/聚乙烯（PVC/PVDC/PE）等材料，在全自动生产线上经正压吹塑而制成需要的栓剂的壳带，经灌装后直接压制成型，密封性好，且做到独立包装，很好地保证了栓剂的质量。

一般的栓剂应贮存于30℃以下，油脂性基质的栓剂应格外注意避热，最好在冰箱中（-2～2℃）保存。甘油明胶类水溶性基质的栓剂，既要防止受潮软化、变形或发霉、变质，又要避免干燥失水、变硬或收缩，所以应密闭、低温贮存。

（五）举例

1. 阿司匹林肛门栓

【处方】 阿司匹林600g，混合脂肪酸酯450g，共制1000枚。

【制法】 取混合脂肪酸，置夹层锅中，在水浴上加热融化后，加入阿司匹林细粉，搅匀，在近凝时倾入涂有润滑剂的栓模中，迅速冷却，冷后削平，取出包装即得。

【注解】 为防止阿司匹林水解，可加入1.0%～1.5%的枸橼酸作稳定剂；制备阿司匹林栓剂时，避免接触铁、铜等金属，以免栓剂变色。

2. 蛇黄阴道栓

【处方】 蛇床子（九号筛）100g，黄连（九号筛）50g，硼酸50g，葡萄糖50g，甘油适量，甘油明胶2000g，共制1000枚。

【制法】 取蛇床子、黄连、硼酸、葡萄糖加适量甘油研成糊状，将甘油明胶置水浴上加热熔化后，将上述糊状物加入甘油明胶中，不断搅拌均匀，迅速倾入已涂润滑剂的栓模中，至稍溢出模口。冷后削平，取出包装即得。

3. 克霉唑阴道栓

【处方】 克霉唑150g，聚乙二醇4001200g，聚乙二醇4000200g，共制1000枚。

【制法】 取克霉唑研细,过六号筛。另取聚乙二醇 400、聚乙二醇 4000 于水浴上加热熔化,加入克霉唑细粉,搅拌至溶解,并迅速倒入已涂有润滑剂的栓模中,至稍溢出模口。冷后削平,取出包装即得。

拓展学习　新型栓剂

栓剂除普通制品外,还有以速释和缓释为目的的新型栓剂给药系统。

一、速释栓

1. 中空栓
其外壳为空白或含药基质,中空部分填充固体、液体、混悬剂等各种状态的药物。中空栓可以增加药物稳定性,避免药物间配伍禁忌,同时药物生物利用度高。

2. 泡腾栓
通常在处方中加入了发泡剂,使用时可产生泡腾作用以加速栓剂熔融和药物的释放,泡腾栓产生的泡沫可延长药物与黏膜作用时间,提高局部组织的药物浓度,进而增强疗效。此类栓剂有利于药物分布渗入黏膜皱襞内,尤其适用于阴道栓的制备。

3. 双层栓
此类栓剂由两层组成,既有速释效果同时又有缓释效果,较普通的栓剂能更好地适应临床治疗疾病的需要或不同性质药物的要求,目前主要有内外双层栓剂和上下双层栓剂两种。

二、缓释栓

1. 微囊栓
于 1981 年由日本株式会社真崎先夫研制成功。通常是将药物微囊化后加入基质中制成栓剂。此类栓剂具有血药浓度稳定,维持时间长的特点,其控释效果取决于微囊囊材和制备方法等因素。

2. 渗透泵栓剂
是美国 Alza 公司研制的控释型长效栓剂,该栓剂是利用渗透压原理制成。由药物、微孔膜、渗透压产生剂、可透过水分不能透过药物的半透膜组成,纳入体内后,水分进入栓剂产生渗透压,压迫储药库使药液透过半透膜的小孔释放,其优点是能在一定时间内保持血药浓度稳定,很好地维持药效。

3. 骨架缓控释栓剂
是将药物包含于具有可塑性的不溶性或可溶性高分子材料中制成的栓剂。高分子聚合物可吸水膨胀,柔软而有弹性,避免了异物感,同时凝胶对生物黏膜有特殊黏合力,故能延长药物滞留和释放时间,能促进药物的吸收。利用不溶性高分子材料制成骨架型控释栓,在体内应用后,骨架限制了内部药物的释放,从而发挥了缓释作用,最后骨架以原形排出体外。

● 思考题

1. 栓剂用于全身作用,与口服剂型相比有哪些特点?
2. 理想的栓剂基质应符合哪些要求,常用基质有哪些?
3. 栓剂基质在配制过程中应注意什么?
4. 栓剂配制、成型岗位的清场应有哪些注意事项?
5. 栓剂在成型过程中应注意什么?

项目十四 膜剂生产

膜剂系指药物溶解或均匀分布于适宜的成膜材料经加工制成的薄膜状制剂。可供口服、黏膜用药、外用或眼用。膜剂的厚度和面积视用药部位特点和含药量而定，一般面积 $1cm^2$ 的可供口服，面积 $0.5cm^2$ 者可供眼用，面积 $5cm^2$ 者可供阴道用，其他用药部位可根据需要剪成适宜大小，通常膜剂的厚度不超过 1mm。

1. 特点

① 生产工艺简单，易于自动化和无菌生产，没有粉尘飞扬，容易解决车间的劳动保护。

② 药物含量准确、质量稳定，制成多层膜剂可避免配伍禁忌。

③ 使用方便，吸收快，适于多种给药途径，体积小，重量轻，便于携带、运输和贮存，可密封于塑料薄膜或涂塑铝箔包装中，再用纸盒包装质量可保持稳定。

④ 采用不同的成膜材料可制成不同释药速率的制剂如制成控释膜、缓释膜。

膜剂同样存在着载药量小，只适合小剂量的药物，重量差异不易控制，收率不高等缺点。

2. 分类

膜剂有不同的分类方法，通常使用的分类方法有按剂型特点分类和按给药途径分类两种。

（1）按剂型特点分类

① 单层膜剂　药物分散于成膜材料中形成的膜剂，可分为可溶性膜剂和水不溶性膜剂两类。临床用得比较多的就是这两类，通常厚度不超过 1mm，膜面积可根据药量来调整。

② 多层膜剂（复合膜剂）　又称复合膜，系由多层膜叠合而成，可解决配伍禁忌问题，另外也可用于制备缓释和控释膜剂。

③ 夹心膜　即在两层不溶性的高分子膜带中间，夹着含有药物的药膜，以零级速率释放药物，这类膜剂实际属于控释膜剂。

（2）按给药途径分类

① 口服膜剂　是指用于口服使用的膜剂如糖尿病药物双胍钒络合物的膜剂，口服使用使活性治疗成分易于从"载体"上按需释放。使用方便，病人易于接受。

② 口腔膜剂　是指粘贴于口腔部位用于治疗口腔溃疡以及用于牙龈疾病，常见药物有醋酸地塞米松粘贴片（意可贴），用于口腔溃疡和口腔扁平苔藓，使用方便。

③ 眼用膜剂　用于眼结膜内，可延长药物在眼部的停留时间，并维持一定的浓度。其克服滴眼液及眼药膏作用时间短和影响视力的缺点，以较少的药物达到局部高浓度，可维持较长时间。如毛果芸香碱膜剂用于青光眼。

④ 阴道用膜剂　包括局部治疗作用和避孕药膜。主要用于治疗阴道疾患或用于避孕。如克霉唑药膜、避孕药膜等。

⑤ 皮肤、黏膜用膜剂　用于皮肤或黏膜的创伤或炎症，膜剂既可以起治疗作用又可起

保护作用，有利于创面愈合。如止血消炎药膜、冻疮药膜等。

⑥ 植入药膜 指埋植于皮下（真皮下或真皮与皮下组织之间），产生持久的药效。

3．质量要求

① 膜剂外观应完整光洁，厚度一致，色泽均匀，无明显气泡。

② 多剂量的膜剂分格压痕应均匀清晰，并能按压痕撕开。

③ 膜剂的重量差异、微生物限度等均应符合规定。

④ 膜剂用辅料应安全、稳定，药物能溶于或均匀分散。

4．生产工艺流程

匀浆制膜法生产工艺流程见图 14-1。

5．工作任务

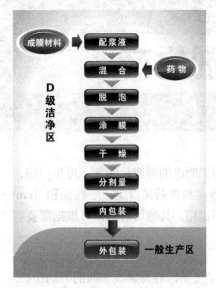

图 14-1 匀浆制膜法生产工艺流程示意

批生产指令见表 14-1。

表 14-1 批生产指令单

产品名称	替硝唑口腔膜剂		规　格	5mg/片
批　号			批　量	100000cm²
物料的批号与用量				
序　号	物料名称	供货单位	检验单号	批号	用　量

序号	物料名称	供货单位	检验单号	批号	用量
1	替硝唑				100g
2	盐酸利多卡因				50g
3	聚乙烯醇 17-88（PVA17-88）				600g
4	羧甲基纤维素钠（CMC-Na）				400g
5	甘油				500ml
6	糖精钠				2g
7	蒸馏水				10000ml
生产开始日期	年　月　日		生产结束日期		年　月　日
制表人			制表日期		年　月　日
审核人			审核日期		年　月　日
批准人			批准日期		年　月　日
备注：					

模块一　配　　液

参见项目十模块一"配液"。

模块二 成 膜

一、职业岗位

膜剂工。

二、工作目标

1. 能陈述膜剂的定义、特点与分类。
2. 能看懂膜剂的生产工艺流程。
3. 能运用膜剂的质量标准。
4. 会分析出现的问题并提出解决办法。
5. 能看懂生产指令。
6. 会进行生产前准备。
7. 能按岗位操作规程生产膜剂。
8. 会进行设备清洁和清场工作。
9. 会填写原始记录。

三、准备工作

（一）职业形象

按"D级洁净区生产人员进出规程"（详见附录2）进入生产操作区。

（二）任务主要文件

1. 批生产指令单。
2. 涂膜岗位操作规程。
3. 涂膜机操作规程。
4. 涂膜机清洁操作规程。
5. 涂膜车间清洁操作规程。
6. 物料交接单。
7. 膜剂生产记录。
8. 清场记录。

（三）物料

根据批生产指令领取辅料、药品等，并核对物料品名、规格、批号、数量、检验报告单或合格证等，确认无误后，交接双方在物料交接单（详见附录4）上签字。

（四）操作使用器具、设备

1. 设备：AFA-II自动涂膜机。
2. 器具：废料收集盘、湿膜制备器等。

（五）检查

1. 检查清场合格证（副本）是否符合要求，更换状态标志牌，检查有无空白生产原始记录。

2. 检查涂布底座为保持清洁，不可有杂物粘在上面，以免影响涂布底座的平度，从而影响下次涂布；若不慎将涂料滴落在涂布底座上，也应及时清洁。

3. 确定涂布底座尺寸后，将真空吸盘周围未使用的小孔用透明胶条密封，以提高吸附效果。

4. 定时检查油杯油位，若发现油位不够，则应及时加入润滑油，以润滑轨道。

5. 每次使用设备后，应用防尘罩遮盖，以免灰尘掉入真空小孔，并被真空泵吸入，影响其使用寿命。

6. 每次使用本设备后，应及时清洗废料收集盘。

7. 在涂膜过程中，不可转动"涂布长度"开关，否则会造成机器停止运行。

四、生产过程

（一）生产操作

1. 更换状态标志牌。
2. 接好电源。
3. 将涂布底料平放在涂布底座上，打开真空泵开关到"吸附"位置，这时，涂布材料即被吸附在涂布底座上了。当待涂布底材尺寸小于可真空尺寸时，应用其他纸张或用透明胶带遮盖多余的真空小孔，以免待涂布底料吸附不牢固，造成涂布失败。
4. 选择适当的涂布长度，按下"复位"按钮，使横向推杆到达涂布的起始位置。
5. 将湿膜制备器放置在横向推杆的前方。
6. 调节调速旋钮，选择适当的涂布速度。
7. 直接在湿膜制备器前面放置适量的待涂布材料。
8. 按下"开始"按钮，开始涂布。
9. 待涂布停止后，将剩余的涂料刮入废料收集盘。
10. 关闭真空泵，取下制好的样板，以待下次操作。
11. 及时填写生产记录（见表14-2、表14-3）。

表14-2 膜剂涂膜生产记录（一）

产品名称	替硝唑口腔膜剂		规格	5mg/片	批号	
工序名称	膜剂涂膜		生产日期	年 月 日	批量	100000cm²
生产场所	涂膜车间		主要设备			
序号	指令		工艺参数	操作参数		操作者签名
1	岗位上应具有"四证"		清场合格证	有 □ 无 □		
			设备完好证	有 □ 无 □		
			计量器具检定合格证	有 □ 无 □		
			膜剂干燥器完好证	有 □ 无 □		
	取下《清场合格证》，附于本记录后			完成 □ 未办 □		
2	检查设备的清洁卫生		湿膜制备器	已清洁 □ 未清洁 □		
			横向推杆	□ □		
			不锈钢废料收集盘	□ □		
			涂布底座以及周围环境	□ □		
			操作面板	□ □		
	领取物料		外观	符合 □ 不符 □		

续表

序号	指令	工艺参数		操作参数		操作者签名
3	交接物料	核对 —品名 —规格 —批号 —数量 —质量		符合 □ □ □ □ □	不符 □ □ □ □ □	
	物料领用	桶号	毛重/kg	皮重/kg	净重/kg	主药含量/%
		1				
		2				
		3				
		4				
4	确定涂布长度、宽度，调整湿膜制备器使其符合符合膜剂的长度宽度要求；检测膜的厚度	平均厚度：_____ 差异限度：_____ 膜的尺寸：_____ 溶散时限：_____		重量检查：_____ 重量差异：_____ 外　观：_____ 溶散时限：_____		
5	异常情况与处理记录：					

表 14-3　膜剂涂膜生产记录（二）

产品名称		替硝唑口腔膜剂		规格	5mg/片		批号		
生产设备			涂膜机				设备编号		
脱模剂							涂布材料		
1	膜剂涂膜制巡回检查	时间							
		长度							
		总重							
		平均膜重							
		外观							
			上限		下限		上限		下限
		生产速度							
		涂膜温度							
		真空泵情况							
		涂布材料量							
		涂布长度							
		涂布宽度							
					操作者签名：				
2	重量差异检查				时间（第一次）				
		1		6		11		16	
		2		7		12		17	
		3		8		13		18	
		4		9		14		19	
		5		10		15		20	
		总重量		平均重量		最高重量	最低重量	重量差异	溶散时限

		操作者签名：				复核人：		
2	重量差异检查	时间（第二次）						
		1		6	11		16	
		2		7	12		17	
		3		8	13		18	
		4		9	14		19	
		5		10	15		20	
		总重量	平均重量		最高重量	最低重量	重量差异	溶散时限
		操作者签名：				复核人签名：		
	QA				岗位负责人			

（二）质量控制要点与质量判断

1. 控制浆液流量、膜的干燥温度。
2. 外观：完整光洁，厚度一致，色泽均匀，无明显气泡。
3. 厚度：取膜一张用千分表测量膜的四边，取其平均值应符合规定，四边中不得有一边低于或高于限度。
4. 溶解时间：取 2.5cm 宽、5.0cm 长的薄膜一条，用一夹口宽于 2.5cm 的夹子夹住，连夹一起浸入水中到溶解断离时间应不超过规定值。

（三）结束工作

1. 涂布底座的清洁工作，不能有杂物在上面，以免影响下次涂布底座的平度，从而影响涂布。
2. 检查油杯的油位，若发现油位不够，则应及时加入润滑油，以保证下次使用。
3. 及时清洗废料收集盘，保持收集盘的清洁，及时清理不慎滴落在涂布底座的涂料。
4. 用防尘罩遮盖设备，防止真空小孔吸入涂膜材料，影响真空泵的使用寿命。
5. 对涂膜机进行清洗消毒。
6. 完成生产记录和清场记录（见附录5）的填写，请 QA 检查，合格后发给"清场合格证"。

五、基础知识

（一）常用成膜材料和附加剂

1. 成膜材料

（1）天然高分子材料　常用的有虫胶、明胶、阿拉伯胶、琼脂、淀粉、糊精、琼脂、海藻酸等，特点为：可降解或溶解，但成模性和脱模性能较差，常需与其他成膜材料合用。

（2）合成高分子材料　常用的有聚乙烯醇类(PVA)化合物；丙烯酸类共聚物；纤维素衍生物类等。特点为：成膜性能优良，成膜后的强度与柔韧性均较好。

① 聚乙烯醇（PVA）　根据其聚合度与醇解度不同，有不同规格，其性质与分子量有关，一般相对分子量越大，水溶性越差，水溶液黏度大，成膜性好。PVA 05-88，其中 05 表示平均聚合度为 500~600，相对分子质量 22000~26400，88 表示醇解度为 88%±2%；PVA 17-88，

其中 17 表示平均聚合度为 1700～1800，相对分子质量 78400～79200，88 表示同上。PVA 对眼黏膜、皮肤无毒无刺激、口服吸收很少，可作眼控膜剂。

② 乙烯-醋酸乙烯共聚物（EVA） EVA 不溶于水，热塑性好。EVA 性能与醋酸乙烯比例有关，在相对分子量相同条件下，醋酸乙烯的比例越大，材料的溶解性、成膜性、透明性越好。

③ 纤维素衍生物类 常用的有羟丙基甲基纤维素（HPMC）和羧甲基纤维素钠（CMC－Na）。

2．附加剂

常用有着色剂（色素、TiO_2）、增塑剂（甘油、丙二醇、山梨醇钾等）、填充剂（如淀粉、二氧化硅等）、表面活性剂（如吐温 80、十二烷基硫酸钠等）、脱模剂（如液体石蜡）、遮光剂（如二氧化钛）、矫味剂（如蔗糖）。

（二）制备方法

1．匀浆制膜法

又称流延法、涂膜法，即将成膜材料溶解于水或适当的溶剂中，滤过，将主药加入，充分搅拌溶解再制成膜的一种方法。不溶于水的主药可以预先制成微晶或粉碎成细粉，用搅拌或研磨等方法均匀分散于浆液中，脱去气泡。小量制备时可倾于平板玻璃上涂成宽厚一致的涂层，大量生产可用涂膜机涂成所需要的厚度，烘干后根据主药含量计算单剂量膜的面积，切成单剂量的小格，包装即得。

注意事项：①增塑剂用量应适当，防止药膜过脆或过软；②涂膜前要先涂脱模剂，以利脱膜；③浆液脱泡后应及时涂膜；④干燥温度应适当，可用低温通风干燥或晾干。

2．热塑制膜法

将药物细粉和成膜材料（如 EVA）相混合，置于橡皮滚筒混碾，后热压成膜脱膜，或将成膜材料在热熔状态下加入药物细粉，使药粉溶入并均匀混合，在冷却过程中成膜，烘干后根据主药含量计算单剂量膜的面积，剪切至适宜大小，包装即得。一般工艺流程如下：

成膜材料→熔融→加入药物→混合→涂膜→冷却→剪切→质量检查→内包装

3．复合制膜法

以不溶性的热塑性成膜材料（如 EVA）为外膜，分别制成具有凹穴的底外膜带和上外膜带，见图 14-2，另用水溶性的成膜材料（如 PVA 或海藻酸钠）用匀浆制膜法制成含药的内膜带，剪切后置于底外膜带的穴中；也可用易挥发性溶剂制成含药匀浆，以定量注入的方法注入底外膜带的凹穴中，经吹风干燥后，盖上上外膜带，热封即成。此法一般用于缓释膜的制备。

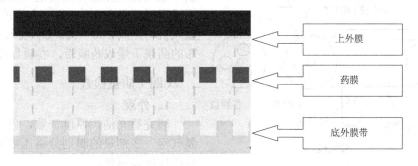

图 14-2 复合制膜法示意

（三）生产设备

膜剂的生产设备分为单滚制膜机、双滚制膜机、三滚制膜机和实验用制膜机，见图 14-3～

图14-6。常见的设备型号有 AFA 自动涂膜器、JFA 夹具涂膜机以及旋转涂膜机等，其中 AFA 自动涂膜器为单滚制膜机，JFA 夹具涂膜机多用于实验室制膜。双滚制膜机、三滚制膜机多按照其涂布宽度分为不同型号。

图14-3 单滚制膜机

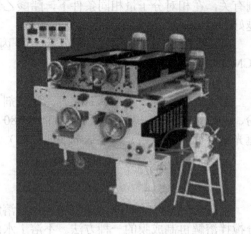

图14-4 双滚制膜机

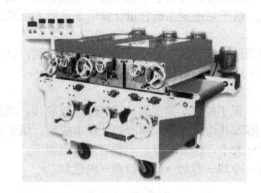

图14-5 三滚制膜机

图14-6 实验室用制膜机

涂膜机的基本结构见图14-7所示，其工作原理是：将已配制好的含药浆液置于涂膜机的料斗中，匀浆经流液嘴流出，流速由控制板控制，涂布在预先涂有脱模剂（如液体石蜡）的不锈钢循环带上，涂成宽度和厚度一定的涂层，鼓风机将热风（80～100ºC）吹入干燥箱，使涂布的药浆干燥成药膜带，卷膜盘收膜。

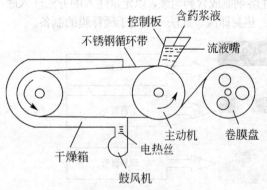

图14-7 涂膜机结构示意

（四）质量检查

1. 外观

应完整光洁，厚度一致，色泽均匀，无明显气泡。多剂量的膜剂分格压痕应均匀清晰，并能按压痕撕开。

2. 重量差异限度

《中国药典》2010年版二部膜剂重量差异限度如表14-4所示。

检查方法：取膜剂 20 片，精密称定总重量，求得平均重量，在精密称定每片重量，与平均重量比较，限度的不得多于2片，并不得有1片超出限度1倍。

表 14-4　膜剂重量差异限度

平均重量	重量差异限度
0.02g 或 0.02g 以下	±15%
0.02g 以上至 0.20g	±10%
0.20g 以上	±7.5%

3．微生物检查

按照微生物限度检查法（《中国药典》2010 年版二部附录Ⅺ J）检查，应符合规定。

（五）包装

制成的干燥药膜带，可以聚乙烯或涂塑纸、涂塑铝箔、金属箔等包装材料烫封，按剂量热压或冷压划痕成单剂量的分格，再行包装即得。

内包装采用真空包装，在 D 级洁净区进行包装，外包装可以在一般生产区包装。

（六）举例

1．利多卡因膜剂的制备

【处方】　利多卡因 4g，PVA 4g，山梨醇 0.7g，甘油 0.5g，注射用水加至 30ml。

【制法】　将 PVA、山梨醇、甘油加适量水混匀，浸润溶胀后，加热至 90℃使溶解，加入研成极细粉的利多卡因，加水至全量，搅拌均匀后，在 90℃保温静置，除去气泡。将玻璃板预热至相同温度后，涂膜，涂成厚度约为 0.15mm，在 90℃干燥。

【注解】　利多卡因是主药；PVA 是成膜材料；山梨醇和甘油是增塑剂，使膜韧性好，表面光滑，并有一定的抗拉强度。

2．天然胡萝卜素膜剂

【处方】　天然胡萝卜素 2.0g，CMC-Na　1.0g，PVA 17-99　0.25g，甘油 1.0g，吐温 800.5g，蒸馏水 60ml，共制 1000cm^2。

【制法】　分别取 CMC-Na、PVA 17-99 加适量蒸馏水，水浴加热溶解，过滤备用；称取天然胡萝卜素，研成极细粉末，加甘油、吐温 80 研匀后，加入 CMC-Na、PVA 17-99 溶液，边加边搅拌，加蒸馏水至 60ml，研匀，消泡备用，制膜，干燥后，脱膜，分割成 1cm×1cm 块，每块含天然胡萝卜素 10mg。

【注解】　制膜后需要无菌或在紫外线灯下照射 30min，后包封即得，于凉暗处保存。

● 思考题

1．膜剂的成膜材料有哪些？
2．膜剂的制备方法有哪些？
3．如何检查膜剂的质量？
4．写出匀浆制膜法的工艺流程和操作中的注意事项。

项目十五　滴丸剂生产

滴丸系指固体或液体药物与适宜的基质加热熔融后溶解、乳化或混悬于基质中，再滴入不相混溶、互不作用的冷凝介质中，由于表面张力的作用使液滴收缩成球状而制成的制剂，主要供口服用。

1. 特点

① 用固体分散技术制备的滴丸发挥药效迅速、生物利用度高、副作用小。

② 液体药物可制成固体滴丸，便于服用和运输。

③ 增加药物的稳定性，因药物与基质融合后与空气接触面积减少，不易氧化和挥发，基质为非水物，不易引起水解。

④ 生产设备简单、操作方便、成本低，无粉尘，有利于劳动保护且工艺条件易于控制、剂量准确。

⑤ 根据需要可制成内服、外用、缓释、控释或局部治疗等多种类型的滴丸剂。

2. 分类

（1）速效高效滴丸剂　滴丸是利用固体分散体的技术进行制备。当基质溶解时，体内药物以微细结晶、无定形微粒或分子形式释出，所以溶解快、吸收快、作用快、生物利用度高。

（2）缓释控释滴丸　缓释是使滴丸中的药物在较长时间内缓慢溶出，而达长效；控释是使药物在滴丸中以恒定速率溶出，其作用可达数日以上。

（3）溶液滴丸　片剂所用的润滑剂、崩解剂多为水不溶性，所以通常不能用片剂来配制澄明溶液。而滴丸可用水溶性基质来配制，在水中可崩解为澄明溶液。

（4）栓剂滴丸　滴丸同水溶性栓剂一样可用聚乙二醇等水溶性基质，用于腔道时由体液溶解产生作用。滴丸可同样用于直肠，也可由直肠吸收而直接作用于全身，具有生物利用度高、作用快的特点。

（5）硬胶囊滴丸　硬胶囊中可装入不同溶出度的滴丸，以组成所需溶出度的缓释小丸胶囊。

（6）包衣滴丸　同片剂、丸剂一样需包糖衣、薄膜衣等。

（7）脂质体滴丸　脂质体为混悬液体，用聚乙二醇可制成固体剂型，是将脂质体在不断搅拌下加入熔融的聚乙二醇 4000 中形成混悬液，倾倒于模型中冷凝成型。

（8）肠溶衣滴丸　用在胃中不溶解、但在肠中溶解的基质，如酒食酸锑钾滴丸是用明胶溶液作基质成丸后，用甲醛处理，使明胶的氨基在胃液中不溶解，在肠中溶解。

（9）干压包衣滴丸　以滴丸为中心，压上其他药物组成的衣层，融合了两种剂型的优点，如镇咳祛痰的咳必清氯化钾干压包衣片。前者为滴丸，后者为衣层。

3. 质量要求

① 滴丸冷凝液必须安全无害，且与主药不发生作用，常用的有液状石蜡、植物油、甲

基硅油和水等。

② 滴丸应圆整均匀、色泽一致，无粘连现象，表面无冷凝介质黏附。

③ 根据药物的性质、使用和贮藏的要求，在滴制成丸后可包衣，必要时，薄膜包衣丸应检查残留溶剂。

④ 其他的质量控制项目：重量差异、溶散时限、含量均匀度和微生物限度检查等应符合《中华人民共和国药典》2010年版二部的规定。

4．生产工艺流程

滴丸剂生产工艺流程见图 15-1。

5．工作任务

批生产指令单见表 15-1。

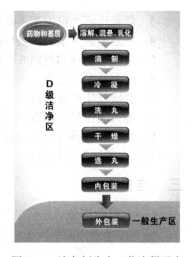

图 15-1　滴丸剂生产工艺流程示意

表 15-1　批生产指令单

产品名称	复方丹参滴丸		规　格	
批　号			批　量	10 万粒
物料的批号与用量				
序　号	物料名称	供货单位	检验单号	批号	用　量
1	丹参				3580g
2	冰片				80g
3	三七				340g
4	聚乙二醇 6000				1800g
生产开始日期	年　月　日		生产结束日期	年　月　日
制表人			制表日期	年　月　日
审核人			审核日期	年　月　日
批准人			批准日期	年　月　日
备注：				

模块一　配　液

参见项目项目十三模块一"配制"。

模块二　滴 制 成 型

一、职业岗位

滴丸工。

二、工作目标

1．能陈述滴丸剂的定义、特点与分类。
2．能看懂滴丸剂的生产工艺流程。

3. 能陈述滴丸机的基本结构和工作原理。
4. 能运用滴丸剂的质量标准。
5. 会分析出现的问题并提出解决办法。
6. 能看懂生产指令。
7. 会进行生产前准备。
8. 能按岗位操作规程生产滴丸剂。
9. 会进行设备清洁和清场工作。
10. 会填写原始记录。

三、准备工作

（一）职业形象

按"D级洁净区生产人员进出规程"（详见附录2）进入生产操作区。

（二）任务主要文件

1. 批生产指令单。
2. 滴丸岗位操作规程。
3. 滴丸机操作规程。
4. 滴丸机清洁操作规程。
5. 滴丸间清洁操作规程。
6. 物料交接单。
7. 滴丸剂生产记录。
8. 清场记录。

（三）物料

根据批生产指令领取基质、药品等，并核对物料品名、规格、批号、数量、检验报告单或合格证等，确认无误后，交接双方在物料交接单（详见附录4）上签字。

（四）器具、设备

1. 设备：DWJ-2000S-D 大滴丸试验机。
2. 器具：电子秤、接丸盘、筛丸筛、装丸胶袋、装丸胶桶、脱油用布袋等。

（五）检查

1. 检查清场合格证（副本）是否符合要求，更换状态标志牌，检查有无空白生产原始记录。
2. 检查压差、温度和湿度是否符合生产规定。
3. 检查容器和器具是否已清洁、消毒，检查设备和计量器具是否完好、已清洁，查看合格证和有效期。
4. 检查生产现场是否有上批遗留物。
5. 检查设备各润滑点的润滑情况。
6. 检查各机器的零部件是否齐全，检查并固定各部件螺丝，检查安全装置是否安全、灵敏。
7. 检查模具有无破损、变形等情况。

四、生产过程

（一）生产操作

1. 检查滴头开关是否关闭。

2. 检查设备内的冷凝液是否足够，若不足应予以补充。

3. 接入压缩空气管道。

4. 在控制面板上设定"制冷温度"、"油浴温度"和"滴盘温度"，启动制冷、油泵、滴罐加热、滴盘加热。

5. 打开滴罐的加料口，投入已调剂好的原料，关闭加料口。

6. 打开压缩空气阀门，调整压力为 0.7MPa，如原料黏度小可不使用压缩空气。

7. 当药液温度达到设定温度时，将滴头用开水加热浸泡 5min，戴手套拧入滴罐下的滴头螺纹上。

8. 启动"搅拌"开关，调节调速旋钮，使搅拌器在要求的转速下进行工作。

9. 待制冷温度、药液温度和滴盘温度显示达到设定值后，缓慢扭动滴罐上的滴头开关，打开滴头开关，使药液以约 1 滴／s 的速度下滴。

10. 试滴 30 s，取样检查滴丸外观是否圆整，去除表面的冷却油后，称量丸重，根据实际情况及时对冷却温度、滴头与冷却液面的距离和滴速作出调整，必要时调节面板上的"气压"或"真空"按钮直至符合工艺规程为止。

11. 正式滴丸后，每小时取丸 10 粒，用罩绸毛巾抹去表面冷却油，逐粒称量丸重，根据丸重调整滴速。

12. 收集的滴丸在接丸盘中滤油 15min，然后装进干净的脱油用布袋，放入离心机内脱油，启动离心机 2~3 次，待离心机完全停止转动后取出布袋。

13. 滴丸脱油后，利用合适规格的大、小筛子筛，分离出不合格的大丸和小丸、碎丸，中间粒径的滴丸为正品，导入内有干净胶袋的胶桶中，胶桶上挂有物料标志，标明品名、批号、日期、数量、填写人。

14. 连续生产时，当滴罐内药液滴制完毕时，关闭滴头开关，将"气压"和"真空"旋钮调整到最小位置，然后按 5~13 项进行下一循环操作。

15. 及时填写生产记录（见表 15-2、表 15-3）。

表 15-2 滴丸剂滴制生产记录（一）

产品名称	复方丹参滴丸	规格		批号	
工序名称	滴丸滴制	生产日期	年 月 日	批量	10 万粒
生产场所	滴丸间	主要设备			
序号	指令	工艺参数	操作参数		操作者签名
1	岗位上应具有"三证"	清场合格证	有 □ 无 □		
		设备完好证	有 □ 无 □		
		计量器具检定合格证	有 □ 无 □		
	取下《清场合格证》，附于本记录后		完成 □ 未办 □		
2	检查设备的清洁卫生	滴丸机	已清洁 □ 未清洁 □		
		离心机	□ □		
		工具	□ □		
		周转容器	□ □		
		操作室	□ □		
		其他设备	□ □		
	领取物料	外观	符合 □ 不符 □		
3	交接物料	核对 —品名	符合 □ 不符 □		
		—规格	□ □		
		—批号	□ □		
		—数量	□ □		
		—质量	□ □		

续表

序号	指令		工艺参数		操作参数		操作者签名
		桶号	毛重/kg	皮重/kg	净重/kg	主药含量/%	
3	物料领用	1					
		2					
		3					
		4					
4	确定丸重，试车，调整各参数使滴丸符合工艺参数要求		药物与基质熔融温度/℃ 冷却剂的冷却温度/℃ 滴头与冷凝剂距离/cm				
5			异常情况与处理记录：				

表 15-3 滴丸剂滴制生产记录（二）

产品名称			复方丹参滴丸		规格		批号		
生产设备			滴丸机				设备编号		
冷却剂						基质			
4.1	滴丸滴制巡回检查	时间							
		粒数							
		总重							
		平均丸重							
		外观							
			1/2 滴制温度（梯度升温）/ ℃				滴制温度 / ℃		
			上限		下限		上限		下限
		生产速度							
		油浴温度							
		底盘温度							
		制冷温度							
		管口温度							
		搅拌器搅拌速度/(r/min)							
					操作者签名：				
4.2	丸重差异检查				时间（第一次）				
		1	6		11		16		
		2	7		12		17		
		3	8		13		18		
		4	9		14		19		
		5	10		15		20		
		总重量	平均重量		最高重量	最低重量	重量差异		溶散时限
			操作者签名：				复核人：		
					时间（第二次）				
		1	6		11		16		
		2	7		12		17		
		3	8		13		18		
		4	9		14		19		
		5	10		15		20		
		总重量	平均重量		最高重量	最低重量	重量差异		溶散时限
			操作者签名：				复核人签名：		
		QA				岗位负责人			

（二）质量控制要点与质量判断

（1）滴丸外形　滴丸应圆整、色泽均匀、大小一致、无粘连现象。

（2）滴丸丸重　是滴丸滴制质量控制最关键的环节，应引起高度重视，在温度和压力不变的情况下，滴头的半径是决定丸重的主药因素。

（3）溶散时限　物料的性质和温度、冷凝液的温度及搅拌速率等都可能影响溶散时限。

（三）结束工作

1．生产结束：关闭滴头开关，将"气压"和"真空"旋钮调整到最小位置，关闭面板上的"制冷"、"油泵"开关，将盛装正品滴丸的胶桶放于暂存间，收集产生的废丸，如工艺允许，可循环再用于生产，否则用胶袋盛装，称重并记录数量，放于指定地点，作废弃物处理。

2．连续生产同一品种时，在规定的清洁周期按以下方法对设备进行清洁。

（1）按照加料方法，将准备好的热水（≥80℃）加入滴罐内，对滴罐进行清洗工作。

（2）清洗时，打开"搅拌"开关，对滴罐内的热水进行搅拌，提高搅拌器转速，使残留的滴液溶入热水中，打开滴头开关，将热水从滴头排出。打开滴头开关前，在冷却柱上口处放进接盘，防止泄漏的热水滴入冷却柱内，影响冷却油的纯度。

（3）如此反复几次，直至滴罐内无药液残留，再用纯化水清洗，最后待滴罐内的水全部流出为止。用75%乙醇擦拭消毒。

（4）关闭电源，拔下电源插头。

（5）拆卸滴头，用热水清洁干净，吹干，用75%乙醇擦拭干净，待乙醇挥发完全后，戴手套拧入滴罐下的滴头螺纹上。

（6）设备其他部位的清洁，只需用干净干抹布擦拭干净，如机身有污迹，用硅油擦拭干净即可。

（7）无需使用清洁剂，每次使用完设备后都要进行清洗，机身需要每周至少清洗一次。非连续生产时，在最后一批生产结束后按以上要求进行清洁。

3．每批生产结束后对地面、墙面和门窗等进行清洁消毒。

4．完成生产记录和清场记录（见附录5）的填写，请QA检查，合格后发给"清场合格证"。

5．复查本批的批生产记录，检查是否有错漏记。

五、基础知识

（一）基质与冷凝液

1．滴丸剂制备用的基质

滴丸中除主药以外的赋形剂均称为基质。基质与滴丸的形成、溶散时限、溶出度、稳定性、药物含量等有密切关系。基质应具有良好的化学惰性，与主药不发生化学反应，也不影响主药的药效和检测，对人体无害且熔点较低，在60~100℃条件下能熔化成液体，遇冷又能立即凝固成固体（在室温下仍保持固体状态）。

（1）水溶性基质　聚乙二醇类、聚氧乙烯单硬脂酸酯（S-40）、硬脂酸钠、甘油明胶、尿素、泊洛沙姆（Poloxamer）。

（2）非水溶性基质　硬脂酸、单硬脂酸甘油酯、虫蜡、氧化植物油、十八醇（硬脂醇）、十六醇（鲸蜡醇）等。

在实际应用时亦常采用水溶性与非水溶性基质的混合物作为滴丸的基质。混合基质的特点是：可增加药物在基质中的溶解量。

2．滴丸剂制备中的冷凝液

（1）水性冷凝液　常用的有水或不同浓度的乙醇等，适用于非水溶性基质的滴丸。

（2）油性冷凝液　常用的有液状石蜡、二甲基硅油、植物油、汽油或它们的混合物等，适用于水溶性基质的滴丸。

冷凝液选择的条件是必须安全无害,与主药和基质不相混溶,不起化学反应,有适宜的相对密度(略高或略低于滴丸的相对密度)和黏度,使滴丸(液滴)在冷凝液中缓缓下沉或上浮,有足够时间进行冷凝,保证成型完好。另外,还要有适宜的表面张力,因为在滴制过程中能否顺利形成滴丸,与表面张力有关。

(二)制备方法

滴制法是指将药物均匀分散在熔融的基质中,再滴入不相混溶的冷凝液里,冷凝收缩成丸的方法。一般工艺流程如下:

药物+基质→溶解、混悬、乳化→滴制→冷却→洗丸→干燥→选丸→质检→分装

(三)生产设备

目前工业生产中应用的滴丸机概括起来可分为如下三类。

(1)向下滴的小滴丸机　药液借位能和重力由滴头管口自然滴出,丸重主要由滴头口径的粗细来控制,管口过粗时药液充不满,使丸重差异增大,因此,这种滴丸机只能生产重70mg以下的小滴丸。

(2)大滴丸机　这种滴丸机可用定量泵,由柱塞的行程来控制丸重。

(3)向上的滴丸机　用于药液密度小于冷却剂的品种。

冷凝方式有静态冷凝和流动冷凝两种。DWJ-2000S-D 型滴丸试验机属于向下滴的滴丸机,大、小滴丸均可制备,其外观和部件见图 15-2~图 15-4。

图 15-2　DWJ-2000S-D 型滴丸试验机及集丸离心机

图 15-3　滴丸机滴罐

图 15-4　各种规格的滴头

(四)质量检查

1. 外观

外观圆整、色泽均匀、大小一致、不拖尾、不重叠、无粘连现象,表面无冷凝液黏附。

2. 重量差异

《中国药典》2010 年版二部滴丸剂重量差异限度如表 15-4 所示。

检查方法：除另有规定外，取供试品 20 丸，精密称定总重量，求得平均丸重后，再分别精密称定各丸的重量。每丸重量与平均丸重相比较，超出重量差异限度的丸剂不得多于 2 丸，并不得有 1 丸超出限度 1 倍。

表 15-4　丸重差异限度

平均丸重	重量差异限度
0.03g 及 0.03g 以下	±15%
0.03g 以上至 0.30g	±10%
0.30g 以上	±7.5%

包糖衣丸剂应在包衣前检查丸心的重量差异，符合规定后方可包衣。包糖衣后不再检查重量差异，薄膜衣丸应在包薄膜衣后检查重量差异并符合规定。

3．溶散时限

检查方法：按片剂崩解时限检查法的装置，但不锈钢丝网的筛孔内径应为 0.425mm；除另有规定外，取供试品 6 粒，按片剂崩解时限检查法检查，应在 30min 内全部溶散，包衣滴丸应在 1 h 内全部溶散。如有 1 粒不能完全溶散，应另取 6 粒复试，均应符合规定。

以明胶为基质的滴丸，可改在人工胃液中进行检查。

（五）举例

1．灰黄霉素滴丸

【处方】　灰黄霉素 50g，聚乙二醇 6000 350g，共制 1000 粒。

【制法】　PEG6000 在油浴上加热至 130℃，加入灰黄霉素不断搅拌熔化。滴制温度为 120℃，用定量泵滴丸机滴制。用冰水冷却的甲基硅油静态冷凝。收集滴丸，沥尽和擦干冷凝液，即得。

2．联苯双酯滴丸（糖衣滴丸）

【处方】　素丸：联苯双酯，1.50g 聚乙二醇 6000 13.5g，共制 1000 粒。

包衣液：滑石粉、蔗糖、明胶、川蜡适量。

【制法】　聚乙二醇 6000 在油浴 150℃ 下熔融为澄清液体后，加入比例量的联苯双酯，搅拌至全部溶解，滴制温度 100℃，滴速约 30 丸/min。用二甲基硅油作冷凝液，然后明胶和蔗糖混合所得的糖胶液和滑石粉为包衣材料，于高效无孔包衣机中，将素丸包糖衣，最后用川蜡打光，筛丸，即得。

拓 展 学 习

中药丸剂简介

一、定义

丸剂系指饮片细粉或提取物加适宜的黏合剂或其他辅料制成的球形或类球形制剂。

二、分类

（1）蜜丸　系指饮片细粉以蜂蜜为黏合剂制成的丸剂。其中每丸重量在 0.5g(含 0.5g) 以上的称大蜜丸，每丸重量在 0.5g 以下的称小蜜丸。

（2）水蜜丸　系指饮片细粉以蜂蜜和水为黏合剂制成的丸剂。

（3）水丸　系指饮片细粉以水（或根据制法用黄酒、醋、稀药汁、糖液等）为黏合剂制成的丸剂。

（4）糊丸　系指饮片细粉以米粉、米糊或面糊等为黏合剂制成的丸剂。

（5）蜡丸　系指饮片细粉以蜂蜡为黏合剂制成的丸剂。

（6）浓缩丸　系指饮片或部分饮片提取浓缩后，与适宜的辅料或其余饮片细粉，以水、蜂蜜或蜂蜜和水为黏合剂制成的丸剂。根据所用黏合剂的不同，分为浓缩水丸、浓缩蜜丸和浓缩水蜜丸。

三、特点

（1）蜜丸　溶散释药缓慢，作用持久；提高药物稳定性；滋补作用强；表面不硬化，可塑性大。

（2）水蜜丸　生产效率高；丸粒小，且光滑圆整，易于吞服；采用蜂蜜加水炼制成黏合剂，节省蜂蜜且易于贮存。

（3）水丸　显效比蜜丸、糊丸、蜡丸快；实际含药量高；掩盖药物不良气味，防止挥发性成分损失，或产生控释作用；易服，不易吸潮；设备简单。

（4）糊丸和蜡丸　释药极慢，延长药效，降低毒性，适用于毒性、刺激性的药物。

（5）浓缩丸　体积小，服用量小，便于服用，增加了疗效，节省赋形剂，便于携带和运输。

四、质量要求

丸剂在生产与贮藏期间应符合下列有关规定。

① 除另有规定外，供制丸剂用的药粉应为细粉或最细粉。

② 蜜丸所用蜂蜜须经炼制后使用。按炼蜜程度分为嫩蜜、中蜜和老蜜，制备蜜丸时可根据品种、气候等具体情况选用。除另有规定外，用塑制法制备蜜丸时，炼蜜应趁热加入药粉中，混合均匀；处方中有树脂类、胶类及含挥发性成分的药味时，炼蜜应在60℃左右加入；用泛制法制备水蜜丸时，炼蜜应用沸水稀释后使用。

③ 浓缩丸所用提取物应按制法规定，采用一定的方法提取浓缩制成。

④ 除另有规定外，水蜜丸、水丸、浓缩水蜜丸和浓缩水丸均应在80℃以下干燥；含挥发性成分或淀粉较多的丸剂（包括糊丸）应在60℃以下干燥；不宜加热干燥的应采用其他适宜的方法干燥。

⑤ 制备蜡丸所用的蜂蜡应符合本版药典该饮片项下的规定。制备时，将蜂蜡加热熔化，待冷却至60℃左右按比例加入药粉，混合均匀，趁热按塑制法制丸，并注意保温。

⑥ 凡需包衣和打光的丸剂，应使用各品种制法项下规定的包衣材料进行包衣和打光。

⑦ 丸剂外观应圆整均匀、色泽一致。蜜丸应细腻滋润，软硬适中。蜡丸表面应光滑无裂纹，丸内不得有蜡点和颗粒。

⑧ 除另有规定外，丸剂应密封贮存。蜡丸应密封并置阴凉干燥处贮存。

除另有规定外，丸剂应符合水分、重量差异或装量差异、溶散时限、微生物限度检查的相关规定。

五、常用辅料

中药丸剂的主体由药材粉末所组成的，因此，所加入的辅料赋形剂主要是一些润湿剂、黏合剂、吸收剂或稀释剂，从而有助于丸剂的成型。

1. 润湿剂

药材粉末本身具有黏性，故仅需加润湿剂诱发其黏性，便于制备成丸，常用的润湿剂有水、酒、醋、水蜜、药汁等。

（1）水　此处的水系指蒸馏水或冷沸水，药物遇水不变质者均可使用。

（2）酒　常用黄酒（含醇量约12%~15%）和白酒（含醇量约50%~70%），以水作润湿剂黏性太强时，可用酒代之。酒兼有一定的药理作用，因此，具有舒筋活血功效的丸剂常以酒作润湿剂。

（3）醋　常用药用米醋（含醋酸约3%～5%），醋能散瘀活血、消肿止痛，故具有散瘀止痛功效的丸剂常以醋作润湿剂。

（4）水蜜　一般以炼蜜1份加水3份稀释而成，兼具润湿与黏合作用（制成的丸剂即称为水蜜丸）。

（5）药汁　系将处方中难于粉碎的药材，用水煎煮取汁，作为润湿剂或黏合剂使用，这样既保留了该药材的有效成分，又不必外加其他的润湿剂或黏合剂。

2. 黏合剂

一些含纤维、油脂较多的药材细粉，需加适当的黏合剂才能成型。常用的黏合剂有蜂蜜、米糊或面糊、药材清（浸）膏、糖浆等。

（1）蜂蜜　所用蜂蜜应符合《中国药典》规定，蜂蜜作黏合剂独具特色，兼有一定的药理作用，是蜜丸的重要组成之一。作黏合剂使用时，一般需经炼制，炼制程度视制丸物料的黏性而定，一般分为如下三种。

① 嫩蜜　系指蜂蜜加热至105～115℃所得的制品，含水量18%～20%，相对密度1.34左右，用于黏性较强的药物制丸。

② 中蜜　系指蜂蜜加热至116～118℃出现翻腾着的均匀淡黄色细气泡的制品，含水量14%～16%，相对密度1.37左右，用于黏性适中的药物制丸。

③ 老蜜　系指蜂蜜加热至119～122℃，出现较大红棕色气泡的制品，含水量10%以下，相对密度14左右，用于黏性较差的药物制丸。

（2）米糊或面糊　系以黄米、糯米、小麦及神曲等的细粉制成的糊，用量为药材细粉的40%左右，可用调糊法、煮糊法、冲糊法制备。所制得的丸剂一般较坚硬，胃内崩解较慢，常用于含毒剧药和刺激性药物的制丸。

（3）药材浸膏　植物性药材用浸出方法制备得到的清（浸）膏，大多具有较强的黏性。因此，可以同时兼作黏合剂使用，与处方中其他药材细粉混合后制丸。

（4）糖浆　常用蔗糖糖浆或液状葡萄糖，既具有黏性，又具有还原作用，适用于黏性弱、易氧化药物的制丸。

3. 吸收剂

中药丸剂中，外加其他稀释剂或吸收剂的情况较少，一般是将处方中出粉率高的药材制成细粉，作为浸出物、挥发油的吸收剂，这样可避免或减少其他辅料的用量。

另外，为了中药丸剂进入人体后的崩解和释放，常用适量的崩解剂，如CMC、CMC-Na、HPMC等。

六、制备方法

（1）塑制法：物料的准备→制丸块→制丸条、分粒与搓圆→干燥。

（2）泛制法：原料药的准备→起模→成型→盖面→干燥→选丸→包装→质量检查。

● 思考题

1. 滴丸剂有哪些特点？
2. 请写出滴丸的生产工艺流程。
3. 滴丸剂常用的基质有哪些？
4. 滴丸剂常用的冷凝液有哪些？
5. 请概括滴丸剂在生产过程中的质量控制点及其影响因素。
6. 请列出滴丸机主要部件名称。

项目十六　喷雾剂生产

气雾剂、喷雾剂与粉雾剂是药物经特殊的给药装置给药后，药物进入呼吸道深部、腔道黏膜或皮肤发挥全身或局部作用的一种给药系统。气雾剂是借助抛射剂产生的压力将药物从容器中喷出，而喷雾剂是借助手动机械泵将药物喷出，粉雾剂则是由患者主动吸入。近几年来该领域的研究越来越活跃，产品越来越多，包括局部治疗药、抗生素药、抗病毒药、抗肿瘤药、蛋白质多肽药等。

喷雾剂系指含药溶液、乳状液或混悬液填充于特制的装置中，使用时借助手动泵的压力、高压气体、超声振动或其他方法将内容物呈雾状物释出，用于肺部吸入或直接喷至腔道黏膜、皮肤及空间消毒的制剂。

由于气雾剂的抛射剂氟利昂破坏大气层，根据国际公约生物医药行业所用的氟利昂也将于2015年被淘汰，但我国目前还没有理想的替代品，因此更多的气雾剂产品正在寻找相应喷雾剂的工艺思路，喷雾剂应用前景更为广阔。

1. 特点
① 使用、携带方便。
② 可经呼吸道深部、腔道黏膜或皮肤等发挥全身或局部作用。
③ 给药途径多样，可吸入给药、非吸入给药和外用；既可以单剂量给药也可以多剂量给药；既可定量给药又可非定量给药。
④ 速效和定位作用，起效快，可用于某些疾病的急症治疗，如哮喘等呼吸道疾病。
⑤ 药物可避免胃肠道的破坏和肝脏的首过作用，提高生物利用度。

2. 分类
按分散系可分为溶液型喷雾剂、乳状液型喷雾剂和混悬型喷雾剂；按用药途径可分为吸入喷雾剂、非吸入喷雾剂及外用喷雾剂；按给药定量与否，喷雾剂还可分为定量喷雾剂和非定量喷雾剂。

3. 质量要求
喷雾剂在生产和贮藏期间应符合下列有关规定。
① 根据需要可加入溶剂、助溶剂、抗氧剂、防腐剂、表面活性剂等附加剂。吸入喷雾剂中所有附加剂均应为生理可接受物质，且对呼吸道黏膜和纤毛无刺激性、无毒性。非吸入喷雾剂及外用喷雾剂中所有附加剂均应对皮肤或黏膜无刺激性。
② 喷雾剂装置中各组成部件均应采用无毒、无刺激性、性质稳定、与药物不起作用的材料制备。
③ 溶液型喷雾剂药液应澄清；乳状液型喷雾剂液滴在液体介质中应分散均匀；混悬型喷雾剂应将药物细粉和附加剂充分混匀，制成稳定的混悬剂。吸入喷雾剂的雾滴（粒）大小

应控制在 10μm 以下，其中大多数应为 5μm 以下。

④ 喷雾剂应置凉暗处贮存，防止吸潮。

⑤ 单剂量吸入喷雾剂应标明：a．每剂药物含量；b．液体使用前置于吸入装置中吸入，而非口服；c．有效期；d．贮藏条件。

⑥ 多剂量喷雾剂应标明：a．每瓶总喷次；b．每喷主药含量。

4．生产工艺流程

喷雾剂生产工艺流程见图 16-1。

5．工作任务

批生产指令单见表 16-1。

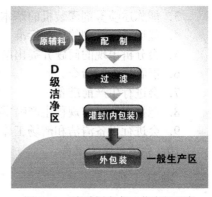

图 16-1 喷雾剂生产工艺流程示意

表 16-1 批生产指令单

产品名称		复方萘甲唑啉喷雾剂		规 格		10ml×200 喷
批 号				批 量		25000 瓶
物料的批号与用量							
序 号	物料名称	供货单位	检验单号	批号	用 量
1	盐酸萘甲唑啉				125g
2	马来酸氯苯那敏				250g
3	三氯叔丁醇				500g
4	甘油				12500ml
5	依地酸二钠				125g
6	纯化水				加至 250000ml
生产开始日期		年 月 日		生产结束日期		年 月 日
制表人				制表日期		年 月 日
审核人				审核日期		年 月 日
批准人				批准日期		年 月 日
备注：						

模块一　配　　液

参见项目十模块一"配液"。

模块二　灌　　封

一、职业岗位

喷雾剂灌封工。

二、工作目标

1．能陈述喷雾剂的定义、特点与分类。

2．能看懂喷雾剂的生产工艺流程。

3. 能陈述喷雾剂灌装机的基本结构和工作原理。
4. 能运用喷雾剂的质量标准。
5. 会分析出现的问题并提出解决办法。
6. 能看懂生产指令。
7. 会进行生产前准备。
8. 能按岗位操作规程生产喷雾剂。
9. 会进行设备清洁和清场工作。
10. 会填写原始记录。

三、准备工作

（一）职业形象

按"D级洁净区生产人员进出规程"（详见附录2）进入生产操作区。

（二）任务主要文件

1. 批生产指令单。
2. 灌封机标准操作规程。
3. 电子天平标准操作程序。
4. 人员进出一般生产区更衣操作规程。
5. 非生产人员进入生产区管理规程。
6. 生产区环境卫生管理规程。
7. 地漏清洁、消毒操作规程。
8. 物料进出洁净区清洁消毒操作规程。
9. D级洁净区生产人员进出规程。
10. D级洁净区容器、器具清洁消毒规程。
11. D级洁净区的清洁规程。
12. D级洁净区物料进出规程。
13. 工作服材质、式样及颜色管理规程。
14. 生产过程状态标识管理规程。
15. 状态标识使用操作规程。
16. 生产记录、包装记录。

（三）物料

根据批生产指令领取生产用原辅料，并核对其品名、批号、规格、数量、药品生产批准文号、生产供应商是否与领料单相符，检查有无本公司检验合格证，检查外包装的完整性。确认无误后，交接双方在物料交接单（详见附录4）上签字。然后在脱外包间进行清洁处理，脱去外包装或对外包装进行清洁后，从物流通道传入洁净区。

（四）器具、设备

（1）设备 SHZ-YGS-Ⅱ全自动灌装旋盖联动机，灌装机在生产操作前清洁消毒一次，消毒剂为75%的乙醇，具体操作如下。

① 先将不锈钢盛药专用桶用纯化水冲洗至无附着物，再用洁净抹布擦除桶内的水迹，然后加入5L消毒剂溶液，将连接单向阀、灌装阀的硅胶管放入消毒剂溶液桶内，按联动机使用标准规程启动主机1，进行来回自循环10min。

② 用消毒剂溶液清洁、消毒进瓶斗、输送带、分度转盘（灌装、拧盖）。

③ 最后用纯化水清洗两遍，将消毒剂残留物清除。

④ 将灌注系统可拆部件卸下，用消毒剂浸泡 1h 以上。

(2) 器具　不锈钢桶等。

(五) 检查

1. 进入生产场地，检查是否有上次生产的"清场合格证"，是否有质检员或检查员签名。
2. 检查生产场地是否洁净，是否有与生产无关的遗留物品。
3. 检查设备是否洁净完好，是否挂有"已清洁"标识。
4. 检查操作间的进风口与回风口是否有异常。
5. 检查计量器具与称量的范围是否相符；是否洁净完好；是否有检查合格证；是否在使用有效期内。
6. 检查记录台是否清洁干净，是否留有上批的生产记录表等与本批无关的文件。
7. 检查操作间的温度、相对湿度、压差是否与要求相符，并记录在洁净区温度、相对湿度、压差记录表上。
8. 接收到"批生产指令"、"生产记录"（空白）、"中间产品交接单"（空白）等文件后，要仔细阅读，明确产品名称、规格、批号、批量、工艺要求等指令。
9. 复核所用物料是否正确，容器外标签是否清楚，内容与所用的指令是否相符，复核质量、件数是否相符。
10. 检查使用的周转容器及生产用具是否洁净，有无破损。
11. 上述各项达到要求后，有检查员或班长检查一遍。检查合格后，取得"准产证"。在操作间的状态标识上写上"生产中"方可进行生产操作。

四、生产过程

(一) 生产操作

1. 更换状态标识牌。
2. 合上电源开关，按下主机 1 灌装机、主机 2 旋盖机开关键。
3. 打开压缩空气阀门，由压缩空气控制气缸。
4. 待计量系统内的空气自动排走后，同时关闭或启动主机 1、主机 2 开关键，手动调节灌装偏心轮，灌装 5 瓶后取出，用量筒检测装量是否符合规定，如果超出范围 11.3~11.8ml/瓶，则调至符合为止。
5. 装量达到控制范围后，将主机 1、主机 2 关闭。
6. 开启输送入、输送出开关键，使瓶子自动进入分度转盘。工作时应注意防止轧瓶，以免影响振荡器送瓶。
7. 一人到机器后部落盖岗位处，将喷头倒插入模盘孔。
8. 重新按下主机 1、主机 2 开关键。灌装阀碰到瓶子后计量系统开始出液，灌装结束灌装阀上升离开瓶子，分度转盘开始转动，转到将要停止时，灌装阀开始下降，泵出药液喷入药瓶。
9. 另一人在机器前集中注意倒瓶、夹瓶、灌装等动作，同时将遗漏喷头的瓶及时补上。
10. 旋好盖的瓶子经输送带输送到贴标机进行贴标，另一人负责检查旋盖。
11. 每 500 瓶收集为一袋，移至半成品中转间，填上标签并传递出外包间。
12. 生产过程应检测装量和澄清度，其要求应符合中间产品质量标准；检测频率规定为每小时 1 次。
13. 及时填写生产记录(见表 16-2)。

表 16-2 灌封工序生产记录

产品名称		复方萘甲唑啉喷雾剂		规格		10ml：200 喷		批号		
工序名称		喷雾剂灌封		生产日期		年 月 日		批量		25000 瓶
生产场所		喷雾剂灌封充间		主要设备						
序号	指令		工艺参数		操作参数					操作者签名
1	岗位上应具有"三证"		上批清场合格证		有 □		无 □			
			设备完好证		有 □		无 □			
			计量器具检定合格证		有 □		无 □			
	取下《清场合格证》，附于本记录后				完成 □		未办 □			
2	检查与确认		上批生产记录、文件、标识		有 □		无 □			
			上批物料		有 □		无 □			
			环境清洁		是 □		否 □			
			设备清洁		是 □		否 □			
			周转容器及生产器具是否洁净		是 □		否 □			
			进风口与回风口是否正常		是 □		否 □			
	领取	喷瓶	形状：		符合 □		不符 □			
			规格：		□		□			
		喷头	形状：		符合 □		不符 □			
			规格：		□					
3	灌封工序生产记录		机台号	1 号机			2 号机		合计	
			领用喷瓶数	瓶			瓶		瓶	
			使用喷瓶数	瓶			瓶		瓶	
			过程损数	瓶			瓶		瓶	
			领用喷头数	个			个		个	
			使用喷头数	个			个		个	
			过程损数	个			个		个	
			灌封成品数	瓶			瓶		瓶	
			灌封时间							
4	检查项目		次数项目	1	2	3	1	2	3	药液成品率/%
			装量/ml							
			澄明度	纤维						灌装成品率/%
				其他						
5	物料结算		剩余喷瓶数量： 瓶				剩余喷头数量： 个			
6	物料平衡计算		物料平衡计算=（灌成品数+退料数+废料数）/领用数×100%							
			=[（ ）+（ ）+（ ）]/（ ）×100%							
			= %							
7	判定				合格 □		不合格 □			
8	灌装放行		外观		合格 □		不合格 □			
			装量		合格 □		不合格 □			
			澄明度		合格 □		不合格 □			
			是否放行		是 □		否 □			
9	QA 检查员									

（二）质量控制要点与质量判断

（1）灌装 是关键程序，开机前要求调节灌装机，控制好质量。灌装时要注意管内不能吸入空气或泡沫，灌装过程中如有药液滴出瓶外，要及时清洁干净，如发现漏液要及时清除漏瓶和清理干净。

（2）装量 是灌封过程控制点，随机抽样，检查装量，使用量筒测定，要求每瓶装量范围为 11.3～11.8ml。

（三）结束工作

1. 灌装结束，记录灌装瓶数，关闭电源开关和压缩空气阀。
2. 计算物料平衡，填写批生产记录。
3. 将整批的物料数量重新复核一遍，检查标签确实无误后，交下一工序生产或送到中间站。
4. 清退剩余物料、废料。
5. 将"生产运行"标识、上次生产的"清场合格证"副本按照要求纳入批生产记录；仔细核对批生产记录，按要求填写完整，同时核对该批产品的其他生产文件，检查是否遗漏，递交 QA 汇总。
6. 操作室换成"待清洁"标识。
7. 设备、容器具换成"待清洁"标识。
8. 拆卸灌注系统可拆部件，放在指定容器内清洗干净后，重新装上。
9. 将进瓶斗、输送带、分度转盘（灌装、拧盖）以及联动机上的溶液、油垢擦拭干净，用经消毒剂浸泡拧干的抹布擦拭两遍。
10. 用经消毒剂浸泡拧干的抹布清洁控制板的操作台以及联动机外壁。
11. 联动机清洁消毒后，再用纯化水浸湿抹布擦拭两遍。
12. 对周转容器和工具等进行清洗消，清洁消毒天花板、墙面、地面。
13. 完成生产记录和清场记录（见附录 5）的填写，请 QA 检查，合格后发给"清场合格证"。
14. 更换设备、操作室的状态标识。
15. 操作人员退出洁净区，按进入洁净区的相反程序执行。

五、基础知识

（一）组成

喷雾剂主要由药物和溶剂、附加剂组成。
（1）溶剂　常用的溶剂有蒸馏水、乙醇、甘油和丙二醇。
（2）附加剂　常用的附加剂有增溶剂、助溶剂、助悬剂、抗氧剂、防腐剂、乳化剂等。

（二）质量检查

除另有规定外，喷雾剂应进行以下相应检查。

1．每瓶总喷次

多剂量气雾剂照下述方法检查，每瓶总喷次应符合规定。

检查方法：取供试品 4 瓶，除去帽盖，充分振摇，照使用说明书操作，在通风橱内，分别按压阀门连续喷射于已加入适量吸收液的容器内（注意每次喷射间隔 5s 并缓缓振摇），直至喷尽为止，分别计算喷射次数，每瓶总喷次均不得少于其标示总喷次。

2．每喷喷量

除另有规定外，定量气雾剂照下述方法检查，每喷喷量应符合规定。

检查方法：取供试品 4 瓶，照使用说明书操作，分别试喷数次后，擦净，精密称定，再连续喷射 3 次，每次喷射后均擦净，精密称定，计算每次喷量，连续喷射 10 次，擦净，精密称定，再按上述方法测定 3 次喷量，继续连续喷射 10 次后，按上述方法再测定 4 次喷量，计算每瓶 10 次喷量的平均值。除另有规定外，均应为标示喷量的 80%～120%。

凡规定测定每喷主药含量的喷雾剂，不再进行每喷喷量的测定。

3. 每喷主药含量

除另有规定外，定量气雾剂照下述方法检查，每喷主药含量应符合规定。

检查方法：取供试品1瓶，照使用说明书操作，试喷5次，用溶剂洗净喷口，充分干燥后，喷射10次或20次（注意每次喷射间隔5s并缓缓振摇），收集于一定量的吸收溶剂中（防止损失），转移至适宜量瓶中并稀释至刻度，摇匀，测定。所得结果除以10或20，即为平均每喷主药含量。每喷主药含量应为标示量的80%~120%。

4. 雾滴（粒）分布

吸入喷雾剂应检查雾滴（粒）大小分布。按照吸入喷雾剂雾滴（粒）分布测定法（《中国药典》2010年版二部附录Ⅹ H）检查，使用正文项下规定的接受液和测定方法，依法测定。除另有规定外，雾滴（粒）药物量应不少于每喷主药含量标示量的15%。

5. 装量差异

除另有规定外，单剂量喷雾剂装量差异应符合规定，《中国药典》2010年版二部喷雾剂装量差异限度如表16-3所示。

检查方法：除另有规定外，取供试品20个，照品种项下规定的方法，求出每个内容物的装量与平均装量。每个的装量与平均装量相比较，超出装量差异限度的不得多于2个，并不得有1个超出限度1倍。

表16-3 喷雾剂装量差异限度

平均装量	装量差异限度
0.3g以下	±10%
0.3g及0.3g以上	±7.5%

凡规定检查含量均匀度的单剂量喷雾剂，一般不再进行装量差异的检查。

6. 装量

按照非定量喷雾剂最低装量检查法（《中国药典》2010年版二部附录Ⅹ F）检查，应符合规定。

7. 无菌

用于烧伤、创伤或溃疡的喷雾剂，按照无菌检查法（《中国药典》2010年版二部附录Ⅺ I）检查，应符合规定。

8. 微生物限度

除另有规定外，按照微生物限度检查法（《中国药典》2010年版二部附录Ⅺ J）检查，应符合规定。

拓 展 学 习

一、气雾剂

气雾剂系指含药溶液、乳状液或混悬液与适宜的抛射剂共同装封于具有特制阀门系统的耐压容器中，使用时借助抛射剂的压力将内容物呈雾状物喷出，用于肺部吸入或直接喷至腔道黏膜、皮肤及空间消毒的制剂。

（一）特点

1. 主要优点

① 具有速效和定位作用，如治疗哮喘的气雾剂可使药物粒子直接进入肺部，吸入2min即能显效。

② 药物密闭于容器内能保持药物清洁无菌，由于容器不透明、避光，不与空气中的氧或水分直接接触，增加了药物的稳定性。

③ 使用方便，药物可避免胃肠道的破坏和肝脏首过作用。

④ 可以用定量阀门准确控制剂量。

2. 缺点

① 因气雾剂需要耐压容器、阀门系统和特殊的生产设备，所以生产成本高。

② 因抛射剂有高度挥发性，故其具有制冷效应，多次使用于受伤皮肤上可引起不适与刺激。

③ 氟氯烷烃类抛射剂在动物或人体内达到一定浓度都可致敏心脏，造成心律失常，故治疗用的气雾剂对心脏病患者不适宜。

（二）分类

1. 按分散系统分类

（1）溶液型气雾剂　药物（固体或液体）溶解在抛射剂中，形成均匀溶液，喷出后抛射剂挥发，药物以固体或液体微粒状态达到作用部分。

（2）混悬型气雾剂　药物（固体）以微粒状态分散在抛射剂中，形成混悬液，喷出后抛射剂挥发，药物以固体微粒状态达到作用部位。此类气雾剂又称为粉末气雾剂。

（3）乳剂型气雾剂　药物水溶液和抛射剂按一定比例混合形成 O/W 型或 W/O 型乳剂。O/W 型乳剂以泡沫状态喷出，因此又称为泡沫气雾剂。W/O 型乳剂，喷出时形成液流。

2. 按气雾剂组成和容器中存在的相数分类

（1）二相气雾剂　一般指溶液型气雾剂，由气液两相组成。气相是抛射剂所产生的蒸气；液相为药物与抛射剂所形成的均相溶液。

（2）三相气雾剂　一般指混悬型气雾剂与乳剂型气雾剂，由气-液-固、气-液-液三相组成。在气-液-固中，气相是抛射剂所产生的蒸气，液相是抛射剂，固相是不溶性药粉；在气-液-液中两种不溶性液体形成两相，即 O/W 型或 W/O 型。

3. 按给药定量与否，气雾剂还可分为定量气雾剂和非定量气雾剂。

4. 按医疗用途分类

（1）呼吸道吸入用气雾剂　吸入气雾剂系指药物与抛射剂呈雾状喷出时随呼吸吸入肺部的制剂，可发挥局部或全身治疗作用。

（2）皮肤和黏膜用气雾剂　皮肤用气雾剂主要起保护创面、清洁消毒、局部麻醉及止血等作用；阴道黏膜用的气雾剂，常用 O/W 型泡沫气雾剂，主要用于治疗微生物、寄生虫等引起的阴道炎，也可用于节制生育；黏膜用气雾剂主要适用于蛋白质类药物的全身作用。

（3）空间消毒用气雾剂　主要用于杀虫、驱蚊及室内空气消毒。喷出的粒子极细（直径不超过 50μm），一般在 10μm 以下，能在空气中悬浮较长时间。

（三）质量要求

气雾剂在生产与贮藏期间应符合下列有关规定。

① 根据需要可加入溶剂、助溶剂、抗氧剂、防腐剂、表面活性剂等附加剂。吸入气雾剂中所有附加剂应对呼吸道黏膜和纤毛无刺激性、无毒性。非吸入气雾剂及外用气雾剂中所有附加剂均应对皮肤或黏膜无刺激性。

② 二相气雾剂应按处方制得澄清的溶液后，按规定量分装。三相气雾剂应将微粉化（或乳化）药物和附加剂充分混合制得稳定的混悬液或乳状液，如有必要，抽样检查，符合要求后分装。在制备过程中还应严格控制原料药、抛射剂、容器、用具的含水量，防止水分混入；易吸湿的药物应快速调配、分装。吸入气雾剂的雾滴（粒）大小应控制在 10μm 以下，其中

大多数应为5μm以下。

③ 气雾剂常用的抛射剂为适宜的低沸点液体。根据气雾剂所需压力,可将两种或几种抛射剂以适宜比例混合使用。

④ 气雾剂的容器,应能耐受气雾剂所需的压力,各组成部件均不得与药物或附加剂发生理化作用,其尺寸精度与溶胀必须符合要求。

⑤ 定量气雾剂释出的主药含量应准确,喷出的雾滴(粒)应均匀,吸入气雾剂应保证每揿含量的均匀性。

⑥ 制成的气雾剂应进行泄漏和压力检查,确保使用安全。

⑦ 气雾剂应置凉暗处贮存,并避免曝晒、受热、敲打、撞击。

⑧ 定量气雾剂应标明:每瓶总揿次;每揿主药含量。

(四)气雾剂的组成

气雾剂由抛射剂、药物与附加剂、耐压容器和阀门系统组成。抛射剂与药物一同装在耐压容器中,部分抛射剂气化使容器内产生压力,若打开阀门,则药物、抛射剂一起喷出而形成雾滴。离开喷嘴后抛射剂和药物的雾滴进一步气化,雾滴变得更细。

1. 抛射剂

抛射剂是气雾剂的动力系统,是喷射压力的来源同时兼作药物的溶剂或稀释剂。抛射剂多为液化气体,在常温常压下蒸气压应高于大气压,沸点低于室温。因此需装入耐压密封容器中,由阀门系统控制。在阀门开启时,借抛射剂的压力将容器内的药液以雾状喷出到达用药部位。对抛射剂的要求是:① 在常温下的蒸气压大于大气压;② 应无毒、无致敏性和刺激性;③ 惰性,不与药物等发生反应;④ 不易燃、不易爆炸;⑤ 无色、无臭、无味;⑥ 价廉易得。

抛射剂一般分为氟氯烷烃、碳氢化合物及压缩气体三类。

(1) 氟氯烷烃 又称氟利昂,是气雾剂常用的抛射剂。特点是沸点低,常温下蒸气压略高于大气压,易控制,性质稳定,不易燃,无味,基本无臭,毒性较小,不溶于水,可作脂溶性药物的溶剂。常用的有F_{11}、F_{12}、F_{114},应用最多的是F_{12}。

虽然氟利昂作抛射剂比较理想,但可破坏大气臭氧层,损害地球上生长的动植物及人类的健康。自20世纪90年代开始,我国已在电冰箱、空调等各产业领域逐步停用氟利昂,目前只剩下生物医药产业仍在使用氟利昂。根据国际公约的要求和时间表,到2015年淘汰医药卫生产业中的氟利昂,中国已制定了药用吸入气雾剂氟利昂淘汰行业计划。

(2) 碳氢化合物 有丙烷、正丁烷、异丁烷,国内不常用。此类抛射剂虽稳定、毒性不大、密度低,但易燃、易爆,不宜单独使用,常与氟氯烷烃类合用。

(3) 压缩气体 主要有二氧化碳、氮气和一氧化氮等。化学性质稳定,不与药物发生反应,不燃烧,但蒸气压过高,对容器耐压性要求较高。若充入非液化压缩气体,则压力会迅速降低,不能持久喷射,因而在气雾剂中基本不用,主要用于喷雾剂。

2. 药物与附加剂

(1) 药物 气雾剂所用药物有液体、半固体或固体粉末。药物制成吸入用气雾剂应测定其血药浓度,定出有效剂量,安全指数小的药物必须做毒性试验,确保安全。

(2) 附加剂 气雾剂中往往需要添加能与抛射剂混溶的潜溶剂、增加稳定性的抗氧剂以及乳化所需的表面活性剂等附加剂。如在溶液型气雾剂中加适量乙醇、丙二醇或聚乙二醇等作潜溶剂;在混悬型气雾剂中加滑石粉、胶体二氧化硅等固体润湿剂,使药物微粉易于分散混悬,还可加入适量司盘85等HLB值低的表面活性剂,或月桂醇等高级醇类作稳定剂,使药物不聚集和重结晶,在喷雾时不会阻塞阀门;在乳剂型气雾剂中若药物不溶于水或在水中不稳定时可用甘油、丙二醇类代替水,还可加入适当的乳化剂如聚山梨酯或司盘类等;此外,根据药物的性质还可加入适量的抗氧剂，如维生素 C 等。

3．耐压容器

气雾剂的容器不应与药物和抛射剂发生作用，对内容物稳定，能耐受工作压力，有一定的安全系数和冲击耐力。耐压容器有金属和玻璃容器。玻璃容器化学性质稳定，较为常用，但耐压和耐撞击性差，故其外应有塑料防护层。金属容器包括铝、不锈钢等容器，耐压性强，但对药液不稳定，需内涂聚乙烯或环氧树脂等。

4．阀门系统

阀门系统是在密封条件下控制药物喷射的剂量。目前有非定量阀门和定量阀门两种。主要部件有封帽、阀门杆、橡胶封圈、弹簧、定量室、浸入管、推动钮等。

目前使用最多的是定量型的吸入气雾剂阀门系统，见图 16-2。

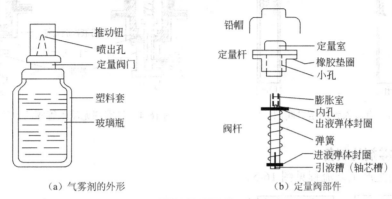

图 16-2　气雾剂的定量阀门系统装置外形及部件示意

（1）推动钮　是用来开放和关闭气雾剂阀门的装置，装在阀门杆的顶端，常用塑料制成，具有各种形状并有适当的小孔与喷嘴相连，可限制内容物喷出的方向。

（2）封帽　通常为铝制品，它把阀门封固在容器上。

（3）阀门杆　是阀门的轴芯，顶端与推动钮相接，上端有内孔和膨胀室，下端还有一段细槽或缺口供药液进入定量室。

内孔是阀门沟通容器内外的极细小孔，其大小关系到气雾剂喷射雾滴的粗细。内孔位于阀门杆之旁，平常被弹性封圈封在定量室之外，使容器内外不沟通。当揿下推动钮时，内孔进入定量室与药液相通，药液即通过它进入膨胀室，然后从喷嘴喷出。

阀门杆内有膨胀室，位于内孔之上，药液由内孔进入此室时，骤然膨胀，部分抛射剂气化而使药液雾化、喷出，进一步形成细雾滴。

（4）橡胶封圈　是封闭或打开阀门内孔的控制圈，分进液和出液两种。

进液封圈紧套于阀门杆下端，在弹簧之下，它的作用是托住弹簧，同时随着阀门杆的上下移动而使进液槽打开或关闭，且封闭定量室下端，使杯室药液不致倒流。

出液弹性封圈紧套于阀门杆上端，位于内孔之下，弹簧之上，它的作用是随着阀门杆的上下移动而使内孔打开或关闭，同时封闭定量室的上端，使杯内药液不致溢出。

（5）弹簧　弹簧供给推动钮上升的弹力，套于阀杆，位于定量杯内，由不锈钢制成。

（6）定量室　其容量一般为 0.05～0.2ml。它决定剂量的大小。由上下封圈控制药液不外溢，使喷出准确地剂量。

（7）浸入管　是将容器内药液向上输送到阀门系统的通道，如图 16-3 所示。用塑料制成，向上的动力是容器的内压。

国产药用吸入型气雾剂不用浸入管，而用有引液槽的阀杆，见图 16-4。故使用时需将容器倒置，使药液通过阀杆上的引液槽进入阀门系统的定量室。喷射时按下揿钮，阀杆在揿钮的压力下顶入，弹簧受压，内孔进入出液橡胶封圈以内，定量室内的药液由内孔进入膨胀室，部分汽化后自喷嘴喷出。同时引液槽全部进入瓶内，封圈封闭了药液进入定量室的通道。揿钮压力除去后，在弹簧作用下，又使阀杆恢复原位，药液再进入定量室，再次使用时，又重复这一过程。

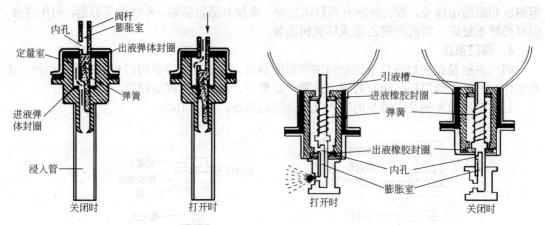

图 16-3　有浸入管的定量阀门　　　　图 16-4　气雾剂无浸入管阀门启闭示意

（五）气雾剂的制备

气雾剂的生产工艺流程见图 16-5。

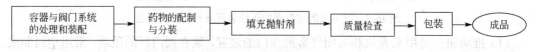

图 16-5　气雾剂生产工艺流程示意

1. 容器、阀门系统的处理与装配

（1）玻瓶搪塑　先将玻瓶洗净烘干，预热至 120～130℃，趁热浸入塑料黏浆中，使瓶颈以下黏附一层塑料浆液，倒置，在 150～170℃烘干 15min，备用。

（2）阀门系统的处理与装配　橡胶制品可在 75%乙醇中浸泡 24h，以除去色泽并消毒，干燥备用；塑料、尼龙零件洗净再浸在 95%乙醇中备用；不锈钢弹簧在 1%～3%碱液中煮沸 10～30min，用水洗涤数次，然后用蒸馏水洗 2~3 次，直至无油腻为止，浸泡在 95%乙醇中备用。最后将处理好的零件，按照阀门的结构装配。

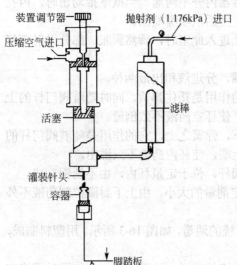

图 16-6　抛射剂压装机示意

2. 药物的配制与分类

按处方组成及要求的气雾剂的类型进行配制：溶液型气雾剂应制成澄清药液；混悬型气雾剂应将药物微粉化并保持干燥状态；乳剂型气雾剂应制成稳定的乳剂。

3. 抛射剂的填充

（1）压灌法　先将配好的药液（一般为药物的乙醇溶液或水溶液）在室温下灌入容器内，再将阀门装上并轧紧，然后通过压装机压入定量的抛射剂（最好先将容器内空气抽去）。

如图 16-6 所示，压灌时液化抛射剂自进口经砂棒滤过后进入压装机。操作压力，以 68.65～105.975kPa 为宜。压力偏低时，抛射剂钢瓶可用热水或红外线等加热，使达工作压力。当容器上顶时，灌装针头伸入阀杆内，压装机与容器的阀门同时打开，定量的液化抛射剂压灌入容器内。

（2）冷灌法　药液借助冷灌法装置中热交换器冷却至-20℃左右，抛射剂冷却至沸点以下至少5℃。先将冷却的药液灌入容器中，随后加入已冷却的抛射剂(也可两者同时进入)。立即将阀门装上并轧紧，操作必须迅速完成，以减少抛射剂损失。

冷灌法速度快，对阀门无影响，成品压力较稳定。但需制冷设备和低温操作，抛射剂损失较多。

（六）质量检查

除另有规定外，气雾剂应进行以下相应检查。

1．每瓶总揿次

同本项目模块二基础知识中质量检查相关内容。

2．每揿主药含量

定量气雾剂照下述方法检查，每揿主药含量应符合规定。

检查法：取供试品 1 瓶，充分振摇，除去帽盖，试喷 5 次，用溶剂洗净套口，充分干燥后，倒置于已加入一定量吸收液的适宜烧杯中，将套口浸入吸收液液面下（至少 25mm），喷射 10 次或 20 次（注意每次喷射间隔 5 s 并缓缓振摇），取出供试品，用吸收液洗净套口内外，合并吸收液，转移至适量瓶中并稀释至刻度后，按各品种含量测定项下的方法测定，所得结果除以取样喷射次数，即为平均每揿主药含量。每揿主药含量应为每揿主药含量标示量的 80%～120%。

3．雾滴（粒）分布

同本项目模块二基础知识中质量检查相关内容。

4．喷射速率

非定量气雾剂照下述方法检查，喷射速率应符合规定。

检查法：取供试品 4 瓶，除去帽盖，分别喷射数秒后，擦净，精密称定，将其浸入恒温水浴（25℃±1℃）中 30min，取出，擦干，除另有规定外，连续喷射 5 s，擦净，分别精密称重，然后放入恒温水浴水（25℃±1℃）中，按上法重复操作 3 次，计算每瓶的平均喷射速率（g/s），均应符合各品种项下的规定。

5．喷出总量

非定量气雾剂照下述方法检查，喷出总量应符合规定。

检查法：取供试品 4 瓶，除去帽盖，精密称定，在通风橱内，分别连续喷射于已加入适量吸收液的容器中，直至喷尽为止，擦净，分别精密称定，每瓶喷出量均不得少于标示装量的 85%。

6．无菌

用于烧伤、创伤或溃疡的气雾剂，按照无菌检查法（《中国药典》2010 年版二部附录 XI H）检查，应符合规定。

7．微生物限度

除另有规定外，按照微生物限度检查法（《中国药典》2010 年版二部附录 XI J）检查，应符合规定。

（七）举例

【处方】　大蒜油 10ml，吐温 80 30g，司盘 80 35g，十二烷基硫酸钠 20g，甘油 50ml，二氯二氟甲烷 962.5g，纯化水加至 1400ml。

【制法】 将油水两相混合制成乳剂，分装成175瓶，每瓶压入5.5g F_{12}，密封而得。

【注解】 ① 本品为三相气雾剂的乳剂型气雾剂，用吐温80、司盘80及十二烷基硫酸钠为乳化剂；② 本品喷射后产生大量泡沫，药物有抗真菌作用，用于真菌性阴道炎。

二、粉雾剂

粉雾剂是指药物经特殊的给药装置给药后以干粉形式进入给药部位，发挥全身或局部作用的制剂。

1. 粉雾剂的分类

粉雾剂按用途可分为吸入粉雾剂、非吸入粉雾剂和外用粉雾剂。

吸入粉雾剂系指微化药物或与载体以胶囊、泡囊或多剂量贮库形式，采用特制的干粉吸入装置，由患者主动吸入雾化药物至肺部的制剂。

非吸入粉雾剂系指药物或与载体以胶囊或泡囊形式，采用特制的干粉给药装置，将雾化药物喷至腔道黏膜的制剂。

外用粉雾剂系指药物或与适宜的附加剂灌装于特定的干粉给药器具中，使用时借助外力将药物喷至皮肤或黏膜的制剂。

2. 组成

（1）给药装置　粉雾剂由粉末吸入（或喷入）装置和供吸入或喷入用的干粉组成。药物粒子经吸入装置可从密集状态变为松散状态或从载体表面上重新分散，产生可供吸入的粒子。理想的装置结构应在较低的压差条件下即可产生药粉的湍流。吸入（或喷入）装置有胶囊型、铝箔泡囊型、贮库型、雾化型等。

（2）药物和附加剂　固体药物经微粉化后，药物的粒度大小控制在10μm以下，其中多为约5μm。为改善粉末的流动，常加入适宜的载体和润滑剂，如沙丁胺醇粉雾剂中的乳糖。

3. 质量要求

粉雾剂在生产与贮藏期间应符合下列有关规定。

① 配制粉雾剂时，为改善粉末的流动性，可加入适宜的载体和润滑剂。吸入粉雾剂中所有附加剂均应为生理可接受物质，且对呼吸道黏膜和纤毛无刺激性、无毒性。非吸入粉雾剂及外用粉雾剂中所有附加剂均应对皮肤或黏膜无刺激性。

② 粉雾剂给药装置使用的各组成部件均应采用无毒、无刺激性、性质稳定、与药物不起作用的材料制备。

③ 吸入粉雾剂中药物粒度大小应控制在10μm以下，其中大多数应在5μm以下。

④ 除另有规定外，外用粉雾剂应符合散剂项下4有关的各项规定。

⑤ 粉雾剂应置于凉暗处贮存，防止吸潮。

⑥ 胶囊型、泡囊型吸入粉雾剂应标明：a. 每粒胶囊或泡囊中药物含量；b. 胶囊应置于吸入装置中吸入，而非吞服；c. 有效期；d. 贮藏条件。

⑦ 多剂量贮库型吸入粉雾剂应标明：a. 每瓶总吸次；b. 每吸主药含量。

● **思考题**

1. 何谓气雾剂？何谓喷雾剂？何谓粉雾剂？这三者有何区别？
2. 气雾剂是如何分类的？
3. 气雾剂是由哪几部分组成的？抛射剂的种类有哪些？如何灌装？

第五部分
药物制剂生产新技术和新剂型

项目十七
学习药物制剂生产新技术

模块一　认识包合技术

一、概述

包合技术系指一种药物分子被包嵌在另一种物质分子的空穴结构内形成的独特形式络合物的技术，这种独特形式的络合物称作包合物，由主分子和客分子组成。具有包合作用的外层分子称为主分子，被包合于主分子空间中的小分子物质称为客分子。主分子一般具有较大的空穴结构，从而足以将客分子容纳在内，形成分子囊。包合物根据主分子形成空穴的几何形状可分为管形包合物、笼形包合物和层状包合物。

包合物的形成与稳定，主要取决于主分子和客分子的立体结构以及二者的极性。客分子与主分子的空穴形状与大小要相适应。包合过程通常是物理过程而不是化学过程，包合物的稳定性取决于二者分子间的作用力。

二、包合材料

包合物中的主分子称为包合材料，能够用作包合材料的有环糊精、胆酸、淀粉、纤维素、蛋白质、核酸等。药物制剂中最常用的包合材料是环糊精及其衍生物。

1. 环糊精

环糊精（CYD）系指淀粉用嗜碱性芽孢杆菌经培养得到的环糊精葡萄糖转位酶作用后生成的分解产物，由6～12个D-葡萄糖分子以1，4-糖苷键连接的环状低聚糖化合物，为水溶性的非还原性白色结晶状粉末。常用的环糊精由6、7、8个葡萄糖分子构成，分别称为α、β、γ-环糊精，用α-CYD、β-CYD、γ-CYD表示，其立体结构为上窄下宽两端开口的管状中空圆筒形，如图17-1所示，内部为疏水性，开口处呈水溶性，对酸不太稳定，易发生酸解而破坏圆筒形结构。由于这种环状中空圆形结构，环糊精呈现出一些特殊性质，能与某些小分子物质形成包合物。形成的包合物一般为单分子包合物，即药物包入单分子空穴内。无机药物一般不宜用环糊精包合；非极性脂溶性药物易被包合，非解离型药物比解离型更易包合。

环糊精包合物可以改善药物的理化性质和生物学性质，在制剂中的应用越来越广泛。三种环糊精以β-CYD最为常用，见图17-2，作为药用辅料已收载入《中国药典》。β-CYD毒性很低，具有无积蓄作用、易于吸收等优点。它在水中的溶解度最小，易从水中析出结晶，但能随着温度升高溶解度逐渐增大。这些性质为制备β-CYD包合物提供了有利条件。

2. 环糊精及其衍生物

由于β-CYD的溶解度低，形成的包合物溶解度也较小，最大的也只有1.85%(25℃)，使其在制剂中的应用受到限制。近年来，通过对β-CYD结构改造制备了一系列环糊精的衍生物，如将甲基、乙基、羟乙基、羟丙基、葡糖基等取代β-CYD分子中羟基上的H，改善了环糊精的性质，其水溶性发生显著变化，扩大了环糊精包合物在制剂中的应用范围。

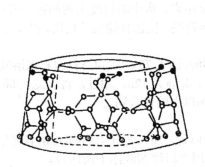
图17-1 α-CYD的立体结构

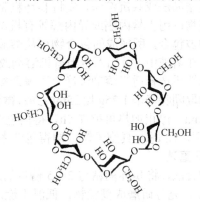
图17-2 β-CYD的环状结构

（1）水溶性环糊精衍生物　常用的有水溶性的甲基衍生物、羟丙基衍生物、葡萄糖基衍生物等。二甲基-β-环糊精（DM-β-CYD）可溶于水、有机溶剂中；对脂溶性药物如维生素A、维生素D、维生素E的包合作用强，形成的包合物在水中有良好的溶解度和稳定性；但刺激性较大，不能注射与黏膜给药。2-羟丙基-β-环糊精（2HP-β-CYD）极易溶于水，是难溶性药物较理想的增溶剂，冷冻干燥粉末可直接压片；溶血性低，安全性好，可静脉给药；对皮肤、眼睛、肌肉均无刺激。葡萄糖基-β-CYD包合药物后可使难溶性药物溶解度增大，促进药物的吸收，因此，可以作为注射剂的包合材料。

（2）疏水性环糊精衍生物　现在主要有乙基化β-CYD，乙基-β-CYD溶解度比β-CYD更小，但比β-CYD的吸湿性要小，在酸性条件下比β-CYD稳定性更高。可用作水溶性药物的包合材料，可降低药物的溶解度，达到缓释效果。

三、应用特点

（1）提高药物的稳定性　易氧化、水解、挥发的药物制成包合物，使药物分子包藏在β-环糊精之中，从而阻断了药物与外界环境的接触，可提高药物的稳定性。如维生素D_3-β-环糊精包合物对热、光及氧均有较好的稳定性；又如低沸点、具升华性的碘、冰片、水杨酸甲酯、薄荷醇等与环糊精形成包合物后，挥发性极小，加入辅料即可制成片剂。

（2）增加药物的溶解度　难溶性药物与β-环糊精混合可制成水溶性的包合物，能提高难溶性药物在水中的溶解度和溶出速率。如巴比妥类药物制成包合物溶解度可增加数十倍。

（3）掩盖药物不良气味，减少刺激性，降低毒副作用　如大蒜油制成包合物后，能掩盖大蒜素的臭味。水合氯醛用环糊精包合，不仅提高了稳定性，同时也减少了药物的刺激性。

（4）液体药物粉末化，改善制剂质量　液体药物经包合成固体粉末后，便于加工制成散剂、颗粒剂、片剂和胶囊剂等固体制剂，不仅便于生产，而且可使剂量准确，有利于保存和携带。如感冒颗粒剂处方中羌活油制粒时不易搅匀，又极易挥发，用β-环糊精包合后，液态变固体，便于生产操作并掩盖臭味，减少挥发。

（5）提高生物利用度　在溶解性、生物膜通透性、血浆蛋白结合率等方面均发生明显的改变，如吲哚美辛与β-环糊精形成的包合物，其血药浓度较单体高。

（6）调节释药速率　包合物内药物的释放速率可利用不同包合材料进行调控。例如制备前列腺素E-环糊精包合物，选用不同溶解性能的环糊精，可达到速释和缓释效果。

四、β-环糊精包合技术

1. 饱和水溶液法

即重结晶法或共沉淀法,先将 β-环糊精配成饱和水溶液,水溶性药物可直接加入,难溶性固体药物可用少量丙酮或异丙醇等有机溶剂溶解后再加入,搅拌混合 30 min 以上,使客分子药物被包合,所形成的包合物可从溶液中分离出来。水中溶解度大的药物,部分包合物仍然溶解在溶液中,可加入适当有机溶剂改变其溶解度,使包合物沉淀析出,经滤过、水洗,根据药物性质选择适当溶剂洗净、干燥即得。

例如取吲哚美辛 1.25g 加 25ml 乙醇,微温使溶解,滴入 75℃ 的 β-CYD 饱和水溶液 500ml,搅拌 30 min,停止加热再搅拌 5h,得白色沉淀,室温静置 12h,滤过,将沉淀在 60℃ 干燥,过 80 目筛,经 P_2O_5 真空干燥,即得包合率在 98% 以上的包合物。

2. 研磨法

即捏合法,将 β-环糊精与 2~5 倍量的水混合研匀,加入客分子药物(难溶者先溶于少量有机溶剂),充分研磨成糊状物,低温干燥后,再用有机溶剂洗净干燥即得。

例如将维 A 酸与 β-CYD 按摩尔比 1∶5 称量,将 β-CYD 在 50℃ 水浴中用适量蒸馏水研成糊状,维 A 酸用适量乙醚溶解后加入到上述糊状液中,充分研磨,乙醚挥发,将变成的半固体物,置于遮光的干燥器中减压干燥数日,即得维 A 酸 β-CYD 包合物。由于维 A 酸易被氧化,制成包合物可提高其稳定性。

饱和水溶液法和研磨法包合率低,不适合大生产,通常用于实验室制备。

3. 冷冻干燥法

将药物与 β-环糊精加于水中,溶解或混悬,通过冷冻干燥法除去溶剂(水),得粉末状包合物。若制成包合物后易溶于水,且药物在干燥时容易分解或变色,可采用冷冻干燥法制备,能得到较疏松、溶解度好的包合物,可制成粉针剂。本法适用于注射用包合物的生成。

例如盐酸异丙嗪(PMH)易被氧化,故可用此法制成包合物。将 PMH 与 β-CYD 按摩尔比 1∶1 称量,β-CYD 用 60℃ 以上的热水溶解,加入 PMH 搅拌 0.5h,冰箱冷却过夜再冷冻干燥,用氯仿洗去未包入的 PMH,最后除去残留氯仿,得白色包合物粉末,内含 PMH 28.1%±2.1%,包合率为 95.64%。经影响因素试验(如光照、高温、高湿度等)和加速试验,均比原药 PMH 的稳定性提高。

4. 喷雾干燥法

将药物与 β-环糊精加于水中,溶解或混悬,通过喷雾干燥法除去溶剂(水),得粉末状包合物。若制成包合物后易溶于水,且药物遇热性质稳定,可采用喷雾干燥法制备。干燥温度高,受热时间短,生产效率高,适合于工业化大生产。

模块二 认识固体分散技术

一、概述

固体分散技术是指固体药物高度分散在固体载体中的技术。通常是将一种难溶性药物以分子、胶态、微晶或无定形状态分散在另一种水溶性或难溶性、肠溶性载体材料中形成固体分散物,又称固体分散体。固体分散物一般是作为中间剂型,根据需要进一步制成颗粒剂、胶囊剂、片剂、微丸剂、栓剂、软膏剂及注射剂等剂型,也可以直接制成滴丸剂。目前利用固体分散物技术生产且已上市的品种有联苯双酯丸、复方炔诺孕酮丸等。

1. 分类

固体分散物主要由药物和载体组成,按分散状态可分为下面三种类型。

（1）低共熔混合物　低共熔混合物是指药物和载体以低共熔物的比例熔融成完全混合的液体,迅速冷却固化而形成的固体分散物。在低共熔混合物中,药物以超细结晶状态分散在固体载体中,可提高药物的溶出速率。如76%氯霉素和24%尿素组成的低共熔混合物,溶出速率可增加30%。

（2）固态溶液　固态溶液是指固体药物在载体中或载体在药物中以分子状态分散所形成的固体分散物。在固态溶液中,药物以分子状态分散,与低共熔混合物比较,具有更大的溶出速率。如10%磺胺噻唑溶于90%尿素中形成的固体溶液,溶出速率增大700倍以上。

（3）共沉淀物　共沉淀物是由固体药物和载体以适当比例形成的非结晶性无定形物。共沉淀物中药物处于亚稳定状态。溶出速率会大于固体溶液。如苯妥英与聚维酮1：5的共沉淀物,家兔口服后10h的生物利用度为苯妥英的2.4倍。

2．特点

固体分散物的主要特点是利用不同性质的载体使药物在高度分散状态下,达到不同要求的用药目的。选用水溶性高分子载体来增加难溶性药物的溶解度和溶出速率,从而改善药物的吸收,提高药物的生物利用度,制成高效、速效的新制剂;适用水不溶性高分子载体来延缓或控制药物的释放;选用肠溶性高分子载体来控制药物在小肠中的释放和吸收。利用载体的包蔽作用,可延缓药物的氧化和水解;可掩盖药物的不良气味,减小药物的刺激性;可将液体药物固体化。但药物的分散状态稳定性不高,久贮易发生老化现象。

老化是指固体分散物在贮存过程中,出现析出结晶和结晶粗化而降低药物溶出速率的现象,又称陈化。

二、载体材料

固体分散物中药物的分散程度和溶出速率与所用载体材料的种类和性质有直接的关系。载体材料应符合以下要求:不与药物发生化学变化、不影响主药的化学稳定性、不影响药物的药效与含量检定、能使药物保持最佳的分散状态或缓释效果、无毒、无致癌性、价廉易得。常用的载体材料分为水溶性、难性和肠溶性三大类。可根据药物性质和临床用药的要求选择适宜的载体,不同性质的载体材料可联合应用,以达到需要的释药速率。

1．水溶性载体材料

（1）聚乙二醇（PEG）类　聚乙二醇类是最常用的水溶性载体材料,有良好的水溶性,也能溶于多种有机溶剂。可与多种药物配伍,使药物以分子状态分散,且可阻止药物聚集,能明显增加药物的溶出速率。熔点低,毒性较小,化学性质稳定,但温度在180℃以上可分解。一般选用相对分子质量1000～20000聚乙二醇作为固体分散物载体,常用的是PEG4000、PEG6000,熔点为55～60℃,适用于熔融法和溶剂法制备固体分散物。

（2）聚维酮（PVP）类　聚维酮为无定形高分子聚合物,无毒,熔点较高,对热稳定但150℃时变色。易溶于水和多种有机溶剂,对许多药物有较强的抑晶作用,但成品的湿稳定性差,贮存过程中易吸湿而析出药物结晶。常用规格有PVP_{k15}、PVP_{k30}和PVP_{k90},适用于溶剂法、研磨法制备固体分散物。

（3）表面活性剂类　作为载体的表面活性剂多含有聚氧乙烯基,易溶于水和有机溶剂,载药量大,在溶剂蒸发过程中可阻止药物产生结晶,增加药物溶出速率的效果明显优于聚乙二醇类,是理想的速效载体材料。常用的有泊洛沙姆188,为片状固体,毒性小,对黏膜的刺激性极小,可用于静脉注射。

（4）有机酸类　常用作载体材料的有机酸类为枸橼酸、酒石酸、琥珀酸、富马酸、胆酸及脱氧胆酸等,易溶于水而不溶于有机溶剂,多与药物形成低共熔混合物。不适用于对酸敏感的药物。

（5）糖类与醇类　常用作载体材料的糖类与醇类有右旋糖酐、半乳糖和蔗糖、甘露醇、山梨醇和木糖醇等。水溶性强，毒性小，与药物以氢键结合成固体分散物，适用于剂量小、熔点高药物，其中以甘露醇为最佳。

2．难溶性载体材料

（1）纤维素类　常用的有甲基纤维素(MC)、乙基纤维素(EC)、羟丙基甲基纤维素(HPMC)以及微晶纤维素等。其中乙基纤维素(EC)，无毒，无药理活性，是一种理想的不溶性载体材料，其溶于乙醇、苯、丙酮等多数有机溶剂，含有烃基能与药物形成氢键，有较大的黏性，能抑制药物结晶生长；载药量大，稳定性好，不易老化广泛用于缓释固体分散物。一般采用溶剂法制备固体分散物。

（2）聚丙烯酸树脂类　常用含季铵基的聚丙烯酸树脂(Eudragit)，包括Eudragit E、Eudragit RL和Eudragit RS等几种。在胃液中可溶胀，在肠液中不溶，不能被吸收，对人体无害，广泛用作缓释性固体分散物的载体材料，多采用溶剂法制备固体分散物。

纤维素类和聚丙烯酸树脂类适当加入水性载体材料如HPC、HPMC、PEG或PVP等可调节药物的释放速率，也可加入表面活性剂如十二烷基硫酸钠增加载体的润湿性，调节释放速率。

（3）脂质类　有胆固醇、β-谷甾醇、棕榈酸甘油酯、胆固醇硬脂酸酯及蓖麻油蜡等脂质材料，用于制备缓释性固体分散物，也可加入表面活性剂、糖类、PVP等水溶性材料，改善载体润湿性，增加载体中药物释放孔道，适当提高释放速率，以达到满意的缓释效果。常采用熔融法制备固体分散物。

3．肠溶性载体材料

（1）纤维素类　常用的有醋酸纤维素酞酸酯（CAP）、羟丙基纤维素酞酸酯（HPMCP）和羧甲基乙基纤维素（CMEC）等，均能溶于肠液中，用于制备在胃液中不稳定的药物或要求在肠道中的释放和吸收、生物利用度高的固体分散物。CAP与PEG联用制成的固体分散物，可控制释放速率。

（2）聚丙烯酸树脂类　常用Ⅱ号及Ⅲ号聚丙烯酸树脂等肠溶性材料，前者在pH6.0以上介质中溶解，后者在pH7.0以上介质中溶解，有时两者联合使用，可制成缓释速率较理想的固体分散物。一般采用溶剂法制备固体分散物。

三、常用固体分散技术

1．熔融法

将药物与载体混匀，加热至熔融，也可将载体加热熔融后，再加入药物搅匀，然后将熔融物在剧烈搅拌下迅速冷却成固体，或将熔融物倾倒在不锈钢板上，使之形成薄层，在钢板下面吹以冷空气或用冰水骤冷，使之迅速固化成低共熔混合物。然后将此固体在一定温度下放置使之变脆而易粉碎。本法的关键在于冷却必须迅速，高温骤冷以达到较高的饱和状态，使药物和载体都以微晶混合析出，得到高度分散的固体分散物。本法适用于对热稳定的药物，一般采用熔点低、不溶于有机溶剂的水溶性载体材料，如聚乙二醇类、糖类和有机酸等。

2．溶剂法

也称共沉淀法或共蒸发法。将药物与载体共同溶于有机溶剂中，蒸发除去溶剂后，使药物与载体材料同时析出，干燥后可得到药物与载体材料混合而成的共沉淀物固体分散物。常用的溶剂有三氯甲烷、乙醇、丙酮等，本法适用于对热不稳定或易挥发的药物；可选用于既能溶于水、又能溶于有机溶剂，熔点高、对热不稳定的载体载体，如MC、PVP、半乳糖、甘露醇和胆酸等。

3．溶剂-熔融法

将药物先溶于少量有机溶剂中，再将此溶液加入已熔融的载体材料中搅拌均匀，蒸去有机溶剂，按熔融法冷却固化而得固体分散物。本法适用于液体药物，如鱼肝油、维生素A、维生素 E 等不耐热药物；也可用于毫克剂量的小剂量药物。凡适用于熔融法的载体材料都可采用本法。

4．研磨法

将药物与较大比例的载体材料混合后，强力持久地研磨一定时间，不需溶剂而是借助机械力降低药物粒度，使药物与载体材料以氢键结合，形成固体分散物。常用的载体有 PEG 类、PVP 类、微晶纤维素、乳糖等。

5．溶剂-喷雾(冷冻)干燥

将药物与载体共溶于溶剂中，然后喷雾或冷冻干燥除尽溶剂即得。喷雾干燥法可连续生产，效率高，常用的溶剂是低级醇类及其混合物了，适用于热稳定的药物；冷冻干燥法特别适用于易分解氧化、对热敏感的药物，药物的稳定性、分散性优于喷雾干燥法。本法常用的载体材料有 PEG 类、PVP 类、丙烯酸树脂、纤维素及其衍生物、β-环糊精、甘露醇和乳糖等。

四、固体分散物的速释与缓释

1．速释原理

（1）药物的高度分散状态　药物以分子状态、胶体状态、亚稳定态、微晶态以及无定形态在载体材料中存在，载体材料可阻止已分散的药物再聚集粗化，有利于药物的溶出与吸收。其中以分子状态分散时，溶出最快。

（2）载体材料对药物溶出的促进作用

① 载体材料可提高药物的可润湿性　遇胃肠液后，载体材料很快溶解，药物被润湿，因此溶出速率与吸收速率均相应提高。如氢氯噻嗪-PEG 6000、利血平-PVP 等固体分散体。

② 载体材料保证了药物的高度分散性　药物分子不易形成聚集体，从而保证了药物的高度分散性，加快了药物的溶出与吸收。如强的松龙-PEG-尿素固体分散体。

③ 载体材料对药物有抑晶性　使药物呈非结晶性无定形状态分散于载体材料中，得共沉淀物，溶出速率提高。

2．缓释原理

药物用疏水性或脂质类材料为载体，如 EC，制备的固体分散物具有缓释作用。其原理是载体材料形成网状骨架结构，药物以分子状态、微晶态分散于骨架内，药物的溶出必须先通过载体材料的网状骨架扩散，因而释放缓慢。

模块三　认识微型包囊技术

一、概述

微型包囊技术又称微型包囊术，简称微囊化，系利用天然的或合成的高分子材料等囊材作为囊膜壁壳，将固态药物或液态药物作为为囊心物包裹形成的直径在 1～250μm 药库型微型胶囊的技术，所得制品称为微型胶囊，简称微囊。粒径在 0.1～1μm 之间的称亚囊，粒径在 10～100nm 之间的称为纳米囊。使药物溶解或分散在高分子材料骨架中，形成的骨架型微小球状实体，称为微球。微囊与微球的粒径同属微米级，可统称为微粒。药物微囊化后，可根据临床需要进一步制成片剂、胶囊剂、注射剂等制剂，用微囊制成的制剂称为微囊化制剂。

20 世纪 60 年代，微囊化技术开始在制剂上得以应用，近年来国内外已有解热镇痛药、镇痛药、抗生素、多肽、避孕药、维生素、抗癌药及其诊断药等 30 多类药物制成微囊化制剂，如上市商品有红霉素片（美国）、β-胡萝卜素片（瑞士）等。药物微囊化后，由于微囊囊壁的作用，具有以下特点。

（1）掩盖药物的不良气味及口味　如鱼肝油、大蒜素、氯贝丁酯、生物碱类以及磺胺类等药物。

（2）提高药物的稳定性　如易水解的阿司匹林、易氧化的β-胡萝卜素、易挥发的挥发油类等药物，防止药物的分解和挥发。

（3）防止药物在胃内失活或减小药物对胃的刺激性　如红霉素、胰岛素等易在胃内失活，氯化钾、吲哚辛美等刺激胃易引起胃溃疡，微囊化可克服这些缺点。

（4）缓释、控释药物　可采用惰性物质、生物降解材料、亲水性凝胶等缓释、控释材料将药物制成微囊，可延缓药物的释放，延长药物的作用时间达到长效的目的。

（5）使液态药物固态化　便于应用与贮存，如油类、香料、脂溶性维生素等。

（6）减少复方药物的配伍变化　将药物分别包囊后可避免药物之间可能产生的配伍变化，如阿司匹林与扑尔敏配伍后可加速阿司匹林的水解，分别包囊后再配伍，药物的稳定性得以改善。

（7）使药物浓集于靶区　如治疗指数低的药物或细胞毒素物（抗癌药）制成微囊型靶向制剂，可将药物浓集于肝或肺等靶区，提高疗效，降低毒副作用。

（8）可将活细胞或生物活性物质包囊　如胰岛素、血红蛋白等，在体内可发挥生物活性作用，且有良好的生物相容性和稳定性。

二、囊心物与囊材

（一）囊心物

囊心物一般包括主药和附加剂。附加剂用于提高药物微囊的质量，如稳定剂、稀释剂，控制释放速率的阻滞剂、促进剂以及改善囊膜可塑性的增塑剂等。药物可以是固体或液体，常将主药与附加剂混匀后微囊化，也可先将主药单独微囊化，再加入附加剂。若有多种主药，可根据药物间的配合变化，将药物混匀再微囊化，亦可将药物分别微囊化后再混合。采用不同的制备工艺，对囊心物也有不同的要求。相分离凝聚法一般要求囊心物是水不溶性的，而相界面缩聚法则要求囊心物是水溶性的。

（二）囊材

囊材系指用于包囊的各种材料。一般要求无毒、无刺激性；性质稳定；有适宜的释放速率；能与药物配伍，不影响药物的药理作用及含量测定；有一定的强度及可塑性，包封率高；有符合要求的黏度、渗透性、亲水性、溶解性、降解性等特性。常用的囊材可分为天然的、半合成或合成的高分子材料。

1. 天然高分子

天然高分子材料性质稳定、无毒、成膜性能好，是最常用的囊材。常见的有明胶、阿拉伯胶、海藻酸盐、壳聚糖和蛋白质类等。

（1）明胶　明胶是原料胶原在酸性或碱性条件下温和水解的水溶性蛋白质。是一种两性高分子电解质，可生物降解，几乎无抗原性。在不同pH值溶液中可成为正离子、负离子或两性离子。药用明胶因水解方法不同，分为A型（酸法）明胶和B型（碱法）明胶两种。A型明胶等电点为7~9，B型明胶稳定且不易长菌，等电点为4.7~5.0。两者的成囊性无明显差别，选用时可根据药物对酸碱性的要求进行选用。

（2）阿拉伯胶　阿拉伯胶主要是阿拉伯酸的钙盐、镁盐和钾盐的混合物。通常与明胶等量配合使用，也可与白蛋白配合作复合材料。

（3）海藻酸盐　海藻酸盐系多糖类化合物，一般以钙盐和镁盐形式存在。海藻酸盐可溶于不同温度的水中，不溶于乙醇、乙醚等有机溶剂。可与甲壳素或聚赖氨酸合用作复合材料，因海藻酸钙不溶于水，故海藻酸钠可用 $CaCl_2$ 固化成囊。

（4）壳聚糖　壳聚糖是甲壳素脱乙酰化后制得的一种天然聚阳离子多糖。壳聚糖可溶于酸或酸性水溶液，无毒、无抗原性，在体内能被溶菌酶等酶解，具有优良的生物降解性和生物相容性。

2．半合成高分子囊材

半合成高分子囊材多系纤维素衍生物，毒性小、黏度大、成盐后溶解度增大。常见的有羧甲基纤维素纳(CMC-Na)、甲基纤维素(MC)、乙基纤维素(EC)、羟丙基甲基纤维素(HPMC)、醋酸纤维素酞酸酯(CAP)等。

（1）甲基纤维素(MC)　可与明胶、CMC-Na、PVP 等配合作复合囊材。

（2）羟丙基甲基纤维素(HPMC)　能溶于冷水成为黏性溶液，不溶于热水，长期贮存稳定，有表面活性。

（3）羧甲基纤维素纳(CMC-Na)　常与明胶配合作复合囊材。CMC-Na 遇水溶胀，体积可增大 10 倍，在酸性液中不溶。水溶液黏度大，有抗盐能力和一定的稳定性，不会发酵，也可以制成铝盐 CMC-Al 单独作囊材。

（4）乙基纤维素(EC)　不溶于水、甘油和丙二醇，可溶于乙醇，遇强酸易水解，故不适用于强酸性药物。化学稳定性高，适用于多种药物的微囊化。

（5）醋酸纤维素酞酸酯（CAP）　在强酸中不溶解，具有肠溶性，可溶于 pH＞6 的水溶液。可单独用作囊材，也可与明胶配合使用。

3．合成高分子囊材

合成高分子囊材包括非生物降解和可生物降解两类。非生物降解且不受溶液 pH 值影响的囊材有聚酰胺、硅橡胶等，生物不降解，但在一定 pH 值条件下可溶解的囊材有聚丙烯酸树脂、聚乙烯醇等。可生物降解材料包括聚碳酯、聚氨基酸、聚乳酸（PLA）、乙交酯丙交酯共聚物、聚乳酸-聚乙二醇嵌段共聚物（PLA-PEG）等，无毒、成膜性好、化学稳定性高，可用于注射。

三、常用微囊化方法

（一）物理化学法

又称相分离法，是在囊心物与囊材的混合溶液中加入另一种物质或不良溶剂，或采取其他适当手段使囊材的溶解度降低而凝聚在囊心物周围，形成一个新相（凝聚相）。根据形成新相的方法不同，相分离法分为单凝聚法、复凝聚法、溶剂-非溶剂法、改变温度法和液中干燥法。

1．单凝聚法

单凝聚法是相分离法中较为常用的方法。系用一种高分子化合物（明胶、CAP、EC 等）为囊材，将囊心物分散(混悬或乳化)在囊材的溶液中，然后加入凝聚剂（降低溶解度），使之凝聚成微囊，再通过固化使之成为不粘连、不凝结、不可逆的球形微囊。凝聚剂包括乙醇、丙酮等强亲水性非电解质或硫酸钠、硫酸铵等强亲水性电解质，凝聚囊的固化，囊材为明胶常使用甲醛，通过胺缩醛反应使明胶分子相互交联而固化；如用 CAP 为囊材，加入强酸进行固化。

2．复凝聚法

复凝聚法是系利用两种在溶液中带相反电荷的高分子材料作复合囊材，将囊心物分散（混悬或乳化）在囊材溶液中，在一定条件下两种囊材利用相反电荷相互交联形成复合囊材，由于溶解度降低，囊材自溶液中凝聚析出成囊。常见的复合材料有明胶与阿拉伯胶（或 CMC

或 CAP 等多糖)、海藻酸盐与聚赖氨酸、海藻酸盐与壳聚糖等。适合于难溶性药物的微囊化。

3. 溶剂-非溶剂法

溶剂-非溶剂法是将囊材溶于一种溶剂中(作为溶剂)，药物混悬或乳化于囊材的溶液中，然后加入一种对该囊材不溶的液体(非溶剂)，引起相分离，而将囊心物包成微囊的方法。本法所用囊心物必须对体系中囊材的溶剂和非溶剂均不溶解，也不起反应。常用囊材的溶剂和非溶剂的组合见表 17-1。

表 17-1 常用囊材的溶剂与非溶剂

囊 材	溶 剂	非 溶 剂
乙基纤维素	四氯化碳（苯）	石油醚
苄基纤维素	二氯乙烯	丙醇
醋酸纤维素丁酯	丁酮	异丙醚
聚氯乙烯	四氢呋喃（环己烷）	水（乙二醇）
聚乙烯	二甲苯	正己烷
聚醋酸乙烯酯	氯仿	乙醇
苯乙烯马来酸共聚物	乙醇	醋酸乙酯

4. 改变温度法

改变温度法系通过控制温度成囊，而不需加凝聚剂。在用 EC 作囊材时，可先在高温下将其溶解，然后降温成囊。使用聚异丁烯（PIB）作稳定剂可改善微囊间的粘连。用 PIB 与 EC、环己烷组成的三元系统，在 80℃溶解成均匀溶液，缓慢冷却至 45℃，再迅速冷却至 25℃，EC 可凝聚成囊。

5. 液中干燥法

液中干燥法又称溶剂挥发法，系指从囊心物和囊材所形成的乳状液中去除挥发性溶剂以制备微囊的方法。通常选用疏水性囊材，囊心物为水溶液、水分散体系或固体粉末。液中干燥法的干燥工艺包括溶剂萃取过程（两液相之间）和溶剂蒸发过程（液相和气相之间）。按操作，可分为连续干燥法、间歇干燥法和复乳法。前二者应用于 O/W 型、W/O 型、O/O 型乳状液，复乳法应用 W/O/W 型或 O/W/O 型复乳。它们都要先制备囊材的溶液，乳化后囊材溶液存在于乳浊液的分散相中，与连续相不相混溶，但囊材溶剂对连续相应有一定的溶解度，否则萃取过程无法实现。连续干燥法和间歇干燥法中，如所用囊材溶剂能溶解药物，则制得的是实体状微球，否则得到的是微囊。复乳法制得的是微囊。

（二）物理机械法

物理机械法是指在一定设备条件下，将液体药物或固体药物在气相中进行微囊化的技术，主要有喷雾干燥法、喷雾凝结法、空气悬浮包衣法等。

1. 喷雾干燥法

喷雾干燥法又称液滴喷雾干燥法，可用于固态或液态药物的微囊化。将囊心物分散在囊材的溶液中，将此混合液喷入惰性热气流的雾化室中，使液滴干燥固化，如囊心物不溶于囊材溶液，可得粒径范围为 $5\sim 600\mu m$ 的类球形微囊。如能溶解，可得微球。溶解囊材的溶剂可以是水，也可以是有机溶剂。从环保和成本角度，以水为溶剂较好。

2. 空气悬浮包衣法

空气悬浮包衣法又称流化床包衣法，利用垂直强气流使囊心物悬浮在包衣室中，囊材溶液通过喷雾附着于含有囊心物的微粒表面，通过热气流将囊材溶剂除去，囊心物包成膜壳型微囊。本法制备的微囊粒径一般在 $35\sim 5000\mu m$ 范围，囊材可以是多聚糖、明胶、树脂、蜡、纤维素衍生物及合成聚合物。为防止药物微粒之间的粘连，在药物微粉化过程中加入适量的滑石粉或硬脂酸镁，然后再通过流化床包衣。

3．喷雾凝结法

喷雾凝结法是将囊心物分散于熔融的囊材中，然后将混合物趁热再喷入冷气流中凝聚而成囊的方法。所得微囊的粒径为 5～600μm，通常采用室温条件下为固体、高温时能熔融的蜡类、脂肪酸和脂肪醇等作囊材。

4．多孔离心法

多孔离心法系利用离心力使囊心物快速穿过囊材的液态膜，再进入固化浴固化微囊的制备方法。

5．锅包衣法

锅包衣法系利用包衣锅将囊材溶液喷在固态囊心物的表面，同时吹入热空气，使囊材溶剂挥发而成囊的方法。

（三）化学法

利用单体或高分子在溶液中通过聚合反应或缩合反应产生囊膜而制成微囊的方法称为化学法。本法的特点是不加凝聚剂，通常是先将药物制成 W/O 型或 O/W 型乳浊液，再利用化学反应交联固化。

1．界面缩聚法

界面缩聚法又称界面聚合法，将两种以上不相溶的单体分别溶解在分散相和连续相中，通过在分散相与连续相的界面上发生单体的缩聚反应，生成微囊囊膜包裹药物形成微囊。本法适用于水溶性药物。

2．辐射交联法

辐射交联法系将明胶或聚乙烯醇等囊材在乳化状态下，经 γ 射线等照射发生交联，再处理制得粉末状微囊。然后将微囊浸泡于药物的水溶液中使其吸收，待水分干燥后即得含药物的微囊，该法的特点是工艺简单、成型容易、适合于水溶性药物。

四、微囊的质量评价

微囊在制剂生产一般都需要进一步加工成片剂、胶囊剂以及肌内注射剂等剂型，微囊的质量要求，除制成制剂应符合药典相应制剂的规定外，还包括以下内容。

1．微囊的囊形与粒径

微囊形态应为圆球形或椭圆形的封闭囊状物，大小应均匀，分散性好。不同微囊制剂对微囊粒径有不同的要求。注射剂的微囊粒径应符合药典中混悬注射剂的规定；用于静脉注射起靶向作用时，应符合静脉注射的规定。

2．微囊中药物的含量测定

微囊中药物含量的测定一般采用溶剂提取法。溶剂的选择原则是使药物最大限度地溶出而囊材很少溶解，溶剂本身不干扰测定。

3．微囊中药物载药量与包封率

（1）粉末状微囊　仅测定载药量，可通过下式计算：

$$微囊载药量＝（微囊内药量/微囊总重量）\times 100\%$$

（2）液态介质中的微囊　用离心或滤过等方法将微囊分离后，称取一定重量的微囊，分别测定介质中与微囊内的载药量与包封率。微囊内的药量占投药总量的百分率称为药物的包封率，对于评价微囊的质量意义不大，可用于评价工艺。载药量同粉末状微囊的计算公式，包封率由下式求得：

$$包封率＝微囊内的药量/微囊和介质中的总药量\times 100\%$$

微囊的包封率和载药量高低取决于采用的工艺。喷雾干燥法和空气悬浮包衣法可制得包封率95%以上的微囊。但是用相分离法制得的微囊，包封率仅为20%～80%。

4. 微囊中药物的释放速率

药物微囊化后，要求药物能定时定量地从微囊中释放出来，为了掌握微囊中药物的释放规律和释放机理等，必须对微囊进行释放速率的测定。根据微囊的特点，可采用2010年版《中国药典》二部附录Ⅹ C溶出度测定法中第二法（桨法）等进行测定，也可将试样置薄膜透析管内按第一法（转篮法）进行测定。如果条件允许，也可采用流通池测定。

5. 有机溶剂残留量

凡在生产工艺中采用有机溶剂者，应2010年版《中国药典》二部附录Ⅷ P残留溶剂测定法测定有机溶剂残留量，并不得超过规定的限度。

● 思考题

1. 什么是包合技术？简述包合物的结构和常用包合材料。
2. 包合技术有哪些应用特点？
3. 什么是固体分散技术？简述其分类。
4. 固体分散技术常用的载体材料有哪些？
5. 固体分散技术有哪些特点？
6. 什么是微型包囊技术？有何特点？
7. 微囊常用的囊材有哪些？
8. 如何以单凝聚法与复凝聚法制备微囊？

项目十八
学习药物制剂生产新剂型

模块一 认识缓释和控释制剂

一、概述

片剂、胶囊剂以及注射剂等普通制剂，常常需要一日给药几次，不仅使用不便，而且血药浓度起伏很大，有"峰谷"现象，如图 18-1 所示。血药浓度处于高峰时，可能产生副作用，甚至中毒；血药浓度处于低谷时，可能在治疗浓度以下，以致不能呈现疗效。缓释、控释制剂则可较缓慢、持久地释放药物，减少给药次数，避免或降低血药浓度峰谷现象，提供平稳而持久的血药浓度（图 18-2），降低毒副作用，提高药物的有效性和安全性。

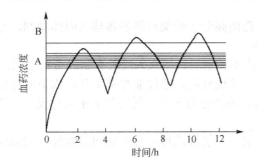 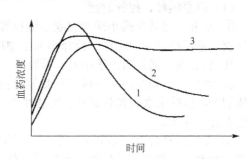

图 18-1 多次给药血药浓度峰谷示意　　图 18-2 普通制剂、缓释制剂与控释制剂的血药浓度比较

缓释制剂系指在规定释放介质中，按要求缓慢地非恒速释放药物，其与相应的普通制剂比较，给药频率比普通制剂减少一半或给药频率比普通制剂有所减少，且能显著增加患者依从性的制剂。如萘普生缓释片及硫酸沙丁胺醇缓释胶囊。口服缓释制剂的持续时间一般不超过 24h，对于注射型制剂，药物的释放可持续数天至数月。

控释制剂系指在规定释放介质中，按要求缓慢地恒速释放药物，其与相应的普通制剂比较，给药频率比普通制剂减少一半或给药频率比普通制剂有所减少，血药浓度比缓释制剂更加平衡，且能显著增加患者依从性的制剂。如硝苯地平控释片、氯化钾渗透泵片。

缓释与控释制剂的主要区别在于缓释制剂是按时间变化先快后慢的非恒速释药，即以一级动力学或其他规律释放药物；而控释制剂按零级动力学规律释放药物，其释放是不受时间影响的恒速释药。

广义的控释制剂包括控制药物的释放速率、方向和时间，肠溶制剂、靶向制剂、透皮吸收制剂等都属于缓释、控释制剂的范围。近年来，随着缓释、控释技术和生产水平的不断提高，开发出很多新剂型和新品种。

1．特点

口服缓释、控释制剂与普通口服制剂相比较其主要特点如下。

① 对半衰期短或需频繁给药的药物，可以减少给药次数，方便使用，从而提高病人用药的顺应性，特别适用于需要长期服药的慢性疾病患者，如糖尿病、高血压等。

② 使血药浓度平稳，避免或减小峰谷现象，有利于降低药物的毒副作用。特别适用于治疗指数较窄的药物。

③ 可减少用药的总剂量，可用最小剂量达到最大药效。

随着制剂技术的进步和发展，一些首过效应较强的药物如普萘洛尔、半衰期很短如硝酸甘油或很长的药物如地高辛、一些抗生素等如罗红霉素，还有易成瘾的药物如盐酸吗啡，也制成缓释、控释制剂。

缓释、控释制剂的不足如下。

① 在临床应用中对剂量调节的灵活性降低，如果遇到某种特殊情况（出现较大副反应），往往不能立即停止治疗。有些国家增加缓释制剂品种的规格，可缓解这个缺点，如硝苯地平缓释片有 20mg、30mg、40mg、60mg 等规格。

② 缓释制剂往往是基于健康人群的平均药物动力学参数而设计，当药物在疾病状态的体内药物动力学特性有所改变时，不能灵活调节给药方案。

③ 制备缓释、控释制剂的设备和工艺比普通制剂复杂，产品成本较高。

2．类型

缓释、控释制剂按给药途径主要分为口服制剂、注射剂、透皮吸收制剂、皮下植入剂、腔道黏膜制剂等类型。

（1）口服缓释、控释制剂

① 小丸　包括含药小球和包衣小颗粒等，选用高分子骨架材料制备球状固体制剂，亦可包衣，亦可将制成的缓释、控释小丸压制片剂。

② 胶囊剂　通常将上述小丸、颗粒等，加或不加辅料，填充入硬胶囊制成缓释制剂。

③ 骨架片　药物与一种或多种骨架材料以及其他辅料，通过制片剂工艺而成型的片状固体制剂，包括亲水凝胶骨架片、溶蚀性骨架片、不溶性骨架片。另有包衣小丸骨架片、薄膜包衣骨架片等。

④ 多层缓释片剂　是利用多层压片机把两层或三层释药速率各不相同的颗粒压制而成的多层片剂，一般含有速释部分和缓释部分。

⑤ 薄膜包衣药树脂控释制剂　将药物吸附于离子交换树脂制成含药树脂，经 15%～25%的甘油或聚乙二醇处理后以乙基纤维素包衣，形成水可渗透性扩散的膜屏障。

⑥ 微孔膜包衣缓释制剂　将片心用可形成微孔膜的材料包衣，根据药物性质选择适宜的膜材料与膜上的微孔孔径即可制备持续释药的制剂。

⑦ 胃内滞留漂浮型控释片　由药物、亲水性胶体等辅料混合制成。该片口服后当与胃液接触时，亲水胶体吸水膨胀，使片剂密度减小在胃中呈现漂浮状态，并能滞留于胃中，延长药物释放时间起缓释作用。

⑧ 渗透泵控释片　将水溶性药物制成片心，外包水不溶性衣层，衣层穿插一适宜大小的释药孔，调节片心处方组成，使孔内渗透压大于孔外，药物自释药孔中流出。

（2）注射控释制剂

① 注射控释微囊　药物被多聚材料膜包裹供注射用，微囊直径小于 125μm。

② 注射控释微球　药物与生物可降解聚合物均匀混合，通过微囊化工艺制得的实心微球。

（3）腔道和黏膜用控释制剂

① 眼用控释膜　分非溶蚀性和溶蚀性眼用膜剂两种。

② 眼用控释滴丸　是将药物与载体加热熔融，在恒温下滴入冷却剂中形成控释滴丸。

③ 口腔黏膜贴片　保持性好和黏着力强，在口腔滞留可达 20h。

④ 鼻腔黏膜控释制剂　药物与辅料制成亲水性凝胶或微球系统给药，药物在鼻腔黏膜上滞留，达到缓释控释的目的。

⑤ 宫颈粘贴片　药物与高分子药用辅料羟丙基甲基纤维素制成片剂。用于宫颈，吸收水分后可牢固地黏着于宫颈表面，缓慢地释放药物达到长效的目的。

（4）植入制剂　可将药物制成无菌小片，植入肌肉或皮下，使缓缓吸收而延长作用时间，如激素类药物。作用时间可数月、数年。

按缓释、控释制剂的制备技术分类可分为以下几类。

（1）骨架型缓释、控释制剂　包括骨架片，缓释、控释颗粒(微囊)压制片，胃内滞留片、生物黏附片、骨架型小丸等。

（2）膜控型缓释、控释制剂　指药物被包裹在高分子聚合物膜内形成的制剂。包括微孔膜包衣片、膜控释小片、肠溶膜控释片、膜释释小丸。

（3）渗透泵片　是由药物、半透膜材料、渗透压活性物质和推进剂等组成。渗透泵片有单室和双室渗透泵片。

（4）脉冲式释药系统　这种控释制剂不同于按零级释药的控释制剂，其目的不是维持稳定的血药浓度，而是按照生物节律的需要，间隔特定的时间释药，血中出现脉冲式药物峰，从而达到治疗目的。该系统药物释放不受外界溶液环境 pH 值的影响，通过调节外层衣膜的厚度可以得到不同的时滞从而可以调节药物的释放时间，达到定时脉冲释药。

二、缓释、控释制剂辅料

辅料是调节药物释放速率的重要物质。在缓释、控释制剂制备中加入适宜的辅料，才能使药物的释放速率达到临床治疗的要求，确保制剂中药物以一定速率输送到病变部位，并在组织中或血液中维持一定浓度，获得预期疗效，减小药物的毒副作用。缓释、控释制剂中能够发挥作用的辅料多为高分子化合物包括阻滞剂、骨架材料和增黏剂。

1. 阻滞剂

阻滞剂指一大类疏水性强的脂肪、蜡类材料。常用的是动物脂肪、蜂蜡、巴西棕榈蜡、氢化植物油、硬脂醇、单硬脂酸甘油酯等。主要用作溶蚀性骨架材料，也可用作缓释包衣材料，可用以延缓水溶性药物的溶解-释放过程。

另一类阻滞剂为包衣材料，有不溶性的包衣材料如醋酸纤维素(CA)、乙基纤维素(EC)、乙烯-醋酸乙烯共聚物和聚丙烯酸树脂等，肠溶包衣材料如邻苯二甲酸醋酸纤维素(CAP)和丙烯酸树脂 Eudragit L、S 型(相当于国产丙烯酸树脂Ⅱ号、Ⅲ号)等，主要利用其溶解特性缓释作用，较新型的肠溶衣材料邻苯二甲酸羟丙基甲基纤维素 (HPMCP)和醋酸羟丙基甲基纤维素琥珀酸酯(HPMCAS)，性能优于 CAP。

2. 骨架材料

（1）不溶性骨架材料　包括乙基纤维素、聚氯乙烯、聚乙烯、聚丙烯、硅橡胶、乙烯-醋酸乙烯共聚物和聚丙烯酸树脂等。药物溶解后通过骨架中的极细通道缓缓向外扩散而释放，骨架最后随粪便排出。

（2）溶蚀性骨架材料　上述脂肪、蜡类阻滞剂可作溶蚀性骨架材料，通过孔道扩散与溶蚀来控制药物释放。

（3）亲水胶体骨架材料　包括天然植物或动物胶如海藻酸钠、琼脂、西黄蓍胶、黄原胶、果胶、瓜耳胶等；纤维素衍生物如甲基纤维素(MC)、羟乙基纤维素(HEC)、羟丙基甲基纤维素(HPMC)、羧甲基纤维素钠(CMC-Na)等；非纤维素多糖如壳多糖、半乳糖、甘露聚糖；乙烯聚合物和丙烯酸树脂如聚维酮、聚乙烯醇和聚羧乙烯等。此类材料遇水或水化液骨架膨胀，形成凝胶屏障而具控制药物释放的作用。对于溶解性能不同的药物，释放机制也有区别，水溶性药物主要以药物通过凝胶扩散为主；难溶性药物则以凝胶层的逐步溶蚀为主，但最终凝胶会完全溶解，药物全部释放，生物利用度较高。

三、缓释、控释制剂的释药机理

1. 溶出原理

药物的释放速率与溶出速率有关，溶出速率慢的药物表现出缓释的性质。根据 Noyes-Whitney 溶出公式，采取措施降低药物的溶出速率，可使药物缓慢释放，达到延长药效的目的。具体有将药物制成溶解度小的盐或酯，如将青霉素制成普鲁卡因盐；与高分子化合物生成难溶性盐，如 N-甲基阿托品鞣酸盐；控制粒子大小如超慢性胰岛素中所含胰岛素锌晶粒大部分超过 $10\mu m$，其作用时间可达 $30h$，半慢性胰岛素锌晶粒不超过 $2\mu m$，作用时间则为 $12\sim14\ h$；将药物包藏于溶蚀性骨架中制成溶蚀性骨架片和将药物包藏于亲水性高分子材料中制成亲水凝胶骨架片等方法。

2. 扩散原理

以扩散作用为主的缓释、控释制剂，药物首先溶解成溶液后再从制剂中扩散出来进入体液。达到缓释、控释作用的方法包括增加黏度以减小扩散系数如滴眼剂；用阻滞剂材料包衣、制成微囊、制成不溶性骨架片、植入剂、药树脂、W/O 型乳剂等。

3. 溶蚀与扩散、溶出结合

骨架型缓释、控释制剂，若选用的是溶蚀性骨架材料、亲水凝胶骨架材料，药物既可从骨架中溶解后扩散出来，且骨架本身又具有溶蚀过程。由于骨架材料的生物溶蚀性能，最后不会形成空骨架。

通过化学键将药物和聚合物直接结合制成的骨架型缓释制剂，药物通过水解或酶反应从聚合物中释放出来。此类系统载药量很高，而且释药速率较易控制。

膨胀型控释骨架制剂，药物溶于膨胀型的聚合物中。释药时首先水进入骨架，药物溶解，从膨胀的骨架中扩散出来，骨架同时溶蚀。由于药物释放前，聚合物必须先膨胀，从而阻碍了药物快速释放。

4. 渗透压原理

利用渗透泵原理制成的控释制剂，能均匀恒速地释放药物，比骨架型缓释制剂更优越。口服单室渗透泵型片剂，片心为水溶性药物、水溶性聚合物和具有高渗透压的渗透促进剂，加其他辅料制成，外面用水不溶性聚合物的半渗透膜包衣，水可渗透进入膜内，而药物则不能渗出。然后用激光在片心包衣膜上开一个或一个以上的释药小孔，口服后胃肠道的水分通过半透膜进入片心，使药物溶解成饱和溶液或混悬液，加之具有高渗透压辅料的溶解，此种片剂膜内的溶液渗透压可达 $4053\sim5066kPa$，而体液渗透压仅为 $760kPa$ 左右。由于膜内外存在大的渗透压差，药物溶液则通过释药小孔持续恒速释放，直到片心内的药物全部溶解。

5. 离子交换作用

树脂的水不溶性交联聚合物链的重复单元上含有成盐基团，药物可结合于树脂上，形成药树脂。用药后，当水化液中带有适当电荷的离子与药树脂接触时，通过交换将药物游离释放出来。交换原理如下：

$$阴树脂^+\text{-}药物^-+X^- \rightarrow 阴树脂^+\text{-}X^-+药物^-$$

或

$$阳树脂^-\text{-}药物^++Y^+ \rightarrow 阳树脂^-\text{-}Y^++药物^+$$

X^- 和 Y^+ 为消化道中的离子，交换后，游离药物从树脂中扩散出来。如阿霉素羧甲基葡聚糖微球，以 $RCOO^-NH_3^++R'$ 表示，在水中不释放，置于 $NaCl$ 溶液中，则释放出阿霉素 R'

$NH_3^+Cl^-$，并逐步达到平衡。

$$RCOO^--NH_3^+R' + Na^+Cl^- \rightarrow R^+NH_3^+Cl^- + RCOO^-Na^+$$

该制剂可用于动脉栓塞治疗肝癌，栓塞到靶组织后，由于阿霉素羧甲基葡聚糖微球在体内与体液中阳离子进行交换，阿霉素逐渐释放，发挥栓塞与化疗双重作用。

四、缓释、控释制剂生产技术

（一）骨架型缓释、控释制剂

骨架型缓释、控释制剂按制剂类型主要有：骨架片、胃内滞留片、生物黏附片、骨架小丸剂、微囊压制片等。

1. 骨架片

采用不同性质的骨架材料制成不溶性骨架片、亲水凝胶骨架片和生物溶蚀性骨架片等。

（1）亲水性凝胶骨架片　亲水性凝胶骨架片主要骨架材料为羟丙基甲基纤维素（HPMC），多数可用常规的生产设备和工艺制备，机械化程度高、生产成本低、重现性好，适合工业大生产。制备工艺主要有直接压片或湿法制粒压片。

（2）生物溶蚀性骨架片　生物溶蚀性骨架片系将药物与蜡质、脂肪酸及其酯等物质混合制备的缓释片。制备工艺有如下三种。

① 溶剂蒸发技术　将药物与辅料或分散体的溶液加入熔融的蜡质相中，然后将溶剂蒸发除去，干燥混合制成团块，再制成颗粒，然后装胶囊或压制成片剂。

② 熔融技术　将药物与辅料直接加入熔融的蜡质中，温度控制在略高于蜡质熔点，熔融的物料铺开冷却、再固化、粉碎，或者倒入一旋转的盘中使成薄片，再研磨过筛制成颗粒。若加入聚维酮（PVP）或聚乙烯月桂醇醚，则其体外释放呈零级过程。

③ 混合技术　将药物与十六醇在60℃混合，团块用玉米朊乙醇溶液制粒，此法得到的片剂释放性能稳定。

（3）不溶性骨架片　不溶性骨架片，适于制备氯化钾、氯苯那敏、茶碱和曲马唑嗪等水溶性药物。此类片剂有时释放不完全，大量药物包含在骨架中，大剂量的药物也不宜制成此类骨架片，现已少用。

制备方法有：①药物与不溶性聚合物混合均匀后，可直接粉末压片。②湿法制粒压片：将药物粉末与不溶性聚合物混匀，加入有机溶剂作润湿剂，制成软材，制粒压片。③将药物溶于含聚合物的有机溶剂中，待溶剂蒸发后成为药物在聚合物的固体溶液或药物颗粒外层留一层聚合物层，再制粒，压片。

2. 缓释、控释颗粒（微囊）压制片

缓释、控释颗粒压制片在胃中崩解后，具有缓释胶囊的特点，并兼有片剂的优点。

（1）制备不同释药速率的颗粒　将三种不同释药速率的颗粒混合后压片，如一种是以明胶为黏合剂制备的颗粒，另一种是醋酸乙烯为黏合剂制备的颗粒，第三种是用虫胶为黏合剂制备的颗粒，明胶制的颗粒崩解释药速率最快，虫胶颗粒最慢。

（2）微囊压制片　如阿司匹林结晶，采用阻滞剂乙基纤维素为载体进行微囊化，制备微囊，再压制成片剂。本方法适于药物含量高的处方。

（3）将药物制备成小丸，然后再压制成片剂，最后包薄膜衣　如先将药物与淀粉、糊精或微晶纤维素混合，用乙基纤维素水分散体包制成小丸，有时还可用熔融的十六醇与十八醇的混合物处理，再压片。再用HPMC(5cPa·s)与PEG400的混合物水溶液包制薄膜衣，也可在包衣料中加入二氧化钛，使片子更加美观。

3. 胃内滞留片

胃内滞留片又称胃内漂浮片，系指一类由药物和一种或多种亲水胶体及其他辅料制成的片剂，能滞留于胃液中，延长药物在消化道内的释放时间，改善药物吸收，有利于提高药物生物利用度的片剂。

为提高滞留或漂浮能力，可加入疏水性而相对密度小的酯类、脂肪醇类、脂肪酸类或蜡类，如单硬脂酸甘油酯、鲸蜡酯、硬脂醇、硬脂酸、蜂蜡等，一般可在胃内滞留达5～6h，而目前多数口服缓释或控释片剂在其吸收部位的滞留时间仅有2～3h。加入乳糖、甘露糖等可加快释药速率，加入聚丙烯树脂Ⅱ号、Ⅲ号等可减缓释药，加入十二烷基硫酸钠等表面活性剂可增加制剂的亲水性。

4. 生物黏附片

生物黏附片系指采用生物黏附性的聚合物作为辅料制备并通过口腔、鼻腔、眼眶、阴道及胃肠道的特定区段的上皮细胞黏膜输送药物，以达到治疗目的的片状制剂。既可安全有效地用于局部治疗，也可用于全身。口腔、鼻腔等局部给药可使药物直接进入大循环而避免首过效应。

生物黏附性高分子聚合物有卡波普、羟丙基纤维素、羧甲基纤维素钠等。

5. 骨架型小丸

采用骨架型材料与药物混合，或再加入一些其他成型辅料如乳糖等，调节释药速率的辅料有PEG类、表面活性剂等，经用适当方法制成光滑圆整、硬度适当、大小均一的小丸，即为骨架型小丸。

亲水凝胶形成的骨架型小丸常可通过包衣获得更好的缓、控释效果。骨架型小丸制备工艺比包衣小丸简单，根据处方性质，可采用旋转滚动制丸法(泛丸法)、挤压-滚圆制丸法和离心-流化制丸法制备。此外还有喷雾冻凝法、喷雾干燥法和液中制丸法。

(二) 膜控型缓释、控释制剂

主要适用于水溶性药物，用适宜的包衣液，采用一定的工艺制成均一的包衣膜，达到缓释、控释目的。包衣液由包衣材料、增塑剂和溶剂(或分散介质)组成，还可加入致孔剂、着色剂、抗黏剂和遮光剂等。有乙基纤维素水分散体、聚丙烯酸树脂水分散体两种缓释包衣水分散体。

1. 微孔膜包衣片

通常用胃肠道中不溶解的聚合物，如醋酸纤维素、乙基纤维素、乙烯-醋酸乙烯共聚物、聚丙烯酸树脂等作为衣膜材料，包衣液中加入少量致孔剂，如PEG类、PVP、PVA、十二烷基硫酸钠、糖和盐等水溶性的物质，亦有加入一些水不溶性的粉末如滑石粉、二氧化硅等，甚至将药物加在包衣膜内既作致孔剂又是速释部分，用这样的包衣液包在普通片剂上即成微孔膜包衣片。水溶性药物的片心要求具有一定硬度和较快的溶出速率，以使药物的释放速率完全由微孔包衣膜控制。包衣膜在胃肠道内不被破坏，最后排出体外。

2. 膜控释小片

将药物与辅料按常规方法制粒，压制成小片，其直径约为2～3mm，用缓释膜包衣后装入硬胶囊使用。每粒胶囊可装几片至20片不等，同一胶囊内的小片可包上不同缓释作用的包衣或不同厚度的包衣。可获得恒定的释药速率，生产工艺比控释小丸简便，质量也易控制。

3. 肠溶膜控释片

将药物压制成片心，外包肠溶衣，再包上含药的糖衣层而得。含药糖衣层在胃液中释药，起速效作用。当肠溶衣片心进入肠道后，衣膜溶解，片心中药物释出，因而延长了释药时间。

4. 膜控释小丸

由丸心与控释薄膜衣两部分组成。丸心含药物和稀释剂、黏合剂等辅料，所用辅料与片剂的辅料大致相同，包衣膜有亲水薄膜衣、不溶性薄膜衣、微孔膜衣和肠溶衣等。

(三)渗透泵型控释制剂

由药物、半透膜材料、渗透压活性物质和推动剂等组成。常用的半透膜材料有醋酸纤维素、乙基纤维素等。渗透压活性物质(即渗透压促进剂)起调节室内渗透压的作用,常用氯化钠,或乳糖、果糖、葡萄糖、甘露醇的不同混合物。推动剂亦称促渗透聚合物或助渗剂,能吸水膨胀,产生推动力,将药物层的药物推出释药小孔,常用聚羟甲基丙烯酸烷基酯、PVP、聚环氧乙烷等。药室中除上述组成外,还可加入助悬剂、黏合剂、润滑剂、润湿剂等。

渗透泵片有单室和双室渗透泵片。单室渗透泵片适用于大多数水溶性药物,可将药物与适宜的渗透压活性物质制成片心后,用醋酸纤维素等聚合物包衣,形成半透性的硬质外膜,然后用激光或机械方式在膜上打出孔径适宜的释药小孔,即得单室渗透泵片。双室渗透泵片适用于水溶性过大或难溶于水的药物,片心先制成双层片,一层由药物与适宜辅料构成为含药层,另一层主要由促渗透聚合物构成为推动层或助动层,是药物释放的主要动力。见图18-3。

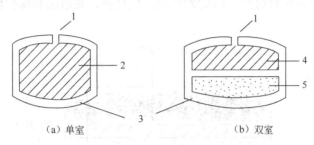

图18-3 单室与双室渗透泵型控释片剖面图

1—释放药物小孔;2—片心;3—半透膜;4—药物贮库;5—助渗剂

(四)植入剂

系将不溶性药物熔融后倒入模型中成型,或将药物密封于硅橡胶等高分子材料制成的小管中制成的固体灭菌制剂。通过外科手术埋植于皮下,药效可长达数月甚至数年,如孕激素的避孕植入剂。其不足之处是植入时需在局部(多为前臂内侧)做一小的切口,用特殊的注射器将植入剂推入,如果用非生物降解型材料,在终了时还需手术取出。

植入剂主要用于避孕、治疗关节炎、抗肿瘤、胰岛素、麻醉药拮抗剂等。

模块二 认识经皮给药制剂

一、概述

经皮给药制剂(简称TDDS系统)又称经皮治疗系统(简称TTS),是指药物应用于皮肤上,穿过角质层,进入真皮和皮下脂肪以达到局部治疗作用,或由毛细血管和淋巴管吸收进入体循环,产生全身治疗作用的制剂。一般是指经皮给药的新剂型,多为贴片或贴剂,传统的、广义的经皮给药制剂包括软膏剂、硬膏剂、涂剂、气雾剂和贴剂等。TDDS近年发展很快,我国现有东莨菪碱、可乐定、硝酸甘油、雌二醇等经皮给药制剂,为一些局部性病痛和慢性疾病的治疗及预防创造了一种简单、方便和行之有效的给药方式。

1. 特点

与常用普通剂型比较,经皮给药制剂具有以下特点。

① 可避免口服给药产生的肝脏首过效应和药物在胃肠道的降解,提高治疗效果。

② 药物的吸收不受胃肠道因素的影响，减小用药的个体差异。
③ 可延长药物的作用时间，减少用药次数。
④ 可维持恒定的血药浓度，避免口服给药等引起的血药浓度峰谷现象，减少毒副作用。
⑤ 使用方便，可以随时中断给药，特别适于婴儿、老人或不宜口服给药的病人。

但经皮给药制剂也存在下面几方面的不足。
① 由于皮肤的屏障作用，起效缓慢，仅限于剂量小、药理作用强的药物。
② 大面积给药，对皮肤可能有刺激性和过敏性。
③ 长期使用存在着皮肤代谢与贮库作用。药物可在皮肤内酶的作用下发生氧化、水解、结合和还原等反应，使药物代谢分解。药物还可与皮肤蛋白质或脂质可逆性结合，结合作用可延长药物的透过皮肤时间，能在皮肤内形成药物贮库。
④ 生产工艺和条件较复杂。

2. 经皮给药制剂的基本组成和常用材料

经皮给药系统主要由背衬层、药物贮库层、控释膜、黏附层和保护膜五部分组成。见图 18-4。

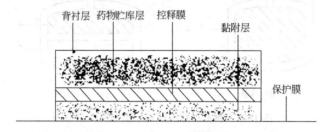

图 18-4　经皮给药制剂的基本组成示意

（1）背衬层　是支持药物贮库或黏附层的薄膜，应对药物、胶液、溶剂、湿气和光线等有较好的阻隔性能，可以防止药物的流失和潮解，同时应柔软舒适，并有一定强度，常用的是铝箔、聚乙烯或聚丙烯等材料复合而成的多层复合铝箔。背衬层应有一定的透气性，可以在背衬膜上打孔。

（2）药物贮库层　是由药物、高分子基质材料、透皮吸收促进剂等组成，有骨架型或控释膜型。药物贮库层既能提供释放的药物，又能供给释放的能量。

骨架型经皮给药制剂中的高分子基质材料，常用亲水性的聚乙烯醇和疏水性的聚硅氧烷等聚合物骨架材料、醋酸纤维素等微孔骨架材料。控释膜型经皮给药制剂中的高分子基质材料，可采用卡波姆、羟丙基甲基纤维素(HPMC)、聚乙烯醇(PVA)等。

透皮吸收促进剂亦称渗透促进剂，是指能降低药物通过皮肤的阻力，加速药物渗透穿过皮肤的物质。常用的有如下几类。

① 表面活性剂　表面活性剂能增加皮肤的润湿性，自身可以渗入皮肤，改变皮肤的屏障性质，故可改善其渗透性质。应用较多的是月桂醇硫酸钠、吐温类等。

② 二甲基亚砜(DMSO)及其类似物　DMSO 有较强的吸湿性，提高角质层的水合作用，但 DMSO 对皮肤有刺激性。新的促进剂癸基甲基亚砜(DCMS)具有较好的性能，在低浓度即有促渗活性，对极性药物的皮促进效果大于非极性药物。

③ 月桂氮䓬酮　也称氮酮(Azone)，透皮促进作用强，对亲水性药物的渗透促进作用强于对亲脂性药物。与其他促进剂合用效果更佳，如与丙二醇、油酸等都可混合使用。

④ 醇类化合物　乙醇、丁醇等用作溶剂，可增加药物的溶解度，又能促进药物的经皮吸收。丙二醇、甘油及聚乙二醇等与其他促进剂合用作为渗透促进剂，同时还发挥协同作用。

⑤ 其他渗透促进剂　尿素、挥发油、氨基酸等。

(3) 控释膜　分微孔膜与均质膜。微孔膜常用聚丙烯拉伸而得，也有用醋酸纤维素膜的；用作均质膜的高分子材料有乙烯-醋酸乙烯共聚物(EVA)和聚硅氧烷等。

(4) 胶黏层　又称压敏胶，是由无刺激和过敏性的黏合剂组成，使制剂与皮肤紧密粘贴，有时又作为药物的贮库或载体材料，调节药物的释放速率。常用的压敏胶有聚异丁烯类、聚丙烯酸酯类和聚硅氧烷类。

(5) 保护膜　主要用于胶黏层的保护。常用的保护膜材料有聚乙烯、聚苯乙烯、聚丙烯等塑料薄膜，有时也使用表面经石蜡或甲基硅油处理过的光滑厚纸。

二、经皮给药制剂的类型

经皮给药系统大致可分成两大类，即骨架型与贮库型。骨架型经皮给药系统是药物溶解或均匀分散在聚合物骨架中，由骨架的组成成分控制药物的释放。贮库型经皮给药系统是药物被控释膜或其他控释材料包裹成贮库，由控释膜或控释材料控制释放速率。

1. 复合膜型经皮给药制剂

如图 18-5 所示，背衬层常用铝塑复合膜；药物贮库是将药物分散在聚异丁烯压敏胶或聚合物膜中，加入液体石蜡作增黏剂；控释膜是由聚丙烯加工而成的微孔膜；胶黏层可用聚异丁烯压敏胶，加入药物作为负荷剂量，使药物能较快达到治疗的血药浓度。属于这类经皮给药制剂的，如可乐定经皮给药制剂和东莨菪碱经皮给药制剂。

2. 黏胶分散型经皮给药制剂

如图 18-6 所示，是将药物分散(溶解或热熔)在压敏胶中，再均匀涂于背衬膜上成为药物贮库，将不含药物的压敏胶层再铺在药物贮库上，加保护膜即可。为了增强压敏胶与背衬层之间的黏结强度，通常先用空白压敏胶先行涂布在背衬层上，再覆以含药胶，在含药胶层上再复以具有控释能力的胶层。硝酸甘油经皮给药制剂 Deponit 属此种类型。

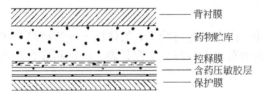
图 18-5　复合膜型经皮给药制剂示意

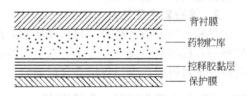
图 18-6　黏胶分散型经皮给药制剂示意

3. 聚合物骨架型经皮给药制剂

如图 18-7 所示，将药物均匀分散或溶解在疏水或亲水的聚合物骨架中，然后将含药聚合物分剂量制成一定面积大小和厚度的药膜，即药物贮库；与压敏胶层、背衬层及胶黏层复合即成为聚合物骨架型经皮给药制剂。如硝酸甘油经皮给药制剂 Nitro-Dur，其骨架系由聚乙烯醇、聚维酮和羟丙基纤维素等形成的亲水性凝胶，制备成圆形膜片，与涂布压敏胶的圆形背衬层黏合，加防黏层即得。

图 18-7　聚合骨架型经皮给药制剂示意

4. 微贮库型经皮给药制剂

如图 18-8 所示，将药物分散在水溶性聚合物（如聚乙二醇）中，将这种混悬液分散在疏水性的聚合物(如聚硅氧烷)中，使形成微小的球形液滴，然后迅速交联疏水聚合物分子使之成为稳定的包含有球形液滴药库的分散系统，将此系统制成一定面积及厚度的药膜，置于胶黏层中心，外周涂上压敏胶、加保护膜即成。药物的释放是先溶解在水溶性聚合物中，继而向骨架分配，扩散通过骨架达到皮肤表面。

5. 充填封闭型经皮给药制剂

如图18-9所示，背衬层常用铝塑材料或塑料薄膜，如聚苯乙烯、聚乙烯等；药物贮库是液体或软膏和凝胶等半固体充填封闭于背衬膜与控释膜之间；控释膜是乙烯-醋酸乙烯共聚物(EVA)膜等均质膜；胶黏层用的压敏胶是采用聚丙烯酸酯和聚硅氧烷。这种系统中药物从贮库中分配进入控释膜，改变膜的组分可控制系统的药物释放速率。

图18-8 微贮库型经皮给药制剂示意　　图18-9 充填封闭型经皮给药制剂示意

三、经皮给药制剂生产技术

经皮给药制剂根据其类型与组成不同而有不同的制备方法，主要可分为三种工艺。

1. 骨架黏合工艺

是在骨架材料溶液中加入药物，浇铸冷却成型，切割成小圆片，粘贴于背衬膜上，加盖保护膜而成。

2. 充填热合工艺

是在定型机械中，于背衬膜与控释膜之间定量充填药物贮库材料，热合封闭，覆盖上涂有胶黏层的保护膜而成。

3. 涂膜复合工艺

是将药物分散于高分子材料如压敏胶溶液中，涂布于背衬膜上，加热烘干使溶解高分子材料的有机溶剂蒸发，可进行第二层或多层膜的涂布，最后覆盖上保护膜，也可制成含药物的高分子材料膜，再与各层叠合或黏合。

四、经皮给药制剂的质量评价

经皮给药制剂质量的体外评价，包括含量均匀度检查、含量测定、体外释放度检查、经皮透过性测定、黏附力的检查等。《中国药典》(2010年版)附录制剂通则透皮贴剂部分规定，经皮给药制剂外观应光洁，有均一的应用面积，冲切口就光滑，无锋利的边缘。药物可以溶解在溶剂中，填充入贮库，药物贮库中不应有气泡，无泄漏。药物混悬在制剂中必须保证混悬、均匀涂布。压敏胶涂布应均匀，所用有机溶剂应照残留溶剂测定法检查。除另有规定外，贴剂应进行含量均匀度、释放度和微生物限量的检查，应依法测定并符合规定。

模块三　认识靶向制剂

一、概述

靶向制剂亦称为靶向给药系统，系指通过适当的载体使药物选择性地浓集于病变部位的给药系统，病变部分常形象地被称为靶部位，它可以是靶组织、靶器官，也可以是靶细胞或细胞内某靶点。

1. 特点

靶向制剂能选择性地将药物输送到病变部位或体内的某一特定部位,防止把药物输送到产生毒副作用的部位或失去生理活性的部位;提高药物在靶部位的治疗浓度;药物能以预期的速率控释,在靶部位达到有效剂量并维持定时间,使药效发挥;药物在体内的分布依赖于载体的理化性质,而较少依赖于药物的性质。靶向制剂可提高药效、降低毒副作用,提高药品的安全性和有效性、可靠性和患者的顺应性。成功的靶向制剂应具备定位浓集、控制释药以及无毒可生物降解三个要素。

2. 分类

药物的靶向从到达的部位讲可以分为三级,第一级指到达特定的靶组织或靶器官,第二级指到达特定的细胞,第三级指到达细胞内的特定部位。

靶向制剂按作用方式可分为被动靶向制剂、主动靶向制剂和物理化学靶向制剂。

(1) 被动靶向制剂 被动靶向制剂系利用脂质、类脂质、蛋白质、生物降解性高分子物质作为载体,将药物包裹或嵌入其中制成各种类型的微粒给药系统,是载药微粒进入体内即被巨噬细胞作为外界异物吞噬的自然倾向而实现靶向的制剂,亦称自然靶向制剂。

被动靶向制剂的微粒经静脉注射后,其在体内的分布首先取决于粒径大小。小于 100nm 的纳米囊与纳米球可缓慢集聚于骨髓;小于 3μm 时一般被肝、脾中的巨噬细胞摄取;大于 7μm 的微粒通常被肺的最小毛细血管床以机械滤过方式截留,进而被单核粒细胞摄取进入肺组织或肺气泡。其次,微粒表面性质如荷电性、疏水性和表面张力对药物分布也起着重要作用。一般而言,表面带负电荷的微粒易被肝脏摄取,表面带正电荷的微粒易被肺摄取;疏水性表面易被单核-巨噬细胞系统吸附,然后才能通过内吞、融合等作用使巨噬细胞有选择地摄取。

被动靶向制剂包括脂质体、乳剂、微球、纳米囊和纳米球等。

(2) 主动靶向制剂 主动靶向制剂系用修饰的药物载体作为"导弹",将药物定向地运送到靶区浓集发挥药效的靶向制剂。如载药微粒经表面修饰后,不被巨噬细胞识别,或因连接有特定的配体可与靶细胞的受体结合,或因连接单克隆抗体成为免疫微粒等原因,而能避免巨噬细胞的摄取,防止在肝内浓集,改变微粒在体内的自然分布而到达特定的靶部位,如果微粒要通过主动靶向到达靶部位而不被毛细血管(直径 4~7μm)截留,通常粒径不应大于 4μm;也可将药物修饰成前体药物,即能在活性部位被激活的药理惰性物,在特定靶区被激活发挥作用。主动识别靶部位的原理是把具有对病变组织、器官或细胞具有专一识别功能的分子或基团(即识别因子)与药物或药物载体相结合,药物或载体到达靶部位后,识别因子与靶部位结合,使药物浓集于此发挥药效,因为在许多情况下,病变组织具有(或人为造成)不同于正常组织或细胞的 pH 值、温度、特殊孔隙、场效应等情况。

主动靶向制剂包括被修饰脂质体、修饰乳剂、修饰微球、修饰纳米囊、修饰纳米球和前体药物。

(3) 物理化学靶向制剂 物理化学靶向制剂系指应用某些物理化学方法使靶向制剂在特定部位发挥药效。如应用磁性材料与药物制成磁导向制剂,在足够强的体外磁场引导下,在体内定向移动并定位于特定靶区;或使用对温度敏感的载体制成热敏感制剂,在热疗机的局部作用下,使热敏感制剂在靶区释药;或利用对 pH 值敏感的载体制备 pH 敏感制剂,使药物在特定的 pH 靶区内释药。用栓塞制剂阻断靶区的血供和营养,起到栓塞和靶向化疗的双重作用,也可属于物理化学靶向。

(4) 结肠靶向制剂 具有结肠靶向性的药物制剂是近几年发展起来的。口服结肠定位给药系统可避免药物在消化道上段破坏或释放,而到人体结肠释药,发挥局部或全身治疗作用。结肠释药对治疗结肠局部病变特别有效,而在胃肠道上段易降解的肽类和蛋白质药物,制成口服结肠定位给药系统可提高其吸收率。根据结肠的生理特征,设计出酶控制型、pH 控制型和时间控制型的结肠靶向性的药物制剂。

二、被动靶向制剂

(一) 脂质体

脂质体是将药物包封于类脂质双分子层内而形成的微小泡囊。类脂质双分子层厚度约4nm。

1. 分类

脂质体根据其结构所包含的类脂质双分子层数，分为单室脂质体和多室脂质体。含有单一类脂质双分子层的泡囊称为单室脂质体，其中粒径约20～80nm 的称为小单室脂质体，粒径在 0.1～1μm 之间的单室脂质体称为大单室脂质体；含有多层类脂质双分子层的泡囊称为多室脂质体，粒径在 1～5μm。外形常见球形、椭圆形。脂质体的结构示意见图 18-10、图 18-11。

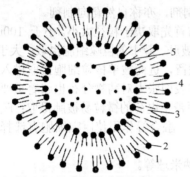

图 18-10 单室脂质体结构示意
1—亲油基团；2—亲水基团；3—类脂质双分子层；
4—脂溶性药物；5—水溶性药物

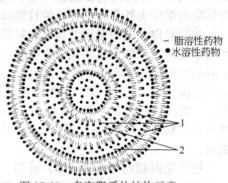

图 18-11 多室脂质体结构示意
1—类脂质双分子层；2—水膜

2. 组成

脂质体是以磷脂为主要膜材并加入胆固醇等附加剂制成。磷脂为两性物质，由一个磷酸酯基和一个季铵盐构成亲水基团，还有两个烃基链为亲油基团。胆固醇也属于两亲物质，其结构上亦具有亲水基团和亲油基团。但其亲油性强于亲水性。用磷脂与胆固醇作脂质体的膜材时，需先将类脂质溶于有机溶剂中配成溶液，然后蒸发除去有机溶剂，在器壁上形成均匀的类脂薄膜，该薄膜是由磷脂与胆固醇混合分子相互间隔定向排列的双分子层所组成。磷脂分子的亲水基团呈弯曲的弧形，形似手杖，与胆固醇分子的亲水基团结合，磷脂分子中的烃基侧链与胆固醇结构中的亲油基部分平行排列，呈"U"形结构，两个"U"形结构相对排列形成双分子结构。如

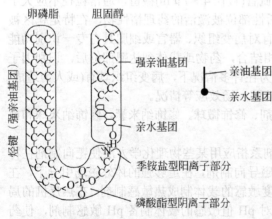

图 18-12 卵磷脂与胆固醇在脂质体中的排列形式

图 18-12 所示。

3. 特点

(1) 靶向性 脂质体进入体内可被巨噬细胞作为外界异物而吞噬，浓集于肝、脾、淋巴系统等单核-巨噬细胞丰富的组织器官中。用于治疗肝脏肿瘤和防止肿瘤扩散转移，以及肝寄生虫病、利什曼病等单核-巨噬细胞系统疾病。

（2）细胞亲和性与组织相容性　脂质体的结构与生物膜类似，对正常细胞和组织无损害和抑制作用，并可长时间吸附于靶细胞周围，有利于药物向靶组织渗透；并可通过融合作用进入细胞内，经溶酶体消化释放药物。

（3）缓释性　将药物制成脂质体后，使药物在体内缓慢释放，并可减少代谢和排泄，从而延长药物的作用时间。

（4）降低药物毒性　脂质体主要在肝、脾和骨髓等单核-巨噬细胞较丰富的器官中浓集，将对心、肾有毒性的药物或对正常细胞有毒性的抗癌药制成脂质体后，可明显降低药物的毒性。

（5）提高药物稳定性　不稳定的药物被制成脂质体后，由于双层膜的保护，可提高某些易被胃酸破坏的药物的稳定性和口服吸收的效果。

4．应用

（1）抗肿瘤药物载体　提高抗癌药物选择性，降低化疗药物毒副作用。增加药物与癌细胞的亲和力，克服或延缓耐药性，增加癌细胞对药物的摄入量，降低用药剂量，提高疗效。

（2）抗寄生虫药物载体　脂质体静脉注射后，可迅速被网状内皮细胞摄取，达到治疗相关疾病的目的。如利什曼病和疟疾是由于某种寄生虫侵入人体网状内皮系统所引起的疾病。

（3）抗菌药物载体　抗生素与细胞膜有特异性亲和力，可提高抗菌作用。如将庆大霉素制成脂质体后能显著提高肺炎模型小鼠体内血药浓度，对肺炎球菌的抑制作用明显高于游离药物组，提高小鼠存活率。

（4）激素类药物载体　脂质体包封抗炎甾体激素后，药物与血浆蛋白的结合率下降，血浆中游离药物浓度增大；脂质体将药物浓集在炎症部位，使药物在低剂量下达到治疗作用，降低剂量，减少了激素的毒副作用。

5．生产技术

（1）薄膜分散法　薄膜分散法又称干膜分散法。将磷脂、胆固醇等类脂质及脂溶性药物溶于氯仿或其他有机溶剂中，然后将氯仿溶液在玻璃瓶中旋转蒸发，使在烧瓶内壁上形成薄膜；将水溶性药物溶于磷酸盐缓冲液中，加入烧瓶中不断搅拌，即得脂质体，其粒径范围约为 $1\sim5\mu m$。

（2）注入法　将磷脂与胆固醇等类脂质及脂溶性药物共溶于有机溶剂中（多用乙醚），然后将此药液经注射器缓缓注入加热至 $50\sim60℃$（并用磁力搅拌）含水溶性药物的磷酸盐缓冲液中，不断搅拌至乙醚除尽为止，即制得脂质体，其粒径较大，不适宜静脉注射。再将脂质体混悬液通过高压乳匀机两次，所得的成品大多为单室脂质体，少数为多室脂质体，粒径绝大多数小于 $2\mu m$。

（3）超声波分散法　将水溶性药物溶于磷酸盐缓冲液，加入磷脂、胆固醇与脂溶性药物共溶于有机溶剂的溶液，搅拌蒸发除去有机溶剂，残液经超声波处理，然后分离出脂质体，再混悬于磷酸盐缓冲液中，制成脂质体混悬型注射剂。凡经超声波分散的脂质体混悬液，绝大部分为单室脂质体。

（4）逆相蒸发法　将磷脂、胆固醇溶于氯仿、乙醚等有机溶剂中，加入药物的水溶液，有机溶剂用量是水溶液的 $3\sim6$ 倍，进行短时间超声处理，直到形成稳定的 W/O 型乳剂，然后减压蒸发除去有机溶剂，达到胶态后滴加缓冲液，旋转使器壁上的凝胶脱落，减压下继续蒸发，制得水性混悬液，通过凝胶色谱法或超速离心法，除去未包入的药物，即得大单室脂质体。

本法包封的药物量大，体积包封率可大于超声波分散法 30 倍，它适合于包封水溶性药物及大分子生物活性物质，如各种抗生素、胰岛素、免疫球蛋白、碱性磷脂酶、核酸等。

（5）冷冻干燥法　用超声将磷脂分散于缓冲盐溶液中，加入冻结保护剂(如甘露醇、右旋糖酐、海藻酸等)冷冻干燥后，再将干燥物分散到含药物的缓冲盐溶液或其他水性介质中，即可形成脂质体。此法适合包封对热敏感的药物。

（二）乳剂

乳剂的靶向性特点在于它对淋巴系统的亲和性。油状药物或亲脂性药物制成的 O/W 型乳剂静脉注射后，药物可在肝、脾、肾等单核-巨噬细胞丰富的组织器官中浓集。水溶性药物制成 W/O 型乳剂经口服、肌内或皮下注射后易浓集于淋巴系统。W/O/W 型和 O/W/O 型复乳口服液或注射给药后也具有淋巴系统的亲和性，复乳还可以避免药物在胃肠道中失活，增加药物的稳定性。

某些脂溶性物质及大分子物质如脂肪、胆固醇、维生素 A、酶类的转运，对人体的淋巴系统起着重要作用。乳剂经肠道吸收后经淋巴转运，可避免肝脏的首过效应，提高药物的生物利用度。如果淋巴系统存在细菌感染或癌细胞转移等病灶，将药物输送到淋巴系统就更重要。如 5-氟尿嘧啶的 W/O 型乳剂经口服后，在癌组织及淋巴组织中的含量明显高于血浆。

药物经淋巴系统转运的可能途径有经消化道向淋巴转运、经血液循环向淋巴转运和经组织向淋巴转运三种途径。乳剂口服后，药物直接进入小肠淋巴，然后到达胸淋巴管转运。W/O 型乳剂经肌内、皮下或腹腔注射后，易聚集于附近的淋巴器官，是目前将抗癌药转移至淋巴器官最有效的剂型。将抗癌药物制成 W/O 型乳剂，可抑制癌细胞经淋巴管的转移，或局部治疗淋巴系统肿瘤。W/O 型和 O/W 型乳剂都有淋巴定向性，但程度不同。如丝裂霉素 C 乳剂在大鼠肌内注射后，W/O 型乳剂在淋巴液中的药物浓度明显高于血浆，O/W 型乳剂则与水溶液差别较少。

影响乳剂释药特性与靶向性的因素有乳剂的粒径和表面性质、油相的影响、乳化剂的种类和用量、乳剂的类型等。

（三）微球

微球系药物与适宜的高分子材料制成的球形或类球形骨架实体。药物溶解或分散于实体中，粒径通常在 1~250μm，应大小均匀，分散性好，互不粘连。通常制成混悬剂供注射或口服。

1. 载体材料

注射用微球的载体材料大多数是生物降解材料，有蛋白质类，如明胶、白蛋白等；糖类，如琼脂糖、淀粉、葡聚糖、壳聚糖等；合成聚酯类，如聚乳酸(PLA)、丙交酯乙交酯共聚物(PLGA)等。

2. 分类

根据临床用途不同，微球可分为靶向微球和非靶向微球两类。非靶向微球主要作缓释长效用，如左炔诺孕酮聚-3-羟基丁酸酯微球等。口服、皮下植入或关节腔注射的微球一般都属于以缓释为目的的非靶向性微球。根据靶向原理不同，靶向微球又可分为三类。

（1）普通注射微球　这类微球经静脉或腹腔注射后，由于生物体内的生理作用使微球选择性地聚集于肝、脾、肺等部位，属于被动靶向制剂。

（2）栓塞型微球　注射大于 12μm 的微球于癌变部位的动脉血管中，微球随血流阻滞在靶区周围的毛细血管中，既可阻断肿瘤的营养供应，又可发挥靶向性化疗作用。

（3）磁性微球　将磁性铁粉包入微球中，利用体外磁场效应，引导药物在体内移动和定位浓集。

栓塞型微球和磁性微球属于物理化学靶向制剂。

根据载体材料不同，可分为天然高分子微球，如白蛋白微球、明胶和淀粉微球；合成聚合物微球，如聚乳酸微球等。

3. 特性

（1）缓释性　微球中的药物释放机制主要通过扩散、材料的溶解和材料的降解三种方式释药，与微囊基本相同。

（2）靶向性　微球混悬液经静脉注射后，首选与肺毛细血管网接触，大于 3μm 的微球被肺截获，可浓集于肺，用于治疗肺部感染、防止肿瘤向肺部转移等。小于 3μm 的微球，一般被肝、脾中的巨噬细胞摄取，可治疗肝、脾寄生虫、真菌感染和酶缺乏等疾病。

4．生产技术

（1）蛋白质类微球

① 乳化-固化法　是利用蛋白质受热固化凝固的性质，在 100～180℃条件下加热使内相固化并分离制备的方法。将药物与载体溶液混合后，加入含乳化剂的油相中制成油包水(W/O)型初乳，搅拌下注入 100～180℃的油中，使蛋白质乳滴固化成球。

② 交联剂固化法　对于受热不稳定的水溶性药物，先溶解或均匀分散于载体材料中，采用化学交联剂如甲醛、戊二醛等使蛋白质类载体材料固化，经分离制得微球。

③ 喷雾干燥法　是将药物与载体材料的混悬液或溶液，经蠕动泵输入喷雾干燥器，物料同干燥热气流入方向一致，溶剂蒸发后得微球。根据释药要求，所得微球可进一步加热固化，该法可避免使用化学交联剂或有机溶剂。

（2）合成聚合物微球　合成聚合物微球可用液中干燥法制备。详见项目十七常用微囊化方法。

（四）纳米粒

纳米粒包括纳米囊和纳米球。纳米囊属药库膜壳型，纳米球属基质骨架型。它们均是由高分子物质组成的固态胶体粒子，粒径多在 10～1000nm 范围内，可分散在水中形成类似胶体的溶液。药物可以溶解或被包裹于纳米粒中，具有缓释、靶向、保护药物、提高疗效和降低药物毒副作用的特点。注射纳米粒，不易阻塞血管，可使药物浓集于肝、脾和骨髓。纳米粒亦可由细胞内或细胞间穿过内皮壁到达靶部位，有些纳米粒具有在某些肿瘤中聚集的倾向，有利于抗肿瘤药物的应用。

纳米粒使用的载体材料与微囊材料相似，在性质上主要应具有生理相容性、生物降解性、定向性、细胞渗透性和良好的载药能力。纳米粒的制备方法很多，主要取决于载体材料、药物和附加剂的性质和制备的工艺条件。主要方法有聚合法、天然高分子凝聚法和液中干燥法等。

三、主动靶向制剂

（一）修饰的药物载体

药物载体经亲水性材料(如聚乙二醇)修饰后，可制成长循环脂质体、聚乙二醇修饰的微球和纳米粒。制成的微粒表面由疏水性变成亲水性，就可以避免或减少单核-巨噬细胞系统的吞噬作用，有利于药物向肝脾以外的组织输送，延长药物在循环系统的滞留时间。载体表面结合细胞特异性配体，如糖蛋白、脂蛋白、转铁蛋白、多肽类、激素和叶酸等，制成配体修饰的脂质体、微球和纳米粒，从而将药物导向特定的靶组织。利用抗体修饰脂质体、微球和纳米粒，能制成定向于细胞表面抗原的免疫靶向制剂。

（二）前体药物

前体药物系指活性药物衍生而成的惰性物质，能在体内经化学反应或酶反应，使活性的母体药物再生而发挥其治疗作用。常用的前体药物类型有肿瘤靶向前体药物、脑部靶向前体药物、肝脏靶向前体药物和结肠靶向前体药物。

1．肿瘤靶向前体药物

抗癌药制成磷酸酯或酰胺类前体药物可在癌细胞再生发挥作用，因为癌细胞组织与正常细胞比较，具有较低的 pH 值、含较高浓度的磷酸酯酶和酰胺酶；若干肿瘤能产生大量的纤维蛋白酶原激活剂,可活化血清纤维蛋白溶酶原成为纤维活性蛋白溶酶,故将抗癌药与合成肽连结,成为纤维蛋白溶酶的底物,可在肿瘤部位使抗癌药再生。

2. 脑部靶向前体药物

脂溶性强的药物可透过血脑屏障,同时对其他组织的分配系数也很高,从而引起明显的毒副作用。多巴胺、雌二醇、青霉素等药物利用有些亲脂性的二氢吡啶作载体进入脑内,并在脑内氧化成为相应的、难以透过血脑屏障的季铵盐而滞留在脑内,经脑脊液的酶或化学反应,缓慢释放出药物而延长药效;而在外周组织形成的季铵盐由于其强亲水性,迅速从胆、肾消除,全身的毒副反应明显降低。

3. 肝脏靶向前体药物

肝脏的一些细胞具有特殊的识别受体,能够专一性地识别一些特定的基团,可将大分子载体或药物等经与这些基团结合形成以受体介导的肝靶向前体药物制剂。

4. 结肠靶向前体药物

结肠释药对治疗结肠局部病变如结肠癌、溃疡性结肠炎等特别有用。结肠有特殊菌落产生的酶,可使苷类、酯类和肽类在结肠酶解,从而具结肠靶向性。

四、物理化学靶向制剂

1. 磁性靶向制剂

磁性靶向制剂系采用体外磁场的效应引导药物在体内定向移动和定位集中的制剂,主要有磁性微球和磁性纳米囊,一般作为抗肿瘤药物的靶向载体。

磁性微球和磁性纳米囊可采用一步法和两步法制备,一步法是在成球前加入磁性物质,再用聚合物将磁性物质包囊成球;两步法是先制成微球和纳米囊,再将微球和纳米囊磁化。常用的磁性物质为超细磁流体,如 Fe_3O_4 或 Fe_2O_3,由粒径在 $10\sim15nm$ 范围的超细球形粒子组成,确保微球和纳米囊不聚集,在毛细血管内能均匀分布并扩散到靶区,即使外加有效地移除,微粒也仍然停留在靶区。

磁性靶向制剂的应用可将单核-巨噬细胞系统的干扰降到最低程度,其特点如下。

① 药物被磁性载体引导到靶区周围,使靶区快速达到所需浓度,而在其他部位的分布相应减少,因此可减少用药剂量。

② 大部分药物在局部作用,相对减少了药物对正常组织的副作用,特别是降低了对肝、脾、肾等重要器官的损害。

③ 加速产生药效,可提高药物疗效。

2. 栓塞靶向制剂

动脉栓塞是通过插入动脉的导管将栓塞物质输送到靶组织或靶器官的医疗技术,栓塞的目的是阻断对靶区的供血和营养,使靶区的肿瘤细胞缺血坏死;同时微球逐渐释放药物,杀死肿瘤,此栓塞微球具有栓塞和靶向化疗的双重作用。

栓塞靶向制剂常用的有栓塞微球和复乳,微球的栓塞化疗临床用于治疗肝、脾、肾、乳腺等部位的肿瘤,疗效显著,尤其对于不能手术治疗的肝肿瘤,采用微球进行栓塞化疗已成为首选方法。

3. 热敏感脂质体

利用在相变温度时,脂质体的类脂质双分子层膜从胶态过渡到液晶态、脂质膜的通透性增加、药物释放速率增大的原理可制成热敏脂质体。

在热敏脂质体的基础上交联抗,可得热敏免疫脂质体。这种脂质体具有物理化学靶向和主支靶向的双重作用。

4. pH 敏感脂质体

利用肿瘤间质的 pH 值比周围正常组织细胞显著低的特点,选择对 pH 值敏感性的类脂材料，如二棕榈酸磷脂或十七烷酸磷脂为膜材，可制备载药的 pH 值敏感性脂质体。其原理是当脂质体进入肿瘤部位时，由于 pH 值的降低导致脂肪酸羧基的质子化，形成六方晶相的非相层结构，从而使膜融合，加速释药。

物理化学靶向制剂系用某些物理或化学的方法使靶向制剂在特定部位发挥疗效。如应用磁性材料与药物制成的磁性微球，在足够强的体外磁场的引导下，在体内定向移动并定位浓集于特定靶区；栓塞型微球阻断靶区的血液供应与营养，起到栓塞和靶向化疗的双重作用；用温度敏感的载体制成的热敏感制剂，在热疗机的作用下，使其在靶区释药；用 pH 敏感的载体制成的 pH 敏感制剂，使其在特定 pH 的靶区释药。

模块四　认识生物技术药物制剂

一、生物技术和生物技术药物

生物技术又称生物工程，是利用有机体(动物、植物和微生物)或其组成部分(包括器官、组织、细胞和细胞器等)发展各种生物新产品或新工艺的一种技术体系。生物技术一般包括基因工程(含蛋白质工程)、细胞工程、发酵工程和酶工程。其中以基因工程为核心以及具备基因工程和细胞工程内涵的发酵工程和酶工程才被称为现代生物技术，以示与传统生物技术的区别。

生物技术药物是指采用现代生物技术，借助某些微生物、植物或动物来生产所需的药品。运用重组 DNA 技术和单克隆抗体技术生产的蛋白质、多肽、酶、激素、疫苗、单克隆抗体和细胞生长因子等类药物，也称为生物技术药物。

生物技术药物绝大多数是生物大分子内源性物质，即蛋白质和多肽类药物。具有临床使用剂量小，药理活性高，副作用少，很少有过敏反应等特点。但这类药物稳定性差，在酸碱环境或体内酶存在下极易失活；分子量大，时常以多聚体形式存在，很难透过胃肠道黏膜的上皮细胞层，故吸收很少，不能口服给药，一般只有注射一种途径，这对于长期给药的病人而言，是很不方便的；另外很多此类药物的体内生物半衰期较短，从血中消除较快，因此在体内的作用时间较短，没有充分发挥其作用。

二、生物技术药物的结构、性质与分类

1. 结构

氨基酸是组成蛋白质的基本单，构成天然蛋白质分子的氨基酸约有 20 种。大多数氨基酸含一个氨基和一个羧基。根据侧链的结构不同，分为脂肪族、芳香族和杂环氨基酸；根据侧链的亲水性不同，可分为极性和非极性氨基酸；根据电荷不同，可分为正电性和负电性氨基酸。

蛋白质结构中的化学键包括共价键和非共价键，共价键有肽键，是由一个氨基酸的氨基与另一个氨基酸的羧基失水而成的酰胺键；二硫键，是由两个半胱氨酸的—SH 脱氢而成的—S—S—键。非共价键则包括氢键、疏水键、离子键、范德华力和配位键等。蛋白质结构分为四级，一级结构是肽键维系，二、三、四级结构统称为高级结构，主要是由非共价键和二硫键维持。

2. 性质

蛋白质大分子是一种两性电解质，在水中表现出亲水胶体的性质，还具有旋光性和紫外吸收等。蛋白多肽药物结构复杂，特别是保证其生物活性的高级结构主要是由弱相互作用来维持的，因此了解蛋白质的稳定性十分重要。

蛋白质分子结构中共价键的破坏，包括水解、氧化、消旋化以及二硫键的断裂与交换等。在酸、碱、酶的催化下可发生肽键的水解与脱酰氨基作用；在氧化剂存在下，蛋白质分子中的某些氨基酸侧链(如—SH 和—SCH_3 等)很容易被氧化，结果使蛋白质失活；蛋白质在碱水解过程中常伴有某些氨基酸的消旋化作用；加热可引起二硫键的断裂或交换，含—SH 化合物可加速或催化这一过程，而二硫键的破坏可严重影响蛋白质的生物活性。蛋白质的化学降解与温度、pH 值、离子强度和氧化剂的存在等密切相关，当然也与蛋白质的结构与性质有关。

蛋白质分子结构中的非共价键的破坏可导致蛋白质变性。在某些物理或化学条件下，蛋白质分子的高级结构受到破坏，结果引起蛋白质生物活性的损失和理化性能的改变，这就是蛋白质的变性。原因是外在条件引起蛋白质分子伸展成线状，分子内的疏水区暴露，不同分子间疏水区发生相互作用，形成低聚物或高聚物，后者可形成肉眼可见的沉淀。蛋白质的变性分为可逆与不可逆两种。影响蛋白质变性的因素包括温度、pH、化学试剂(如盐类、有机溶剂和表面活性剂等)、机械应力和超声波，甚至还有空气氧化、表面吸附和光照等。蛋白多肽药物对界面非常敏感，如果在制备过程中使其暴露于气/液或液/液界面或有较多气泡产生，都可能引起蛋白多肽药物的变性等。

3. 分类

按临床给药途径不同，生物技术药物可成两大类：一类是蛋白多肽药物注射给药，包括溶液型、混悬型、无菌粉末等普通注射剂，以及缓释、控释的微球制剂和植入剂；另一类是蛋白多肽药物的非注射给药，包括黏膜制剂和经皮制剂。

三、蛋白多肽药物的注射给药

(一) 蛋白多肽药物的普通注射剂

蛋白多肽药物的注射剂，可用于肌注或静脉输注等，对其的要求也与一般注射剂基本相同。在设计蛋白多肽药物的溶液型注射剂时，一般要考虑加入缓冲剂和稳定剂，有时还可加入防腐剂。

1. 蛋白多肽药物注射剂的稳定剂

在制备蛋白多肽药物普通注射剂时，是选择溶液型注射剂还是注射用无菌粉末，主要取决于蛋白多肽药物在溶液中的稳定性。某些蛋白多肽药物的溶液在加有适当稳定剂并低温保存时可放置数月或两年以上；而其他一些蛋白质(特别是经纯化的)在溶液中的活性只能保持几个小时或几天。故在制备蛋白多肽药物的注射剂时，一般要考虑加入缓冲剂或稳定剂，有时还可加入防腐剂。这些物质主要有以下几类。

(1) 缓冲剂　一般来说，大多数蛋白多肽药物在 pH4～10 的范围内是比较稳定的，在等电点对应的 pH 值更稳定，但溶解也最少。常用磷酸盐、枸橼酸盐缓冲液。

(2) 盐类　盐类对蛋白质稳定性和溶解度的影响较复杂。有的能提高蛋白质稳定性，但溶解度下降(盐析)，有的则相反(盐溶)；另外是盐的浓度影响，低浓度下可能以盐溶为主，而高浓度时可能发生盐析。

(3) 表面活性剂　蛋白多肽药物对表面活性剂非常敏感。它可引起蛋白质的解离与变性，但少量的非离子型表面活性剂(主要是吐温类)具有防止蛋白凝聚的作用。

(4) 糖和多元醇　糖和多元醇能增加蛋白质药物在水中的稳定性，这可能与糖类促进蛋白质的优先水化有关。常用的糖类包括蔗糖、葡萄糖、海藻糖和麦芽糖；而常用的多元醇有甘露醇、甘油、山梨醇、PEG 和肌醇等。

(5) 大分子化合物　血清蛋白(HAS)可以稳定蛋白多肽药物，可用于人体，在一些市售的生物技术药物制剂中已被用作稳定剂，用量为 0.1%～0.2%，HAS 易被吸附，可减少蛋白质药物的损失；可部分降低产品中痕量蛋白质酶等的破坏；可保护蛋白质的构象；也可作为冻干保护剂。

（6）氨基酸　一些氨基酸，如甘氨酸、精氨酸、天冬氨酸等，可以增加蛋白质药物在给定 pH 值下的溶解度，并可提高稳定性，用量一般为 0.5%～5%，甘氨酸比较常用。氨基酸除了可降低表面吸附和保护蛋白质的构象之外还可防止蛋白多肽药物的热变性与聚集。

（7）其他　在制备蛋白多肽药物的注射用无菌粉末时(冷冻干燥制剂更常用)，一般要考虑加入填充剂如糖类与多元醇、缓冲剂和稳定剂如盐类和氨基酸等。

2．蛋白多肽药物注射剂的制备工艺及影响因素

蛋白多肽药物注射剂的制备工艺与一般注射剂基本相同，主要包括配液、过滤、灌封或灌装后冻干。常用的方法是冷冻干燥法，冷冻干燥型注射剂比溶液型注射剂具有更长的有效期，而且在冷冻干燥的过程中，水分的除去也是比较温和的，但某些药物冻干可加速其失活。目前喷雾干燥工艺在蛋白多肽药物普通注射剂方面应用不多，但已有较多的研究。

① 蛋白多肽药物注射剂在制备时，应特别注意温度、pH 值、盐类、振动或机械搅拌、超声波分散和表面吸附等使蛋白质变性的各种因素。

② 在制备蛋白多肽药物的冷冻干燥型注射剂时，应注意一些工艺参数，如预冻温度和时间、最低与最高干燥温度、干燥时间和真空度等对其稳定性和产品外观的影响。冻干制剂的含水量一般控制在 3%左右，水分过多会影响药物的稳定性或引起制剂塌陷；而干燥过度，冻干制剂在加水溶解时会出现浑浊。

（二）蛋白多肽药物的缓释、控释型注射制剂

1．蛋白多肽药物的微球注射制剂

蛋白多肽类药物一般剂量很小，但需要长期给药，这就为缓释微球制剂的应用提供了机会。将蛋白多肽类药物包封于微球载体中，通过皮下或肌肉给药，使药物缓慢释放，改变其体内转运的过程，延长药物在体内的作用时间(可达 1～3 个月)，大大减少给药次数，明显提高病人用药的顺应性。

目前用于制备缓释微球和骨架材料的主要是 PLGA 和 PLA，其中又以 PLGA 更常用。二者均是可用于人体的生物降解性材料。制备蛋白多肽药物缓释微球的方法较多，常用液中干燥法和低温喷雾提取等，可得到很高的包封率。

由于微球的注射剂量有限，在制备蛋白多肽药物缓释微球时，应选择日剂量小的药物；微球的释药模式与药物的临床需求应基本吻合；微球中药物的包封率要高，释药时突释作用应较小，释药模式要恒定，释药时间要达到要求。

2．缓释、控释植入剂

可注射给药的植入剂是植入制剂近年的研究成果。一般的制备过程是将药物与 PLGA 混合熔融，然后经多孔装置挤出成为条状，切割成一定的长度，条状物一般直径在 1mm 左右，含有单剂量药物。将其灭菌处理后直接装入特制的一次性注射器内(针头较粗)，再封装在相应的塑料袋中。临床应用时取出直接做皮下或肌内注射，药物随骨架材料的降解而释放，可以有很好的长效作用。注射型植入剂无需手术植入或取出，使用方便，制备简单；但副作用往往比微球制剂大，如注射部位容易产生硬结，有时皮下注射的条状植入剂可能滑落出来等。

3．其他

用于注射的蛋白多肽药物的给药系统还有计算机控制的输注泵(如市售的胰岛素输注泵，价格极贵)，以及脂质体、纳米粒、乳剂、微乳、大分子共扼物等，多数正处在不同的研究阶段。

四、蛋白多肽药物的非注射给药

（一）蛋白多肽药物的黏膜制剂

蛋白多肽药物的黏膜给药途径包括口服、口腔、舌下、鼻腔、肺部、结肠、直肠、阴道、

子宫、眼部等。其中结肠、直肠、阴道、子宫和眼部等长期给药不方便；鼻腔和肺部给药已展显出较好的应用前景。

1. 鼻腔制剂

药物通过鼻上皮细胞从鼻腔进入脑脊液的通路已被发现一段时间，鼻腔给药途径特别是对那些口服无效、只能静脉注射的蛋白多肽类药物来说，是一种方便可靠的全身用药方法。药物易到达吸收部位，吸收好，可以避开肝脏的首过效应，但需加入吸收促进剂或酶抑制剂。

2. 肺部制剂

通过肺部吸入给药，不存在肝脏的首过效应，药物通透性好，但将全部药物输送到吸收部位相当困难，长期用药的可行性有待观察，肺部吸收给药系统应尽量少用或不用吸收促进剂，而主要通过吸入装置的改进来增加药物到达肺深部组织的比率，从而增加吸收。

3. 口服制剂

口服制剂对于需长期给药的病人尤其方便，但口服生物利用度低，肝脏的首过效应强，药物易受胃酸、胃酶的破坏，有报道用药物结构修饰、加入吸收促进剂或酶抑制剂以及制成靶向制剂改善吸收。

4. 口腔制剂

口腔制剂容易给药至吸收部位。病人接受度和顺应性好，可避开肝脏的首过效应和药物在胃肠道中破坏，但必须加入吸收促进剂或酶抑制剂，否则大分子物质吸收较少。

5. 直肠制剂

直肠给药吸收较少，可避免肝脏的首过效应，但病人接受度和顺应性差些，应选择适当的吸收促进剂。

（二）蛋白多肽药物的经皮制剂

尽管经皮吸收存在一定的障碍，但通过一些特殊的物理或化学的方法和手段，仍能显著增加蛋白多肽药物的经皮吸收，如超声波导入技术、离子导入技术、电穿孔技术、微纳米技术、传递体输送技术等。

● 思考题

1. 何为缓释和控释制剂？有何特点？
2. 缓释和控释制剂分为哪几类？
3. 缓释和控释制剂的骨架材料常用的有哪些？
4. 何为经皮给药制剂？有何特点？
5. 写出经皮给药制剂的基本组成。
6. 经皮给药制剂的生产工艺有哪些？
7. 何为靶向制剂？有何特点？
8. 何为脂质体？有何特点？制备脂质体有哪些方法？
9. 何为微球？微球分为哪几类？制备微球有哪些方法？
10. 对制备纳米粒药物的高分子材料有哪些要求？
11. 什么是物理化学靶向制剂？有哪些类别？
12. 什么是生物技术和生物技术药物？
13. 生物技术药物主要包括哪些类型？

附　录

附录1　一般生产区人员进出规程

文件标题：一般生产区人员进出规程				
文件编号：			版本号：	
制 定 人：		年　月　日	颁发部门：	
审 核 人：		年　月　日	分发部门：	
批 准 人：		年　月　日	总 页 数：	
生效日期：		年　月　日	变更记录：	

目的：规范人员进出一般生产区程序，防止污染，保证工艺卫生。
范围：适用于进出一般生产区的生产人员卫生管理。
责任者：生产部管理人员、操作人员、设备维修人员及其他相关工作人员。
程序：
1．经过门厅，把所带的雨具存放于指定区域。
2．车间人员签到，外来人员登记。
3．进一般生产区换鞋
（1）进入换鞋间，脱下私人鞋。
（2）将私人鞋放到鞋柜内。
（3）取出一般区工作鞋放在垫板上。
（4）穿上一般区工作鞋。
（5）进入更衣室。
4．进一般生产区更衣
（1）脱下外衣裤，将外衣裤和私人物品叠齐放入更衣柜内。
（2）将双手洗干净后，置于烘干机下将手烘干。
（3）从柜内取出一般生产区工作服。将头发尽可能包在帽内，不外露；更衣时，不得让工作服接触到易污染的地方。
（4）穿戴好后进入生产区。
5．出一般生产区更衣
（1）进入更衣室。
（2）脱下一般生产区工作服，叠整齐。
（3）放入工作衣柜内（下班时则放入集衣框内）。
（4）从柜中取出个人衣服和私人物品，穿戴好。
（5）关上柜门。
6．出一般生产区换鞋
（1）进入换鞋间，脱下工作鞋。

(2) 将工作鞋放入鞋柜内（或带回去洗）。
(3) 从鞋柜中取出私人鞋。
(4) 将私人鞋放在地面上。
(5) 穿上私人鞋。
7. 外来人员登记出车间时间。
8. 带雨具的拿出雨具。
9. 离开生产区。
10. 外来人员进入车间，凭质保部签发的"来客参观、学习审批表"，在工作人员带领下领取参观服装，按进入生产区 SOP 进入车间，在车间办公室人员的陪同下，按已批准的允许参观范围进行参观学习或检查工作。

附录2　D级洁净区生产人员进出规程

		文件标题：D级洁净区生产人员进出规程		
文件编号：			版 本 号：	
制 定 人：	年　月　日		颁发部门：	
审 核 人：	年　月　日		分发部门：	
批 准 人：	年　月　日		总 页 数：	
生效日期：	年　月　日		变更记录：	

目的：建立一个D级洁净区生产人员进出标准规程，规范操作。
范围：适用于进入D级洁净区生产人员。
责任者：进出D级洁净区的生产人员及其他相关工作人员。
程序：
1. 工作人员进入洁净区前，先将鞋擦干净，将雨具等物品存放在个人物品存放间内。
2. 进入换鞋室，关好门，将生活鞋脱下，对号放于鞋柜中，换上拖鞋。
(1) 坐在横凳上，面对门外，脱去生活鞋，弯腰，用手把生活鞋放在横凳下鞋架上。
(2) 坐在横凳上转身180°，背对门外，弯腰在横凳下的鞋架内取出拖鞋，穿上拖鞋。
3. 用手推开更衣室的门进入，随手关门。
4. 脱外衣
(1) 走到自己的更衣柜前，用手打开衣柜门。
(2) 脱去外衣，挂于生活衣柜中，关上柜门。
5. 洗手
(1) 走到洗手池旁，打开饮用水开关，伸双手掌进入水池上方开关下方的位置，让水冲洗双手掌到腕上5cm处。双手触摸清洁剂后，相互摩擦，使手心、手背及手腕上5cm的皮肤均匀充满泡沫，摩擦约10s。
(2) 用水冲洗双手，同时双手上下翻动相互摩擦。
(3) 使水冲至所有带泡沫的皮肤上，直至双手掌摩擦不感到滑腻为止；翻动双手掌，用眼检查双手是否已清洗干净。
(4) 用肘弯推关水开关。
(5) 走到电热烘手机前，伸手掌至烘手机下约8～10cm处，电热烘手机自动开启，上下翻动双手掌，直到双手掌烘干为止。
6. 穿洁净工作服
(1) 用肘弯推开房门，走到洁净工衣柜前，取出自己号码的洁净工作服袋。

（2）取出洁净工作帽戴上。
（3）取出洁净工作衣，穿上并拉上拉链。
（4）取出洁净工作裤穿上，裤腰束在洁净工作衣外。
（5）走到镜子前对着镜子检查帽子是否戴好，注意把头发全部塞入帽内。
（6）取出一次性口罩戴上，注意口罩要罩住口、鼻，在头顶位置上结口罩带。
（7）对镜检查衣领是否已扣好，拉链是否已拉至喉部，帽和口罩是否戴正。
（8）取出洁净工作鞋，脱去拖鞋放于柜中，穿上洁净工作鞋。

7．手消毒
（1）走到消毒液自动喷雾器前，伸双手掌至喷雾器下10cm左右处。
（2）喷雾器自动开启，翻动双手掌，使消毒液均匀喷在双手掌上各处。
（3）缩回双手，喷雾器停止工作。
（4）挥动双手，让消毒液自然挥干。

8．入洁净室。用肘弯推开洁净室门，进入洁净室。

附录3　C级洁净区生产人员进出规程

文件标题：C级洁净区生产人员进出规程			
文件编号：		版本号：	
制定人：	年　月　日	颁发部门：	
审核人：	年　月　日	分发部门：	
批准人：	年　月　日	总页数：	
生效日期：	年　月　日	变更记录：	

目的：建立一个C级洁净区生产人员进出标准规程，规范操作。
范围：适用于进入C级洁净区生产人员。
责任者：进出C级洁净区的生产人员及其他相关工作人员。
程序：

1．工作人员进入洁净区前，先将鞋擦干净，将雨具等物品存放在个人物品存放间内。

2．进入换鞋室，关好门，将生活鞋脱下，对号放于鞋柜中，换上拖鞋。
（1）坐在横凳上，面对门外，脱去生活鞋，弯腰，用手把生活鞋放在横凳下鞋架上。
（2）坐在横凳上转身180°，背对门外，弯腰在横凳下的鞋架内取出拖鞋，穿上拖鞋。

3．用手推开更衣室的门进入，随手关门。

4．脱外衣
（1）走到自己的更衣柜前，用手打开衣柜门。
（2）脱去外衣，挂于生活衣柜中，关上柜门。

5．洗手
（1）走到洗手池旁，打开饮用水开关，伸双手掌进入水池上方开关下方的位置，让水冲洗双手掌到腕上5cm处。双手触摸清洁剂后，相互摩擦，使手心、手背及手腕上5cm的皮肤均匀充满泡沫，摩擦约10s。
（2）让水冲洗双手，同时双手上下翻动相互摩擦。
（3）使水冲至所有带泡沫的皮肤上，直至双手掌摩擦不感到滑腻为止；翻动双手掌，用眼检查双手是否已清洗干净。
（4）用手关闭饮用水开关。
（5）走到电热烘手机前，伸手掌至烘手机下约8~10cm处，电热烘手机自动开启，上下翻动双手掌，直到双手掌烘干为止。

6. 穿白大褂工作服

(1) 用手推开房门，走到自己号码的更衣柜前，取出白大褂工作服。

(2) 将双臂伸入白大褂衣袖中，穿上白大褂，扣好扣子。

(3) 进入走廊：用手推开走廊通道门，进入走廊。

7. 换鞋

(1) 由走廊进入洁净区换鞋室，关好门，将一般生产区工作鞋脱下，对号放于鞋柜中，换上洁净鞋。

(2) 坐在横凳上，面对门外，脱去一般生产区工作鞋，弯腰，用手把一般生产区工作鞋放在横凳下鞋架上。

(3) 坐在横凳上转身180°，背对门外，弯腰在横凳下的鞋架内取出洁净鞋，穿上。

8. 用手推开一更室门进入，随手关门

9. 脱白大褂工作衣

(1) 走到自己的更衣柜前，用手打开衣柜门。

(2) 脱去白大褂工作衣，叠好并整齐放入更衣柜中，关上柜门。

10. 洗手

(1) 走到洗手池旁，打开纯化水开关，伸双手掌进入水池上方开关下方的位置，让水冲洗双手掌到腕上5cm处。双手触摸清洁剂后，相互摩擦，使手心、手背及手腕上5cm的皮肤均匀充满泡沫，摩擦约10s。

(2) 让水冲洗双手，同时双手上下翻动相互摩擦。

(3) 使水冲至所有带泡沫的皮肤上，直至双手掌摩擦不感到滑腻为止；翻动双手掌，用眼检查双手是否已清洗干净。

(4) 用肘弯推关水开关。

(5) 走到电热烘手机前，伸手掌至烘手机下约8~10cm处，电热烘手机自动开启，上下翻动双手掌，直到双手掌烘干为止。

(6) 进入缓冲间：用肘弯推开缓冲间门，由一更进入缓冲间。

11. 脱鞋：由缓冲间进入二更室，关好门，将工作鞋脱下，放在更衣台外侧，站在更衣台上。

12. 手消毒

(1) 面向消毒液自动喷雾器，伸双手掌至喷雾器下10cm左右处。

(2) 喷雾器自动开启，翻动双手掌，使消毒液均匀喷在双手掌上各处。

(3) 缩回双手，喷雾器停止工作。

(4) 挥动双手，让消毒液自然挥干。

13. 穿洁净工作衣

(1) 站在更衣台上，找到自己号码的洁净工作服袋并取出洁净工作衣。

(2) 穿二连体洁净工作上衣

① 将双臂伸入上衣袖中。

② 戴上口罩，注意口罩要罩住口、鼻，在头顶位置上结口罩带。

③ 带上连体帽，用双手扎紧帽带，帽子应将头发全部包住不可有头发外露。

④ 拉上衣链，扎紧衣领。

(3) 穿二连体洁净工作裤：将脚部伸入鞋套内，扎紧鞋带，提上裤子，将上衣塞进裤腰内并扎紧。

(4) 穿上C级工作鞋。

(5) 戴上无菌手套。

(6) 走到镜子前对着镜子检查帽子是否戴好,注意把头发全部塞入帽内。
(7) 对镜检查衣领是否已扎好,拉链是否已拉至喉部,帽和口罩是否已戴正。

14. 手消毒

(1) 面向消毒液自动喷雾器,伸双手掌至喷雾器下 10cm 左右处。
(2) 喷雾器自动开启,翻动双手掌,使消毒液均匀喷在双手掌上各处。
(3) 缩回双手,喷雾器停止工作。
(4) 挥动双手,让消毒液自然挥干。
(5) 用肘弯推开气闸室门,由二更进入气闸室。

15. 进入 C 级洁净区:用肘弯推开气闸室门,进入 C 级洁净区。

16. 生产结束后,工作人员按进入洁净区的逆向顺序更衣出车间。换下的工作服按规定收集、洗涤。

附录 4 物料交接单

物料名称		批　　号	
规　格		数　　量	
检验单号		交接日期	年　月　日
交料人		接料人	

附录 5 清 场 记 录

产品名称			工序名称		
批号			规格		
清场要求	1. 按"产品清场管理制度"(附录 6 产品清场管理制度)进行清场。 2. 将生产出的中间产品贴好标签,送至规定地点放置。 3. 将本批的废弃物、剩余物料清离现场,室内不得存放与下批生产无关的物品。 4. 清洁设备,做到设备见本色,无生产的物料遗留、无油垢污迹。 5. 清洁工具、容器达到清洁、无异物、无物料遗留。 6. 清洁地面、门窗、天花板、地漏、开关箱外壳等,做到无积水、无积尘、无粉渣。 7. 清洗清洁工具,做到干净无遗留物,干燥后置规定位置。				
清场情况	清场项目	操作要点		清场结果	
				已清	未清
	物料	结料,剩余物料退中间站			
	中间产品	清点、送规定地方放置			
	废弃物	清离现场、置规定地点			
	工艺文件	与下批生产无关的清离现场			
	工具器具	冲洗干净、干燥后置规定地点			
	生产设备	湿抹或冲洗,见本色			
	工作场地	清扫、湿抹或湿拖干净			
	洁具	清洗干净,置规定处干燥			
清场日期		月　　　日	清场人		
QA 现场检查			上批清场合格证(粘贴处)		
检查结论:					
检查人:					
检查日期:　　月　　　日					

说明：本批生产结束后，填写清场记录，为正本，QA 检查结束后发放清场合格证，清场合格证粘贴下一批记录上为副本。

附录6 产品清场管理制度

文件标题：产品清场管理制度			
文件编号：		版 本 号：	
制 定 人：	年　月　日	颁发部门：	
审 核 人：	年　月　日	分发部门：	
批 准 人：	年　月　日	总 页 数：	
生效日期：	年　月　日	变更记录：	

目的：建立产品清场管理制度，规范清场操作。
范围：制剂实训中心。
责任者：岗位操作工及相关人员。
内容：
1．清场管理
（1）每批生产操作结束后必须彻底清理生产现场，并填写清场记录。
（2）清场结束后，由岗位负责人和 QA 检查后签字认可，并签发"清场合格证"正、副本，正本粘贴在本批生产原始记录中，副本挂在操作间门上，作为下批生产凭证。
2．清场要求
（1）将设备上的物料清理，归类储存，按规定填写交接记录。
（2）拆下设备中可拆卸的零部件，刷净零部件表面粉末，置于小推车上，轻推小车至清洗间，按规定对零部件进行清洗、消毒。
（3）对设备进行清洗、消毒。
（4）按照"先上后下、先里后外、先整后零"顺序对操作室进行清场。
（5）整理相关文件记录。

参 考 文 献

[1] 国家药典委员会主编. 中华人民共和国药典. 北京：中国医药科技出版社, 2010.
[2] 国家食品药品监督管理局执业药师资格认证中心组织编写. 药学专业知识(二). 第2版. 北京:中国医药科技出版社, 2011.
[3] 张劲. 药物制剂技术. 北京:化学工业出版社, 2006.
[4] 崔福德. 药剂学. 北京:人民卫生出版社, 2008.
[5] 张健泓. 药物制剂技术实训教程. 北京:化学工业出版社, 2007.
[6] 闫丽霞. 中药制剂技术. 北京:化学工业出版社, 2004.
[7] 郝艳霞. 药物制剂综合实训. 北京:化学工业出版社, 2012.
[8] 何国强. 制药用水系统. 北京：化学工业出版社, 2012.
[9] 孙彤伟. 液体制剂技术. 北京：化学工业出版社, 2009.
[10] 邹立家. 药剂学. 北京：中国医药科技出版社, 2001.
[11] 龙晓英, 房志仲. 药剂学. 北京: 科学出版社, 2009.
[12] 刘一. 药物制剂知识与技能教程. 北京: 化学工业出版社, 2006.
[13] 刘姣娥. 药物制剂技术. 北京: 化学工业出版社, 2006.
[14] 程云章. 药物制剂工程原理与设备. 南京: 东南大学出版社, 2009.
[15] 周建平. 药剂学. 南京: 东南大学出版社, 2007.
[16] 朱玉玲. 药物制剂技术. 北京: 化学工业出版社, 2010.
[17] 温博栋. 半固体及其他制剂技术. 北京：化学工业出版社, 2009.
[18] 药品生产质量管理规范. 2010年修订版.
[19] 郝艳霞. 药物制剂综合实训. 北京：化学工业出版, 2012.
[20] 周国平. 药剂学进展. 南京：江苏科学技术出版社, 2008.
[21] 缪立德. 药物制剂技术. 北京: 中国医药科技出版社, 2011.
[22] 常忆凌. 药剂学. 北京: 中国地质大学出版社, 2011.
[23] 曹德英. 药物剂型与制剂设计. 北京: 化学工业出版社, 2009.
[24] "百万药师关爱工程"系列教材编委会编写. 实用药剂学. 北京：北京科学技术出版社, 2005.
[25] 谢淑俊. 药物制剂设备（下册）. 北京：化学工业出版社, 2006.
[26] 国家食品药品监督管理局药品认证管理中心. 药品GMP指南之厂房设施与设备. 北京：中国医药科技出版社, 2011.

全国医药高职高专教材可供参考书目

	书 名	书 号	主 编	主 审	定 价
1	化学制药技术（第二版）	15947	陶 杰	李健雄	32.00
2	生物与化学制药设备	7330	路振山	苏怀德	29.00
3	实用药理基础	5884	张 虹	苏怀德	35.00
4	实用药物化学	5806	王质明	张 雪	32.00
5	实用药物商品知识（第三版）	07508	杨群华 刘立	陈一岳	49.00
6	无机化学	5826	许 虹	李文希	25.00
7	现代仪器分析技术	5883	郭景文	林瑞超	28.00
8	中药炮制技术（第二版）	15936	李松涛	孙秀梅	35.00
9	药材商品鉴定技术（第二版）	16324	林 静	李峰	48.00
10	药品生物检定技术（第二版）	09258	李榆梅	张晓光	28.00
11	药品市场营销学	5897	严 振	林建宁	28.00
12	药品质量管理技术	7151	贠亚明	刘铁城	29.00
13	药品质量检测技术综合实训教程	6926	张 虹	苏 勤	30.00
14	中药制药技术综合实训教程	6927	蔡翠芳	朱树民 张能荣	27.00
15	药品营销综合实训教程	6925	周晓明 邱秀荣	张李锁	23.00
16	药物制剂技术	7331	张 劲	刘立津	45.00
17	药物制剂设备（上册）	7208	谢淑俊	路振山	27.00
18	药物制剂设备（下册）	7209	谢淑俊	刘立津	36.00
19	药学微生物基础技术（第二版）	5827	李榆梅	刘德容	28.00
20	药学信息检索技术	8063	周淑琴	苏怀德	20.00
21	药用基础化学（第二版）	15089	戴静波	许莉勇	38.00
22	药用有机化学	7968	陈任宏	伍焜贤	33.00
23	药用植物学（第二版）	15992	徐世义 埏榜琴		39.00
24	医药会计基础与实务（第二版）	08577	邱秀荣	李端生	25.00
25	有机化学	5795	田厚伦	史达清	38.00
26	中药材 GAP 概论	5880	王书林	苏怀德 刘先齐	45.00
27	中药材 GAP 技术	5885	王书林	苏怀德 刘先齐	60.00
28	中药化学实用技术	5800	杨 红	裴妙荣	23.00
29	中药制剂技术（第二版）	16409	张 杰	金兆祥	36.00
30	中医药基础	5886	王满恩	高学敏 钟赣生	40.00
31	实用经济法教程	8355	王静波	潘嘉玮	29.00
32	健身体育	7942	尹士优	张安民	36.00
33	医院与药店药品管理技能（第二版）	19237	杜明华		28.00
34	医药药品经营与管理	9141	孙丽冰	杨自亮	19.00
35	药物新剂型与新技术	9111	刘素梅	王质明	21.00
36	药物制剂知识与技能教材	9075	刘 一	王质明	34.00
37	现代中药制剂检验技术	6085	梁延寿	屠鹏飞	32.00
38	生物制药综合应用技术	07294	李榆梅	张 虹	19.00
39	药物制剂设备	15963	路振山	王竞阳	39.80

欲订购上述教材，请联系我社发行部：010-64519689，64518888；责任编辑：陈燕杰　64519363
如果您需要了解详细的信息，欢迎登录我社网站：www.cip.com.cn